中国国家标准汇编

559

GB 29095～29123

（2012 年制定）

中国标准出版社　编

中国标准出版社

北　京

图书在版编目(CIP)数据

中国国家标准汇编:2012年制定.559:
GB 29095~29123/中国标准出版社编.—北京:
中国标准出版社,2013.11
ISBN 978-7-5066-7289-4

Ⅰ.①中… Ⅱ.①中… Ⅲ.①国家标准-
汇编-中国-2012 Ⅳ.①T-652.1

中国版本图书馆CIP数据核字(2013)第183849号

中国标准出版社出版发行
北京市朝阳区和平里西街甲2号(100013)
北京市西城区三里河北街16号(100045)

网址 www.spc.net.cn
总编室:(010)64275323 发行中心:(010)51780235
读者服务部:(010)68523946

中国标准出版社秦皇岛印刷厂印刷
各地新华书店经销

*

开本 880×1230 1/16 印张 37 字数 1 120 千字
2013年11月第一版 2013年11月第一次印刷

*

定价 220.00 元

出 版 说 明

1.《中国国家标准汇编》是一部大型综合性国家标准全集。自 1983 年起，按国家标准顺序号以精装本、平装本两种装帧形式陆续分册汇编出版。它在一定程度上反映了我国建国以来标准化事业发展的基本情况和主要成就，是各级标准化管理机构，工矿企事业单位，农林牧副渔系统，科研、设计、教学等部门必不可少的工具书。

2.《中国国家标准汇编》收入我国每年正式发布的全部国家标准，分为"制定"卷和"修订"卷两种编辑版本。

"制定"卷收入上一年度我国发布的、新制定的国家标准，顺延前年度标准编号分成若干分册，封面和书脊上注明"20××年制定"字样及分册号，分册号一直连续。各分册中的标准是按照标准编号顺序连续排列的，如有标准顺序号缺号的，除特殊情况注明外，暂为空号。

"修订"卷收入上一年度我国发布的、被修订的国家标准，视篇幅分设若干分册，但与"制定"卷分册号无关联，仅在封面和书脊上注明"20××年修订-1，-2，-3，……"字样。"修订"卷各分册中的标准，仍按标准编号顺序排列(但不连续)；如有遗漏的，均在当年最后一分册中补齐。需提请读者注意的是，个别非顺延前年度标准编号的新制定的国家标准没有收入在"制定"卷中，而是收入在"修订"卷中。

读者配套购买《中国国家标准汇编》"制定"卷和"修订"卷则可收齐由我社出版的上一年度我国制定和修订的全部国家标准。

3. 由于读者需求的变化，自 1996 年起，《中国国家标准汇编》仅出版精装本。

4. 2012 年我国制修订国家标准共 2 101 项。本分册为"2012 年制定"卷第 559 分册，收入国家标准 GB 29095～29123 的最新版本。

中国标准出版社

2013 年 8 月

目　　录

ICS 03.220.20;35.240.60
R 07

中华人民共和国国家标准

GB/T 29095—2012

道路交通管理数据字典　交通检测器

Road traffic management data dictionary—Traffic detector

2012-12-31 发布　　2013-07-01 实施

中华人民共和国国家质量监督检验检疫总局
中国国家标准化管理委员会　发布

前　言

本标准按照 GB/T 1.1—2009 给出的规则起草。

本标准是道路交通管理数据字典系列标准之一。相关系列标准如下：

——GB/T 29096—2012　道路交通管理数据字典　交通事件数据

——GB/T 29097—2012　道路交通管理数据字典　交通网络

——GB/T 29098—2012　道路交通管理数据字典　交通信号控制

本标准由全国智能运输系统标准化技术委员会(SAC/TC 268)提出并归口。

本标准起草单位：北京四通智能交通系统集成有限公司、交通运输部公路科学研究院。

本标准主要起草人：关积珍、朱雪良、王义生、杨劲夫、刘文峰、张可。

道路交通管理数据字典　交通检测器

1　范围

本标准规定了道路交通管理中直接和检测器相关的数据元的分类原则和方法、内部标识符编码原则与编码结构、数据元属性描述和数据元表。

本标准适用于道路交通管理领域的信息处理和信息交换。

2　规范性引用文件

下列文件对于本文件的应用是必不可少的。凡是注日期的引用文件，仅注日期的版本适用于本文件。凡是不注日期的引用文件，其最新版本(包括所有的修改单)适用于本文件。

GB/T 29097—2012　道路交通管理数据字典　交通网络

3　术语和定义

下列术语和定义适用于本文件。

3.1

交通检测器　traffic detector

具备检测基础交通信息数据，如车流量、车速、车间距、车辆类型、道路占有率等参数的设备。

3.2

浮动车　probe vehicle

安装有全球定位系统接收机或电子标签设施的、可用于交通参数数据采集的车辆，又称为浮动车传感器。它能够提供车辆的位置、瞬时速度、车辆在特定路段上的行程时间和行程速度等数据，这种数据元素被封装成适合传输的数据包，称浮动车消息，通过车载无线通信装置与交通数据处理中心进行信息交换。

4　分类原则和方法

4.1　按照道路交通管理信息数据的业务属性或特征分类。

4.2　分类具有兼容性，与有关标准协调一致。

4.3　本标准将道路交通管理领域内涉及道路交通检测器的数据元分为两类：检测器类、浮动车类。

5　内部标识符编码原则与编码结构

5.1　内部标识符编码原则

5.1.1　每一个数据元只有一个内部标识符代码，一个内部标识符代码也只惟一表示一个数据元。

5.1.2　内部标识符代码各层间留有扩充位，用户可根据需要自行扩充。

5.2　内部标识符编码结构

采用数字编码方式，共有5位构成，编码结构分为3段：

——左起第一位是其所属数据字典的编码,取值范围(1～9),本标准取值"4";
——左起第二位是其所属数据元分类的编码,取值范围(1～9);
——后三位为各数据元表的顺序编码,取值范围(001～999)。

6 数据元属性描述

见 GB/T 29097—2012 中的第 6 章。

7 交通检测器数据字典

7.1 检测器

7.1.1 检测器类别

英文名称:DETECTOR_Class_code
语境:道路交通管理
定义:用户定义用于交通管理的检测器类别。
对象类词:检测器
特性词:类别
表示词:代码
数据类型:字符型
值域:可以取下列枚举值:
——00 无需其他附加信息;
——01 需要其他附加信息;
——02 信号控制;
——03 交通检测;
——04 违法监测;
——05 匝道检测。
数据格式:n2
内部标识符:41001
备注:

7.1.2 检测器方向

英文名称:DETECTOR_Direction_code
语境:道路交通管理
定义:标识一个检测器正在监视检测的方向。
对象类词:检测器
特性词:方向
表示词:代码
数据类型:字符型
值域:可以取下列枚举值:
——1 北;
——2 东北;
——3 东;

——4 东南；

——5 南；

——6 西南；

——7 西；

——8 西北；

——11 上行；

——12 下行；

——0 其他。

数据格式：n..2

内部标识符：41002

备注：

7.1.3 检测器开始时间

英文名称：DETECTOR_StartTime_utc

语境：道路交通管理

定义：采集交通数据的开始时间。

对象类词：检测器

特性词：开始时间

表示词：协调世界时

数据类型：日期时间型

值域：

数据格式：YYYYMMDDThhmmss

内部标识符：41003

备注：符合 GB/T 7408 中日期和时间的组合，其中 T 为分割日期和时间的标志符，在不引起混淆的情况下，T 也可以省略。

7.1.4 检测器结束时间

英文名称：DETECTOR_EndTime_utc

语境：道路交通管理

定义：采集交通量的结束时间。

对象类词：检测器

特性词：结束时间

表示词：协调世界时

数据类型：日期时间型

值域：

数据格式：YYYYMMDDThhmmss

内部标识符：41004

备注：符合 GB/T 7408 中日期和时间的组合，其中 T 为分割日期和时间的标志符，在不引起混淆的情况下，T 也可以省略。

7.1.5 检测器标识符

英文名称：DETECTOR_Identifier_identifier

语境：道路交通管理

定义:在网络中一个检测器的惟一标识。
对象类词:检测器
特性词:标识
表示词:标识符
数据类型:字符型
值域:
数据格式:an..32
内部标识符:41005
备注:

7.1.6 检测器交叉口名称

英文名称:DETECTOR_IntersectionApproachName_text
语境:道路交通管理
定义:由检测器检测监视的交叉路口的字符串名称或对其的描述。
对象类词:检测器
特性词:交叉口名称
表示词:文本
数据类型:字符型
值域:
数据格式:a..128
内部标识符:41006
备注:

7.1.7 检测器车道

英文名称:DETECTOR_LaneNumber_code
语境:道路交通管理
定义:代表一个被检测器监视的车道编码。
对象类词:检测器
特性词:车道代码
表示词:代码
数据类型:字符型
值域:
数据格式:a..3
内部标识符:41007
备注:

7.1.8 检测器路段标识符

英文名称:DETECTOR_LinkIdentifier_identifier
语境:道路交通管理
定义:识别检测器正在检测的路段的一个惟一标识符。
对象类词:检测器
特性词:路段标识
表示词:标识符

数据类型:字符型
值域:
数据格式:an..32
内部标识符:41008
备注:

7.1.9 检测器线圈操作模式

英文名称:DETECTOR_LoopOperationMode_code
语境:道路交通管理
定义:一个线圈检测器的操作模式。
对象类词:检测器
特性词:操作模式
表示词:代码
数据类型:字符型
值域:可以取下列枚举值:
——0 无需其他附加信息;
——1 需要其他附加信息;
——2 存在;
——3 脉冲。
数据格式:n1
内部标识符:41009
备注:

7.1.10 检测器标定时间

英文名称:DETECTOR_MeasurementDate_date
语境:道路交通管理
定义:检测器标定时间。
对象类词:检测器
特性词:标定时间
表示词:协调世界时
数据类型:日期时间型
值域:
数据格式:YYYYMMDDThhmmss
内部标识符:41010
备注:符合 GB/T 7408 中日期和时间的组合,其中 T 为分割日期和时间的标志符,在不引起混淆的情况下,T 也可以省略。

7.1.11 检测器断面标识符

英文名称:DETECTOR_SectionIdentifier_identifier
语境:道路交通管理
定义:在网络中,检测器归属断面的惟一标识。
对象类词:检测器
特性词:断面标识符

表示词:标识符

数据类型:字符型

值域:

数据格式:an..32

内部标识符:41011

备注:

7.1.12 **检测器位置标识符**

英文名称:DETECTOR_StationIdentifier_identifier

语境:道路交通管理

定义:检测器位置的惟一标识。

对象类词:检测器

特性词:位置标识符

表示词:标识符

数据类型:字符型

值域:

数据格式:an..32

内部标识符:41012

备注:

7.1.13 **检测器状态**

英文名称:DETECTOR_Status_code

语境:道路交通管理

定义:一个显示检测器工作或故障的代码。

对象类词:检测器

特性词:状态

表示词:代码

数据类型:字符型

值域:可以取下列枚举值:

——0 故障;

——1 工作;

——2 关闭。

数据格式:n1

内部标识符:41013

备注:

7.1.14 **检测器类型**

英文名称:DETECTOR_Type_code

语境:道路交通管理

定义:代码说明提供交通数据的车辆检测器类型。

对象类词:检测器

特性词:类型

表示词:代码

数据类型:字符型

值域:可以取下列枚举值:

——0 无需其他附加信息;

——1 需要其他附加信息;

——2 感应线圈;

——3 磁性感应器;

——4 地磁仪;

——5 压力传感;

——6 微波检测器;

——7 超声波;

——8 视频图像;

——9 激光;

——10 红外线;

——11 路管(软管)。

数据格式:n..2

内部标识符:41014

备注:

7.1.15 检测器车辆计数

英文名称:DETECTOR_VehicleCount_quantity

语境:道路交通管理

定义:在规定的时间段内检测器检测到的车辆数。

对象类词:检测器

特性词:检测车辆数

表示词:数量

数据类型:数值型

值域:

数据格式:n..9

内部标识符:41015

备注:

7.1.16 检测器车辆排队长度

英文名称:DETECTOR_VehicleQueueLength_quantity

语境:道路交通管理

定义:在检测完一个规定的时间段后得到的队列中车辆数量,单位为辆。

对象类词:检测器

特性词:检测车辆排队长度

表示词:数量

数据类型:数值型

值域:

数据格式:n..5

内部标识符:41016

备注:

7.1.17 检测车辆速度

英文名称:DETECTOR_VehicleSpeed_rate
语境:道路交通管理
定义:车辆驶过道路检测断面的瞬时速度,单位为千米每小时。
对象类词:检测器
特性词:检测车辆排队长度
表示词:数量
数据类型:数值型
值域:
数据格式:n..5
内部标识符:41017
备注:

7.1.18 检测车道占有率

英文名称:DETECTOR_VehicleOccupancy_percent
语境:道路交通管理
定义:在特定的时间段内,有车辆通过断面的时间与检测周期时间的百分比。
对象类词:检测器
特性词:占有率
表示词:百分比
数据类型:数值型
值域:
数据格式:n..5,2
内部标识符:41018
备注:

7.1.19 检测车流量

英文名称:DETECTOR_VehicleVolume_quantity
语境:道路交通管理
定义:在特定的时间段内通过检测断面的车辆数,单位为辆。
对象类词:检测器
特性词:流量
表示词:数量
数据类型:数值型
值域:
数据格式:n..5
内部标识符:41019
备注:

7.1.20 车头时距

英文名称:DETECTOR_TimeHeadway_quantity
语境:道路交通管理

定义:两连续车辆的车头到达检测断面的时间间隔,单位为秒每辆。
对象类词:路段
特性词:车头时距
表示词:数量
数据类型:数值型
值域:
数据格式:n..7,1
内部标识符:41020
备注:

7.1.21 检测器其他信息

英文名称:DETECTOR_Other_text
语境:道路交通管理
定义:用以说明存在附加信息。当检测器对象类词代码值为"1=其他,需要附加信息"时使用。
对象类词:检测器
特性词:其他描述
表示词:文本
数据类型:字符型
值域:
数据格式:an..256
内部标识符:41021
备注:

7.2 浮动车

7.2.1 浮动车平均速度

英文名称:PROBE.VEHICLE_AverageSpeed_rate
语境:道路交通管理
定义:两点之间浮动车旅行的平均速度,单位为千米每小时。
对象类词:车辆检测数据
特性词:浮动车平均速度
表示词:比率
数据类型:数值型
值域:
数据格式:n..3
内部标识符:42001
备注:

7.2.2 浮动车对象类别

英文名称:PROBE.VEHICLE_Class_code
语境:道路交通管理
定义:被检测的个体车辆所属的对象类别。
对象类词:车辆检测数据

特性词:浮动车对象类别,浮动车类型

表示词:代码

数据类型:字符型

值域:可以取下列枚举值:

——0 无需其他附加信息;

——1 需要其他附加信息;

——2 运输车辆;

——3 出租车;

——4 邮递车辆;

——5 旅客车;

——6 应急车辆。

数据格式:n1

内部标识符:42002

备注:

7.2.3 浮动车目的地标识

英文名称:PROBE. VEHICLE_DestinationIdentifier_identifier

语境:道路交通管理

定义:表示浮动车目的地的惟一标识。

对象类词:车辆检测数据

特性词:浮动车目的地标识

表示词:标识符

数据类型:字符型

值域:

数据格式:an..32

内部标识符:42003

备注:

7.2.4 浮动车目的地名称

英文名称:PROBE. VEHICLE_DestinationName_text

语境:道路交通管理

定义:表示浮动车的目的地名称。

对象类词:车辆检测数据

特性词:浮动车目的地名称

表示词:文本

数据类型:字符型

值域:

数据格式:a..128

内部标识符:42004

备注:

7.2.5 浮动车身份标识

英文名称:PROBE. VEHICLE_IdNumber_number

语境:道路交通管理

定义:指派给浮动车个体的惟一身份标记。

对象类词:车辆检测数据

特性词:浮动车身份标识

表示词:号码

数据类型:字符型

值域:

有效值范围:an..256

内部标识符:42005

备注:

7.2.6 浮动车起点标识

英文名称:PROBE. VEHICLE_OriginIdentifier_Identifier

语境:道路交通管理

定义:表示浮动车起点的惟一标识。

对象类词:车辆检测数据

特性词:浮动车起点标识

表示词:标识符

数据类型:字符型

值域:

数据格式:an..32

内部标识符:42006

备注:

7.2.7 浮动车起点名称

英文名称:PROBE. VEHICLE_OriginName_text

语境:道路交通管理

定义:表示车辆旅行的起点的名称。

对象类词:车辆检测数据

特性词:浮动车起点名称

表示词:文本

数据类型:字符型

值域:

数据格式:a..128

内部标识符:42007

备注:

7.2.8 浮动车随机标识

英文名称:PROBE. VEHICLE_RandomIdentifier_identifier

语境:道路交通管理

定义:表示浮动车呼叫中心,由地理信息管理系统分配的随机标识符。

对象类词:车辆检测数据

特性词:浮动车随机标识

表示词:标识符

数据类型:字符型

值域:

数据格式:an..32

内部标识符:42008

备注:

7.2.9 浮动车驶入时刻

英文名称:PROBE.VEHICLE_TimeIn_utc

语境:道路交通管理

定义:表示浮动车通过上游车辆自动识别数据读取标记的时刻。

对象类词:车辆检测数据

特性词:浮动车驶入时刻

表示词:协调世界时

数据类型:日期时间型

值域:

数据格式:YYYYMMDDThhmmss

内部标识符:42009

备注:符合 GB/T 7408 中日期和时间的组合,其中 T 为分割日期和时间的标志符,在不引起混淆的情况下,T 也可以省略。

7.2.10 浮动车呼叫时刻

英文名称:PROBE.VEHICLE_TimeOfCall_utc

语境:道路交通管理

定义:表示浮动车呼叫的时刻(基于移动电话技术)。

对象类词:车辆检测数据

特性词:浮动车呼叫时刻

表示词:协调世界时

数据类型:日期时间型

值域:

数据格式:YYYYMMDDThhmmss

内部标识符:42010

备注:符合 GB/T 7408 中日期和时间的组合,其中 T 为分割日期和时间的标志符,在不引起混淆的情况下,T 也可以省略。

7.2.11 浮动车驶出时刻

英文名称:PROBE.VEHICLE_TimeOut_utc

语境:道路交通管理

定义:表示浮动车通过下游车辆自动识别数据读取标记的时刻。

对象类词:车辆检测数据

特性词:浮动车驶出时刻

表示词:协调世界时

数据类型:日期时间型

值域：

数据格式：YYYYMMDDThhmmss

内部标识符：42011

备注：符合 GB/T 7408 中日期和时间的组合，其中 T 为分割日期和时间的标志符，在不引起混淆的情况下，T 也可以省略。

7.2.12 浮动车旅行时间

英文名称：PROBE. VEHICLE_TravelTime_quantity

语境：道路交通管理

定义：两点之间所需的平均旅行时间，单位为秒。

对象类词：车辆检测数据

特性词：浮动车旅行时间

表示词：数量

数据类型：数值型

值域：

数据格式：n..5

内部标识符：42012

备注：

7.2.13 浮动车位置置信因子

英文名称：PROBE_LocationConfidenceFactor_quantity

语境：道路交通管理

定义：影响检测准确性的，与浮动车位置相关的置信因子。

对象类词：车辆检测数据

特性词：浮动车位置置信因子

表示词：数量

数据类型：数值型

值域：

数据格式：n..3

内部标识符：42013

备注：

7.2.14 浮动车被检测车辆数

英文名称：PROBE_NumberDetectedVehicles_quantity

语境：道路交通管理

定义：在用户指定期间段，被读标器检测到的车流中的带标记的车辆数目。

对象类词：车辆检测数据

特性词：检测器检测到浮动车车辆数

表示词：数量

数据类型：数值型

值域：

数据格式：n..10

内部标识符：42014

备注：

7.2.15 浮动车带标记车辆数

英文名称：PROBE_NumberTaggedVehicles_quantity
语境：道路交通管理
定义：在检测网络范围内，装配有车辆自动识别标记的车辆总数。
对象类词：车辆检测数据
特性词：浮动车车辆自动识别标记数
表示词：数量
数据类型：数值型
值域：
数据格式：n..10
内部标识符：42015
备注：

7.2.16 浮动车读标器标识

英文名称：PROBE_ReaderIdentifier_identifier
语境：道路交通管理
定义：表示每个车辆自动识别读标器的惟一标识。
对象类词：车辆检测数据
特性词：浮动车车辆自动识别读标器标识
表示词：标识符
数据类型：字符型
值域：
数据格式：an..32
内部标识符：42016
备注：

7.2.17 浮动车读标器经度

英文名称：PROBE_ReaderLocationLongitude_location
语境：道路交通管理
定义：表示读标器的经度。
对象类词：车辆检测数据
特性词：浮动车车辆自动识别读标器定位经度
表示词：位置
数据类型：数值型
值域：
数据格式：N..9,6
内部标识符：42017
备注：格林威治以东的经度用正号(+)表示，格林威治以西的经度用负号(－)表示，本初子午线用正号(+)表示。经度包括度和十进制小数度，小数度的精度取小数点后6位。

7.2.18 浮动车读标器纬度

英文名称：PROBE_ReaderLocationLatitude_location

语境:道路交通管理

定义:表示读标器的纬度。

对象类词:车辆检测数据

特性词:浮动车车辆自动识别读标器定位纬度

表示词:位置

数据类型:数值型

值域:

数据格式:N..8,6

内部标识符:42018

备注:赤道以北的纬度用正号(+)表示,赤道以南的纬度用负号(-)表示,赤道用正号(+)表示。纬度包括度和十进制小数度,小数度的精度取小数点后6位。

7.2.19 浮动车导航定位标识

英文名称:PROBE_ReferenceLocatorIdentifier_identifier

语境:道路交通管理

定义:卫星导航定位的惟一标识。

对象类词:车辆检测数据

特性词:检测器导航定位标识

表示词:标识符

数据类型:字符型

值域:

数据格式:an..32

内部标识符:42019

备注:

7.2.20 浮动车导航定位经度

英文名称:PROBE_ReferenceLocatorLongitude_location

语境:道路交通管理

定义:表示卫星导航定位的经度。

对象类词:车辆检测数据

特性词:检测器导航定位经度

表示词:位置

数据类型:数值型

值域:

数据格式:N..9,6

内部标识符:42020

备注:格林威治以东的经度用正号(+)表示,格林威治以西的经度用负号(-)表示,本初子午线用正号(+)表示。经度包括度和十进制小数度,小数度的精度取小数点后6位。

7.2.21 浮动车导航定位纬度

英文名称:PROBE_ReferenceLocatorLatitude_location

语境:道路交通管理

定义:表示差分卫星导航定位的定位纬度。

对象类词:车辆检测数据

特性词:检测器导航定位纬度

表示词:位置

数据类型:数值型

值域:

数据格式:N..8,6

内部标识符:42021

备注:赤道以北的纬度用正号(+)表示,赤道以南的纬度用负号(－)表示,赤道用正号(+)表示。纬度包括度和十进制小数度,小数度的精度取小数点后6位。

7.2.22 浮动车标记类型

英文名称:PROBE_TagType_code

语境:道路交通管理

定义:浮动车检测技术的类型。

对象类词:车辆检测数据

特性词:标记类型(Tag Type)

表示词:代码

数据类型:字符型

值域:可以取下列枚举值:

——0 无需其他附加信息;

——1 需要其他附加信息;

——2 车辆自动识别(AVI);

——3 移动电话;

——4 卫星定位系统;

——5 信标系统。

数据格式:n1

内部标识符:42022

备注:

7.2.23 浮动车自动识别上游读标器标识

英文名称:PROBE-AVI_UpstreamReaderIdNumber_number

语境:道路交通管理

定义:上游车辆自动识别读标器的标识,用于计算两个连续的读标之间的车辆旅行时间。

对象类词:车辆检测数据

特性词:浮动车车辆自动识别上游读标器标识

表示词:号码

数据类型:字符型

值域:

数据格式:an..256

内部标识符:42023

备注:

7.2.24 浮动车自动识别下游读标器标识

英文名称:PROBE-AVI_DownstreamReaderIdNumber_number

语境:道路交通管理

定义:下游车辆自动识别读标器的标识,用于计算两个连续的读标之间的车辆旅行时间。

对象类词:车辆检测数据

特性词:浮动车车辆自动识别下游读标器标识

表示词:号码

数据类型:字符型

值域:

数据格式:an..256

内部标识符:42024

备注:

7.2.25 浮动车其他信息

英文名称:PROBE. VEHICLE_Other_text

语境:道路交通管理

定义:用以说明存在附加信息。当检测器数据有效值代码值为“1=其他,需要附加信息”时使用。

对象类词:车辆检测数据

特性词:其他描述

表示词:文本

数据类型:字符型正文

值域:

数据格式:an..256

内部标识符:42025

备注:

索　引

内部标识符索引

ICS 03.220.20;35.240.60
R 07

中华人民共和国国家标准

GB/T 29096—2012

道路交通管理数据字典　交通事件数据

Road traffic management data dictionary—Traffic event data

2012-12-31 发布　　2013-07-01 实施

中华人民共和国国家质量监督检验检疫总局
中国国家标准化管理委员会　发布

前　言

本标准按照 GB/T 1.1—2009 给出的规则起草。

本标准是道路交通管理数据字典系列标准之一。已发布的相关系列标准如下：

——GB/T 29095—2012　道路交通管理数据字典　交通检测器；

——GB/T 29097—2012　道路交通管理数据字典　交通网络；

——GB/T 29098—2012　道路交通管理数据字典　交通信号控制。

本标准由全国智能运输系统标准化技术委员会(SAC/TC 268)提出并归口。

本标准起草单位：北京市公安局交通管理局交通科学研究所、交通运输部公路科学研究院。

本标准主要起草人：郭敏、张红、刘文峰、王明哲。

道路交通管理数据字典　交通事件数据

1　范围

本标准规定了道路交通管理中直接和交通事件数据相关的数据元的分类原则和方法、内部标识符编码原则与编码结构、数据元属性描述和数据元表。

本标准适用于道路交通管理领域的信息处理和信息交换。

2　规范性引用文件

下列文件对于本文件的应用是必不可少的。凡是注日期的引用文件，仅注日期的版本适用于本文件。凡是不注日期的引用文件，其最新版本(包括所有的修改单)适用于本文件。

GB/T 2260　中华人民共和国行政区划代码

GB/T 7408　数据元和交换格式　信息交换　日期和时间表示法

GB/T 29091—2012　道路交通管理数据字典　交通网络

3　分类原则和方法

3.1　按照道路交通管理信息数据的业务属性或特征分类。

3.2　分类具有兼容性，与有关标准协调一致。

3.3　本标准将道路交通管理领域内涉及道路交通事件数据的数据元分为5类：机构类、事件类、警报类、交通预测类、设备类。

4　命名原则与描述名称结构

4.1　命名原则

每一个命名对象只有一个描述名称(中/英文对照)，一个描述名称也只惟一表示一个命名对象。

4.2　描述名称结构

描述名称结构分为3段，分别为命名对象所属的实体类型、命名对象的特性及表述对象。中文描述名称各段间用"—"相联接，英文描述名称各段间用"_"相联接。

示例：机构联系方式—机构名称—文本

ORGANIZATION. CONTACT_ORGANIZATION_Name_text

5　内部标识符编码原则与编码结构

5.1　内部标识符编码原则

5.1.1　每一个数据元只有一个内部标识符代码，一个内部标识符代码也只惟一表示一个数据元。

5.1.2　内部标识符代码各层间留有扩充位，用户可根据需要自行扩充。

5.2 内部标识符编码结构

采用数字编码方式，共有5位构成，编码结构分为3段：

——左起第一位是其所属数据字典的编码，取值范围(1～9)，本标准取值“2”；

——左起第二位是其所属数据元分类的编码，取值范围(1～9)；

——后三位为各数据元表的顺序编码，取值范围(001～999)。

6 数据元属性描述

见GB/T 29097—2012中的第6章。

7 交通事件数据数据字典

7.1 机构

7.1.1 机构名称

英文名称：ORGANIZATION_Name_text
语境：道路交通管理
定义：组成机构或实体的最高级别的名称，该名称应进行地域性的定义，并与“机构类型”相一致。
对象类词：机构
特性词：名称
表示词：文本
数据类型：字符型
值域：
数据格式：a..128
内部标识符：21001
备注：

7.1.2 机构标识符

英文名称：ORGANIZATION_Identifier_identifier
语境：道路交通管理
定义：一定区域内某机构的惟一标识符。
对象类词：机构
特性词：标识符
表示词：标识符
数据类型：字符型
值域：
数据格式：an..32
内部标识符：21002
备注：

7.1.3 机构职能

英文名称：ORGANIZATION_Function_text

语境:道路交通管理
定义:一定区域内某机构职能的文字性描述。
对象类词:机构
特性词:职能
表示词:文本
数据类型:字符型
值域:
数据格式:a..128
内部标识符:21003
备注:

7.1.4 机构类型

英文名称:ORGANIZATION_Type_code
语境:道路交通管理
定义:机构的类型,如国家、省级、地级、县级、行政机关、企事业单位、自然人等。
对象类词:机构
特性词:类型
表示词:代码
数据类型:枚举型
值域:可以取下列枚举值:
——0 无需附加其他信息;
——1 需要附加其他信息;
——2 国家级;
——3 省级;
——4 城市的机构;
——5 地区的机构;
——6 县的机构;
——7 私人公司;
——8 私人个体;
——9 其他。
数据格式:n1
内部标识符:21004
备注:

7.1.5 分支机构名称

英文名称:SUBORGANIZATION_Name_text
语境:道路交通管理
定义:机构的分支机构(如处或办公室)的名称。
对象类词:分支机构
特性词:名称
表示词:文本
数据类型:字符型
值域:

数据格式:a..128
内部标识符:21005
备注:

7.1.6 分支机构标识符

英文名称:SUBORGANIZATION_Identifier_identifier
语境:道路交通管理
定义:机构内分支机构的惟一标识符。
对象类词:分支机构
特性词:标识符
表示词:标识符
数据类型:字符型
值域:
数据格式:an..32
内部标识符:21006
备注:

7.1.7 分支机构职能

英文名称:SUBORGANIZATION_Function_code
语境:道路交通管理
定义:机构中分支机构(如处或办公室)的职能。
对象类词:分支机构
特性词:职能
表示词:代码
数据类型:字符型
值域:可以取下列枚举值:

——00 无需附加其他信息;
——01 需要附加其他信息;
——02 街道施工;
——03 公路施工;
——04 法医;
——05 火灾救援;
——06 环境监测;
——07 紧急医疗服务;
——08 卫生设施服务;
——09 执法;
——10 运输业务;
——11 特殊服务;
——12 设施维护;
——13 公共建设工程;
——14 巡逻服务;
——15 媒体;
——16 交通报导服务;
——17 其他服务。

数据格式:n2
内部标识符:21007
备注:

7.1.8 中心名称

英文名称:CENTER_Name_text
语境:道路交通管理
定义:区域内指定的机构中心的名称,如运输中心、紧急事件处理中心、公共安全中心等。
对象类词:中心
特性词:名称
表示词:文本
数据类型:字符型
值域:
数据格式:a..16
内部标识符:21008
备注:

7.1.9 中心标识符

英文名称:CENTER_Identifier_identifier
语境:道路交通管理
定义:区域内指定的机构中心(如运输中心、紧急事件处理中心、公共安全中心等)惟一的标识符。
对象类词:中心
特性词:标识符
表示词:标识符
数据类型:字符型
值域:
数据格式:an..32
内部标识符:21009
备注:

7.1.10 中心职能

英文名称:CENTER_Function_text
语境:道路交通管理
定义:区域内指定的机构中心(如运输中心、紧急事件处理中心、公共安全中心等)职能的文字性描述。
对象类词:中心
特性词:职能
表示词:文本
数据类型:字符型
值域:
数据格式:a..128
内部标识符:21010
备注:

7.1.11 个人姓名

英文名称:PERSON_Name_text
语境:道路交通管理
定义:机构内个人的姓名或标识符。
对象类词:个人
特性词:姓名
表示词:文本
数据类型:字符型
值域:
数据格式:a..16
内部标识符:21011
备注:

7.1.12 个人职务

英文名称:PERSON_Title_text
语境:道路交通管理
定义:机构里某个人的职务。
对象类词:个人
特性词:职务
表示词:文本
数据类型:字符型
值域:
数据格式:a..16
内部标识符:21012
备注:

7.1.13 个人其他信息

英文名称:PERSON_OtherInformation_text
语境:道路交通管理
定义:机构内某个人的职能或其他信息。
对象类词:个人
特性词:其他信息
表示词:文本
数据类型:字符型
值域:
数据格式:a..128
内部标识符:21013
备注:

7.1.14 电子邮箱地址

英文名称:EMAIL_Address_text
语境:道路交通管理

定义:机构用来联系路面事故的个人电子邮箱地址。
对象类词:电子邮箱
特性词:地址
表示词:文本
数据类型:字符型
值域:
数据格式:an..128
内部标识符:21014
备注:

7.1.15 移动电话

英文名称:PHONE_MobilePhone_nbr
语境:道路交通管理
定义:机构中个人的移动电话号码。
对象类词:电话
特性词:移动电话
表示词:号码
数据类型:字符型
值域:0~9之间任何数字字符组,包括符号"-",被视为有效分隔符。
数据格式:n..13
内部标识符:21015
备注:

7.1.16 电话号码

英文名称:PHONE_Number_nbr
语境:道路交通管理
定义:机构中个人的电话号码。
对象类词:电话
特性词:号码
表示词:号码
数据类型:字符型
值域:0~9之间任何数字字符组, 包括符号"-",被视为有效分隔符。
数据格式:n..13
内部标识符:21016
备注:

7.1.17 传真电话

英文名称:PHONE_Fax_nbr
语境:道路交通管理
定义:机构中个人的传真电话号码。
对象类词:传真
特性词:电话
表示词:号码

数据类型:字符型
值域:0～9 之间任何数字字符组,包括符号"-",被视为有效分隔符。
数据格式:n..13
内部标识符:21017
备注:

7.1.18 无线电频率

英文名称:RADIOUNIT_Identifier_identifier
语境:道路交通管理
定义:机构中个人的无线电接收频率。
对象类词:无线电
特性词:频率
表示词:标识符
数据类型:字符型
值域:
数据格式:an..32
内部标识符:21018
备注:

7.1.19 居民邮寄地址

英文名称:RESIDENT_MailingAddress_text
语境:道路交通管理
定义:机构用来联系道路事件的居民个人邮寄地址。
对象类词:居民
特性词:邮寄地址
表示词:文本
数据类型:字符型
值域:
数据格式:an..256
内部标识符:21019
备注:

7.1.20 机构资源

英文名称:ORGANIZATIONRESOURCE_Identifier_identifier
语境:道路交通管理
定义:机构内部资源(如人员、车辆、交通设备等)惟一的标识符。
对象类词:机构
特性词:标识符
表示词:标识符
数据类型:字符型
值域:
数据格式:an..32
内部标识符:21020
备注:

7.1.21 负责人姓名

英文名称:PERSONONSITE_Name_text
语境:道路交通管理
定义:某道路事件负责人的姓名或标识符。
对象类词:负责人
特性词:姓名
表示词:文本
数据类型:字符型
值域:
数据格式:a..16
内部标识符:21021
备注:

7.1.22 负责人职务

英文名称:PERSONONSITE_Title_text
语境:道路交通管理
定义:某道路事件负责人的职务。
对象类词:负责人
特性词:职务
表示词:文本
数据类型:字符型
值域:
数据格式:a..16
内部标识符:21022
备注:

7.1.23 车辆标识符

英文名称:VEHICLE_Identifier_identifier
语境:道路交通管理
定义:与道路事件相关的机构车辆的惟一标识符。
对象类词:车辆
特性词:标识符
表示词:标识符
数据类型:字符型
值域:
数据格式:an..32
内部标识符:21023
备注:

7.1.24 车辆类型

英文名称:VEHICLE_Type_code
语境:道路交通管理

定义：识别与道路事件相关的特定车辆类型的代码。
对象类词：车辆
特性词：类型
表示词：代码
数据类型：字符型
值域：可以取下列枚举值：
——0 无需附加其他信息；
——1 需要附加其他信息；
——2 救护车；
——3 执法车；
——4 消防车；
——5 专业运输机构车辆；
——6 清障车；
——7 其他工具。
数据格式：n1
内部标识符：21024
备注：

7.1.25 车辆位置

英文名称：VEHICLE_Location_text
语境：道路交通管理
定义：与道路事件相关的机构车辆所在位置的文字性描述。
对象类词：车辆
特性词：位置
表示词：文本
数据类型：字符型
值域：
数据格式：a..16
内部标识符：21025
备注：

7.1.26 车辆经度

英文名称：VEHICLE_Longitude_location
语境：道路交通管理
定义：与道路事件相关的机构车辆所在位置的经度。
对象类词：车辆
特性词：经度
表示词：位置
数据类型：数值型
值域：
数据格式：N..9,6
内部标识符：21026
备注：格林威治以东的经度用正号(＋)表示，格林威治以西的经度用负号(－)表示，本初子午线用正号(+)表示。经度包括度和十进制小数度,小数度的精度取小数点后6位。

7.1.27 车辆纬度

英文名称:VEHICLE_Latitude_location
语境:道路交通管理
定义:与道路事件相关的机构车辆所在位置的纬度。
对象类词:车辆
特性词:纬度
表示词:位置
数据类型:数值型
值域:
数据格式:N..8,6
内部标识符:21027
备注:赤道以北的纬度用正号(+)表示,赤道以南的纬度用负号(—)表示,赤道用正号(+)表示。纬度包括度和十进制小数度,小数度的精度取小数点后6位。

7.1.28 设备标识符

英文名称:EQUIPMENT_Identifier_identifier
语境:道路交通管理
定义:识别与道路事件相关的机构交通设备的惟一标识符。
对象类词:设备
特性词:标识符
表示词:标识符
数据类型:字符型
值域:
数据格式:an..32
内部标识符:21028
备注:

7.1.29 设备类型

英文名称:EQUIPMENT_Type_code
语境:道路交通管理
定义:与道路事件相关的机构设备(不包括车辆)的类型。
对象类词:设备
特性词:类型
表示词:代码
数据类型:字符型
值域:可以取下列枚举值:

——0 无需附加其他信息;
——1 需要附加其他信息;
——2 动态通讯设备;
——3 公路咨询无线电通讯设备;
——4 闭路电视摄像机;

——5 便携的动态通讯设备；

——6 便携雷达；

——7 信号控制箱；

——8 匝道调节控制箱；

——9 临时的非电子信号控制设备；

——10 安全设备；

——11 其他设备。

数据格式：n..2

内部标识符：21029

备注：

7.1.30 设备位置

英文名称：EQUIPMENT_Location_text

语境：道路交通管理

定义：与道路事件相关的机构设备(不包括车辆)位置的文字性描述。

对象类词：设备

特性词：位置

表示词：文本

数据类型：字符型

值域：

数据格式：a..64

内部标识符：21030

备注：

7.1.31 设备经度

英文名称：EQUIPMENT_Longitude_location

语境：道路交通管理

定义：与道路事件相关的机构设备(不包括车辆)的经度。

对象类词：设备

特性词：经度

表示词：位置

数据类型：数值型

值域：

数据格式：N..9,6

内部标识符：21031

备注：格林威治以东的经度用正号(+)表示，格林威治以西的经度用负号(—)表示，本初子午线用正号(+)表示。经度包括度和十进制小数度，小数度的精度取小数点后6位。

7.1.32 设备纬度

英文名称：EQUIPMENT_Latitude_location

语境：道路交通管理

定义：与道路事件相关的机构交通设备的纬度。

对象类词：设备

特性词:纬度
表示词:位置
数据类型:数值型
值域:
数据格式:N..8,6
内部标识符:21032
备注:赤道以北的纬度用正号(+)表示,赤道以南的纬度用负号(-)表示,赤道用正号(+)表示。纬度包括度和十进制小数度,小数度的精度取小数点后6位。

7.1.33 机构其他

英文名称:ORGANIZATION_Other_text
语境:道路交通管理
定义:用于表示有附加信息存在的数据元。只有当几个数据元类型代码值取1,即有附加信息时,才使用此数据元。
对象类词:机构
特性词:其他
表示词:文本
数据类型:字符型
值域:
数据格式:an..256
内部标识符:21033
备注:

7.2 事件

7.2.1 访问等级

英文名称:ACCESS_Level_code
语境:道路交通管理
定义:对使用数据信息元的用户所附加的限制条件。
对象类词:访问
特性词:等级
表示词:代码
数据类型:字符型
值域:可以取下列枚举值:
——1 公共领域;
——2 所有媒体;
——3 挑选的媒体;
——4 始创的媒体;
——5 只限始创用户。
数据格式:n1
内部标识符:22001
备注:

7.2.2 主动性事件

英文名称：Active_Events_quantity
语境：道路交通管理
定义：目前在某个区域内，中心（运输中心、突发事件管理中心、公共安全中心等）有效控制的主动性事件（交通限行、计划中的路面封闭、特殊事件等）的数量。
对象类词：主动性
特性词：事件
表示词：数量
数据类型：数值型
值域：
数据格式：n..5
内部标识符：22002
备注：

7.2.3 电台频道号码

英文名称：BROADCASTCHANNEL_Number_identifier
语境：道路交通管理
定义：用来发布与事件相关信息的电台频道号码，如电视频道、无线电广播频率等。
对象类词：电台频道
特性词：号码
表示词：标识符
数据类型：字符型
值域：
数据格式：n..4
内部标识符：22003
备注：

7.2.4 事件描述

英文名称：EVENT_Description_text
语境：道路交通管理
定义：对道路事件（交通限行、计划中的路面封闭、特殊事件等）的文字描述。
对象类词：事件
特性词：描述
表示词：文本
数据类型：字符型
值域：
数据格式：an..2048
内部标识符：22004
备注：

7.2.5 描述建议的绕行路线

英文名称：DESCRIPTIONADVICE_AlternateRoute_code

语境:道路交通管理
定义:描述建议绕行的可选择路线。
对象类词:描述建议
特性词:绕行路线
表示词:代码
数据类型:字符型
值域:可以取下列枚举值:

——1 可以绕行;
——2 不能绕行;
——3 跟随标记;
——4 跟随绕行标记;
——5 跟随特别绕行标记;
——6 不要跟随绕行标记;
——7 正在绕行;
——8 跟随本地车绕行;
——9 正在强制绕行;
——10 没有合适的可绕行道路;
——11 不推荐绕行;
——12 推荐本地车绕开的区域;
——13 推荐卡车绕开的区域;
——14 可考虑的替代道路;
——15 可考虑的替代停车场;
——16 可考虑的替代目的地;
——17 可考虑的替代区域。

数据格式:n..3
内部标识符:22005
备注:

7.2.6 描述指令性命令

英文名称:DESCRIPTIONADVICEINSTRUCTION_Mandatory_code
语境:道路交通管理
定义:对出行者发布的、必须执行的指令性命令。
对象类词:描述指令
特性词:命令
表示词:代码
数据类型:字符型
值域:可以取下列枚举值:

——1 靠右行驶;
——2 靠左行驶;
——3 沿右侧车道行驶;
——4 沿左侧车道行驶;
——5 重型车走右侧车道;
——6 重型车走左侧车道;

——7 遵守交通信号；
——8 遵守道路标记；
——9 禁止通行；
——10 禁止吸烟；
——11 禁止点燃明火；
——12 以路肩为车道；
——13 禁止在路肩行驶；
——14 允许紧急车辆通行；
——15 为紧急车辆通行而清理车道；
——16 开到行车道路边；
——17 等待救护车辆；
——18 紧急情况请等待警察巡逻；
——19 降低行驶速度；
——20 遵守限速规定；
——127 不允许在路肩行车。

数据格式：n..3
内部标识符：22006
备注：

7.2.7 描述建议指导性劝告

英文名称：DESCRIPTIONADVICEINSTRUCTION_Recommendations_code
语境：道路交通管理
定义：对出行者发布的、建议执行的指导性劝告。
对象类词：描述建议
特性词：劝告
表示词：代码
数据类型：字符型
值域：可以取下列枚举值：

——1 小心驾驶；
——2 特别谨慎地驾驶；
——3 小心接近；
——4 保持距离；
——5 增大正常的跟车距离；
——6 测试汽车的制动；
——7 十字路口请小心；
——8 小心通过；
——9 请用车头近光灯；
——10 请用雾灯；
——11 请打开危险警告灯；
——12 请不要离开车；
——13 请离开车辆到下一个安全地点；
——14 请关闭发动机；
——15 关闭所有车窗并关闭暖风空调以及通风孔；

——16 关闭空调以防发动机过热；
——17 关闭移动电话和双向无线电通讯设备；
——18 请准备停车；
——19 在下一个休息区域停车；
——20 在下一个安全区域停车；
——21 绝对需要方可通行；
——22 开到另一个服务区；
——23 请使用公交车专用车道；
——24 请使用本地交通车道；
——25 请使用左侧平行路面；
——26 请使用右侧平行路面；
——27 请使用重型车车道；
——28 请注意观察推荐的速度。

数据格式：n..2

内部标识符：22007

备注：

7.2.8 描述建议的限定词

英文名称：DESCRIPTIONADVICE_Qualifier_code

语境：交通控制

定义：可以被加入位置描述中的限定词。

对象类词：描述建议

特性词：限定词

表示词：代码

数据类型：字符型

值域：可以取下列枚举值：

——1 在上方；
——2 在下方；
——3 在里面；
——4 环绕；
——5 在后方；
——6 在前方；
——7 正对着；
——8 在上面；
——9 在附近；
——10 来自于；
——11 终端；
——12 缓缓坠落；
——13 坠落；
——14 快速坠落；
——15 缓缓上升；
——16 上升；
——17 快速上升；

——18 稳定的；
——19 很可能的；
——20 变成；
——21 大部分；
——22 部分；
——23 负的；
——24 末端；
——25 预期的；
——26 低；
——27 中间；
——28 高；
——29 上面的；
——30 不合时宜的；
——31 据报告的；
——32 建议；
——33 由于；
——34 向…进发；
——35 转移；
——36 效用；
——37 动人的；
——38 堵塞；
——39 连接；
——40 完成；
——41 因为；
——42 或者；
——43 并且；
——44 稍后；
——45 标准；
——46 不久；
——47 立刻；
——48 服务。

数据格式：n..2

内部标识符：22008

备注：

7.2.9 描述建议的意见

英文名称：DESCRIPTIONADVICE_Suggestion_code

语境：道路交通管理

定义：可以被加入位置描述中的意见或建议。

对象类词：描述建议

特性词：意见

表示词：代码

数据类型：字符型

值域：可以取下列枚举值：

——1 停车换乘；

——2 启用辅助客运系统；

——3 乘火车旅行；

——4 乘地铁；

——5 走高速；

——6 乘公交车出行；

——7 避开高峰时段；

——8 不要有不必要的空隙；

——9 平稳地跟随前车；

——10 不要有不必要的减速；

——11 当心小偷；

——12 延误带来的遗憾；

——13 感谢您的理解；

——14 感谢您的耐心；

——15 多谢您的合作。

数据格式：n..2

内部标识符：22009

备注：

7.2.10 描述警告的建议

英文名称：DESCRIPTIONADVICE_Warning_code

语境：道路交通管理

定义：可以被加入位置描述中的对终端用户的警告性意见。

对象类词：描述警告

特性词：建议

表示词：代码

数据类型：字符型

值域：可以取下列枚举值：

——1 冒险；

——2 注意；

——3 警告；

——4 提防；

——5 危险；

——6 爆炸的危险；

——7 起火的危险；

——8 额外的警察巡逻；

——9 车辆在桥下停车要当心；

——10 意外事故风险加大；

——11 营救和治疗工作正在进行；

——12 现场有警察；

——13 现场有应急车辆；

——14 事故区域的交通在掌控中；

——15 警察指挥交通；
——16 营救人员指挥交通；
——17 正在进行补救；
——18 引导车在运行中；
——19 当心野生动物；
——20 警察正在检查；
——21 大规模地强制限速；
——22 对重型车辆大规模地限速；
——122 解除警告；
——123 解除监视；
——124 解除警报；
——125 结束；
——126 清除；
——127 取消。

数据格式：n..3

内部标识符：22010

备注：

7.2.11 描述者

英文名称：DESCRIPTION_Author_text

语境：道路交通管理

定义：事件描述人的姓名或标识符。

对象类词：描述

特性词：描述者

表示词：文本

数据类型：字符型

值域：

数据格式：a..128

内部标识符：22011

备注：

7.2.12 描述置信度级别

英文名称：DESCRIPTIONCONFINDENCE_Level_nbr

语境：道路交通管理

定义：表明事件准确性置信度级别的数字。

对象类词：描述置信度

特性词：级别

表示词：号码

数据类型：字符型

值域：

数据格式：n..3

内部标识符：22012

备注：

7.2.13 描述置信度级别作者

英文名称:DESCRIPTIONCONFINDENCELEVEL_Author_text

语境:道路交通管理

定义:记录事件置信度级别数字的人的姓名或标识符。

对象类词:描述置信度级别

特性词:作者

表示词:文本

数据类型:字符型

值域:

数据格式:an..128

内部标识符:22013

备注:

7.2.14 描述语言标识符

英文名称:DESCRIPTIONLANGUAGE_Identifier_identifier

语境:道路交通管理

定义:在正文或评论中使用语言的标识符。

对象类词:描述语言

特性词:标识符

表示词:标识符

数据类型:字符型

值域:

数据格式:n..2

内部标识符:22014

备注:

7.2.15 描述笔记和注释

英文名称:DESCRIPTION_NotesAndComments_text

语境:道路交通管理

定义:详细描述道路事件所用的补充笔记或注释。

对象类词:描述

特性词:笔记或注释

表示词:文本

数据类型:字符型

值域:

数据格式:an..1024

内部标识符:22015

备注:

7.2.16 描述笔记和注释的作者

英文名称:DESCRIPTIONNOTESANDCOMMENTS_Author_text

语境:道路交通管理

定义:记录事件描述笔记和注释文本的人的姓名或标识符。

对象类词:描述笔记和注释

特性词:作者

表示词:文本

数据类型:字符型

值域:

数据格式:an..128

内部标识符:22016

备注:

7.2.17 描述优先级别

英文名称:DESCRIPTION_PriorityLevel_nbr

语境:道路交通管理

定义:表明事件优先级别的数字。

对象类词:描述

特性词:优先级别

表示词:代码

数据类型:字符型

值域:可以取下列枚举值:

——1 未知;

——2 优先级最高;

——10 优先级最低。

数据格式:n..2

内部标识符:22017

备注:

7.2.18 描述优先级别的作者

英文名称:DESCRIPTIONPRIORITYLEVEL_Author_text

语境:道路交通管理

定义:参与描述优先级别的作者姓名或标识符。

对象类词:描述优先级别

特性词:作者

表示词:文本

数据类型:字符型

值域:

数据格式:an..128

内部标识符:22018

备注:

7.2.19 描述封闭类型

英文名称:DESCRIPTIONCLOSURE_Type_code

语境:道路交通管理

定义:描述车道封闭的类型,通常是计划内的部分车道封闭和全部车道封锁,需要绕道或可能产生延误。

对象类词:描述封闭
特性词:类型
表示词:代码
数据类型:字符型
值域:可以取下列枚举值:

——1 封闭交通;
——2 封闭;
——3 前方封闭;
——4 间断性封闭;
——5 因施工而封闭;
——6 因季节而封闭;
——7 封锁;
——8 前方封锁;
——9 减为单条车道;
——10 减为两条车道;
——11 减为三条车道;
——12 倒塌;
——13 通过;
——123 恢复交通;
——124 恢复;
——125 重新恢复交通;
——126 空旷地带;
——127 已清理。

数据格式:n..3
内部标识符:22019
备注:

7.2.20 描述延误、现状或取消服务的类型

英文名称:DESCRIPTIONDELAYSTATUSCANCELLATION_Type_code
语境:道路交通管理
定义:运输系统的现状、延误和取消服务的类型,这些描述包括道路延误、渡口服务延误、市内交通延误等,这些延误有可能影响到所有出行者。
对象类词:描述延误、现状或取消服务
特性词:类型
表示词:代码
数据类型:字符型
值域:可以取下列枚举值:

——1 延误;
——2 短时间延误;
——3 长时间延误;
——4 很长时间延误;
——5 不定时间的延误;
——6 延误到另行通知;

——7 繁忙;
——8 非常繁忙;
——9 拥堵;
——10 过度拥堵;
——11 取消车道;
——12 取消的车道无法替代;
——13 取消服务;
——14 暂停服务;
——15 撤销服务;
——16 服务全部被预订;
——17 所有服务被预订;
——18 下一次出发;
——19 下一次到达;
——20 比较频繁的维修;
——21 频繁的维修;
——22 很少维修;
——23 定期维修;
——24 不定期维修;
——25 不运行;
——26 系统;
——27 系统忙;
——28 系统拥堵;
——29 出行时间;
——30 车头间距;
——124 延误待清理;
——125 延误清除;
——126 恢复正常服务;
——127 运行。

数据格式:n..3

内部标识符:22020

备注:

7.2.21 描述设备状况的类型

英文名称:DESCRIPOTIONDEVICESTATUS_Type_code

语境:道路交通管理

定义:交通控制设备状况的类型,包括可能需要出行者特别注意的设备故障。

对象类词:描述设备状况

特性词:类型

表示词:代码

数据类型:字符型

值域:可以取下列枚举值:

——1 车道控制信号灯不工作;
——2 车道控制信号灯工作不正常;

——3 车道控制信号灯工作；
——4 动态信息标志牌停止工作；
——5 动态信息标志牌工作异常；
——6 动态信息标志牌工作；
——7 应急电话停止工作；
——8 应急电话号码错误；
——9 红绿灯停止工作；
——10 红绿灯工作异常；
——11 匝道控制信号灯停止工作；
——12 匝道控制信号灯工作异常；
——13 临时用红绿灯停止工作；
——14 临时用红绿灯工作异常；
——15 红绿灯控制计算机停止工作；
——16 红绿灯定时发生变化；
——17 触发超高警告系统；
——18 设备故障；
——19 铁路交叉口设备故障；
——20 隧道通风系统停止工作；
——21 能源系统故障；
——22 储存能源普遍损耗；
——23 技术问题；
——124 电子标志牌已修复；
——125 紧急呼叫设备修复；
——126 红绿灯修复；
——127 铁路交叉口设备已正常工作。

数据格式：n..3
内部标识符：22021
备注：

7.2.22 灾难类型

英文名称：DESCRIPTIONDISASTER_Type_code
语境：道路交通管理
定义：描述自然和人为灾难的类型，以及与灾难相关事件（包括火灾以及火灾所引起的相关事件）的类型，这些事件可能远离道路，但也会影响交通。
对象类词：灾难
特性词：类型
表示词：代码
数据类型：字符型
值域：可以取下列枚举值：

——1 暴发洪水；
——2 大量洪水；
——3 水库毁坏；
——4 防洪堤坝毁坏；

——5 海啸；

——6 潮汐波；

——7 火山爆发；

——8 火山灰降落；

——9 熔岩流；

——10 严重的火灾；

——11 建筑物火灾；

——12 森林火灾；

——13 野火；

——14 灌木丛火灾；

——15 草地火灾；

——16 极度危险的火灾；

——17 危险度非常高的火灾；

——18 危险度高的火灾；

——19 危险度中等的火灾；

——20 危险度低的火灾；

——21 地震灾害；

——22 飞机坠落；

——23 碰撞横栏；

——24 有毒物释放；

——25 有毒物泄漏；

——26 放射性释放；

——27 辐射危险；

——28 反应堆泄漏；

——29 爆炸；

——30 主要危险原料着火；

——31 主要危险原料泄漏；

——127 灾难解除。

数据格式：n..3

内部标识符：22022

备注：

7.2.23 干扰类型

英文名称：DISTURBANCES_Type_code

语境：道路交通管理

定义：描述干扰公共交通或个人出行事件的类型。

对象类词：干扰

特性词：类型

表示词：代码

数据类型：字符型

值域：可以取下列枚举值：

——1 袭击；

——2 犯罪；

——3 抢劫；
——4 费用争论；
——5 枪击；
——6 发生在道路上的枪击；
——7 自杀；
——8 打架；
——9 群殴；
——10 人身折磨；
——11 人身伤害；
——12 不守规矩的乘客；
——13 个人醉酒；
——14 人群失控；
——15 示威；
——16 游行；
——17 公众骚乱；
——18 暴动；
——19 民众动乱；
——20 民众突发事件；
——21 罢工；
——22 公共汽车司机罢工；
——23 出租车司机罢工；
——24 使用催泪毒气；
——25 安全警报；
——26 安全事故；
——27 检查站封锁；
——28 炸弹警报；
——29 恐怖分子事件；
——30 高速炮弹射击；
——31 使用爆炸物；
——32 空袭；
——33 大规模杀伤性武器；
——34 军事行动；
——126 安全问题清除；
——127 交通干扰清除。

数据格式：n..3

内部标识符：22023

备注：

7.2.24 描述事件类型

英文名称：DESCRIPTIONEVENT_Type_code

语境：道路交通管理

定义：用来识别事件类型的代码。

对象类词：事件

特性词:类型
表示词:代码
数据类型:字符型
值域:可以取下列枚举值:
——1 交通环境;
——2 事故;
——3 关闭;
——4 路面施工;
——5 堵塞;
——6 延误状况取消;
——7 不正常的驾驶;
——8 车辆故障;
——9 设备故障;
——10 限制;
——11 事故响应状况;
——12 灾难;
——13 干扰;
——14 运动事件;
——15 特殊事件;
——16 停车信息;
——17 系统信息;
——18 天气条件;
——19 降雨;
——20 风;
——21 大气能见度;
——22 温度;
——23 人行道条件;
——24 冬季驾驶限制;
——25 冬季驾驶指数;
——26 建议出行者;
——27 警告出行者;
——28 劝告出行者;
——29 强制命令出行者;
——30 限定词;
——31 一般场所;
——32 路面车道描述;
——33 绕行路线;
——34 单位;
——35 运输模式;
——36 受影响的车队;
——37 受影响的旅游团体;
——38 受影响的响应群;
——39 响应事件设备。
数据格式:n..2

内部标识符:22024

备注:

7.2.25 描述事故类型

英文名称:DESCRIPTIONINCIDENT_Type_code

语境:道路交通管理

定义:路面撞车事故和其他意外路面事故的类型,包括车辆损坏情况等。

对象类词:事故

特性词:类型

表示词:代码

数据类型:字符型

值域:可以取下列枚举值:

——1 意外事故;

——2 严重事故;

——3 伤害事故;

——4 小事故;

——5 多个车辆事故;

——6 多起事故;

——7 事故涉及一辆自行车;

——8 事故涉及一辆公交车;

——9 事故涉及一辆摩托车;

——10 事故涉及一个行人;

——11 事故涉及一列火车;

——12 事故涉及一辆货车;

——13 事故涉及危险物;

——14 事故初期;

——15 医疗紧急情况;

——16 次要事故;

——17 正在进行救援和恢复工作;

——18 事故调查工作;

——19 事故;

——20 停驶车辆;

——21 废弃的车辆;

——22 不能行驶的车辆;

——23 不能行驶的卡车;

——24 不能行驶的半挂车;

——25 不能行驶的公交车;

——26 不能行驶的火车;

——27 车辆驶离道路;

——28 车辆起火;

——29 车辆落水;

——30 车辆减速以查看事故;

——31 半挂车折叠;

——32 牵引车和挂车折叠；
——33 车辆运输过程中溢出物引起的事故；
——34 酸溢出；
——35 化学物溢出；
——36 燃料溢出；
——37 危险物溢出；
——38 石油溢出；
——39 有毒物溢出；
——40 溢洒的路面；
——41 翻车；
——42 卡车翻车；
——43 半挂车翻车；
——44 公交车翻车；
——45 火车出轨；
——46 车辆撞击；
——47 卡车与桥发生撞击；
——48 公交车与桥发生撞击；
——126 意外事故清除；
——127 事故清除。

数据格式：n..3

内部标识符：22025

备注：

7.2.26 描述事故响应设备的类型

英文名称：DESCRIPTIONINCIDENTRESPONSEEQUIPMENT_Type_code

语境：道路交通管理

定义：与事件处理相关的设备类型。

对象类词：事故响应设备

特性词：类型

表示词：代码

数据类型：字符型

值域：可以取下列枚举值：
——1 地面灭火设备；
——2 重型地面设备；
——4 飞机；
——5 水上设备；
——6 辅助设备；
——7 医疗救护设备；
——9 其他；
——10 其他地面灭火设备；
——11 发电机；
——12 卡车或飞机；
——14 消防车；

——16 清扫车；
——17 空中救援和灭火设备；
——20 其他重型的地面设备；
——21 推土机；
——22 拖拉机；
——24 油轮；
——40 其他飞行器；
——41 飞机机翼固定水箱；
——42 直升灭火飞机；
——43 直升飞机；
——50 其他水上设备；
——51 带水泵的救火船；
——52 不带水泵的船；
——60 其他辅助设备；
——61 辅助通风设备；
——62 灯光和通风设备；
——70 救援设备；
——71 其他医疗救援设备；
——72 市内搜寻救援设备；
——73 大角度救援；
——74 爆裂火灾救援设备；
——75 劳工统计局设备；
——76 飞机自动着陆设备；
——91 可移动的指挥所；
——92 主指挥官车；
——93 Ⅰ类协助人员；
——94 Ⅱ类协助人员；
——95 私有车；
——100 其他资源设备；
——101 救护车；
——102 运送有爆炸隐患物资篷车；
——103 联合收割机；
——104 施工车辆；
——105 农用拖拉机；
——106 割草机；
——107 重型拖车；
——108 格栅切割设备；
——109 轻型拖车；
——110 移动式起重机；
——111 垃圾集运车辆；
——112 铺平用车辆；
——113 道路清扫车；
——114 道路清扫人员；

——115 抢救车辆；

——116 沙地卡车；

——117 扫雪机；

——118 蒸汽压路机；

——119 敞篷车；

——120 路轨铺设车辆；

——121 未知；

——122 路面划(白)线机。

数据格式：n..3

内部标识符：22026

备注：

7.2.27 描述事故响应状况类型

英文名称： DESCRIPTIONINCIDENTRESPONSESTATUS_Type_code

语境：道路交通管理

定义：用以识别事故响应状况的数据元。

对象类词：事故响应状况

特性词：类型

表示词：代码

数据类型：字符型

值域：可以取下列枚举值：

——1 未经证实的报告；

——2 在途中初始响应；

——3 在途中追加响应；

——4 在现场初始响应；

——5 在现场追加响应；

——6 现场报告；

——7 现场不稳定；

——8 现场得到保护；

——9 正在进行救援和恢复工作；

——10 取证过程中；

——11 正在进行清除工作；

——12 尸体移动工作；

——13 火灾封锁现场；

——14 火灾没有封锁现场；

——125 事故清除；

——126 交通事故清理中；

——127 事故结束。

数据格式：n..3

内部标识符：22027

备注：

7.2.28 描述车道封闭类型

英文名称：DESCRIPTIONLANECLOSURE_Type_code

语境:道路交通管理

定义:描述部分车道关闭或封锁的情况,提醒驾驶者注意有可能产生延误。

对象类词:车道封闭

特性词:类型

表示词:代码

数据类型:字符型

值域:可以取下列枚举值:

——0 无需附加其他信息;

——1 需要附加其他信息;

——2 车道关闭;

——3 右侧车道关闭;

——4 中间车道关闭;

——5 左侧车道关闭;

——6 路肩关闭;

——7 车道封锁;

——8 右侧车道封锁;

——9 中间车道封锁;

——10 左侧车道封锁;

——11 路肩封锁;

——12 路面变为单车道;

——13 路面变为双车道;

——14 路面变为三车道;

——15 逆行;

——16 车道变窄;

——125 车道封锁解除;

——126 车道关闭解除;

——127 正常行车车道修复。

数据格式:n..3

内部标识符:22028

备注:

7.2.29 描述路面车道的类型

英文名称:DESCRIPTIONLANEROADWAY_Type_code

语境:道路交通管理

定义:描述各种类型的车道。

对象类词:路面车道

特性词:类型

表示词:代码

数据类型:字符型

值域:可以取下列枚举值:

——1 所有车道;

——2 直行车车道;

——3 左侧车道;

——4 右侧车道；
——5 中央车道；
——6 中间车道；
——7 中间两条车道；
——8 右转弯车道；
——9 左转弯车道；
——10 右侧出口匝道；
——11 右侧进口匝道；
——12 左侧出口匝道；
——13 左侧进口匝道；
——14 硬路肩；
——15 软路肩；
——16 右侧路肩；
——17 左侧路肩；
——18 右侧平行车道；
——19 左侧平行车道；
——20 连接车道；
——21 快速车道；
——22 本地车道；
——23 收费车道；
——24 电子收费车道；
——25 收费广场；
——26 检查车道；
——27 公交车车道；
——28 卡车车道；
——29 应急车道；
——30 超车车道；
——31 上坡车道；
——32 下坡车道；
——33 慢车车道；
——34 便道；
——35 自行车车道；
——36 桥；
——37 天桥；
——38 高架车道；
——39 高架桥下通道；
——40 隧道。

数据格式：n..2

内部标识符：22029

备注：

7.2.30 描述一般位置的类型

英文名称：DESCRIPTIONGENERICLOCATION_Type_code

语境:道路交通管理
定义:位置描述中可能用到的描述一般位置的短语。
对象类词:一般位置
特性词:类型
表示词:代码
数据类型:字符型
值域:可以取下列枚举值:

——1 桥上;
——2 隧道内;
——3 进入或离开隧道;
——4 匝道上;
——5 在筑路区域内;
——6 在弯道附近;
——7 在支路;
——8 在逆行车道上;
——9 车道附近;
——10 在弯道内;
——11 交叉口;
——12 在中间;
——13 移动到路边;
——14 移动到路肩;
——15 在行车道上;
——16 在阴暗的区域;
——17 在低洼区;
——18 在市区;
——19 在城市中心地带;
——20 局部的;
——21 其他地方;
——22 在沟里;
——23 在山谷里;
——24 在山顶;
——25 在山麓小丘地带;
——26 在高海拔地区;
——27 在湖附近;
——28 在海滨附近;
——29 在山顶;
——30 不在车行道上;
——31 在海滩附近;
——32 在海滩入口附近;
——33 较低水平面;
——34 较高水平面;
——35 小型民用机场;
——36 中央广场;

——37 大门；
——38 行李领取处；
——39 海关交税点；
——40 火车站；
——41 月台；
——42 码头；
——43 库房；
——44 货场；
——45 咨询处或接待处；
——46 休息区；
——47 服务区；
——48 称重地点；
——49 野餐区；
——50 休息区；
——51 加油站；
——52 卫生间；
——53 在右侧；
——54 在左侧；
——55 在中间；
——56 在相反的方向；
——57 交通交叉口；
——58 北行交通；
——59 东行交通；
——60 南行交通；
——61 西行交通；
——62 北；
——63 南；
——64 东；
——65 西；
——66 东北；
——67 西北；
——68 东南；
——69 西南。

数据格式：n..2
内部标识符：22030
备注：

7.2.31 描述非常规类型

英文名称：DESCRIPTIONMOBILESITUATION_Type_code
语境：道路交通管理
定义：描述需要出行者特别注意的非常规事件，如铲雪机铲雪、车队等。
对象类词：非常规情形
特性词：类型

表示词:代码

数据类型:字符型

值域:可以取下列枚举值:

——1 异常负荷;

——2 超宽负荷;

——3 超长负荷;

——4 缓慢的车辆;

——5 农用装备;

——6 马车;

——7 超高负荷;

——8 超重负荷;

——9 轨道车辆;

——10 运输危险物资的车辆;

——11 缓慢行驶的维护车辆;

——12 护卫;

——13 军事护卫;

——14 难民护卫;

——15 车队;

——16 扫路车;

——17 维修车;

——18 铲雪机;

——124 缓慢行驶维护车辆警告解除;

——125 异常负荷警告解除;

——126 危险负荷警告解除;

——127 护卫解除。

数据格式:n..3

内部标识符:22031

备注:

7.2.32 描述堵塞类型

英文名称:DESCRIPTIONOBSTRUCTION_Type_code

语境:道路交通管理

定义:描述意外的行车道堵塞(如洪水等)情况,需要驾驶者注意可能产生延误。

对象类词:堵塞

特性词:类型

表示词:代码

数据类型:字符型

值域:可以取下列枚举值:

——1 行车道堵塞;

——2 行车道上有障碍物;

——3 行驶的车辆上掉落物体;

——4 行车道上有残骸;

——5 暴风雨损害;

——6 行车道上有行人；
——7 行车道上有自行车；
——8 游客堵塞入口；
——9 大量的游客；
——10 行车道上有动物；
——11 行车道上有大型动物；
——12 行车道上有动物群；
——13 动物在路上停留；
——14 倒下的树木；
——15 下坠的输电线；
——16 下坠的电缆；
——17 塌陷；
——18 路面坍塌；
——19 人行道凹凸；
——20 坑槽；
——21 洪水泛滥；
——22 总水管破裂；
——23 下水道崩塌；
——24 下水道溢出；
——25 煤气泄漏；
——26 雪水融化；
——27 泥流；
——28 雪崩；
——29 落石；
——30 山崩；
——126 正在清除；
——127 堵塞已清除。

数据格式：n..3

内部标识符：22032

备注：

7.2.33 描述泊车信息类型

英文名称：DESCRIPTIONPARKINGINFORMATION_Type_code

语境：道路交通管理

定义：描述旅行中的泊车信息。

对象类词：泊车信息

特性词：类型

表示词：代码

数据类型：字符型

值域：可以取下列枚举值：

——1 泊车限制杆正常升起；
——2 泊车计时器限制杆升起；
——3 泊车受到限制；

——4 多层停车场已满；

——5 泊车车库已满；

——6 所有的多层停车场已满；

——7 可用空间禁止泊车；

——8 只有少量可用空间；

——9 有空的可用空间；

——10 禁止泊车；

——11 只可用道路一侧泊车；

——12 可在道路两侧泊车；

——13 只允许平行泊车；

——14 泊车计时器不能用；

——15 用泊车计时器收费；

——16 特殊泊车；

——17 残疾人泊车；

——18 长期泊车；

——19 通宵泊车；

——20 短期泊车；

——126 特殊泊车限制器升起；

——127 没有可用的泊车信息。

数据格式：n..3

内部标识符：22033

备注：

7.2.34 描述公路条件的类型

英文名称：DESCRIPTIONPAVEMENTCONDITION_Type_code

语境：道路交通管理

定义：详细描述公路表面条件，这些信息要求驾驶者小心或在某些情况下要避免出行，这些描述对公路养护作业也有重要作用。

对象类词：公路条件

特性词：类型

表示词：代码

数据类型：字符型

值域：可以取下列枚举值：

——1 不能通行；

——2 几乎不能通行；

——3 可小心通行；

——4 可通行；

——5 路面积水危险；

——6 有轮胎打滑的危险；

——7 公路潮湿；

——8 公路已处理；

——9 路滑；

——10 车行道上有泥；

——11 车行道上有树叶；
——12 车行道上有散沙；
——13 车行道上有松散的沙砾；
——14 车道上有燃料；
——15 车道上有油；
——16 路面状况差；
——17 柏油融化；
——18 结冰；
——19 小块路面结冰；
——20 黑色的冰面；
——21 车道上有冰球；
——22 冰块增大；
——23 冻雨；
——24 潮湿结冰的路面；
——25 融化着的雪；
——26 烂泥；
——27 冻结的烂泥；
——28 车道上有雪；
——29 铺满了雪；
——30 小块地方铺满了雪；
——31 铲过的雪；
——32 雨雪；
——33 刚下的雪；
——34 粉末状的雪；
——35 粒状的雪；
——36 冻结的雪；
——37 沉积的雪；
——38 深雪；
——39 雪堆；
——40 漂流着的雪；
——41 预计有雪堆；
——42 流动的雪堆；
——123 干燥的公路；
——124 雪已清除；
——125 公路条件已改善；
——126 刹车危险减小；
——127 公路条件清除。

数据格式：n..3

内部标识符：22034

备注：

7.2.35 描述降水量的类型

英文名称：DESCRIPTIONPRECIPITATION_Type_code

语境:道路交通管理

定义:描述降水量、蒸发量对出行和公路维护的影响,也用以描述其他事件发生时的降水条件,如事故和自然灾害。

对象类词:降水量

特性词:类型

表示词:代码

数据类型:字符型

值域:可以取下列枚举值:

——1 天气恶劣;

——2 暴风雪;

——3 大雪;

——4 雪;

——5 小雪;

——6 阵雪;

——7 冬季暴风;

——8 表面覆冰;

——9 严重的霜冻;

——10 霜冻;

——11 暴风雪;

——12 雨夹雪;

——13 雨雪混合;

——14 雨转雪;

——15 破坏性的冰雹;

——16 冰雹;

——17 暴风雨;

——18 雷阵雨;

——19 倾盆大雨;

——20 大雨;

——21 雨;

——22 小雨;

——23 细雨;

——24 阵雨;

——25 降水结束;

——127 快速清理。

数据格式:n..3

内部标识符:22035

备注:

7.2.36 描述受影响的响应部门的类型

英文名称:DESCRIPTIONADVICERESPONDERGROUPAFFECTED_Type_code

语境:道路交通管理

定义:用于识别受事故影响的或与事故相关的响应部门的数据元。

对象类词:受影响的响应部门

特性词:类型

表示词:代码

数据类型:字符型

值域:可以取下列枚举值:

——1 应急车辆;

——2 联合执法单位;

——3 公安部;

——4 省级公安厅;

——5 当地公安局;

——6 医疗救护单位;

——7 救援单位;

——8 消防队;

——9 轻型车拖车单位;

——10 重型车拖车单位。

数据格式:n..2

内部标识符:22036

备注:

7.2.37 描述路面施工类型

英文名称:DESCRIPTIONROADWORK_Type_code

语境:道路交通管理

定义:描述路面施工、路面维护及其他相关行为,需要提醒驾驶者小心,并可能产生延误。

对象类词:路面施工

特性词:类型

表示词:代码

数据类型:字符型

值域:可以取下列枚举值:

——1 路面施工;

——2 主路面施工;

——3 路面长期施工;

——4 施工工程;

——5 铺路施工;

——6 路中央正在施工;

——7 道路改造;

——8 逆向行驶;

——9 窄车道;

——10 边施工边通行;

——11 单车道交替放行用于双向交通;

——12 道路维护操作;

——13 路标维护;

——14 桥梁维护;

——15 桥梁施工;

——16 拆除桥梁;

——17 爆破作业；
——18 控制雪崩；
——19 主水管维护；
——20 煤气总管维护；
——21 铺设地下电缆；
——22 地下维修作业；
——23 新道路施工规划；
——24 新道路规划；
——25 临时车道标记；
——26 临时红绿灯；
——27 应急维修；
——122 道路维护完毕；
——123 恢复正常的道路状态；
——124 正在进行路面施工清除；
——125 路面施工已完成；
——126 道路已修复；
——127 路面施工完成。

数据格式：n..3

内部标识符：22037

备注：

7.2.38 描述特殊事件类型

英文名称：DESCRIPTIONSPECIALEVENT_Type_code

语境：道路交通管理

定义：描述各种大型活动引发的特殊事件的类型，这些事件虽然远离道路，但也会影响交通。

对象类词：特殊事件

特性词：类型

表示词：代码

数据类型：字符型

值域：可以取下列枚举值：

——1 重要事件；
——2 飞行表演；
——3 热气球表演；
——4 音乐会；
——5 典礼会场；
——6 贵宾访问；
——7 展览；
——8 节假日；
——9 展览会；
——10 艺术表演；
——11 室外市场；
——12 集市；
——13 狂欢节；

——14 焰火表演；
——15 贸易展览会；
——16 电影节；
——17 总统级访问；
——18 游行；
——19 车队；
——20 葬礼队伍；
——21 群众集会；
——22 假日交通；
——127 事件结束。

数据格式:n..3

内部标识符:22038

备注:

7.2.39 描述体育事件类型

英文名称:DESCRIPTIONSPORTINGEVENTS_Type_code

语境:道路交通管理

定义:描述体育事件的类型,其可能占用路面也可能不占用路面,但会影响交通。

对象类词:体育事件

特性词:类型

表示词:代码

数据类型:字符型

值域:可以取下列枚举值:

——1 体育事件；
——2 竞赛；
——3 锦标赛；
——4 田径运动赛事；
——5 棒球比赛；
——6 篮球比赛；
——7 拳击比赛；
——8 足球比赛；
——9 羽毛球比赛；
——10 高尔夫球锦标赛；
——11 曲棍球比赛；
——12 网球锦标赛；
——13 摔跤比赛；
——14 公路赛；
——15 汽车比赛；
——16 自行车比赛；
——17 赛跑事件；
——18 马拉松长跑；
——19 马术表演；
——20 竞技表演；

——21 水上运动事件；
——22 冬季体育事件；
——23 滑冰；
——127 体育事件结束。

数据格式：n..3
内部标识符：22039
备注：

7.2.40 描述系统信息类型

英文名称：DESCRIPTIONSYSTEMINFORMATION_Type_code
语境：道路交通管理
定义：描述出行信息的类型，这些信息既可与其他出行者共用，也可独自使用。
对象类词：系统信息
特性词：类型
表示词：代码
数据类型：字符型
值域：可以取下列枚举值：

——1 可通过收音机得到的信息；
——2 可通过电视机得到的信息；
——3 可以打电话获得的信息；
——4 可通过因特网得到的信息；
——5 测试得到的信息；
——6 没有可利用的信息；
——7 无效描述；
——8 信息服务暂停；
——126 信息服务重新开始；
——127 删除信息。

数据格式：n..3
内部标识符：22040
备注：

7.2.41 描述温度的类型

英文名称：DESCRIPTIONTEMPERATURE_Type_code
语境：道路交通管理
定义：描述温度条件的短语。
对象类词：温度
特性词：类型
表示词：代码
数据类型：字符型
值域：可以取下列枚举值：

——1 最高温度；
——2 最低温度；
——3 当前温度；

——4 热指数；
——5 极端温度；
——6 热；
——7 比较热；
——8 酷热；
——9 比较温暖；
——10 温暖；
——11 暖和；
——12 凉快；
——13 比较凉快；
——14 冷；
——15 比较冷；
——16 很冷；
——17 酷冷；
——18 风寒；
——19 形成露水；
——20 相对湿度；
——126 温度接近季节平均值；
——127 低于极端温度。

数据格式：n..3

内部标识符：22041

备注：

7.2.42 描述交通环境类型

英文名称：DESCRIPTIONTRAFFICCONDITIONS_Type_code

语境：道路交通管理

定义：描述交通环境的类型，包括周期性发生的环境，如高峰时段的堵塞，或伴有其他事件，如路面施工、事故、特殊的事件等非正常环境。

对象类词：交通环境

特性词：类型

表示词：代码

数据类型：字符型

值域：可以取下列枚举值：

——1 交通堵塞；
——2 走走停停；
——3 低速通行；
——4 繁重的交通；
——5 交通建设；
——6 排长队；
——7 交通拥挤；
——8 比正常交通量小；
——9 比正常交通量大；
——10 比正常交通量大很多；

——123 交通流顺畅；
——124 道路放行；
——125 交通恢复正常；
——126 没有问题汇报；
——127 交通拥挤清除。

数据格式：n..3

内部标识符：22042

备注：

7.2.43 描述公共交通模式

英文名称：DESCRIPTIONTRANSITMODE_Type_code

语境：道路交通管理

定义：描述可选择的运输系统模式，包括轨道交通、渡船和公共交通等。

对象类词：公共交通模式

特性词：类型

表示词：代码

数据类型：字符型

值域：可以取下列枚举值：

——1 出行；
——2 公共交通；
——3 公共汽车；
——4 电动公交车；
——5 轨道交通；
——6 市郊火车；
——7 地铁；
——8 高速交通；
——9 轻轨；
——10 有轨电车；
——11 班车；
——12 停车换乘；
——13 往返汽车；
——14 免费往返汽车；
——15 机场巴士；
——16 出租车；
——17 渡船；
——18 载客渡船；
——19 车辆渡船；
——20 高架火车；
——21 磁悬浮列车；
——22 缆车；
——23 单轨火车；
——24 飞行。

数据格式：n..3

内部标识符:22043

备注:

7.2.44 描述受到影响的出行群体的类型

英文名称:DESCRIPTIONTRAVELERGROUPAFFECTED_Type_code

语境:道路交通管理

定义:适用于特殊出行群体的限定词。

对象类词:受到影响的出行群体

特性词:类型

表示词:代码

数据类型:字符型

值域:可以取下列枚举值:

——1 所有车辆;

——2 自行车;

——3 摩托车;

——4 汽车;

——5 轻型车辆;

——6 轿车和轻型车辆;

——7 带拖车的轿车;

——8 带娱乐拖车的轿车;

——9 带拖车的车辆;

——10 重型车辆;

——11 卡车;

——12 公共汽车;

——13 铰接公共汽车;

——14 校车;

——15 带半挂车的车辆;

——16 带双拖车的车辆;

——17 超高车辆;

——18 超宽车辆;

——19 超长车辆;

——20 超载;

——21 异常负荷;

——22 护卫;

——23 维护车辆;

——24 运输车辆;

——25 牌照尾数为偶数的车辆;

——26 牌照尾数为奇数的车辆;

——27 有泊车许可证的车辆;

——28 有催化排气净化器的车辆;

——29 没有催化排气净化器的车辆;

——30 汽油车辆;

——31 柴油车辆;

——32 液化石油气(LPG)车辆;
——33 压缩天然气(CNG)车辆;
——34 军事护卫;
——35 军队车辆。

数据格式:n..2

内部标识符:22044

备注:

7.2.45 描述不正常驾驶的类型

英文名称:DESCRIPTIONUNUSUALDRIVING_Type_code

语境:道路交通管理

定义:描述不正常的驾驶情况,可能需要出行者特别注意。

对象类词:不正常驾驶

特性词:类型

表示词:代码

数据类型:字符型

值域:可以取下列枚举值:

——1 车辆行驶路线错误;
——2 不计后果的司机;
——3 阻止车道上的车辆;
——4 紧急情况车辆;
——5 高速紧急情况车辆;
——6 高速追逐;
——126 危险车辆警告清除;
——127 紧急情况车辆警告清除。

数据格式:n..3

内部标识符:22045

备注:

7.2.46 描述能见度和空气质量的类型

英文名称:DESCRIPTIONVISIBILITYAIRQUALITY_Type_code

语境:道路交通管理

定义:描述能见度和空气质量条件,这些因素会影响安全驾驶速度,并且可能会影响一些人的健康状况。

对象类词:能见度和空气质量

特性词:类型

表示词:代码

数据类型:字符型

值域:可以取下列枚举值:

——1 浓雾;
——2 雾;
——3 不均匀的雾;
——4 冰冻的雾;

——5 薄雾；
——6 朦胧；
——7 能见度降低；
——8 暴风雪；
——9 风雪；
——10 烟雾危险；
——11 喷雾危险；
——12 低角度阳光耀眼；
——13 雪光耀眼；
——14 风尘；
——15 风沙；
——16 尘暴；
——17 沙暴；
——18 空气质量良好；
——19 空气质量好；
——20 空气质量差；
——21 空气质量很差；
——22 空气污染严重；
——23 烟雾警报；
——24 花粉浓度高；
——25 花粉浓度中；
——26 花粉浓度低；
——27 成群的昆虫；
——123 雾散尽；
——124 能见度改善；
——125 雾预报撤消；
——126 污染警报结束；
——127 空气质量改善。

数据格式：n..3

内部标识符：22046

备注：

7.2.47 描述气候条件类型

英文名称：DESCRIPTIONWEATHERCONDITION_Type_code

语境：道路交通管理

定义：描述出行者和公路维护人员比较关注的一般气候条件，如天气条件和紫外线指数。也用来描述其他事件的发生，如事故和自然灾害。

对象类词：气候条件

特性词：类型

表示词：代码

数据类型：字符型

值域：可以取下列枚举值：

——1 阴暗；

——2 多云；
——3 多云为主；
——4 有时多云；
——5 有时有阳光；
——6 以阳光照射为主；
——7 阳光充足；
——8 晴；
——9 无云；
——10 以晴为主；
——11 很干燥；
——12 干燥；
——13 紫外线指数非常高；
——14 紫外线指数高；
——15 紫外线指数中等；
——16 紫外线指数低；
——17 紫外线指数非常低；
——18 大气压力高；
——127 撤消天气预报。

数据格式：n..3
内部标识符：22047
备注：

7.2.48 描述风的类型

英文名称：DESCRIPTIONWIND_Type_code
语境：道路交通管理
定义：描述风的情况，风可能影响出行(如侧面较高的车辆)和路面维护(如风雪的影响)。
对象类词：风
特性词：类型
表示词：代码
数据类型：字符型
值域：可以取下列枚举值：
——1 龙卷风；
——2 飓风；
——3 强烈的飓风；
——4 热带风暴；
——5 强烈的大风；
——6 强烈的风暴；
——7 强风；
——8 中强度的风；
——9 微风；
——10 无风；
——11 阵风；
——12 侧向风；

——13 多风的；

——126 强风已经减弱；

——127 强风预报取消。

数据格式：n..3

内部标识符：22048

备注：

7.2.49 描述冬季驾驶指数

英文名称：DESCRIPTIONWINTERDRIVINGINDEX_Type_code

语境：道路交通管理

定义：概括描述冬季路面条件，将驾驶难度分为6级。

对象类词：冬季驾驶指数

特性词：类型

表示词：代码

数据类型：字符型

值域：可以取下列枚举值：

——1 驾驶条件好；

——2 驾驶条件一般；

——3 驾驶条件差；

——4 驾驶条件非常差；

——5 驾驶条件危险；

——6 驾驶条件极度危险。

数据格式：n1

内部标识符：22049

备注：

7.2.50 描述冬季驾驶装备类型

英文名称：DESCRIPTIONWINTERDRIVINGRESTRICTIONS_Type_code

语境：道路交通管理

定义：针对冬季行车条件确定车辆冬季必备的装备。

对象类词：冬季驾驶装备

特性词：类型

表示词：代码

数据类型：字符型

值域：可以取下列枚举值：

——1 推荐的冬季装备；

——2 必需的冬季装备；

——3 推荐使用防滑雪链；

——4 必须使用防滑雪链；

——5 禁止使用防滑雪链；

——6 禁止使用带钉轮胎；

——7 推荐使用雪地轮胎；

——8 必须使用雪地轮胎；

——9 推荐使用四轮驱动；

——10 必须使用四轮驱动；

——11 推荐使用雪地轮胎或防滑雪链；

——12 必须使用雪地轮胎或防滑雪链；

——127 冬季驾驶必备千斤顶。

数据格式：n..3

内部标识符：22050

备注：

7.2.51 检测方法

英文名称：DETECTION_Method_code

语境：道路交通管理

定义：道路事件的检测方法。

对象类词：检测

特性词：方法

表示词：代码

数据类型：字符型

值域：可以取下列枚举值：

——0 无需附加其他信息；

——1 需要附加其他信息；

——2 运输管理处；

——3 交通管理处；

——4 商业性交通服务；

——5 未知的乘车观察员；

——6 商业汽车运输公司；

——7 计数；

——8 汽车俱乐部巡逻；

——9 飞行器侦查；

——10 私人修理站；

——11 照相机观测；

——12 非警察的紧急巡逻服务；

——13 感应线圈检测站；

——14 微波检测站；

——15 移动平台测量；

——16 移动电话呼叫；

——17 警察巡逻；

——18 公用和私用设备；

——19 道路状况仿真；

——20 注册过的乘车观察员；

——21 路侧电话呼叫；

——22 扫雪机报告；

——23 交通检测站；

——24 视频检测站；

——25 车辆检测器测量；

——26 天气模型。

数据格式:n..2

内部标识符:22051

备注:

7.2.52 有效时段限定词

英文名称:EFFECTIVEPERIOD_Qualifier_code

语境:道路交通管理

定义:位置元素使用的有效的时间段。

对象类词:有效时间段

特性词:限定词

表示词:代码

数据类型:字符型

值域:可以取下列枚举值:

——0 未指定；

——1 上午；

——2 下午；

——3 晚上；

——4 夜里；

——5 白天；

——6 非高峰时段；

——7 高峰时段；

——8 直到另行通知。

数据格式:n1

内部标识符:22052

备注:

7.2.53 调幅(AM)广播频率

英文名称:AM_Fequency_quantity

语境:道路交通管理

定义:广播与事件相关信息的商业调幅波段的无线电频率。

对象类词:调幅(AM)广播

特性词:频率

表示词:数量

数据类型:字符型

值域:kHz/10

数据格式:n..3

内部标识符:22053

备注:

7.2.54 调频(FM)广播频率

英文名称:FM_Fequency_quantity

语境:道路交通管理
定义:广播与事件相关信息的商业调频波段的无线电频率。
对象类词:调频(FM)广播
特性词:频率
表示词:数量
数据类型:字符型
值域:MHz×10
数据格式:n..4
内部标识符:22054
备注:

7.2.55 互联网带宽

英文名称:INTERNET_Band_rate
语境:道路交通管理
定义:在规定时间内从一端流到另一端的信息量,即数据传输率。
对象类词:互联网
特性词:带宽
表示词:数据传输率
数据类型:字符型
值域:M
数据格式:n..4
内部标识符:22055
备注:

7.2.56 广播电视频率

英文名称:TELEVISION_Broadcast_quantity
语境:道路交通管理
定义:传送电视信号的无线电频率。
对象类词:广播电视
特性词:频率
表示词:数量
数据类型:字符型
值域:MHz
数据格式:n..4
内部标识符:22056
备注:

7.2.57 数字多媒体频率

英文名称:DIGITAL_Multimedia_quantity
语境:道路交通管理
定义:传输数字多媒体信号的无线电频率。
对象类词:数字
特性词:频率

表示词:数量
数据类型:字符型
值域:MHz
数据格式:n..4
内部标识符:22057
备注:

7.2.58 可变信息标志

英文名称:VMS_Sign_quantity
语境:道路交通管理
定义:互联网,即广域网、局域网及单机按照一定的通讯协议组成的国际计算机网络。
对象类词:互联网
特性词:网络
表示词:数量
数据类型:字符型
值域:MHz×10
数据格式:n..4
内部标识符:22058
备注:

7.2.59 事件标识符

英文名称:EVENT_Identifier_identifier
语境:道路交通管理
定义:交通管理系统给定的用于表示车道事件的惟一文字或数字标识符。
对象类词:事件
特性词:标识符
表示词:标识符
数据类型:字符型
值域:
数据格式:an..32
内部标识符:22059
备注:

7.2.60 事故详细资料

英文名称:INCIDENT_Details_code
语境:道路交通管理
定义:描述事故类型的详细资料。
对象类词:事故
特性词:详细资料
表示词:代码
数据类型:字符型
值域:可以取下列枚举值:
——0 无需附加其他信息;

——1 需要附加其他信息；
——2 翻滚/推翻/顶翻；
——3 沉没；
——4 吸入气体；
——5 非撞击性伤害(在车内受伤或从车上跌落受伤)；
——6 碎片掷落或物体坠落；
——7 与行人相撞；
——8 与自行车或骑自行车的人相撞；
——9 与火车相撞；
——10 与动物相撞；
——11 与行驶中的摩托车相撞；
——12 与停放的机动车辆(或不在运动状态的机动车辆)相撞；
——13 与地面障碍物相撞；
——14 与建筑物相撞；
——15 与碰撞缓冲设施/防碰衬垫相撞；
——16 与桥梁结构件(桥墩/桥台/护栏/栏杆)相撞；
——17 与护栏相撞；
——18 与混凝土交通栅栏或者其他纵向的障碍物相撞；
——19 与邮筒相撞；
——20 与电信杆或支柱(标志杆,功能柱)相撞；
——21 与管路或壕沟相撞；
——22 与路缘相撞；
——23 与堤坝相撞；
——24 与围栏相撞；
——25 墙相撞；
——26 与消防拴相撞；
——27 与灌木丛或矮树丛相撞；
——28 与树相撞；
——29 与大石头相撞；
——30 与人行道不规则表面(车辙,坑槽,格栅等)相撞；
——31 未知。

数据格式:n..2
内部标识符:22060
备注:

7.2.61 事故涉及公共汽车的数量

英文名称:INCIDENTBUSESINVOLVED_Count_quantity
语境:道路交通管理
定义:一起事故中涉及的公共汽车的总数。
对象类词:事故涉及公共汽车
特性词:数量
表示词:数量
数据类型:整型

值域：

数据格式：n..3

内部标识符：22061

备注：

7.2.62 事故涉及汽车的数量

英文名称：INCIDENTCARSINVOLVED_Count_quantity

语境：道路交通管理

定义：一起事故中涉及的汽车总数。

对象类词：事故涉及汽车

特性词：数量

表示词：数量

数据类型：整型

值域：

数据格式：n..3

内部标识符：22062

备注：

7.2.63 事故死亡人员数量

英文名称：INCIDENTHUMANFATALITIES_Count_quantity

语境：道路交通管理

定义：接到报告时已知的事故中死亡人员的数量。

对象类词：事故死亡人数

特性词：数量

表示词：数量

数据类型：整型

值域：

数据格式：n..3

内部标识符：22063

备注：

7.2.64 事故受伤人员数量

英文名称：INCIDENTHUMANINJURIES_Count_quantity

语境：道路交通管理

定义：接到报告时已知的事故中受伤人员的数量。

对象类词：事故受伤人数

特性词：数量

表示词：数量

数据类型：整型

值域：

数据格式：n..5

内部标识符：22064

备注：

7.2.65 事故人员伤害

英文名称:INCIDENTHUMANINJURY_Type_code

语境:道路交通管理

定义:以代码的方式表示事故中受伤人员的受伤程度。

对象类词:事故人员伤害

特性词:类型

表示词:代码

数据类型:字符型

值域:可以取下列枚举值:

——0 无需附加其他信息;

——1 需要附加其他信息;

——2 无人员受伤;

——3 可能有人员受伤;

——4 没有人丧失行动能力;

——5 未对受伤者编码;

——6 受伤严重程度未知;

——7 有人员轻伤

——8 有人丧失行动能力;

——9 有人员重伤;

——10 死亡;

——11 事先死亡。

数据格式:n..2

内部标识符:22065

备注:

7.2.66 事故重伤人员数量

英文名称:INCIDENTHUMANMAJORINJURIES_Count_quantity

语境:道路交通管理

定义:接到报告时已知的在事故中重伤人员的数量,需要住院治疗的为重伤。

对象类词:事故重伤人数

特性词:数量

表示词:数量

数据类型:整型

值域:

数据格式:n..3

内部标识符:22066

备注:

7.2.67 事故轻伤人员数量

英文名称:INCIDENTHUMANMINORINJURIES_Count_quantity

语境:道路交通管理

定义:接到报告时已知的在事故中轻伤人员的数量,不需住院治疗的为轻伤。

对象类词:事故轻伤人数
特性词:数量
表示词:数量
数据类型:整型
值域:
数据格式:n..3
内部标识符:22067
备注:

7.2.68 车辆相互碰撞方式

英文名称:CARCOLLISION_Manner_code
语境:道路交通管理
定义:用来表示碰撞事故中车辆碰撞方式的代码。
对象类词:车辆相互碰撞
特性词:方式
表示词:代码
数据类型:字符型
值域:可以取下列枚举值:
——0 无需附加其他信息;
——1 需要附加其他信息;
——2 与行进中的摩托车相撞;
——3 追尾;
——4 正面碰撞;
——5 车尾与车尾相撞;
——6 侧面相撞;
——7 同向行驶侧面相撞;
——8 迎面行驶侧面相撞;
——9 未知。
数据格式:n..2
内部标识符:22068
备注:

7.2.69 公安部门报告中的事故标识符

英文名称:INCIDENTPOLICEREPORT_Identifier_identifier
语境:道路交通管理
定义:碰撞事故在公安部门报告中的内部编码。
对象类词:公安部门报告中的事故
特性词:标识符
表示词:标识符
数据类型:字符型
值域:
数据格式:an..30
内部标识符:22069
备注:

7.2.70 事故财产损失

英文名称:INCIDENTPROPERTY_Damage_code
语境:道路交通管理
定义:事故中财产损失类型的代码。
对象类词:事故财产
特性词:损失
表示词:代码
数据类型:字符型
值域:可以取下列枚举值:

——0 无需附加其他信息;
——1 需要附加其他信息;
——2 护栏损坏;
——3 电信杆或红绿灯杆损坏;
——4 人行道损坏;
——5 建筑物损坏;
——6 交通设备损坏;
——7 车辆损坏。

数据格式:n..2
内部标识符:22070
备注:

7.2.71 事故严重度

英文名称:INCIDENT_Severity_code
语境:道路交通管理
定义:描写事故严重程度的代码。
对象类词:事故
特性词:严重度
表示词:代码
数据类型:字符型
值域:可以取下列枚举值:

——0 无需附加其他信息;
——1 需要附加其他信息;
——2 轻度;
——3 中度;
——4 重度。

数据格式:n..2
内部标识符:22071
备注:

7.2.72 事故状况

英文名称:INCIDENT_Status_code
语境:道路交通管理

定义:表示事故所处状况的代码。
对象类词:事故
特性词:状况
表示词:代码
数据类型:字符型
值域:可以取下列枚举值:
——0 无需附加其他信息;
——1 需要附加其他信息;
——2 发现事故;
——3 确认事故并做出响应;
——4 首先到达现场;
——5 清理现场并恢复正常;
——6 处理完毕;
——7 修理。
数据格式:n..2
内部标识符:22072
备注:

7.2.73 事故涉及卡车的数量

英文名称:INCIDENTTRUCKSINVOLVED_Count_quantity
语境:道路交通管理
定义:事故中所涉及的卡车数量。
对象类词:事故涉及卡车
特性词:数量
表示词:数量
数据类型:整型
值域:
数据格式:n..3
内部标识符:22073
备注:

7.2.74 事故涉及的车辆类型

英文名称:INCIDENTVEHICLEINVOLVED_Type_code
语境:道路交通管理
定义:核实事故中涉及的车辆类型的代码。
对象类词:事故涉及的车辆
特性词:类型
表示词:代码
数据类型:字符型
值域:可以取下列枚举值:
——0 无需附加其他信息;
——1 需要附加其他信息;
——2 重型普通半挂车;

——3 重型厢式半挂车；
——4 重型罐式半挂车；
——5 重型平板半挂车；
——6 重型集装箱半挂车；
——7 重型自卸半挂车；
——8 重型特殊结构半挂车；
——9 重型仓栅式半挂车；
——10 重型旅居半挂车；
——11 重型专项作业半挂车；
——12 重型低平板半挂车；
——13 中型普通半挂车；
——14 中型厢式半挂车；
——15 中型罐式半挂车；
——16 中型平板半挂车；
——17 中型集装箱半挂车；
——18 中型自卸半挂车；
——19 中型特殊结构半挂车；
——20 中型仓栅式半挂车；
——21 中型旅居半挂车；
——22 中型专项作业半挂车；
——23 中型低平板半挂车；
——24 轻型普通半挂车；
——25 轻型厢式半挂车；
——26 轻型罐式半挂车；
——27 轻型平板半挂车；
——28 轻型自卸半挂车；
——29 轻型仓栅式半挂车；
——30 轻型旅居半挂车；
——31 轻型专项作业半挂车；
——32 轻型低平板半挂车；
——33 无轨电车；
——34 有轨电车；
——35 重型普通全挂车；
——36 重型厢式全挂车；
——37 重型罐式全挂车；
——38 重型平板全挂车；
——39 重型集装箱全挂车；
——40 重型自卸全挂车；
——41 重型仓栅式全挂车；
——42 重型旅居全挂车；
——43 重型专项作业全挂车；
——44 中型普通全挂车；
——45 中型厢式全挂车；

——46 中型罐式全挂车；
——47 中型平板全挂车；
——48 中型集装箱全挂车；
——49 中型自卸全挂车；
——50 中型仓栅式全挂车；
——51 中型旅居全挂车；
——52 中型专项作业全挂车；
——53 轻型普通全挂车；
——54 轻型厢式全挂车；
——55 轻型罐式全挂车；
——56 轻型平板全挂车；
——57 轻型自卸全挂车；
——58 轻型仓栅式全挂车；
——59 轻型旅居全挂车；
——60 轻型专项作业全挂车；
——61 重型普通货车；
——62 重型厢式货车；
——63 重型封闭货车；
——64 重型罐式货车；
——65 重型平板货车；
——66 重型集装厢车；
——67 重型自卸货车；
——68 重型特殊结构货车；
——69 重型仓栅式货车；
——70 中型普通货车；
——71 中型厢式货车；
——72 中型封闭货车；
——73 中型罐式货车；
——74 中型平板货车；
——75 中型集装厢车；
——76 中型自卸货车；
——77 中型特殊结构货车；
——78 中型仓栅式货车；
——79 轻型普通货车；
——80 轻型厢式货车；
——81 轻型封闭货车；
——82 轻型罐式货车；
——83 轻型平板货车；
——84 轻型自卸货车；
——85 轻型特殊结构货车；
——86 轻型仓栅式货车；
——87 微型普通货车；
——88 微型厢式货车；

——89 微型封闭货车；
——90 微型罐式货车；
——91 微型自卸货车；
——92 微型特殊结构货车；
——93 微型仓栅式货车；
——94 普通低速货车；
——95 厢式低速货车；
——96 罐式低速货车；
——97 自卸低速货车；
——98 仓栅式低速货车；
——99 轮式装载机械；
——100 轮式挖掘机械；
——101 轮式平地机械；
——102 大型普通客车；
——103 大型双层客车；
——104 大型卧铺客车；
——105 大型铰接客车；
——106 大型越野客车；
——107 大型轿车；
——108 大型专用客车；
——109 中型普通客车；
——110 中型双层客车；
——111 中型卧铺客车；
——112 中型铰接客车；
——113 中型越野客车；
——114 中型轿车；
——115 中型专用客车；
——116 小型普通客车；
——117 小型越野客车；
——118 小型轿车；
——119 小型专用客车；
——120 微型普通客车；
——121 微型越野客车；
——122 微型轿车；
——123 普通正三轮摩托车；
——124 轻便正三轮摩托车；
——125 正三轮载客摩托车；
——126 正三轮载货摩托车；
——127 侧三轮摩托车；
——128 普通二轮摩托车；
——129 轻便二轮摩托车；
——130 三轮汽车；
——131 重型半挂牵引车；

——132 重型全挂牵引车；
——133 中型半挂牵引车；
——134 中型全挂牵引车；
——135 轻型半挂牵引车；
——136 轻型全挂牵引车；
——137 大型轮式拖拉机；
——138 小型轮式拖拉机；
——139 手扶拖拉机；
——140 手扶变形运输机；
——141 其他；
——142 大型专项作业车；
——143 中型专项作业车；
——144 小型专项作业车；
——145 微型专项作业车；
——146 重型专项作业车；
——147 轻型专项作业车。

数据格式：n..3
内部标识符：22074
备注：

7.2.75 事故涉及车辆数量

英文名称：INCIDENTVEHICLEINVOLVED_Count_quantity
语境：道路交通管理
定义：一起事故中涉及的车辆总数。
对象类词：事故涉及车辆
特性词：数量
表示词：数量
数据类型：整型
值域：
数据格式：n..3
内部标识符：22075
备注：

7.2.76 受影响的车道数

英文名称：LANESAFFECTED_Count_code
语境：道路交通管理
定义：以字符串说明受事件影响的车道数，事件包括事故、车道关闭、特殊事件等。
对象类词：受影响的车道
特性词：数量
表示词：代码
数据类型：字符型
值域：
数据格式：an..2

内部标识符:22076
备注:

7.2.77 车道交通流方向

英文名称:LANESTRAVEL_Direction_code
语境:道路交通管理
定义:识别道路或联络线走向的代码,该道路或联络线的路肩(或车道)被道路封锁或封闭。
对象类词:车道交通流
特性词:方向
表示词:代码
数据类型:字符型
值域:可以取下列枚举值:
——0 无需附加其他信息;
——1 需要附加其他信息;
——2 北;
——3 东北;
——4 东;
——5 东南;
——6 南;
——7 西南;
——8 西;
——9 西北。
数据格式:n..3
内部标识符:22077
备注:

7.2.78 受影响的车道路肩

英文名称:LANESAFFECTED_Shoulders_code
语境:道路交通管理
定义:受道路事件影响的车道路肩的代码。
对象类词:受影响的车道
特性词:路肩
表示词:代码
数据类型:字符型
值域:可以取下列枚举值:
——0 无需附加其他信息;
——1 需要附加其他信息;
——2 没有;
——3 右侧路肩;
——4 左侧路肩;
——5 两侧路肩。
数据格式:n1
内部标识符:22078
备注:

7.2.79 原始车道总数

英文名称:ORIGINALLANES_Total_quantity
语境:道路交通管理
定义:正常状况(无事故或路面施工)下朝着出行方向的车道总数。
对象类词:原始车道
特性词:总数
表示词:数量
数据类型:整型
值域:
数据格式:n..3
内部标识符:22079
备注:

7.2.80 受影响的车道长度

英文名称:LANESAFFECTED_Length_quantity
语境:道路交通管理
定义:受到事件影响的车道长度,如排队长度等,单位为米。
对象类词:受影响的车道
特性词:长度
表示词:数量
数据类型:整型
值域:
数据格式:n..4
内部标识符:22080
备注:

7.2.81 位置区域标识符

英文名称:LOCATIONAREA_Identifier_identifier
语境:道路交通管理
定义:省、市或其他指定区域的标识符,当用做路线参考的一部分时,通过标识符编号可以识别其所属的省或县。
对象类词:位置区域
特性词:标识符
表示词:标识符
数据类型:字符型
值域:按照 GB/T 2260 的规定。
数据格式:an..6
内部标识符:22081
备注:

7.2.82 位置高于海平面的高度

英文名称:LOCATION_AltitudeAboveSeaLevel_location

语境:道路交通管理

定义:与平均海平面相比,事件所在位置高于海平面的高度,单位为米。

对象类词:位置

特性词:高于海平面的高度

表示词:位置

数据类型:整型

值域:0～9000

数据格式:n..4

内部标识符:22082

备注:

7.2.83 位置低于海平面的高度

英文名称:LOCATION_AltitudeBelowSeaLevel_location

语境:道路交通管理

定义:与平均海平面相比,事件所在位置低于海平面的高度,单位为米。

对象类词:位置

特性词:低于海平面的高度

表示词:位置

数据类型:整型

值域:－900～0

数据格式:n..3

内部标识符:22083

备注:

7.2.84 位置纬度

英文名称:LOCATION_LatitudeCoordinates_location

语境:道路交通管理

定义:道路事件所在位置的纬度。

对象类词:位置

特性词:纬度

表示词:位置

数据类型:数值型

值域:

数据格式:N..8,6

内部标识符:22084

备注:赤道以北的纬度用正号(＋)表示,赤道以南的纬度用负号(－)表示,赤道用正号(＋)表示。纬度包括度和十进制小数度,小数度的精度取小数点后6位。

7.2.85 位置经度

英文名称:LOCATION_LongitudeCoordinates_location

语境:道路交通管理

定义:道路事件所在位置的经度。

对象类词:位置

特性词:经度

表示词:位置

数据类型:数值型

值域:

数据格式:N..9,6

内部标识符:22085

备注:格林威治以东的经度用正号(+)表示,格林威治以西的经度用负号(—)表示,本初子午线用正号(+)表示。经度包括度和十进制小数度,小数度的精度取小数点后6位。

7.2.86 交叉街道起点位置

英文名称:CROSSSTREETBEGIN_Location_text

语境:道路交通管理

定义:与道路事件起点位置一致的交叉街道名称,该数据元也可用于其他线性地理特征当中,如与街道相交的河流、港口或行政区界。

对象类词:交叉街道起点

特性词:位置

表示词:文本

数据类型:字符型

值域:

数据格式:an..128

内部标识符:22086

备注:

7.2.87 交叉街道起点位置标识符

英文名称:CROSSSTREETBEGINLOCATION_Identifier_identifier

语境:道路交通管理

定义:街道标识符来自街道索引或街道名称词典,而街道索引和街道名词词典可以替代街道全称,可用于定义道路事件发生位置(交叉街道)的起点。

对象类词:交叉街道起点位置

特性词:标识符

表示词:标识符

数据类型:字符型

值域:

数据格式:an..32

内部标识符:22087

备注:

7.2.88 交叉街道终点位置

英文名称:CROSSSTREETEND_Location_text

语境:道路交通管理

定义:与道路事件所在终点位置一致的交叉街道名称。

对象类词:交叉街道终点

特性词:位置

表示词:文本

数据类型:字符型

值域:

数据格式:an..128

内部标识符:22088

备注:

7.2.89 交叉街道终点位置标识符

英文名称:CROSSSTREETENDLOCATION_Identifier_identifier

语境:道路交通管理

定义:街道标识符来自街道索引或街道名称词典,而街道索引和街道名词词典可以替代街道的全称,用于定义道路事件发生位置的终点。

对象类词:交叉街道终点位置

特性词:标识符

表示词:标识符

数据类型:字符型

值域:

数据格式:an..32

内部标识符:22089

备注:

7.2.90 发生事故的交叉街道位置

英文名称:INCIDENTOCCURENCECROSSSTREET_Location_number

语境:道路交通管理

定义:以数字表示错综复杂的街道中,事件所在街道的位置。当来、去街道相同,街道交叉很多次时使用。

对象类词:发生事故的交叉街道

特性词:位置

表示词:号码

数据类型:字符型

值域:

数据格式:n..3

内部标识符:22090

备注:

7.2.91 入口匝道起点位置

英文名称:ENTRANCERAMPBEGINLOCATION_Identifier_identifier

语境:道路交通管理

定义:与道路事件起点位置相对应的高速公路入口匝道的标识符。

对象类词:入口匝道起点位置

特性词:标识符

表示词:标识符

数据类型:字符型

值域：
数据格式：n1
内部标识符：22091
备注：

7.2.92 **入口匝道终点位置**

英文名称：ENTRANCERAMPENDLOCATION_Identifier_identifier
语境：道路交通管理
定义：与道路事件终点位置相对应的高速公路入口匝道的标识符。
对象类词：入口匝道终点位置
特性词：标识符
表示词：标识符
数据类型：字符型
值域：
数据格式：n1
内部标识符：22092
备注：

7.2.93 **出口匝道起点位置**

英文名称：EXITRAMPBEGINLOCATION_Identifier_identifier
语境：道路交通管理
定义：与道路事件起点位置相对应的高速公路出口匝道的标识符。
对象类词：出口匝道起点位置
特性词：标识符
表示词：标识符
数据类型：字符型
值域：
数据格式：n1
内部标识符：22093
备注：

7.2.94 **出口匝道终点位置**

英文名称：EXITRAMPENDLOCATION_Identifier_identifier
语境：道路交通管理
定义：与道路事件终点位置相对应的高速公路出口匝道的标识符。
对象类词：出口匝道终点位置
特性词：标识符
表示词：标识符
数据类型：字符型
值域：
数据格式：n1
内部标识符：22094
备注：

7.2.95 位置的地界桩(标)类型

英文名称:LOCATIONLANDMARK_Type_code

语境:道路交通管理

定义:用于识别确定位置的地界桩(标)类型的代码。

对象类词:位置的地界桩(标)

特性词:类型

表示词:代码

数据类型:字符型

值域:可以取下列枚举值:

——0 无需附加其他信息;
——1 需要附加其他信息;
——2 入口匝道;
——3 出口匝道;
——4 休息区;
——5 交叉口;
——6 火车站;
——7 火车站台;
——8 火车停车点;
——9 机场;
——10 桥梁;
——11 隧道;
——12 停车场和停车设施;
——13 收费站;
——14 公共汽车站;
——15 公共汽车停车点;
——16 建筑物。

数据格式:n..2

内部标识符:22095

备注:

7.2.96 起点位置的直线距离

英文名称:OFFSETBEGINLOCATION_LinearDistance_quantity

语境:道路交通管理

定义:道路事件起点位置到道路、路段或联络线的起点的直线距离,单位为米。

对象类词:离起点位置

特性词:直线距离

表示词:数量

数据类型:字符型

值域:

数据格式:n..8

内部标识符:22096

备注:

7.2.97 终点位置的直线距离

英文名称:OFFSETENDLOCATION_LinearDistance_quantity
语境:道路交通管理
定义:道路事件终点位置到道路、路段或联络线的起点的直线距离,单位为米。
对象类词:离终点位置
特性词:直线距离
表示词:数量
数据类型:字符型
值域:
数据格式:n..8
内部标识符:22097
备注:

7.2.98 起点位置距离的比率

英文名称:BEGINLOCATIONLINEAROFFSET_Percentage_percent
语境:道路交通管理
定义:道路事件起点位置到道路、路段或联络线的起点的直线距离与道路、路程或联络线的总长度之比,用百分数表示。
对象类词:起点位置距离
特性词:比率
表示词:百分比
数据类型:整型
值域:
数据格式:n..3
内部标识符:22098
备注:

7.2.99 终点位置距离的比率

英文名称:OFFSETLOCATIONLINEARBEGIN_Percentage_percent
语境:道路交通管理
定义:道路事件终点位置到道路、路段或联络线的起点的直线距离与道路、路程或联络线的总长度之比,用百分数表示。
对象类词:终点位置距离
特性词:比率
表示词:百分比
数据类型:整型
值域:
数据格式:n..3
内部标识符:22099
备注:

7.2.100 线性基点位置类型

英文名称:LOCATIONLINEARREFERENCEPOST_Type_code

语境:道路交通管理

定义:详细说明线性基点标记(如里程碑)的代码。

对象类词:线性基点位置

特性词:类型

表示词:代码

数据类型:字符型

值域:可以取下列枚举值:

——0 无需附加其他信息;

——1 需要附加其他信息;

——2 省级道路标记;

——3 县级道路标记;

——4 城市道路标记;

——5 私人道路标记;

——6 收费公路标记。

数据格式:n..2

内部标识符:22100

备注:

7.2.101 位于同一节点道路数量

英文名称:LOCATIONLRMSNODE_Count_quantity

语境:道路交通管理

定义:交于同一节点的不同街道(联络线)的数量。

对象类词:位置节点

特性词:数量

表示词:数量

数据类型:整型

值域:

数据格式:n1

内部标识符:22101

备注:

7.2.102 位置偏离量类型

英文名称:LOCATIONLRMSOFFSET_Type_code

语境:道路交通管理

定义:详细说明所用偏移量类型(如偏移距离、标准偏移或没有偏移等)的代码。

对象类词:位置偏移量

特性词:类型

表示词:代码

数据类型:字符型

值域:可以取下列枚举值:

——0 无需附加其他信息;

——1 需要附加其他信息;

——2 没有偏离量;

——3 距离偏离量；

——4 标准偏离量。

数据格式：n1

内部标识符：22102

备注：

7.2.103 位置起始节点等级

英文名称：LOCATIONLRMSORIGINNODE_Order_code

语境：道路交通管理

定义：用代码说明参考节点属国家、地区、局部地区或私人所有。

对象类词：位置起始节点

特性词：等级

表示词：代码

数据类型：字符型

值域：可以取下列枚举值：

——0 无需附加其他信息；

——1 需要附加其他信息；

——2 国家智能交通系统所有的节点；

——3 整个地区或当地的节点；

——4 私人所有的节点。

数据格式：n1

内部标识符：22103

备注：

7.2.104 位置街道名称索引标记

英文名称：LOCATIONLRMSSTREETNAME_IndexFlag_code

语境：道路交通管理

定义：代码指明了街道(或路线)的名称或索引是否用于街道(或路线)指示与街道名称的对比当中。

对象类词：位置街道名称

特性词：索引标记

表示词：代码

数据类型：字符型

值域：可以取下列枚举值：

——0 无需附加其他信息；

——1 需要附加其他信息；

——2 使用街道名称；

——3 使用街道索引或标识符。

数据格式：n..3

内部标识符：22104

备注：

7.2.105 位置街道名称信息标记

英文名称：LOCATIONLRMSSTREETNAME_InfoFlag_code

语境:道路交通管理

定义:简要说明路面信息是否被转换为坐标信息或数据信息的代码。

对象类词:位置街道名称

特性词:信息标记

表示词:代码

数据类型:字符型

值域:可以取下列枚举值:

——0 无需附加其他信息;

——1 需要附加其他信息;

——2 使用街道名称;

——3 使用街道标识符。

数据格式:n1

内部标识符:22105

备注:

7.2.106 非乘车人位置

英文名称:LOCATION_NonMotorist_code

语境:道路交通管理

定义:与事故有关的非乘车人即步行者的位置。

对象类词:位置

特性词:非乘车人

表示词:代码

数据类型:字符型

值域:可以取下列枚举值:

——0 无需附加其他信息;

——1 需要附加其他信息;

——2 不适用于车主;

——3 交叉口的人行横道;

——4 交叉口的非人行横道;

——5 无人行横道的交叉口;

——6 有人行横道的交叉口;

——7 交叉口不在行车道;

——8 交叉口未知;

——9 非交叉口的人行横道;

——10 行车道无交叉口,也没有人行横道;

——11 行车道无交叉口,人行横道不可用;

——12 行车道无交叉口,人行横道是否可用未知;

——13 停车车道无交叉口;

——14 非交叉口的路肩;

——15 自行车道无交叉口;

——16 无交叉口的环路;

——17 其他无交叉口的道路;

——18 交叉口未知。

数据格式:n..2
内部标识符:22106
备注:

7.2.107 与街道交叉口位置的关系

英文名称:LOCATIONJUNCTION_Relation_code
语境:道路交通管理
定义:与路面交汇点(交叉口,互通式立体交叉)相关的事故位置。
对象类词:道路交叉口位置
特性词:关系
表示词:代码
数据类型:字符型
值域:可以取下列枚举值:

——0 无需附加其他信息;
——1 需要附加其他信息;
——2 非道路交叉口;
——3 平面交叉口;
——4 与交叉口相关;
——5 车道或者小巷的入口;
——6 相关的入口或出口匝道;
——7 铁路平交交叉口;
——8 立体交叉;
——9 未知的互通式立体交叉;
——10 交叉口;
——11 相关的交叉口;
——12 车道入口;
——13 未知的互通式立体交叉区域。

数据格式:n..2
内部标识符:22107
备注:

7.2.108 路面标识符

英文名称:LOCATIONROADWAY_Identifier_identifier
语境:道路交通管理
定义:路面标识符,从街道索引或街道名称词典中获得,可用于替代街道的全称。
对象类词:路面
特性词:标识符
表示词:标识符
数据类型:字符型
值域:
数据格式:an..32
内部标识符:22108
备注:

7.2.109 道路名称

英文名称:LOCATIONROADWAY_Name_text

语境:道路交通管理

定义:发生道路事件的道路名称。

对象类词:道路

特性词:名称

表示词:文本

数据类型:字符型

值域:

数据格式:an..128

内部标识符:22109

备注:

7.2.110 道路侧面位置

英文名称:ROADWAYSIDE_Location_code

语境:道路交通管理

定义:运输联络线(道路或路线)的侧面,用于需要说明路侧信息的情况。

对象类词:道路侧面

特性词:位置

表示词:代码

数据类型:字符型

值域:可以取下列枚举值:

——0 无需附加其他信息;

——1 需要附加其他信息;

——2 右侧面;

——3 左侧面。

数据格式:n1

内部标识符:22110

备注:

7.2.111 起点位置的地址

英文名称:BEGINLOCATION_Address_text

语境:道路交通管理

定义:道路事件起点的道路地址。

对象类词:起点位置

特性词:地址

表示词:文本

数据类型:字符型

值域:

数据格式:an..128

内部标识符:22111

备注:

7.2.112 终点位置的地址

英文名称:ENDLOCATION_Address_text
语境:道路交通管理
定义:道路事件终点的道路地址。
对象类词:终点位置
特性词:地址
表示词:文本
数据类型:字符型
值域:
数据格式:an..128
内部标识符:22112
备注:

7.2.113 位置类型

英文名称:LOCATION_Type_code
语境:道路交通管理
定义:指定基准位置的类型代码,该基准可用于查找道路事件。
对象类词:位置
特性词:类型
表示词:代码
数据类型:字符型
值域:可以取下列枚举值:
——0 无需附加其他信息;
——1 需要附加其他信息;
——2 点;
——3 联络线;
——4 区域;
——5 多边形;
——6 节点的地理坐标;
——7 线性基准有关的行车道基准;
——8 十字交叉的街道;
——9 街道地址;
——10 相关的交叉口。
数据格式:n..2
内部标识符:22113
备注:

7.2.114 信息号码

英文名称:MESSAGE_Number_identifier
语境:道路交通管理
定义:特定信息的惟一标识符。
对象类词:信息

特性词：号码
表示词：标识符
数据类型：字符型
值域：
数据格式：n..10
内部标识符：22114
备注：

7.2.115 信息类型的标识符

英文名称：MESSAGETYPE_Identifier_identifier
语境：道路交通管理
定义：确定正在传送的信息类型，如事件报告信息。
对象类词：信息类型
特性词：标识符
表示词：标识符
数据类型：字符型
值域：
数据格式：an..32
内部标识符：22115
备注：

7.2.116 信息类型版本号

英文名称：MESSAGETYPE_Version_identifier
语境：道路交通管理
定义：确定正在被使用的信息结构的版本号，如事件报告信息的版本号为1。
对象类词：信息类型
特性词：版本号
表示词：标识符
数据类型：字符型
值域：
数据格式：n..3
内部标识符：22116
备注：

7.2.117 通报机构标识符

英文名称：ORGANIZATIONNOTIFIED_Identifier_identifier
语境：道路交通管理
定义：在道路事件通报区域内，机构的文字或数字标识符。
对象类词：通报机构
特性词：标识符
表示词：标识符
数据类型：字符型
值域：

数据格式:an..32
内部标识符:22117
备注:

7.2.118 报告机构标识符

英文名称:ORGANIZATIONREPORTED_Identifier_identifier
语境:道路交通管理
定义:在道路事件报告的区域内,机构的文字或数字的标识符。
对象类词:报告机构
特性词:标识符
表示词:标识符
数据类型:字符型
值域:
数据格式:an..32
内部标识符:22118
备注:

7.2.119 必需的机构标识符

英文名称:ORGANIZATIONREQUIRED_Identifier_identifier
语境:道路交通管理
定义:道路事件区域内必需的机构文字或数字标识符。
对象类词:必需的机构
特性词:标识符
表示词:标识符
数据类型:字符型
值域:
数据格式:an..32
内部标识符:22119
备注:

7.2.120 响应机构状态

英文名称:ORGANIZATIONRESPONSE_Status_code
语境:道路交通管理
定义:响应机构当前状态的代码。
对象类词:响应机构
特性词:状态
表示词:代码
数据类型:字符型
值域:可以取下列枚举值:
——0 无需附加其他信息;
——1 需要附加其他信息;
——2 机构发现;
——3 机构通报;

——4 机构在途中；

——5 机构在现场；

——6 机构返回或从现场返回。

数据格式：n1

内部标识符：22120

备注：

7.2.121 发送机构标识符

英文名称：ORGANIZATIONSENDING_Identifier_identifier

语境：道路交通管理

定义：在一定区域内正在发送路面状况信息的机构的文字或数字标识符。

对象类词：发送机构

特性词：标识符

表示词：标识符

数据类型：字符型

值域：

数据格式：对每个信息发送者而言，包括由2个字符组成的省或直辖市代码和至少由3个字符组成的省（或直辖市）确定的使用者标识符共同组成。

内部标识符：22121

备注：

7.2.122 其他信息

英文名称：OTHER_Information_text

语境：道路交通管理

定义：用来表示是否存在附加信息的数据元。该数据元只有在事件类型代码值为1（即有附加信息）时才被使用。

对象类词：其他

特性词：信息

表示词：文本

数据类型：字符型

值域：

数据格式：an..256

内部标识符：22122

备注：

7.2.123 空余停车位的数量

英文名称：FREEPQRKINGSPACE_Count_quantity

语境：道路交通管理

定义：用数字描述可利用的空余停车位，可以被加入事件描述中。

对象类词：空余停车位

特性词：数量

表示词：数量

数据类型：整型

值域：

数据格式：n..5

内部标识符：22123

备注：

7.2.124 停车场占有率

英文名称：PARKING_Occupancy_percent

语境：道路交通管理

定义：已停车辆的数量与停车场总停车位的比值，用百分数表示。

对象类词：停车场

特性词：占有率

表示词：百分比

数据类型：整型

值域：

数据格式：n..3

内部标识符：22124

备注：

7.2.125 工程项目参考

英文名称：PROJECT_Reference_identifier

语境：道路交通管理

定义：关于某项工程的机构内部相关数据，占用道路工程项目。

对象类词：工程项目

特性词：参考

表示词：标识符

数据类型：字符型

值域：

数据格式：an..30

内部标识符：22125

备注：

7.2.126 受影响比率

英文名称：AFFECTED_Proportion_percent

语境：道路交通管理

定义：受影响的道路或区域所占的比率，用百分数表示。

对象类词：受影响

特性词：比率

表示词：百分比

数据类型：整型

值域：

数据格式：n..3

内部标识符：22126

备注：

7.2.127 数量范围

英文名称:QUANTITY_Range_quantity

语境:道路交通管理

定义:使用其他数据元估测出的数据的不确定度即浮动范围,用百分数×10 来表示。如明天温度低于 30 ℃的不确定度就有 5%的浮动范围。

对象类词:数量

特性词:范围

表示词:数量

数据类型:整型

值域:

数据格式:n..4

内部标识符:22127

备注:

7.2.128 响应替代路径

英文名称:RESPONSE_AlternateRoute_text

语境:道路交通管理

定义:受道路事件影响的替代路线的描述,以文本方式描述替代路线。

对象类词:响应

特性词:替代路径

表示词:文本

数据类型:字符型

值域:

数据格式:a..1024

内部标识符:22128

备注:

7.2.129 响应计划作者

英文名称:RESPONSE_PlanAuthor_text

语境:道路交通管理

定义:提出或修改响应计划或替代路线的人的名字或标识符。

对象类词:响应

特性词:计划作者

表示词:文本

数据类型:字符型

值域:

数据格式:a..128

内部标识符:22129

备注:

7.2.130 响应计划标识符

英文名称:RESPONSEPLAN_Identifier_identifier

语境:道路交通管理

定义:识别特定响应计划的数字。

对象类词:响应计划

特性词:标识符

表示词:标识符

数据类型:字符型

值域:

数据格式:an..32

内部标识符:22130

备注:

7.2.131 响应计划类型

英文名称:RESPONSEPLAN_Type_code

语境:道路交通管理

定义:用代码表示已被选用响应道路事件计划的类型。

对象类词:响应计划

特性词:类型

表示词:代码

数据类型:字符型

值域:可以取下列枚举值:

——0 无需附加其他信息;

——1 需要附加其他信息;

——2 系统计划;

——3 修正的系统计划;

——4 人工输入计划。

数据格式:n1

内部标识符:22131

备注:

7.2.132 序列标识符

英文名称:SEQUENCE_Identifier_identifier

语境:道路交通管理

定义:当连续预测随着时间的变化而发展时,这些系列变化涉及连续的预测将对环境作出快速的反应。当前环境在未来连续的时间段内得到预测的时候,将用更高级别的序列来描述环境。

对象类词:序列

特性词:标识符

表示词:标识符

数据类型:字符型

值域:

数据格式:an..3

内部标识符:22132

备注:

7.2.133 预估车辆速度

英文名称:VEHICLEESTIMATED_Speed_rate

语境:道路交通管理

定义:预计或估计车辆(如扫雪车或危险驾驶员)的平均速度。

对象类词:预估车辆

特性词:速度

表示词:比率

数据类型:字符型

值域:

数据格式:a..3

内部标识符:22133

备注:

7.2.134 清除与恢复的日期和时间

英文名称:CLEAREDANDRECOVERING_Time_utc

语境:道路交通管理

定义:清除道路事件、各项工作全部完成、行车道恢复正常的日期和时间。

对象类词:清除与恢复

特性词:日期和时间

表示词:协调世界时

数据类型:日期时间型

值域:

数据格式:YYYYMMDDThhmmss

内部标识符:22134

备注:符合 GB/T 7408 中日期和时间的组合,其中 T 为分割日期和时间的标志符,在不引起混淆的情况下,T 也可以省略。

7.2.135 确定响应的日期和时间

英文名称:CONFIRMEDANDRESPONDING_Time_utc

语境:道路交通管理

定义:道路事件被最初确认及相关活动(包括相应的响应和建设等)正式开始的日期和时间。

对象类词:确定响应

特性词:日期和时间

表示词:协调世界时

数据类型:日期时间型

值域:

数据格式:YYYYMMDDThhmmss

内部标识符:22135

备注:符合 GB/T 7408 中日期和时间的组合,其中 T 为分割日期和时间的标志符,在不引起混淆的情况下,T 也可以省略。

7.2.136 持续时间

英文名称:DURATION_Time_quantity

语境:道路交通管理

定义:道路事件实际持续的时间,单位为分。

对象类词:持续

特性词:时间

表示词:数量

数据类型:整型

值域:

数据格式:n..7

内部标识符:22136

备注:

7.2.137 终止日期和时间

英文名称:END_Timeline_utc

语境:道路交通管理

定义:道路事件实际终止的日期和时间。

对象类词:终止

特性词:日期和时间

表示词:协调世界时

数据类型:日期时间型

值域:

数据格式:YYYYMMDDThhmmss

内部标识符:22137

备注:符合 GB/T 7408 中日期和时间的组合,其中 T 为分割日期和时间的标志符,在不引起混淆的情况下,T 也可以省略。

7.2.138 估计持续时间

英文名称:DURATIONTIME_Estimated_quantity

语境:道路交通管理

定义:用修正的时间估测道路事件仍将持续的时间。

对象类词:持续时间

特性词:估计

表示词:数量

数据类型:整型

值域:

数据格式:n..7

内部标识符:22138

备注:

7.2.139 第一个到达现场的时间

英文名称:FIRSTARRIVALATSCENE_Time_utc

语境:道路交通管理

定义:道路事件发生后第一个到达现场的日期和时间。

对象类词:第一个到达现场

特性词:日期和时间

表示词:协调世界时

数据类型:日期时间型

值域:

数据格式:YYYYMMDDThhmmss

内部标识符:22139

备注:符合GB/T 7408中日期和时间的组合,其中T为分割日期和时间的标志符,在不引起混淆的情况下,T也可以省略。

7.2.140 进度表日期

英文名称:SCHEDULE_Dates_dt

语境:道路交通管理

定义:受道路事件影响的预期日期。

对象类词:进度表

特性词:日期

表示词:日期

数据类型:日期型

值域:

数据格式:YYYYMMDD

内部标识符:22140

备注:符合GB/T 7408中日期的表示。

7.2.141 每周受影响的天数

英文名称:TIMESCHEDULEOFTHEWEEK_DaysAffected_code

语境:道路交通管理

定义:周几受道路事件的影响。

对象类词:每周

特性词:受影响的天数

表示词:代码

数据类型:字符型

值域:可以取下列枚举值:

——0 未知;

——1 星期日;

——2 星期一;

——3 星期二;

——4 星期三;

——5 星期四;

——6 星期五;

——7 星期六。

数据格式:n1

内部标识符:22141

备注:

7.2.142 进度表终止的时间

英文名称:SCHEDULE_TimelineEnd_utc
语境:道路交通管理
定义:道路事件预期的终止时间。
对象类词:进度表
特性词:终止时间
表示词:协调世界时
数据类型:日期时间型
值域:
数据格式:YYYYMMDDThhmmss
内部标识符:22142
备注:符合 GB/T 7408 中日期和时间的组合,其中 T 为分割日期和时间的标志符,在不引起混淆的情况下,T 也可以省略。

7.2.143 进度表条目

英文名称:SCHEDULE_TimelineItem_text
语境:道路交通管理
定义:描述工作内容或执行任务的时间计划表。
对象类词:进度表
特性词:条目
表示词:文本
数据类型:字符型
值域:
数据格式:an..16
内部标识符:22143
备注:

7.2.144 进度表开始的日期

英文名称:SCHEDULE_StartTimeline_dt
语境:道路交通管理
定义:道路事件进度表开始的日期。
对象类词:进度表
特性词:开始的日期
表示词:日期
数据类型:日期型
值域:
数据格式:YYYYMMDD
内部标识符:22144
备注:

7.2.145 进度表时间

英文名称:SCHEDULE_TimelineTimes_text

语境:道路交通管理

定义:受道路事件影响的预期时间,以当地时间为准。

对象类词:进度表

特性词:时间

表示词:文本

数据类型:字符型

值域:

数据格式:HHMMSS

内部标识符:22145

备注:

7.2.146 进度表类型

英文名称:SCHEDULE_Type_code

语境:道路交通管理

定义:说明进度表类型的代码。

对象类词:进度表

特性词:类型

表示词:代码

数据类型:字符型

值域:可以取下列枚举值:

——0 无需附加其他信息;

——1 需要附加其他信息;

——2 每周天数的重复时间间隔;

——3 日期的重复时间间隔;

——4 每周天数的重复次数;

——5 日期的重复次数;

——6 日期和时间均包含在内。

数据格式:n1

内部标识符:22146

备注:

7.2.147 计时开始日期和时间

英文名称:TIMELINE_Start_utc

语境:道路交通管理

定义:道路事件实际开始的日期,检测事件的时间包含在内。

对象类词:计时

特性词:开始

表示词:协调世界时

数据类型:日期时间型

值域:

数据格式:YYYYMMDDThhmmss

内部标识符:22147

备注:符合 GB/T 7408 中日期和时间的组合,其中 T 为分割日期和时间的标志符,在不引起混淆的情况下,T 也可以省略。

7.2.148 更新日期和时间

英文名称:UPDATE_Time_utc
语境:道路交通管理
定义:为特定的道路事件日志进行最后一次更新的日期。
对象类词:更新
特性词:日期和时间
表示词:协调世界时
数据类型:日期时间型
值域:
数据格式:YYYYMMDDThhmmss
内部标识符:22148
备注:符合 GB/T 7408 中日期和时间的组合,其中 T 为分割日期和时间的标志符,在不引起混淆的情况下,T 也可以省略。

7.2.149 更新数量

英文名称:UPDATE_Count_quantity
语境:道路交通管理
定义:为特定的道路事件日志进行更新的次数。
对象类词:更新
特性词:数量
表示词:数量
数据类型:整型
值域:
数据格式:n..3
内部标识符:22149
备注:

7.2.150 更新被最后修改的作者

英文名称:UPDATELASTREVISED_Author_text
语境:道路交通管理
定义:为特定的道路事件日志进行最后更新的操作者的标识符。
对象类词:更新被最后修改
特性词:作者
表示词:文本
数据类型:字符型
值域:
数据格式:an..128
内部标识符:22150
备注:

7.2.151 更新类型

英文名称:UPDATE_Type_code

语境:道路交通管理

定义:为特定道路事件制定的更新类型。

对象类词:更新

特性词:类型

表示词:代码

数据类型:字符型

值域:可以取下列枚举值:

——0 无需附加其他信息;

——1 需要附加其他信息;

——2 新的内容;

——3 更新;

——4 删除;

——5 清除或关闭;

——6 其他。

数据格式:n1

内部标识符:22151

备注:

7.2.152 协调世界时的日期

英文名称:UTC_Date_dt

语境:道路交通管理

定义:协调世界时时间的日期,协调世界时即当前的英格兰格林威治时间。

对象类词:协调世界时

特性词:日期

表示词:日期

数据类型:日期型

值域:

数据格式:YYYYMMDD

内部标识符:22152

备注:符合 GB/T 7408 中日期的表示。

7.2.153 协调世界时的时间

英文名称:UTC_Time_utc

语境:道路交通管理

定义:用偏离量调整协调世界时。9999[+,-]hhmm 表示白天未知的时间。

对象类词:协调世界时

特性词:时间

表示词:协调世界时

数据类型:字符型

值域:ANSI NCTIS.310,HHMM[+,-]hhmm

数据格式:HHMM[+,-]hhmm

内部标识符:22153

备注:24 时。“HH”表示在 00 点到 23 点之间。“MM”表示从 00 分到 59 分。“hhmm”表示协调世界时偏离的正负时和分。

7.2.154 位置道路编码

英文名称:LOCATION_RoadAddress_text
语境:道路交通管理
定义:发生道路事件的道路编码。
对象类词:位置
特性词:道路编码
表示词:文本
数据类型:字符型
值域:
数据格式:an..256
内部标识符:22154
备注:

7.3 警报

7.3.1 产生警报日期和时间

英文名称:ALARMGENERATED_Time_utc
语境:道路交通管理
定义:产生警报信息的日期和时间。
对象类词:产生警报
特性词:日期和时间
表示词:协调世界时
数据类型:日期时间型
值域:
数据格式:YYYYMMDDThhmmss
内部标识符:23001
备注:符合 GB/T 7408 中日期和时间的组合,其中 T 为分割日期和时间的标志符,在不引起混淆的情况下,T 也可以省略。

7.3.2 警报信息

英文名称:ALARM_Message_text
语境:道路交通管理
定义:警报公告的文本描述。任何能够被交通管理系统操作者视为警报信息的短语或句子。
对象类词:警报
特性词:信息
表示词:文本
数据类型:字符型
值域:
数据格式:an..256
内部标识符:23002
备注:

7.3.3 警报接收日期和时间

英文名称:ALARMRECEIPT_Time_utc

语境:道路交通管理

定义:使用者或系统确认收到警报信息的日期。

对象类词:警报接收

特性词:日期和时间

表示词:协调世界时

数据类型:日期时间型

值域:

数据格式:YYYYMMDDThhmmss

内部标识符:23003

备注:符合 GB/T 7408 中日期和时间的组合,其中 T 为分割日期和时间的标志符,在不引起混淆的情况下,T 也可以省略。

7.3.4 警报重试时间间隔

英文名称:ALARMRETRY_TimeInterval_quantity

语境:道路交通管理

定义:系统重新提示用户或其他系统问题所耗费的时间,单位为分钟。

对象类词:警报重试

特性词:时间间隔

表示词:数量

数据类型:数值型

值域:

数据格式:n..3

内部标识符:23004

备注:

7.3.5 警报延时时间间隔

英文名称:ALARMSNOOZE_TimeInterval_quantity

语境:道路交通管理

定义:同一事件被再次提示之前,用户希望延误的时间。用于当用户已经在处理某事件,希望闹钟一类的提示能延误一段时间提示的场合,单位为分钟。

对象类词:警报延时

特性词:时间间隔

表示词:数量

数据类型:数值型

值域:

数据格式:n..3

内部标识符:23005

备注:

7.3.6 事件标识符

英文名称:EVENT_Identifier_identifier

语境:道路交通管理

定义:包含在交通管理系统中惟一的标志性数字。它是道路事件响应的参照。此数字与“事件—标识符—标识符”相同。

对象类词:事件

特性词:标识符

表示词:标识符

数据类型:字符型

值域:

数据格式:n..32

内部标识符:23006

备注:

7.3.7 警报标识符

英文名称:ALARM_Identifier_identifier

语境:道路交通管理

定义:交通管理系统中与公告相应的惟一的标志性数字。

对象类词:警报

特性词:标识符

表示词:标识符

数据类型:字符型

值域:

数据格式:n..32

内部标识符:23007

备注:

7.3.8 警报其他

英文名称:ALARM_Other_text

语境:道路交通管理

定义:用来指出是否有附加信息存在的数据元。只有当类型代码的数据元值取1,即有附加信息时,此数据元才能被使用。

对象类词:警报

特性词:其他

表示词:文本

数据类型:字符型

值域:

数据格式:an..256

内部标识符:23008

备注:

7.4 交通预测

7.4.1 多载客车辆车道的车辆数量

英文名称:HOVLANE_VehicleCount_quantity

语境:道路交通管理

定义:用户指定的时段内,在道路和高速公路路网中,预测合理使用多载客车辆车道的车辆数量,单位为辆。

对象类词:多载客车辆车道

特性词:车辆数量

表示词:数量

数据类型:数值型

值域:

数据格式:n..6

内部标识符:24001

备注:

7.4.2 路段的平均排队长度

英文名称:LINK_AverageQueueLength_quantity

语境:道路交通管理

定义:预测时段内,预测路段上停车排队的平均长度,单位为米。

对象类词:路段

特性词:平均排队长度

表示词:数量

数据类型:数值型

值域:

数据格式:n..5

内部标识符:24002

备注:

7.4.3 路段平均速度

英文名称:LINK_AverageSpeed_rate

语境:道路交通管理

定义:预测某路段的平均行驶速度,单位为千米每小时。

对象类词:路段

特性词:平均速度

表示词:比率

数据类型:整型

值域:

数据格式:n..3

内部标识符:24003

备注:

7.4.4 路段延误数量

英文名称:LINK_DelyQuantity_rate

语境:道路交通管理

定义:预测沿某路段行驶车辆的延误时间。即相对自由通行条件而言,从路段的一端到达另一端所额外花费的时间,单位为秒每辆。

对象类词:路段

特性词:延误数量

表示词:比率
数据类型:整型
值域:
数据格式:n..5
内部标识符:24004
备注:

7.4.5 路段密度

英文名称:LINK_Density_rate
语境:道路交通管理
定义:预测某一时段,单位长度路段上存在的车辆数,单位为辆每千米。
对象类词:路段
特性词:密度
表示词:比率
数据类型:整型
值域:
数据格式:n..5
内部标识符:24005
备注:

7.4.6 路段最大排队长度

英文名称:LINK_MaxQueueLength_quantity
语境:道路交通管理
定义:预测某一时段,路段上最大停车排队长度,单位为米。
对象类词:路段
特性词:最大排队长度
表示词:数量
数据类型:整型
值域:0～40000
数据格式:n..5
内部标识符:24006
备注:

7.4.7 路段占有率

英文名称:LINK_Occupancy_percent
语境:道路交通管理
定义:预测路段的一定长度内,所有车辆总长度之和与路段总长度之比,用百分数表示。
对象类词:路段
特性词:占有率
表示词:百分比
数据类型:整型
值域:
数据格式:n..3

内部标识符:24007
备注:

7.4.8 路段停车延误

英文名称:LINK_StopDelay_rate
语境:道路交通管理
定义:预测路段的平均停车延误时间,单位为秒每辆。
对象类词:路段
特性词:停车延误
表示词:比率
数据类型:整型
值域:
数据格式:n..6
内部标识符:24008
备注:

7.4.9 路段出行时间

英文名称:LINK_TravelTime_quantity
语境:道路交通管理
定义:预测路段的平均出行时间,单位为秒。
对象类词:路段
特性词:出行时间
表示词:数量
数据类型:整型
值域:
数据格式:n..5
内部标识符:24009
备注:

7.4.10 路段交通量

英文名称:LINK_Volume_rate
语境:道路交通管理
定义:预测路段每小时的交通流量,单位为辆每小时。
对象类词:路段
特性词:交通量
表示词:比率
数据类型:整型
值域:
数据格式:n..5
内部标识符:24010
备注:

7.4.11 转向交通量

英文名称:TURNING_Volume_percent

语境:道路交通管理

定义:预测路段终止节点处指定时段内转向交通量与总交通量的比值,用百分比表示。

对象类词:转向

特性词:交通量

表示词:百分比

数据类型:整型

值域:

数据格式:n..3

内部标识符:24011

备注:

7.4.12 起始时间

英文名称:BEGIN_Time_utc

语境:道路交通管理

定义:预测时段开始的时间。

对象类词:起始

特性词:时间

表示词:协调世界时

数据类型:字符型

值域:ANSI NCITS.310

数据格式:HHMMSS

内部标识符:24012

备注:有效值规则:HH 取值 00~23;MM 取值 00~59;SS 取值 00~59。HH 表示时,MM 表示分,SS 表示秒。

7.4.13 终止时间

英文名称:END_Time_utc

语境:道路交通管理

定义:预测时段结束的时间。

对象类词:终止

特性词:时间

表示词:协调世界时

数据类型:字符型

值域:ANSI NCITS.310

数据格式:HHMMSS

内部标识符:24013

备注:有效值规则:HH 取值 00~23;MM 取值 00~59;SS 取值 00~59。HH 表示时,MM 表示分,SS 表示秒。

7.4.14 预测时间

英文名称:PREDICTION_Time_quantity

语境:道路交通管理

定义:预测持续的时间,单位为秒。

对象类词:预测
特性词:时间
表示词:数量
数据类型:整型
值域:
数据格式:n..6
内部标识符:24014
备注:

7.5 设备

7.5.1 设备名称

英文名称:DEVICE_Name_code
语境:道路交通管理
定义:设备的名称。
对象类词:设备
特性词:名称
表示词:代码
数据类型:字符型
值域:
数据格式:n..ul
内部标识符:25001
备注:

7.5.2 设备标识符

英文名称:DEVICE_Identifier_identifier
语境:道路交通管理
定义:设备惟一的文字或数字标识符。
对象类词:设备
特性词:标识符
表示词:标识符
数据类型:字符型
值域:
数据格式:an..32
内部标识符:25002
备注:

7.5.3 设备类型

英文名称:DEVICE_Type_code
语境:道路交通管理
定义:设备类型的指定代码。
对象类词:设备
特性词:类型

表示词:代码

数据类型:字符型

值域:可以取下列枚举值:

——0 没有其他设备的附加信息;

——1 有其他设备的附加信息;

——2 道路监控摄像机;

——3 动态信息牌;

——4 环境传感器;

——5 出入口控制器;

——6 交通台;

——7 检测器;

——8 控制器。

数据格式:n..2

内部标识符:25003

备注:

7.5.4 确认控制

英文名称:ACKNOWLEDGE_Control_code

语境:道路交通管理

定义:从一个交通管理系统到另一个交通管理系统确认设备的请求命令。

对象类词:确认

特性词:控制

表示词:代码

数据类型:字符型

值域:可以取下列枚举值:

——0 没有其他附加控制信息;

——1 有其他附加控制信息;

——2 控制被认可,设备可用;

——3 控制被拒绝,设备使用中;

——4 控制被拒绝,设备故障。

数据格式:n1

内部标识符:25004

备注:

7.5.5 通讯线路标识符

英文名称:COMMUNICATIONLINK_Identifier_identifier

语境:道路交通管理

定义:与设备相关的数字通信线路、通信通道或通讯地址的惟一标识符。

对象类词:通讯线路

特性词:标识符

表示词:标识符

数据类型:字符型

值域:

数据格式:an..32

内部标识符:25005

备注:

7.5.6 **路段标识符**

英文名称:Link_Identifier_identifier

语境:道路交通管理

定义:与设备相关的路段标识符,设备可能在路段内或路侧。

对象类词:路段

特性词:标识符

表示词:标识符

数据类型:字符型

值域:

数据格式:an..32

内部标识符:25006

备注:

7.5.7 **位置海拔**

英文名称:LOCATION_Elevation_number

语境:道路交通管理

定义:设备所在位置的海拔高度,单位为米。

对象类词:位置

特性词:海拔

表示词:数字

数据类型:字符型

值域:

数据格式:N..5

内部标识符:25007

备注:

7.5.8 **位置高度**

英文名称:LOCATION_Height_number

语境:道路交通管理

定义:设备距离地面的高度,单位为厘米。

对象类词:位置

特性词:高度

表示词:数字

数据类型:整型

值域:

数据格式:n..5

内部标识符:25008

备注:

7.5.9 位置纬度

英文名称:LOCATION_Latitude_location
语境:道路交通管理
定义:设备所在位置的纬度。
对象类词:位置
特性词:纬度
表示词:位置
数据类型:数值型
值域:
数据格式:N..8,6
内部标识符:25009
备注:赤道以北的纬度用正号(+)表示,赤道以南的纬度用负号(一)表示,赤道用正号(+)表示。纬度包括度和十进制小数度,小数度的精度取小数点后6位。

7.5.10 位置经度

英文名称:LOCATION_Longitude_location
语境:道路交通管理
定义:设备所在位置的经度。
对象类词:位置
特性词:经度
表示词:位置
数据类型:数值型
值域:
数据格式:N..9,6
内部标识符:25010
备注:格林威治以东的经度用正号(+)表示,格林威治以西的经度用负号(一)表示,本初子午线用正号(+)表示。经度包括度和十进制小数度,小数度的精度取小数点后6位。

7.5.11 节点标识符

英文名称:NODE_Identifier_identifier
语境:道路交通管理
定义:与设备相关的节点标识符。
对象类词:节点
特性词:标识符
表示词:标识符
数据类型:字符型
值域:
数据格式:an..32
内部标识符:25011
备注:

7.5.12 维护机构标识符

英文名称:ORGANIZATIONMAINTENANCE_Identifier_identifier

语境:道路交通管理
定义:设备维护机构的惟一标识符。
对象类词:维护机构
特性词:标识符
表示词:标识符
数据类型:字符型
值域:
数据格式:an..32
内部标识符:25012
备注:

7.5.13 设备其他

英文名称:DEVICE_Other_text
语境:道路交通管理
定义:普通设备代码列表选项的其他附加信息。
对象类词:设备
特性词:其他
表示词:文本
数据类型:字符型
值域:
数据格式:an..256
内部标识符:25013
备注:1～256 字节的 ASCII 字符。如果此数据元被用,那么数据元的代码是 1,即有其他附加信息。

7.5.14 设备错误

英文名称:DEVICE_Error_code
语境:道路交通管理
定义:设备产生的错误代码。
对象类词:设备
特性词:错误
表示词:代码
数据类型:字符型
值域:
数据格式:n1
内部标识符:25014
备注:

7.5.15 设备请求命令

英文名称:DEVICE_RequestCommand_code
语境:道路交通管理
定义:由设备的动作产生的从一个交通管理系统到另一个交通管理系统的请求命令。
对象类词:设备

特性词:请求命令

表示词:代码

数据类型:字符型

值域:

数据格式:n..3

内部标识符:25015

备注:

7.5.16 闭路电视摄像机监控频道标识符

英文名称:CCTVMONITORCHANNEL_Identifier_identifier

语境:道路交通管理

定义:摄像机的输入频道,这是惟一的文字数字标识符。

对象类词:闭路电视摄像机监控频道

特性词:标识符

表示词:标识符

数据类型:字符型

值域:

数据格式:an..32

内部标识符:25016

备注:

7.5.17 动态信息牌其他

英文名称:DMS_Other_text

语境:道路交通管理

定义:动态信息牌代码列表选项的其他附加信息。

对象类词:动态信息牌

特性词:其他

表示词:文本

数据类型:字符型

值域:

数据格式:an..256

内部标识符:25017

备注:小于等于256字节的任何ASCII形式的字符。如果这个数据元被用,那么数据元的代码是1,即有其他附加信息。

7.5.18 环境传感器错误

英文名称:ESS_Error_code

语境:道路交通管理

定义:来自环境传感器控制器的错误代码。

对象类词:环境传感器

特性词:错误

表示词:代码

数据类型:字符型

值域:可以取下列枚举值:

——0 没有其他错误附加信息；
——1 有其他错误附加信息；
——2 通信错误；
——3 电源故障；
——4 设备错误；
——5 控制器错误。

数据格式：n1

内部标识符：25018

备注：

7.5.19 环境传感器其他

英文名称：ESS_Other_text

语境：道路交通管理

定义：环境传感器代码列表项的其他附加信息。

对象类词：环境传感器

特性词：其他

表示词：文本

数据类型：字符型

值域：

数据格式：an..256

内部标识符：25019

备注：1～256之间的任何ASCII字符。如果这个数据元被用，那么数据元的代码是1，即有其他附加信息。

7.5.20 环境传感器请求命令

英文名称：ESS_RequestCommand_code

语境：道路交通管理

定义：从一个交通管理系统到另一个交通管理系统的环境传感器数据请求命令。

对象类词：环境传感器

特性词：请求命令

表示词：代码

数据类型：字符型

值域：可以取下列枚举值：

——0 没有其他命令附加信息；
——1 有其他命令附加信息；
——2 传送数据。

数据格式：n1

内部标识符：25020

备注：

7.5.21 出入口方向

英文名称：GATE_Direction_code

语境：道路交通管理

定义:出入口开通时交通流的方向。

对象类词:出入口

特性词:方向

表示词:代码

数据类型:字符型

值域:可以取下列枚举值:

——1 北;

——2 东北;

——3 东;

——4 东南;

——5 南;

——6 西南;

——7 西;

——8 西北;

——0 其他任何方向。

数据格式:n1

内部标识符:25021

备注:

7.5.22 出入口控制器错误

英文名称:GATECONTROLLOR_Error_code

语境:道路交通管理

定义:出入口控制器产生的错误代码。

对象类词:出入口控制器

特性词:错误

表示词:代码

数据类型:字符型

值域:可以取下列枚举值:

——0 没有其他错误附加信息;

——1 有其他错误附加信息;

——2 通信错误;

——3 电源故障;

——4 设备错误;

——5 控制器错误。

数据格式:n..2

内部标识符:25022

备注:

7.5.23 出入口其他

英文名称:GATE_Other_text

语境:道路交通管理

定义:出入口代码列表项的其他附加信息。

对象类词:出入口

特性词:其他

表示词:文本
数据类型:字符型
值域:
数据格式:n..2
内部标识符:25023
备注:1～256 之间的任何 ASCII 字符。如果此数据元被用,那么数据元代码是 1,即有其他附加信息。

7.5.24 出入口请求命令

英文名称:GATE_RequestCommand_code
语境:道路交通管理
定义:为打开或关闭出入口,从一个交通管理系统到另一个交通管理系统的请求命令。
对象类词:出入口
特性词:请求命令
表示词:代码
数据类型:字符型
值域:可以取下列枚举值:
——0 没有其他命令附加信息;
——1 有其他命令附加信息;
——2 打开出入口;
——3 关闭出入口。
数据格式:n1
内部标识符:25024
备注:

7.5.25 出入口状况

英文名称:GATE_Status_code
语境:道路交通管理
定义:显示出入口是打开还是关闭状况的指示代码。
对象类词:出入口
特性词:状况
表示词:代码
数据类型:字符型
值域:可以取下列枚举值:
——0 没有其他状况附加信息;
——1 有其他状况附加信息;
——2 出入口打开;
——3 出入口关闭;
——4 出入口部分打开/关闭。
数据格式:n1
内部标识符:25025
备注:

7.5.26 出入口类型

英文名称:GATE_Type_code

语境:道路交通管理

定义:出入口控制的行车道或停车道类型的指示代码。

对象类词:出入口

特性词:类型

表示词:代码

数据类型:字符型

值域:可以取下列枚举值:

——0 无需附加其他信息;

——1 需要附加其他信息;

——2 非多载客车辆车道或可逆行车道;

——3 多载客车辆车道;

——4 可逆行车道;

——5 停车场;

——6 停车楼。

数据格式:n1

内部标识符:25026

备注:

7.5.27 公路咨询电台呼叫号

英文名称:HAR_CallSign_text

语境:道路交通管理

定义:公路咨询呼叫号。

对象类词:公路咨询电台

特性词:呼叫号

表示词:文本

数据类型:字符型

值域:ANSI X3.4

数据格式:an..16

内部标识符:25027

备注:

7.5.28 公路咨询电台当前信息

英文名称:HAR_CurrentMessage_text

语境:道路交通管理

定义:在公路咨询电台系统中公布的当前信息。

对象类词:公路咨询电台

特性词:当前信息

表示词:文本

数据类型:字符型

值域:

数据格式:an..1024

内部标识符:25028

备注:1024 字节以内的任何 ASCII 形式的字符。如果这个数据元被用,那么数据元的代码是 1,即有其他附加信息。

7.5.29 **公路咨询电台其他**

英文名称:HAR_Other_text

语境:道路交通管理

定义:公路咨询无线电通信代码列表选项的其他附加信息。

对象类词:公路咨询电台

特性词:其他

表示词:文本

数据类型:字符型

值域:ANSI X3.4

数据格式:an..256

内部标识符:25029

备注:小于等于256字节的任何ASCII形式的字符。如果该数据元被用,数据元的代码是1,即有其他附加信息。

7.5.30 **公路咨询电台请求命令**

英文名称:HAR_RequestCommand_code

语境:道路交通管理

定义:从一个交通管理系统到另一个交通管理系统的请求命令。

对象类词:公路咨询电台

特性词:请求命令

表示词:代码

数据类型:字符型

值域:可以取下列枚举值:

——0 没有其他命令附加信息;

——1 有其他命令附加信息;

——2 提供定制的消息;

——3 提供库消息;

——4 移动通讯。

数据格式:n..2

内部标识符:25030

备注:

索　引

内部标识符索引

内部标识符	中文名称
22042	描述交通环境类型
22043	描述公共交通模式
22044	描述受到影响的出行群体的类型
22045	描述不正常驾驶的类型
22046	描述能见度和空气质量的类型
22047	描述气候条件类型
22048	描述风的类型
22049	描述冬季驾驶指数
22050	描述冬季驾驶装备类型
22051	检测方法
22052	有效时段限定词
22053	调幅(AM)广播频率
22054	调频(FM)广播频率
22055	互联网带宽
22056	广播电视频率
22057	数字多媒体频率
22058	可变信息标志
22059	事件标识符
22060	事故详细资料
22061	事故涉及公共汽车的数量
22062	事故涉及汽车的数量
22063	事故死亡人数
22064	事故受伤人数
22065	事故人员伤害
22066	事故重伤人员数量
22067	事故轻伤人员数量
22068	车辆相互碰撞方式
22069	公安部门报告中的事故标识符
22070	事故财产损失
22071	事故严重度
22072	事故状况
22073	事故涉及卡车的数量
22074	事故涉及的车辆类型
22075	事故涉及车辆数量
22076	受影响的车道数
22077	车道交通流方向
22078	受影响的车道路肩
22079	原始车道总数
22080	受到影响的车道长度
22081	位置区域标识符
22082	位置高于海平面的高度
22083	位置低于海平面的高度
22084	位置纬度坐标
22085	位置经度
22086	交叉街道起点位置
22087	交叉街道起点位置标识符
22088	交叉街道终点位置
22089	交叉街道终点位置标识符
22090	发生事故的交叉街道位置
22091	入口匝道起点位置
22092	入口匝道终点位置
22093	出口匝道起点位置
22094	出口匝道终点位置
22095	位置的地界桩(标)类型
22096	离起点位置的直线距离
22097	终点位置的直线距离
22098	起点位置距离的比率
22099	终点位置距离的比率
22100	线性基点位置类型
22101	位置节点数量
22102	位置偏离量类型
22103	位置起始节点等级
22104	位置街道名称索引标记
22105	位置街道名称信息标记
22106	非乘车人位置
22107	与街道交叉口位置的关系
22108	路面标识符
22109	道路名称
22110	道路侧面位置
22111	起点位置的地址
22112	终点位置的地址
22113	位置类型
22114	信息号码
22115	信息类型的标识符
22116	信息类型版本号
22117	通报机构标识符
22118	报告机构标识符
22119	必需的机构标识符
22120	响应机构状态
22121	发送机构标识符
22122	其他信息
22123	空余停车位的数量
22124	停车场占有率
22125	工程项目参考

内部标识符	中文名称
22126	受影响比率
22127	数量范围
22128	响应替代路径
22129	响应计划作者
22130	响应计划标识符
22131	响应计划类型
22132	序列标识符
22133	预估车辆速度
22134	清除与恢复的日期和时间
22135	确定响应的日期和时间
22136	持续时间
22137	终止日期和时间
22138	估计持续时间
22139	第一个到达现场的时间
22140	进度表日期
22141	每周受影响的天数
22142	进度表终止的时间
22143	进度表条目
22144	进度表开始的日期
22145	进度表时间
22146	进度表类型
22147	计时开始日期和时间
22148	更新日期和时间
22149	更新数量
22150	更新被最后修改的作者
22151	更新类型
22152	协调世界时的日期
22153	协调世界时的时间
22154	位置道路编码
23001	产生警报日期和时间
23002	警报信息
23003	警报接收日期和时间
23004	警报重试时间间隔
23005	警报延时时间间隔
23006	事件标识符
23007	警报标识符
23008	警报其他
24001	多载客车辆车道的车辆数量
24002	路段的平均排队长度
24003	路段平均速度
24004	路段延误数量

内部标识符	中文名称
24005	路段密度
24006	路段最大排队长度
24007	路段占有率
24008	路段停车延误
24009	路段出行时间
24010	路段交通量
24011	转向交通量
24012	起始时间
24013	终止时间
24014	预测时间
25001	设备名称
25002	设备标识符
25003	设备类型
25004	确认控制
25005	通讯线路标识符
25006	路段标识符
25007	位置海拔
25008	位置高度
25009	位置纬度
25010	位置经度
25011	节点标识符
25012	维护机构标识符
25013	设备其他
25014	设备错误
25015	设备请求命令
25016	闭路电视摄像机监控频道标识符
25017	动态信息牌其他
25018	环境传感器错误
25019	环境传感器其他
25020	环境传感器请求命令
25021	出入口方向
25022	出入口控制器错误
25023	出入口其他
25024	出入口请求命令
25025	出入口状况
25026	出入口类型
25027	公路咨询电台呼叫号
25028	公路咨询电台当前信息
25029	公路咨询电台其他
25030	公路咨询电台请求命令

ICS 03.220.20;35.240.60
R 07

中华人民共和国国家标准

GB/T 29097—2012

道路交通管理数据字典　交通网络

Road traffic management data dictionary—Traffic network

2012-12-31 发布　　2013-07-01 实施

中华人民共和国国家质量监督检验检疫总局
中国国家标准化管理委员会　发布

前　言

本标准按照 GB/T 1.1—2009 给出的规则起草。

本标准是道路交通管理数据字典系列标准之一。相关系列标准如下：

——GB/T 29095—2012　道路交通管理数据字典　交通检测器；

——GB/T 29096—2012　道路交通管理数据字典　交通事件数据；

——GB/T 29098—2012　道路交通管理数据字典　交通信号控制。

本标准由全国智能运输系统标准化技术委员会(SAC/TC 268)提出并归口。

本标准起草单位：交通运输部公路科学研究院(国家智能交通系统工程技术研究中心)。

本标准主要起草人：刘文峰、张可、李静。

道路交通管理数据字典　交通网络

1　范围

本标准规定了道路交通管理中直接和交通网络相关的数据元的分类原则和方法、内部标识符编码原则与编码结构、数据元属性描述和数据元表。

本标准适用于道路交通管理领域的信息处理和信息交换。

2　规范性引用文件

下列文件对于本文件的应用是必不可少的。凡是注日期的引用文件，仅注日期的版本适用于本文件。凡是不注日期的引用文件，其最新版本(包括所有的修改单)适用于本文件。

GB/T 919　公路等级代码

GB/T 7408　数据元和交换格式　信息交换　日期和时间表示法

GB 11714　全国组织机构代码编制规则

GB/T 18731—2002　干线公路定位规则

GB/T 20606—2006　智能运输系统　数据字典要求

GB 50220　城市道路交通规划设计规范

JT/T 132　公路数据库编目编码规则

JTG H20　公路技术状况评定标准(附条文说明)

CJJ 36　城市道路养护技术规范(附条文说明)

CJJ 37　城市道路工程设计规范

3　术语和定义

下列术语和定义适用于本文件。

3.1

路网　road network

由不同功能、等级、区位的道路，以一定的密度和适当的形式组成的网络结构，包括公路网和城市道路网。

3.2

区段　section

任意用户根据自身需要定义的由任意数量以任意物理布局(或排列)形式的节点组成的集合，包含了其中的节点和路段。

3.3

路段　link

端点为公路或城市道路的主要交叉口或匝道分、合流点的道路，路段的两端都是节点。

3.4

节点　node

路段的终点。

4 分类原则和方法

4.1 按照道路交通管理信息数据的业务属性或特征分类。

4.2 分类具有兼容性,与有关标准协调一致。

4.3 本标准将道路交通管理领域内涉及道路交通网络的数据元分为三类:路网类、路段类、节点类。

5 内部标识符编码原则与编码结构

5.1 内部标识符编码原则

5.1.1 每一个数据元只有一个内部标识符代码,一个内部标识符代码也只惟一表示一个数据元。

5.1.2 内部标识符代码各层间留有扩充位,用户可根据需要自行扩充。

5.2 内部标识符编码结构

采用数字编码方式,共有5位构成,编码结构分为3段:

——左起第一位是其所属数据字典的编码,取值范围(1～9),本标准取值"1";

——左起第二位是其所属数据元分类的编码,取值范围(1～9);

——后三位为各数据元表的顺序编码,取值范围(001～999)。

6 数据元属性描述

6.1 名称:中文名称。

定义:赋予数据元的单个或多个中文字词的指称。

约束:必选。

6.2 名称:英文名称。

定义:赋予数据元的单个或多个英文字词的指称。

约束:必选。

备注:英文名称的结构分为3段,分别为命名对象所属的实体类型、命名对象的特性及表示词,各段间用"_"相联接。

6.3 名称:语境。

定义:产生或使用数据元的应用环境或应用规程的说明。

约束:必选。

6.4 名称:定义。

定义:表达一个数据元的本质特性并使其区别于所有其他数据元的陈述。

约束:必选。

6.5 名称:对象类词。

定义:数据元名称成分之一,表达了该数据元所属事物或概念的集合。

约束:必选。

6.6 名称:特性词。

定义:数据元名称成分之一,表达了该数据元所属的对象类的某个显著的、有区别的特征。

约束:必选。

6.7 名称:表示词。

定义:数据元名称成分之一,表达了该数据元值域的表示形式。

约束:必选。

备注:表示词具体取值见 GB/T 20606—2006 附录 C 中的 C.2.2。

6.8 名称:数据类型。

定义:表示数据元值的不同值的集合。

约束:必选。

备注:表 1 包括了数据类型可能的取值列表,但不限于下表中所列。

表 1 数据类型可能的取值列表

数据类型	说 明
字符型(string)	通过字符形式表达的值的类型
数值型(number)	通过从"0"到"9"数字形式表达的值的类型
日期型(date)	通过 YYYYMMDD 的形式表达的值的类型,符合 GB/T 7408
日期时间型(datetime)	通过 YYYYMMDDhhmmss 的形式表达的值的类型,符合 GB/T 7408
布尔型(Boolean)	两个且只有两个表明条件的值,如 On/Off、True/False
二进制(binary)	上述无法表示的其他数据类型,比如图像、音频等

6.9 名称:值域。

定义:根据相应属性中所规定的数据类型、数据格式而决定的数据元的允许值的集合。

约束:可选。

备注:该集合可以通过以下 4 种方式给出:

——通过名称给出,即直接指出值域的名称;

——通过资料给出;

——通过一一列举的方式给出所有可能的取值以及每一个值对应的实例或含义;

——通过规则间接给出。

除以上 4 种方式外,也可对值域不做要求。

6.10 名称:数据格式。

定义:从业务的角度规定的数据元值的格式需求,包括所允许的最大和/或最小字符长度,数据元值的表示格式等。

约束:必选。

备注:——数据格式中使用的字符含义如下:

a	=字母字符
n	=数字字符
N	=数字字符,以指示给定数可以有负值
an	=字母数字字符
..ul	=长度不确定的文本
..p,q(p,q 均为自然数)	=最长 p 个数字字符,小数点后 q 位
	=从最小长度到最大长度,前面附加最小长度,后面附加最大长度
YYYYMMDDhhmmss	="YYYY"表示年份,"MM"表示月份,"DD"表示日期,"hh"表示小时,"mm"表示分钟,"ss"表示秒,可以视实际情况组合使用

示例 1:an5(aannn) 表示定长 5 个字母数字字符,前 2 个为字母字符,后 3 个为数字字符。

示例 2:n..17,2　表示最长 17 个数字字符,小数点后 2 位。

示例 3:an3..8　表示最大长度为 8,最小长度为 3 的不定长的字母数字字符。

示例 4:N..2　表示从－99 到 99 的正数或负数,包括 0。

——如果“数据类型”是二进制,在本属性中应标识出二进制的具体格式,如“JPEG”。

6.11　名称:内部标识符。

定义:在一个注册机构内,由注册机构分配的、与语言无关的数据元的惟一标识符。

约束:必选。

备注:内部标识符编码规则见 5.2。

6.12　名称:备注。

定义:数据元的附加注释。

约束:可选。

7　交通网络数据字典

7.1　路网

7.1.1　路网名称

英文名称:NETWORK_Name_text

语境:道路交通管理

定义:为用户识别路网而设的名称。

对象类词:路网

特性词:名称

表示词:文本

数据类型:字符型

值域:

数据格式:a..128

内部标识符:11001

备注:

7.1.2　路网标识符

英文名称:NETWORK_Identifier_identifier

语境:道路交通管理

定义:某一路网的惟一标识。在系统中,此标识编号对于该路网而言是全局性的、惟一的。

对象类词:路网

特性词:标识符

表示词:标识符

数据类型:字符型

值域:

数据格式:an..32

内部标识符:11002

备注:

7.1.3　路网区段数

英文名称:NETWORK_SectionCount_quantity

语境:道路交通管理
定义:路网中区段的数量。
对象类词:路网
特性词:区段数
表示词:数量
数据类型:数值型
值域:
数据格式:n..10
内部标识符:11003
备注:

7.1.4 路网路段数

英文名称:NETWORK_LinkCount_quantity
语境:道路交通管理
定义:路网中路段的数量。
对象类词:路网
特性词:路段数
表示词:数量
数据类型:数值型
值域:
数据格式:n..15
内部标识符:11004
备注:

7.1.5 路网节点数

英文名称:NETWORK_NodeCount_quantity
语境:道路交通管理
定义:路网中节点的数量。
对象类词:路网
特性词:节点数
表示词:数量
数据类型:数值型
值域:
数据格式:n..20
内部标识符:11005
备注:

7.1.6 区段名称

英文名称:SECTION_Name_text
语境:道路交通管理
定义:为用户识别区段而设的名称。
对象类词:路网
特性词:名称

表示词:文本
数据类型:字符型
值域:
数据格式:a..128
内部标识符:11006
备注:

7.1.7 区段标识符

英文名称:SECTION_Identifier_identifier
语境:道路交通管理
定义:某一区段的惟一标识。在系统中,此标识编号对于该区段而言是全局性的、惟一的。
对象类词:路网
特性词:标识符
表示词:标识符
数据类型:字符型
值域:
数据格式:an..32
内部标识符:11007
备注:

7.1.8 区段路段数

英文名称:SECTION_LinkCount_quantity
语境:道路交通管理
定义:区段中路段的数量。
对象类词:路网
特性词:路段数
表示词:数量
数据类型:数值型
值域:
数据格式:n..12
内部标识符:11008
备注:

7.1.9 区段节点数

英文名称:SECTION_NodeCount_quantity
语境:道路交通管理
定义:区段中节点的数量。
对象类词:路网
特性词:节点数
表示词:数量
数据类型:数值型
值域:
数据格式:n..15

内部标识符:11009

备注:

7.2 路段

7.2.1 路段名称

英文名称:LINK_Name_text

语境:道路交通管理

定义:为用户识别路段而设的名称。

对象类词:路段

特性词:名称

表示词:文本

数据类型:字符型

值域:

数据格式:a..128

内部标识符:12001

备注:

7.2.2 路段标识符

英文名称:LINK_Identifier_identifier

语境:道路交通管理

定义:某一路段的惟一标识。在系统中,此标识编号对于该路段而言是全局性的、惟一的。

对象类词:路段

特性词:标识符

表示词:标识符

数据类型:字符型

值域:

数据格式:an..32

内部标识符:12002

备注:

7.2.3 路段管理机构

英文名称:LINK_Jurisdiction_text

语境:道路交通管理

定义:为用户识别某一路段的主管机构而设的名称,该名称须经登记机关或批准机关所核准,一般使用机构的全称。

对象类词:路段

特性词:管理机构

表示词:文本

数据类型:字符型

值域:

数据格式:a..128

内部标识符:12003

备注：

7.2.4 路段管理机构标识符

英文名称：LINK_JurisdictionIdentifier_identifier

语境：道路交通管理

定义：某一路段的主管机构的惟一标识，由全国组织机构代码管理中心为在中华人民共和国境内依法成立的机关、企业、事业单位、社会团体和民办非企事业机构赋予的一个全国范围内惟一的、始终不变的法定代码标识。在系统中，此标识编号对于该节点主管机构而言是全局性的、惟一的。

对象类词：路段

特性词：管理机构标识符

表示词：标识符

数据类型：字符型

值域：符合 GB 11714 中的组织机构代码编制规则。

数据格式：an9

内部标识符：12004

备注：

7.2.5 路段(公路)行政等级

英文名称：LINK_HighwayManagementType_code

语境：道路交通管理

定义：公路路段的行政等级。

对象类词：路段

特性词：行政等级

表示词：代码

数据类型：字符型

值域：见 GB/T 919。

数据格式：a1

内部标识符：12005

备注：

7.2.6 路段(公路)技术等级

英文名称：LINK_HighwayTechnicalType_code

语境：道路交通管理

定义：公路路段的技术等级。

对象类词：路段

特性词：技术等级

表示词：代码

数据类型：字符型

值域：见 GB/T 919。

数据格式：n1

内部标识符：12006

备注：

7.2.7 路段(城市道路)等级

英文名称:LINK_UrbanStreetType_code

语境:道路交通管理

定义:城市道路路段的等级。

对象类词:路段

特性词:等级

表示词:代码

数据类型:字符型

值域:根据 GB 50220,可以取下列枚举值:

——1 快速路;

——2 主干路;

——3 次干路;

——4 支路。

数据格式:n1

内部标识符:12007

备注:

7.2.8 路段道路编号

英文名称:LINK_RoadDesignator_number

语境:道路交通管理

定义:路段所属道路的编号。

对象类词:路段

特性词:道路编号

表示词:号码

数据类型:字符型

值域:

数据格式:an..64

内部标识符:12008

备注:

7.2.9 路段起始节点名称

英文名称:LINK_BeginNodeName_text

语境:道路交通管理

定义:为用户识别路段的起始节点而设的名称。

对象类词:路段

特性词:起始节点名称

表示词:文本

数据类型:字符型

值域:

数据格式:a..128

内部标识符:12009

备注:

7.2.10 路段终止节点名称

英文名称:LINK_EndNodeName_text
语境:道路交通管理
定义:为用户识别路段的终止节点而设的名称。
对象类词:路段
特性词:终止节点名称
表示词:文本
数据类型:字符型
值域:
数据格式:a..128
内部标识符:12010
备注:

7.2.11 路段起始节点标识符

英文名称:LINK_BeginNodeIdentifier_identifier
语境:道路交通管理
定义:某一路段起始位置的节点的惟一标识。在系统中,此标识编号对于该起始节点而言是全局性的、惟一的。
对象类词:路段
特性词:起始节点标识符
表示词:标识符
数据类型:字符型
值域:
数据格式:an..32
内部标识符:12011
备注:

7.2.12 路段终止节点标识符

英文名称:LINK_EndNodeIdentifier_identifier
语境:道路交通管理
定义:某一路段终止位置的节点的惟一标识。在系统中,此标识编号对于该终止节点而言是全局性的、惟一的。
对象类词:路段
特性词:终止节点标识符
表示词:标识符
数据类型:字符型
值域:
数据格式:an..32
内部标识符:12012
备注:

7.2.13 路段起始节点经度

英文名称:LINK_BeginNodeLongitude_location

语境:道路交通管理

定义:路段起始节点的经度。

对象类词:路段

特性词:起始节点经度

表示词:位置

数据类型:数值型

值域:

数据格式:N..9,6

内部标识符:12013

备注:格林威治以东的经度用正号(+)表示,格林威治以西的经度用负号(—)表示,本初子午线用正号(+)表示。经度包括度和十进制小数度,小数度的精度取小数点后6位。

7.2.14 路段终止节点经度

英文名称:LINK_EndNodeLongitude_location

语境:道路交通管理

定义:路段终止节点的经度。

对象类词:路段

特性词:终止节点经度

表示词:位置

数据类型:数值型

值域:

数据格式:N..9,6

内部标识符:12014

备注:格林威治以东的经度用正号(+)表示,格林威治以西的经度用负号(—)表示,本初子午线用正号(+)表示。经度包括度和十进制小数度,小数度的精度取小数点后6位。

7.2.15 路段起始节点纬度

英文名称:LINK_BeginNodeLatitude_location

语境:道路交通管理

定义:路段起始节点的纬度。

对象类词:路段

特性词:起始节点纬度

表示词:位置

数据类型:数值型

值域:

数据格式:N..8,6

内部标识符:12015

备注:赤道以北的纬度用正号(+)表示,赤道以南的纬度用负号(—)表示,赤道用正号(+)表示。纬度包括度和十进制小数度,小数度的精度取小数点后6位。

7.2.16 路段终止节点纬度

英文名称:LINK_EndNodeLatitude_location

语境:道路交通管理

定义:路段终止节点的纬度。

对象类词:路段

特性词:终止节点纬度

表示词:位置

数据类型:数值型

值域:

数据格式:N..8,6

内部标识符:12016

备注:赤道以北的纬度用正号(+)表示,赤道以南的纬度用负号(—)表示,赤道用正号(+)表示。纬度包括度和十进制小数度,小数度的精度取小数点后6位。

7.2.17 路段线性定位参照

英文名称:LINK_LocationLinearReference_number

语境:道路交通管理

定义:在公路上通过里程桩号描述作为定位的参照。

对象类词:路段

特性词:线性定位参照

表示词:号码

数据类型:字符型

值域:

数据格式:an..10

内部标识符:12017

备注:里程桩号的标识规则见GB/T 18731—2002中的6.1.4。

7.2.18 路段基本通行能力

英文名称:LINK_Capacity_rate

语境:道路交通管理

定义:在理想的道路、交通、控制和环境条件下,某路段一条车道或一条车行道的均匀段上或一横断面上,无论服务水平如何,1 h所能通过标准车辆的最大辆数,单位为辆每小时。

对象类词:路段

特性词:通行能力

表示词:比率

数据类型:数值型

值域:

数据格式:n..7

内部标识符:12018

备注:理想条件是指对某类交通设施的通行能力而言的最佳条件,没有干扰或延误;也就是说,进一步改善这些条件,通行能力也不会增大;没有任何障碍或耽误的条件。

7.2.19 路段设计速度

英文名称:LINK_DesignSpeed_rate

语境:道路交通管理

定义:又称为计算行车速度,是道路设计时确定道路几何线形的基本要素。它是在气候条件良好,车辆行驶只受道路本身条件影响时，具有中等驾驶技术的人员能够安全、顺适驾驶车辆的速度，单位为千米/每小时。

对象类词：路段

特性词：设计速度

表示词：比率

数据类型：数值型

值域：

数据格式：n..3

内部标识符：12019

备注：

7.2.20 路段走向

英文名称：LINK_Direction_code

语境：道路交通管理

定义：路段的地理走向。

对象类词：路段

特性词：走向

表示词：代码

数据类型：字符型

值域：JT/T 132 中的公路路线走向代码。

数据格式：n1

内部标识符：12020

备注：

7.2.21 路段通行方向

英文名称：LINK_DriveDirection_code

语境：道路交通管理

定义：路段的通行方向。

对象类词：路段

特性词：通行方向

表示词：代码

数据类型：字符型

值域：可以取下列枚举值：

——01 单向；

——02 双向；

——03 上行；

——04 下行；

——05 顺时针方向；

——06 逆时针方向；

——99 其他。

数据格式：n2

内部标识符：12021

备注：

7.2.22 路段长度

英文名称:LINK_Length_quantity
语境:道路交通管理
定义:某路段沿道路中心线从起始节点到终止节点的长度,单位为米。
对象类词:路段
特性词:长度
表示词:数量
数据类型:数值型
值域:
数据格式:n..12,2
内部标识符:12022
备注:

7.2.23 路段车道数

英文名称:LINK_LaneCount_quantity
语境:道路交通管理
定义:路段车行道的条数。
对象类词:路段
特性词:车道数
表示词:数量
数据类型:数值型
值域:
数据格式:n..2
内部标识符:12023
备注:路段车道数的统计中不包括交叉口拓宽的车行道,也不包括非机动车道。

7.2.24 路段直行车道数

英文名称:LINK_ThroughLaneNumber_quantity
语境:道路交通管理
定义:路段机动车直行专用道(包括直行、直左车道与直右车道)的车行道条数。
对象类词:路段
特性词:直行车道数
表示词:数量
数据类型:数值型
值域:
数据格式:n..2
内部标识符:12024
备注:

7.2.25 路段左转专用车道数

英文名称:LINK_LeftTurnPocketLaneNumber_quantity
语境:道路交通管理

定义:路段机动车左转弯专用道的车行道条数。

对象类词:路段

特性词:左转专用车道数

表示词:数量

数据类型:数值型

值域:

数据格式:n..2

内部标识符:12025

备注:

7.2.26 路段右转专用车道数

英文名称:LINK_RightTurnPocketLaneNumber_quantity

语境:道路交通管理

定义:路段机动车右转专用道的车行道条数。

对象类词:路段

特性词:右转专用车道数

表示词:数量

数据类型:数值型

值域:

数据格式:n..2

内部标识符:12026

备注:

7.2.27 路段调头专用车道数

英文名称:LINK_UTurnPocketLaneNumber_quantity

语境:道路交通管理

定义:路段机动车调头专用车道的车行道条数。

对象类词:路段

特性词:调头专用车道数

表示词:数量

数据类型:数值型

值域:

数据格式:n..2

内部标识符:12027

备注:

7.2.28 路段直行专用车道长度

英文名称:LINK_ThroughLaneLength_quantity

语境:道路交通管理

定义:路段机动车直行专用车道(包括直行、直左车道与直右车道)沿车道中心线从专用道起点到停车线的长度,单位为米。

对象类词:路段

特性词:直行专用车道长度

表示词:数量
数据类型:数值型
值域:
数据格式:n..8,2
内部标识符:12028
备注:

7.2.29 路段左转专用车道长度

英文名称:LINK_LeftTurnPocketLength_quantity
语境:道路交通管理
定义:路段机动车左转专用车道沿车道中心线从专用道起点到停车线的长度,单位为米。
对象类词:路段
特性词:左转专用车道长度
表示词:数量
数据类型:数值型
值域:
数据格式:n..6,2
内部标识符:12029
备注:

7.2.30 路段右转专用车道长度

英文名称:LINK_RightTurnPocketLength_quantity
语境:道路交通管理
定义:路段机动车右转专用车道沿车道中心线从专用道起点到停车线的长度,单位为米。
对象类词:路段
特性词:右转专用车道长度
表示词:数量
数据类型:数值型
值域:
数据格式:n..6,2
内部标识符:12030
备注:

7.2.31 路段调头专用车道长度

英文名称:LINK_UTurnPocketLength_quantity
语境:道路交通管理
定义:路段机动车调头专用车道沿车道中心线从专用道起点到终点的长度,单位为米。
对象类词:路段
特性词:调头专用车道长度
表示词:数量
数据类型:数值型
值域:
数据格式:n..6,2

内部标识符:12031

备注:

7.2.32 路段(公路)路面类型

英文名称:LINK_HighwayPavementSurfaceType_code

语境:道路交通管理

定义:公路路段的路面面层类型。

对象类词:路段

特性词:路面类型

表示词:代码

数据类型:字符型

值域:JT/T 132 中的路面等级与面层类型代码。

数据格式:n2

内部标识符:12032

备注:

7.2.33 路段(城市道路)路面类型

英文名称:LINK_UrbanStreetPavementSurfaceType_code

语境:道路交通管理

定义:城市道路路段的路面面层类型。

对象类词:路段

特性词:路面类型

表示词:代码

数据类型:字符型

值域:根据 CJJ 37,可以取下列枚举值:

——1 水泥混凝土;

——2 沥青混凝土;

——3 沥青碎石;

——4 沥青贯入式碎(砾)石;

——5 沥青表面处治;

——6 碎(砾)石等粒料路面。

数据格式:n1

内部标识符:12033

备注:

7.2.34 路段(公路)路面损坏类型

英文名称:LINK_HighwayPavementSurfaceDistressType_text

语境:道路交通管理

定义:公路路段的路面损坏类型。

对象类词:路段

特性词:路面损坏类型

表示词:文本

数据类型:字符型

值域:JTG H20 中的公路损坏类型。
数据格式:a..128
内部标识符:12034
备注:

7.2.35 路段(城市道路)路面破损类型

英文名称:LINK_UrbanStreetPavementSurfaceDistressType_text
语境:道路交通管理
定义:城市道路路段的路面破损类型。
对象类词:路段
特性词:路面破损类型
表示词:文本
数据类型:字符型
值域:见 CJJ 36 中的沥青路面损坏类型和水泥路面损坏类型。
数据格式:a..128
内部标识符:12035
备注:

7.2.36 路段中间带宽度

英文名称:LINK_CentralStripWidth_quantity
语境:道路交通管理
定义:路段的中间带的宽度,单位为米。
对象类词:路段
特性词:中间带宽度
表示词:数量
数据类型:数值型
值域:
数据格式:n..4,2
内部标识符:12036
备注:

7.2.37 路段左侧路肩宽度

英文名称:LINK_ShoulderWidthLeft_quantity
语境:道路交通管理
定义:路段左侧路肩的宽度,单位为米。
对象类词:路段
特性词:左侧路肩宽度
表示词:数量
数据类型:数值型
值域:
数据格式:n..4,2
内部标识符:12037
备注:

7.2.38 路段右侧路肩宽度

英文名称:LINK_ShoulderWidthRight_quantity
语境:道路交通管理
定义:路段右侧路肩的宽度,单位为米。
对象类词:路段
特性词:右侧路肩宽度
表示词:数量
数据类型:数值型
值域:
数据格式:n..4,2
内部标识符:12038
备注:

7.2.39 路段交通管制类型

英文名称:LINK_TrafficControlType_code
语境:道路交通管理
定义:针对某路段所采取的交通管制措施的类型。
对象类词:路段
特性词:交通管制类型
表示词:代码
数据类型:字符型
值域:可以取下列枚举值:
——10 禁止通行道路;
——11 禁止一切车辆和行人通行;
——12 禁止一切车辆驶入;
——13 禁止各类机动车通行;
——20 禁止某方向通行;
——21 禁止左转弯;
——22 禁止右转弯;
——23 禁止直行;
——24 禁止向左向右转弯;
——25 禁止直行向左转弯;
——26 禁止直行向右转弯
——30 禁止调头;
——40 禁止超车;
——50 禁止停车;
——51 禁止临时或长时间停车;
——52 禁止长时间停车;
——60 禁止鸣喇叭;
——70 限制措施;
——71 限制长度;
——72 限制宽度;

——73　限制高度；
——74　限制车轴数；
——75　限制轴重；
——76　限制车重；
——77　限制速度；
——99　其他。

数据格式：n2
内部标识符：12039
备注：

7.2.40　路段道路封闭情况类型

英文名称：LINK_RoadClosedSituationType_code
语境：道路交通管理
定义：针对某路段采取道路封闭措施的主要情况类型。
对象类词：路段
特性词：状态
表示词：代码
数据类型：字符型
值域：可以取下列枚举值：

——01　大型集会活动；
——02　交通保卫勤务路线；
——03　天气和自然灾害；
——04　交通事故；
——05　突发、偶发事件；
——06　道路抢修；
——99　其他。

数据格式：n2
内部标识符：12040
备注：

7.2.41　路段开放车道数

英文名称：LINK_LanesNumberOpen_quantity
语境：道路交通管理
定义：路段当前开放的行车道条数的最小值，单位为条。
对象类词：路段
特性词：开放车道数
表示词：数量
数据类型：数值型
值域：
数据格式：n..2
内部标识符：12041
备注：

7.2.42 路段长度限制

英文名称:LINK_RestrictionLength_quantity
语境:道路交通管理
定义:路段上允许通过车辆的最大长度,单位为米。
对象类词:路段
特性词:长度限制
表示词:数量
数据类型:数值型
值域:
数据格式:n..5,2
内部标识符:12042
备注:

7.2.43 路段宽度限制

英文名称:LINK_RestrictionWidth_quantity
语境:道路交通管理
定义:路段上允许通过车辆的最大宽度,单位为米。
对象类词:路段
特性词:宽度限制
表示词:数量
数据类型:数值型
值域:
数据格式:n..4,2
内部标识符:12043
备注:

7.2.44 路段高度限制

英文名称:LINK_RestrictionHeight_quantity
语境:道路交通管理
定义:路段上允许通过车辆的最大高度,单位为米。
对象类词:路段
特性词:高度限制
表示词:数量
数据类型:数值型
值域:
数据格式:n..4,2
内部标识符:12044
备注:

7.2.45 路段车轴数限制

英文名称:LINK_RestrictionAxleCount_quantity
语境:道路交通管理

定义:路段上允许通过车辆的最大车轴数,单位为个。
对象类词:路段
特性词:车轴数限制
表示词:数量
数据类型:数值型
值域:
数据格式:n..2
内部标识符:12045
备注:

7.2.46 路段车轴重限制

英文名称:LINK_RestrictionWeightAxle_quantity
语境:道路交通管理
定义:路段上允许通过车辆的最大车轴重量,单位为千克。
对象类词:路段
特性词:车轴重限制
表示词:数量
数据类型:数值型
值域:
数据格式:n..8,1
内部标识符:12046
备注:

7.2.47 路段车辆重量限制

英文名称:LINK_RestrictionWeightVehicle_quantity
语境:道路交通管理
定义:路段上允许通过车辆的最大总重量,单位为千克。
对象类词:路段
特性词:车辆重量限制
表示词:数量
数据类型:数值型
值域:
数据格式:n..9,1
内部标识符:12047
备注:

7.2.48 路段速度限制

英文名称:LINK_SpeedLimit_rate
语境:道路交通管理
定义:路段上允许通过车辆的最高行驶速度,单位为千米每小时。
对象类词:路段
特性词:速度限制
表示词:比率

数据类型:数值型

值域:

数据格式:n..3

内部标识符:12048

备注:

7.2.49　路段建议速度限制

英文名称:LINK_SpeedLimitAdvisory_rate

语境:道路交通管理

定义:特定气象条件或事件影响下,建议路段上允许通过车辆的最高行驶速度,单位为千米每小时。

对象类词:路段

特性词:建议速度限制

表示词:比率

数据类型:数值型

值域:

数据格式:n..3

内部标识符:12049

备注:

7.2.50　路段货车速度限制

英文名称:LINK_SpeedLimitTruck_rate

语境:道路交通管理

定义:路段上允许通过的货车的最高行驶速度,单位为千米每小时。

对象类词:路段

特性词:货车速度限制

表示词:比率

数据类型:数值型

值域:

数据格式:n..3

内部标识符:12050

备注:

7.2.51　路段流量

英文名称:LINK_Volume_quantity

语境:道路交通管理

定义:交通流量,简称流量,又称交通量,是在特定的时间段内通过路段上某一地点的车辆数,单位为辆。一般以小时计,日计或年计。

对象类词:路段

特性词:流量

表示词:数量

数据类型:数值型

值域:

数据格式:n..20

内部标识符:12051

备注:

7.2.52 路段密度

英文名称:LINK_Density_rate

语境:道路交通管理

定义:单位长度(通常为1 km)路段上,一个车道上某一瞬时的车辆数,单位为辆每千米。

对象类词:路段

特性词:密度

表示词:比率

数据类型:数值型

值域:

数据格式:n..6,1

内部标识符:12052

备注:

7.2.53 路段时间平均车速

英文名称:LINK_TimeMeanSpeed_rate

语境:道路交通管理

定义:路段上某一断面车速分布的平均值,即断面上各辆车的地点车速的算术平均值,单位为千米每小时。

对象类词:路段

特性词:时间平均速度

表示词:速度

数据类型:数值型

值域:

数据格式:n..5,2

内部标识符:12053

备注:

7.2.54 路段空间平均车速

英文名称:LINK_SpaceMeanSpeed_rate

语境:道路交通管理

定义:在给定的路段上,在同一瞬间,车速分布的平均值,单位为千米每小时。

对象类词:路段

特性词:空间平均速度

表示词:速度

数据类型:数值型

值域:

数据格式:n..5,2

内部标识符:12054

备注:

7.2.55 路段时间占有率

英文名称:LINK_TimeOccupancy_percent

语境:道路交通管理

定义:在一定时间内,全部车辆通过路段上某一断面所需时间的累计值占该时间的百分比。

对象类词:路段

特性词:占有率

表示词:百分比

数据类型:数值型

值域:

数据格式:n..5,2

内部标识符:12055

备注:

7.2.56 路段空间占有率

英文名称:LINK_SpaceOccupancy_percent

语境:道路交通管理

定义:某一瞬时,单位长度路段上行驶的车辆总长占该路段长度的百分比。

对象类词:路段

特性词:空间占有率

表示词:百分比

数据类型:数值型

值域:

数据格式:n..5,2

内部标识符:12056

备注:

7.2.57 路段车头时距

英文名称:Link_TimeHeadway_quantity

语境:道路交通管理

定义:在同向行驶的车流中,两连续车辆的车头到达路段某断面的时间间隔,单位为秒每辆。

对象类词:路段

特性词:车头时距

表示词:数量

数据类型:数值型

值域:

数据格式:n..7,1

内部标识符:12057

备注:

7.2.58 路段车头空距

英文名称:Link_SpaceHeadway_quantity

语境:道路交通管理

定义:在同向行驶的车流中,两连续车辆车头间的距离,单位为米每辆。

对象类词:路段

特性词:车头空距

表示词:数量

数据类型:数值型

值域:

数据格式:n..8,2

内部标识符:12058

备注:

7.2.59 路段延误

英文名称:LINK_Delay_quantity

语境:道路交通管理

定义:驾驶人、乘客或行人花费的额外的行程时间,单位为秒。

对象类词:路段

特性词:延误

表示词:数量

数据类型:数值型

值域:

数据格式:n..7,1

内部标识符:12059

备注:

7.2.60 路段信号控制延误

英文名称:Link_SignalControlDelay_quantity

语境:道路交通管理

定义:信号控制引起的一个车道组上车辆减速或停车。它通过与不设信号控制条件下产生的延误进行比较来度量,单位为秒。

对象类词:路段

特性词:信号控制延误

表示词:数量

数据类型:数值型

值域:

数据格式:n..6,1

内部标识符:12060

备注:

7.2.61 路段当前通行能力

英文名称:LINK_CapacityExisting_percent

语境:道路交通管理

定义:路段当前实际通行能力与该路段基本通行能力比值,以百分数来表示。

对象类词:路段

特性词:当前通行能力

表示词:百分比

数据类型:数值型

值域:

数据格式:n..5,2

内部标识符:12061

备注:

7.2.62 路段(公路)服务水平

英文名称:LINK(Highway)_LevelOfService_code

语境:道路交通管理

定义:描述交通流中车辆运行的以及驾驶员和乘客所感受的质量量度,亦即公路在某种交通条件下所提供运行服务的质量水平。

对象类词:路段

特性词:服务水平

表示词:代码

数据类型:字符型

值域:可以取下列枚举值:

——1 服务水平一级,交通为自由流或稳定流较好部分;

——2 服务水平二级,交通处于稳定流的中间部分,驾驶员的舒适性和便利程度有明显下降;

——3 服务水平三级,交通处于稳定流的较差部分,高密度但稳定的通行;

——4 服务水平四级,交通处于强制流状态,车辆经常排成队,跟着前面的车辆走走停停。

数据格式:n1

内部标识符:12062

备注:

7.2.63 路段(城市道路)服务水平

英文名称:LINK(UrbanStreet)_LevelOfService_code

语境:道路交通管理

定义:描述交通流中车辆运行的以及驾驶员和乘客所感受的质量量度,亦即城市道路在某种交通条件下所提供运行服务的质量水平。

对象类词:路段

特性词:服务水平

表示词:代码

数据类型:字符型

值域:可以取下列枚举值:

——1 自由流状态;

——2 稳定流状态;

——3 交通处于稳定流的中间部分,但驾驶员的舒适性和便利程度有明显下降;

——4 交通处于稳定流的较差部分,高密度但通行稳定;

——5 接近通行能力水平;

——6 交通处于强制流状态,车辆经常排成队,跟着前面的车辆走走停停。

数据格式:n1

内部标识符:12063

备注：

7.2.64 路段行程时间

英文名称：LINK_TravelTime_quantity

语境：道路交通管理

定义：车辆通过某路段所花费的平均出行时间，含控制延误，单位为秒每车。

对象类词：路段

特性词：旅行时间

表示词：数量

数据类型：数值型

值域：

数据格式：n..8,1

内部标识符：12064

备注：

7.2.65 路段旅行时间延长

英文名称：LINK_TravelTimeIncrease_percent

语境：道路交通管理

定义：车辆通过某路段所花费的实际行程时间相对于正常行程时间的增加幅度，以百分数来表示。

对象类词：路段

特性词：旅行时间延长

表示词：百分比

数据类型：数值型

值域：

数据格式：n..5,2

内部标识符：12065

备注：

7.2.66 路段检测持续时间

英文名称：LINK_MeasurementDuration_quantity

语境：道路交通管理

定义：交通流检测器针对某一路段进行交通流数据采集过程的持续时间。

对象类词：路段

特性词：检测持续时间

表示词：日期时间

数据类型：时间间隔

值域：

数据格式：PnYnMnDnTnHnMnS 或 YYYYMMDDThhmmss/ YYYYMMDDThhmmss

内部标识符：12066

备注：符合 GB/T 7408 中的时间间隔表示法，YYYYMMDDThhmmss/ YYYYMMDDThhmmss 表示有起点和终点标示的期限；PnYnMnDnTnHnMnS 表示仅由周期标示的期限，如 P2Y10M15DT10H30M20S 表示两年、10 个月、15 天、10 小时、30 分钟和 20 秒的周期的期限。

7.2.67 路段检测开始时刻

英文名称:LINK_MeasurementStartTime_utc

语境:道路交通管理

定义:交通流检测器针对某一路段采集交通流数据的开始时刻。

对象类词:路段

特性词:检测开始时刻

表示词:协调世界时

数据类型:日期时间型

值域:

数据格式:YYYYMMDDThhmmss

内部标识符:12067

备注:符合 GB/T 7408 中日期和时间的组合,其中 T 为分割日期和时间的标志符,在不引起混淆的情况下,T 也可以省略。

7.2.68 路段检测结束时刻

英文名称:LINK_MeasurementEndTime_utc

语境:道路交通管理

定义:交通流检测器针对某一路段采集交通流数据的结束时刻。

对象类词:路段

特性词:检测结束时刻

表示词:协调世界时

数据类型:日期时间型

值域:

数据格式:YYYYMMDDThhmmss

内部标识符:12068

备注:符合 GB/T 7408 中日期和时间的组合,其中 T 为分割日期和时间的标志符,在不引起混淆的情况下,T 也可以省略。

7.3 节点

7.3.1 节点名称

英文名称:NODE_Name_text

语境:道路交通管理

定义:为用户识别节点而设的名称。

对象类词:节点

特性词:名称

表示词:文本

数据类型:字符型

值域:

数据格式:a..128

内部标识符:13001

备注:

7.3.2 节点标识符

英文名称:NODE_Identifier_identifier

语境:道路交通管理

定义:某一节点的惟一标识。在系统中,此标识编号对于该节点而言是全局性的、惟一的。

对象类词:节点

特性词:标识符

表示词:标识符

数据类型:字符型

值域:

数据格式:an..32

内部标识符:13002

备注:

7.3.3 节点管理机构

英文名称:NODE_Jurisdiction_text

语境:道路交通管理

定义:为用户识别节点的主管机构而设的名称,该名称须经登记机关或批准机关所核准,一般使用机构的全称。

对象类词:节点

特性词:管理机构

表示词:文本

数据类型:字符型

值域:

数据格式:a..128

内部标识符:13003

备注:

7.3.4 节点管理机构标识符

英文名称:NODE_JurisdictionIdentifier_identifier

语境:道路交通管理

定义:某一节点主管机构的惟一标识,由全国组织机构代码管理中心为在中华人民共和国境内依法成立的机关、企业、事业单位、社会团体和民办非企事业机构赋予的一个全国范围内惟一的、始终不变的法定代码标识。在系统中,此标识编号对于该节点主管机构而言是全局性的、唯一的。

对象类词:节点

特性词:管理机构标识符

表示词:标识符

数据类型:字符型

值域:符合 GB 11714 中的组织机构代码编制规则。

数据格式:an9

内部标识符:13004

备注:

7.3.5 节点类型

英文名称:NODE_Type_code

语境:道路交通管理

定义:节点的类型。

对象类词:节点

特性词:类型

表示词:代码

数据类型:字符型

值域:可以取下列枚举值:

——01 平面交叉口;

——02 立交桥;

——03 匝道口;

——04 铁路道口;

——05 渡口;

——06 道路收费站;

——99 其他。

数据格式:n2

内部标识符:13005

备注:

7.3.6 节点经度

英文名称:NODE_Longitude_location

语境:道路交通管理

定义:节点的经度。

对象类词:节点

特性词:经度

表示词:位置

数据类型:数值型

值域:

数据格式:N..9,6

内部标识符:13006

备注:格林威治以东的经度用正号(+)表示,格林威治以西的经度用负号(−)表示,本初子午线用正号(+)表示。经度包括度和十进制小数度,小数度的精度取小数点后6位。

7.3.7 节点纬度

英文名称:NODE_Latitude_location

语境:道路交通管理

定义:节点的纬度。

对象类词:节点

特性词:纬度

表示词:位置

数据类型:数值型

值域：
数据格式：N..8,6
内部标识符：13007
备注：赤道以北的纬度用正号(＋)表示，赤道以南的纬度用负号(－)表示，赤道用正号(＋)表示。纬度包括度和十进制小数度，小数度的精度取小数点后6位。

7.3.8 节点路段数

英文名称：NODE_LinksNumber_quantity
语境：道路交通管理
定义：与某一节点相交的路段的总数。
对象类词：节点
特性词：路段数
表示词：数量
数据类型：数值型
值域：
数据格式：n..3
内部标识符：13008
备注：

7.3.9 节点转向类型

英文名称：NODE_TurnType_code
语境：道路交通管理
定义：节点转向的类别。
对象类词：节点
特性词：转向类型
表示词：代码
数据类型：字符型
值域：可以取下列枚举值：
——01 无；
——02 直行；
——03 左转；
——04 右转；
——05 调头；
——06 直行＋左转；
——07 直行＋右转；
——08 汇入；
——09 驶出；
——10 顺时针方向；
——11 逆时针方向；
——99 其他。
数据格式：n2
内部标识符：13009
备注：

索　引

内部标识符索引

内部标识符	中文名称	内部标识符	中文名称
12062	路段(公路)服务水平	13002	节点标识符
12063	路段(城市道路)服务水平	13003	节点管理机构
12064	路段行程时间	13004	节点管理机构标识符
12065	路段旅行时间延长	13005	节点类型
12066	路段检测持续时间	13006	节点经度
12067	路段检测开始时刻	13007	节点纬度
12068	路段检测结束时刻	13008	节点路段数
13001	节点名称	13009	节点转向类型

ICS 03.220.20;35.240.60
R 07

中华人民共和国国家标准

GB/T 29098—2012

道路交通管理数据字典 交通信号控制

Road traffic management data dictionary—Traffic signal control

2012-12-31 发布 2013-07-01 实施

中华人民共和国国家质量监督检验检疫总局
中国国家标准化管理委员会 发布

前　言

本标准按照 GB/T 1.1—2009 给出的规则起草。

本标准是道路交通管理数据字典系列标准之一。相关系列标准如下：

——GB/T 29095—2012　道路交通管理数据字典　交通检测器；

——GB/T 29096—2012　道路交通管理数据字典　交通事件数据；

——GB/T 29097—2012　道路交通管理数据字典　交通网络。

本标准由全国智能运输系统标准化技术委员会(SAC/TC 268)提出并归口。

本标准起草单位：青岛海信网络科技股份有限公司。

本标准主要起草人：朱中、汪志涛、周永顺、陈晓明。

道路交通管理数据字典
交通信号控制

1 范围

本标准规定了道路交通管理中直接和交通信号控制相关的数据元的分类原则和方法、内部标识符编码原则与编码结构、数据元属性描述和数据元表。

本标准适用于道路交通管理领域和信号控制系统相关的信息处理和信息交换。

2 规范性引用文件

下列文件对于本文件的应用是必不可少的。凡是注日期的引用文件，仅注日期的版本适用于本文件。凡是不注日期的引用文件，其最新版本(包括所有的修改单)适用于本文件。

GB/T 29097—2012 道路交通管理数据字典 交通网络

GA 47—2002 道路交通信号控制机

3 术语和定义

下列术语和定义适用于本文件。

3.1

交叉口 intersection

两条或两条以上城市道路的相交点。

[GB/T 14395—2009,定义 2.6]

3.2

道路交通信号控制机(以下简称为信号机) road traffic signal controller

能够改变道路交通信号顺序、调节配时并能控制道路交通信号灯运行的装置。

[GA 47—2002,定义 3.1]

3.3

相位 phase

在一个信号周期内同时获得通行权的一个或多个交通流的信号设置状态。

[GA 47—2002,定义 3.2]

3.4

周期 cycle time

信号灯色按设定的相位顺序显示一周所需的时间。

[GA 47—2002,定义 3.3]

3.5

配时方案 timing plan

控制方案 control plan

路口关于相位设置、相位序列设置、信号配时的有序集合。

[GA/T 509—2004,定义 3.40]

3.6

固件 firmware

存储于信号机芯片中,可由用户通过特定的刷新程序进行升级的程序。承担系统中最基础最底层的工作。

3.7

饱和度 degree of saturation

交通流量和通行能力之比。

[GA/T 509—2004,定义 3.13]

3.8

交通需求 traffic demand

单位时间内期望通过道路某一截面的交通流量。

[GA/T 509—2004,定义 3.7]

3.9

通行能力 capacity

在交叉路口信号控制条件下,单位时间内车辆通过交叉路口停车线的最大流量。

[GA/T 509—2004,定义 3.12]

3.10

过饱和 over-saturation

交通需求大于通行能力的交通状态。

[GA/T 509—2004,定义 3.15]

3.11

感应控制 vehicle actuated control

根据车辆检测器测得的交通流数据来改变绿灯显示时间。

[GA 47—2002,定义 3.14]

3.12

路网 road network

由不同功能、等级、区位的道路,以一定的密度和适当的形式组成的网络结构,包括公路网和城市道路网。

[GB/T 29097—2012,定义 3.1]

3.13

线协调控制 main street coordinate control

把干线道路上多个相邻交叉路口的交通信号协调起来加以控制。

[GA 47—2002,定义 3.15]

3.14

紧急优先控制 emergency vehicle preemption

交叉口正常的交通信号可因特种车辆或车队通过而强制被中断或转至特殊状态的交通控制。

4 分类原则和方法

4.1 按照道路交通管理信息数据的业务属性或特征分类。

4.2 分类具有兼容性,与有关标准协调一致。

4.3 本标准将道路交通管理领域内涉及交通信号控制的数据元分为 4 类:交叉口类、信号机类、相位类和配时方案类。

5 内部标识符原则与编码结构

5.1 内部标识符编码原则

5.1.1 每一个数据元只有一个内部标识符代码,一个内部标识符代码也只惟一表示一个数据元。

5.1.2 内部标识符代码各层间留有扩充位,用户可根据需要自行扩充。

5.2 内部标识符编码结构

采用数字编码方式,共有5位构成,编码结构分为3段:

——左起第一位是其所属数据字典的编码,取值范围(1～9),本标准取值"3";

——左起第二位是其所属数据元分类的编码,取值范围(1～9);

——后三位为各数据元素的顺序编码,取值范围(001～999)。

6 数据元属性描述

见GB/T 29097—2012中的第6章。

7 交通信号控制数据字典

7.1 交叉口

7.1.1 路段交通流向类型

英文名称:LINK_MovementType_code

语境:道路交通管理

定义:路段端点交通流的流向。

对象类词:交叉口

特性词:交通流向类型

表示词:代码

数据类型:字符型

值域:可以取下列枚举值:

——01 左转;

——02 直行;

——03 右转;

——04 调头;

——99 其他。

数据格式:n2

内部标识符:31001

备注:

7.1.2 路段过饱和标志

英文名称:LINK_OversaturatedFlag_code

语境:道路交通管理

定义:表示路段过饱和状态的标志。

对象类词:交叉口

特性词:过饱和标志

表示词:代码

数据类型:字符型

值域:可以取下列枚举值:

——1 过饱和状态;

——2 自由状态;

——9 其他。

数据格式:n1

内部标识符:31002

备注:

7.1.3 路段过饱和临界值

英文名称:LINK_OversaturatedThreshold_percent

语境:道路交通管理

定义:用于确定路段存在过饱和状态的饱和度的最大值,用百分比表示。

对象类词:交叉口

特性词:过饱和临界值

表示词:百分比

数据类型:数值型

值域:

数据格式:n..3

内部标识符:31003

备注:

7.1.4 路段信号控制方式

英文名称:SECTION_SignalControlMode_code

语境:道路交通管理

定义:路段上的交通信号控制方式。

对象类词:交叉口

特性词:信号控制方式

表示词:代码

数据类型:字符型

值域:可以取下列枚举值:

——01 无信号控制;

——02 关灯控制;

——03 全红控制;

——04 闪光控制;

——05 手动控制;

——06 定周期控制;

——07 感应控制;

——08 半感应控制;

——09 方案选择控制;

——10 多时段控制；
——11 感应协调控制；
——12 无电缆线协调控制；
——13 自适应协调控制；
——14 行人二次过街控制；
——15 公交优先控制；
——16 紧急优先控制；
——17 可变标志控制；
——99 其他。

数据格式：n2

内部标识符：31004

备注：

7.1.5 路段其他信息

英文名称：SECTION_Other_text

语境：道路交通管理

定义：用于表明路段上存在的附加信息。

对象类词：交叉口

特性词：其他信息

表示词：文本

数据类型：字符型

值域：

数据格式：a..128

内部标识符：31005

备注：

7.1.6 交叉口控制类型

英文名称：INTERSECTION_ControlType_code

语境：道路交通管理

定义：交叉口的基本交通控制类型。

对象类词：交叉口

特性词：控制类型

表示词：代码

数据类型：字符型

值域：可以取下列枚举值：

——1 无信号控制；
——2 有信号控制；
——3 多向停车控制；
——4 单向停车控制；
——5 让行信号控制；
——9 其他。

数据格式：n1

内部标识符：31006

备注：

7.1.7 交叉口进口道数

英文名称：INTERSECTION_NumberOfApproaches_quantity
语境：道路交通管理
定义：进入交叉口的路段的总数。
对象类词：交叉口
特性词：进口道数
表示词：数量
数据类型：数值型
值域：
数据格式：n..1
内部标识符：31007
备注：

7.1.8 交叉口出口道数

英文名称：INTERSECTION_NumberOfExits_quantity
语境：道路交通管理
定义：离开交叉口的路段的总数。
对象类词：交叉口
特性词：出口道数
表示词：数量
数据类型：数值型
值域：
数据格式：n..1
内部标识符：31008
备注：

7.1.9 交叉口信号控制方式

英文名称：INTERSECTION_SignalControlMode_code
语境：道路交通管理
定义：交叉口的信号控制方式。
对象类词：交叉口
特性词：信号控制方式
表示词：代码
数据类型：字符型
值域：可以取下列枚举值：

——01 无信号控制；
——02 关灯控制；
——03 全红控制；
——04 闪光控制；
——05 手动控制；
——06 定周期控制；

——07 感应控制；
——08 半感应控制；
——09 方案选择控制；
——10 多时段控制；
——11 感应协调控制；
——12 无电缆线协调控制；
——13 自适应协调控制；
——14 行人二次过街控制；
——15 公交优先控制；
——16 紧急优先控制；
——17 可变标志控制；
——99 其他。

数据格式:n2
内部标识符:31009
备注:

7.1.10 交叉口其他信息

英文名称:INTERSECTION_Other_text
语境:道路交通管理
定义:用于表明交叉口存在的附加信息。
对象类词:交叉口
特性词:其他信息
表示词:文本
数据类型:字符型
值域:
数据格式:a..128
内部标识符:31010
备注:

7.1.11 匝道当前状态

英文名称:RAMP_CurrentState_code
语境:道路交通管理
定义:匝道的当前状态。
对象类词:交叉口
特性词:当前状态
表示词:代码
数据类型:字符型
值域:可以取下列枚举值:

——1 开放；
——2 关闭；
——9 其他。

数据格式:n1
内部标识符:31011

备注:

7.1.12 匝道其他信息

英文名称:RAMP_Other_text
语境:道路交通管理
定义:用于表明匝道存在的附加信息。
对象类词:交叉口
特性词:其他信息
表示词:文本
数据类型:字符型
值域:
数据格式:a..128
内部标识符:31012
备注:

7.2 信号机

7.2.1 信号机标识符

英文名称:CONTROLLER_Identifier_identifier
语境:道路交通管理
定义:路网中信号机的惟一标识符。
对象类词:信号机
特性词:标识符
表示词:标识符
数据类型:字符型
值域:
数据格式:an..32
内部标识符:32001
备注:

7.2.2 信号机名称

英文名称:CONTROLLER_Controller_text
语境:道路交通管理
定义:能够改变道路交通信号顺序、调节配时并能控制道路交通信号灯运行的装置。
对象类词:信号机
特性词:名称
表示词:文本
数据类型:字符型
值域:
数据格式:a..128
内部标识符:32002
备注:

7.2.3 信号机序列号

英文名称:CONTROLLER_SerialNumber_number
语境:道路交通管理
定义:信号机生产厂商为信号机编制的序列号。
对象类词:信号机
特性词:序列号
数据类型:字符型
表示词:号码
值域:
数据格式:an..32
内部标识符:32003
备注:

7.2.4 信号机机箱标识符

英文名称:CONTROLLER_CabinetIdentifier_identifier
语境:道路交通管理
定义:信号控制机箱的惟一的标识符。
对象类词:信号机
特性词:机箱标识符
表示词:标识符
数据类型:字符型
值域:
数据格式:an..32
内部标识符:32004
备注:

7.2.5 信号机类型

英文名称:CONTROLLER_ControllerType_identifier
语境:道路交通管理
定义:信号机的类型。
对象类词:信号机
特性词:类型
数据类型:字符型
表示词:代码
值域:根据 GA 47—2002,可以取下列枚举值:
——1 行人过街触发式信号机;
——2 多时段定时式信号机;
——3 感应式信号机;
——4 集中协调式信号机;
——9 其他。
数据格式:n1
内部标识符:32005

备注：

7.2.6 信号机固件开发商名称

英文名称：CONTROLLER_Firmware_text
语境：道路交通管理
定义：信号机内部固件的开发商名称。
对象类词：信号机
特性词：固件开发商名称
表示词：文本
数据类型：字符型
值域：
数据格式：a..128
内部标识符：32006
备注：

7.2.7 信号机固件发布版本

英文名称：CONTROLLER_FirmwareReleaseVersion_text
语境：道路交通管理
定义：信号机固件发布的版本号。
对象类词：信号机
特性词：固件发布版本
表示词：文本
数据类型：字符型
值域：
数据格式：an..64
内部标识符：32007
备注：

7.2.8 信号机模式

英文名称：CONTROLLER_Mode_text
语境：道路交通管理
定义：信号机的控制模式。
对象类词：信号机
特性词：模式
表示词：文本
数据类型：字符型
值域：
数据格式：a..128
内部标识符：32008
备注：

7.2.9 信号机故障序列号

英文名称：CONTROLLER_FaultNumber_number

语境:道路交通管理

定义:用户定义的信号机的故障号码,用于查询故障的详细资料。

对象类词:信号机

特性词:故障序列号

表示词:号码

数据类型:数值型

值域:

数据格式:n..10

内部标识符:32009

备注:

7.2.10 信号机故障类型

英文名称:CONTROLLER_FaultType_code

语境:道路交通管理

定义:信号机故障的类型。

对象类词:信号机

特性词:故障类型

表示词:代码

数据类型:字符型

值域:可以取下列枚举值:

——1 控制单元故障;

——2 通讯故障;

——3 检测器故障;

——9 其他。

数据格式:n1

内部标识符:32010

备注:

7.2.11 信号机响应状态

英文名称:CONTROLLER_ResponseState_code

语境:道路交通管理

定义:信号机当前的通信状态。

对象类词:信号机

特性词:响应状态

表示词:代码

数据类型:布尔型

值域:可以取下列枚举值:

——0 离线;

——1 在线。

数据格式:n1

内部标识符:32011

备注:

7.2.12 信号机其他信息

英文名称:CONTROLLER_Other_text
语境:道路交通管理
定义:用于表明信号机存在的附加信息。
对象类词:信号机
特性词:其他信息
表示词:文本
数据类型:字符型
值域:
数据格式:a..128
内部标识符:32012
备注:

7.3 相位

7.3.1 相位名称

英文名称:PHASE_Phase_text
语境:道路交通管理
定义:在一个信号周期内同时获得通行权的一个或多个交通流的信号设置状态。
对象类词:相位
特性词:名称
表示词:文本
数据类型:字符型
值域:
数据格式:a..128
内部标识符:33001
备注:

7.3.2 相位号

英文名称:PHASE_PhaseNumber_number
语境:道路交通管理
定义:用户自定义的相位的编号。
对象类词:相位
特性词:号码
表示词:号码
数据类型:数值型
值域:
数据格式:n..2
内部标识符:33002
备注:

7.3.3 相位类型

英文名称:PHASE_PhaseType_code

语境:道路交通管理

定义:配时方案中相位的类型。

对象类词:相位

特性词:类型

表示词:代码

数据类型:字符型

值域:可以取下列枚举值:

——1 固定相位;

——2 可变相位;

——3 请求相位;

——4 关键相位;

——9 其他。

数据格式:n1

内部标识符:33003

备注:

7.3.4 相位控制类型

英文名称:PHASE_PhaseControlType_code

语境:道路交通管理

定义:配时方案中交通流的控制类型。

对象类词:相位

特性词:控制类型

表示词:代码

数据类型:字符型

值域:可以取下列枚举值:

——1 机动车左转相位;

——2 机动车直行相位;

——3 机动车右转相位;

——4 非机动车左转相位;

——5 非机动车直行相位;

——6 非机动车右转相位;

——7 调头控制相位;

——8 行人控制相位;

——9 公交专用控制相位;

——99 其他。

数据格式:n2

内部标识符:33004

备注:

7.3.5 相位左转控制类型

英文名称:PHASE_LeftTurnControlType_code

语境:道路交通管理

定义:在控制方案中左转交通流的控制类型。

对象类词:相位
特性词:左转控制类型
表示词:代码
数据类型:字符型
值域:可以取下列枚举值:
——1 保护相位;
——2 许可相位;
——3 保护/许可相位;
——4 禁止左转。
数据格式:n1
内部标识符:33005
备注:

7.3.6 相位右转控制类型

英文名称:PHASE_RightTurnControlType_code
语境:道路交通管理
定义:在控制方案中右转交通流的控制类型。
对象类词:相位
特性词:右转控制类型
表示词:代码
数据类型:字符型
值域:可以取下列枚举值:
——1 红灯时禁止右转;
——2 红灯时允许右转;
——3 绿灯时禁止右转;
——4 绿灯时允许右转;
——5 禁止右转。
数据格式:n1
内部标识符:33006
备注:

7.3.7 相位信号状态

英文名称:PHASE_SignalState_code
语境:道路交通管理
定义:交叉口某相位当前的信号状态。
对象类词:相位
特性词:信号状态
表示词:代码
数据类型:字符型
值域:可以取下列枚举值:
——1 绿灯;
——2 红灯;
——3 黄灯;

——4 绿闪；

——5 红闪；

——6 黄闪；

——7 红黄；

——8 关灯；

——9 其他。

数据格式：n1

内部标识符：33007

备注：

7.3.8 相位绿灯时间

英文名称：PHASE_PhaseGreenTime_quantity

语境：道路交通管理

定义：某一相位在一个信号周期内所获得的绿灯显示时间，单位为秒。

对象类词：相位

特性词：绿灯时间

表示词：数量

数据类型：数值型

值域：

数据格式：n..3

内部标识符：33008

备注：

7.3.9 相位最大绿灯时间

英文名称：PHASE_PhaseMaxGreenTime_quantity

语境：道路交通管理

定义：某一相位绿灯时间的最大限值，单位为秒。

对象类词：相位

特性词：最大绿灯时间

表示词：数量

数据类型：数值型

值域：

数据格式：n..3

内部标识符：33009

备注：

7.3.10 相位最小绿灯时间

英文名称：PHASE_PhaseMinGreenTime_quantity

语境：道路交通管理

定义：某一相位绿灯时间的最小限值，单位为秒。

对象类词：相位

特性词：最小绿灯时间

表示词：数量

数据类型:数值型
值域:
数据格式:n..3
内部标识符:33010
备注:

7.3.11 相位绿灯延长时间

英文名称:PHASE_PhaseExtenseGreenTime_quantity
语境:道路交通管理
定义:感应控制方案中信号机检测到车辆请求信号后为相应相位延长的绿灯时间,单位为秒。
对象类词:相位
特性词:绿灯延长时间
表示词:数量
数据类型:数值型
值域:
数据格式:n..3
内部标识符:33011
备注:

7.3.12 相位车辆清空时间

英文名称:PHASE_VehicleClearanceInterval_quantity
语境:道路交通管理
定义:每个相位车辆清空时间的持续时间,单位为秒。
对象类词:相位
特性词:车辆清空时间
表示词:数量
数据类型:数值型
值域:
数据格式:n..3
内部标识符:33012
备注:

7.4 配时方案

7.4.1 配时方案方案号

英文名称:TIMINGPLAN_PlanNumber_number
语境:道路交通管理
定义:用户自定义的配时方案的号码。
对象类词:配时方案
特性词:方案号
表示词:号码
数据类型:数值型
值域:

数据格式:n..3
内部标识符:34001
备注:

7.4.2 配时方案方案数

英文名称:TIMINGPLAN_NumberOfPlans_quantity
语境:道路交通管理
定义:用户自定义的配时方案的数量。
对象类词:配时方案
特性词:方案数
表示词:数量
数据类型:数值型
值域:
数据格式:n..3
内部标识符:34002
备注:

7.4.3 配时方案相位数

英文名称:TIMINGPLAN_NumberOfPhases_quantity
语境:道路交通管理
定义:用户自定义的配时方案中相位的数量。
对象类词:配时方案
特性词:相位
表示词:数量
数据类型:数值型
值域:
数据格式:n..2
内部标识符:34003
备注:

7.4.4 配时方案时间表

英文名称:TIMINGPLAN_Schedual_utc
语境:道路交通管理
定义:为适应不同进口道交通需求而设置的信号控制时间段,不同时间段设置不同的控制方式及配时方案。
对象类词:配时方案
特性词:时间表
表示词:协调世界时
数据类型:日期时间型
值域:
数据格式:MMDDhhmm
内部标识符:34004
备注:

7.4.5 配时方案时间表号

英文名称:TIMINGPLAN_SchedualNumber_number

语境:道路交通管理

定义:用户自定义的配时方案中时间表的号码。

对象类词:配时方案

特性词:时间表号

表示词:号码

数据类型:数值型

值域:

数据格式:n..2

内部标识符:34005

备注:

7.4.6 配时方案时间表数

英文名称:TIMINGPLAN_NumberOfSchedualS_quantity

语境:道路交通管理

定义:用户自定义的配时方案中时间表的数量。

对象类词:配时方案

特性词:时间表数

表示词:数量

数据类型:数值型

值域:

数据格式:n..2

内部标识符:34006

备注:

7.4.7 配时方案信号阶段

英文名称:TIMINGPLAN_SignalStage_text

语境:道路交通管理

定义:根据交叉口通行权在一个周期内的转换来划分,通行权的每一次转换称为一个信号阶段。

对象类词:配时方案

特性词:信号阶段

表示词:文本

数据类型:字符型

值域:

数据格式:a..128

数据来源:

内部标识符:34007

备注:

7.4.8 配时方案信号周期

英文名称:TIMINGPLAN_SignalCycle_quantity

语境:道路交通管理
定义:信号灯色按设定的相位顺序显示一周所需的时间,单位为秒。
对象类词:配时方案
特性词:信号周期
表示词:数量
数据类型:数值型
值域:
数据格式:n..3
内部标识符:34008
备注:

7.4.9 配时方案绿信比时间

英文名称:TIMINGPLAN_Split_quantity
语境:道路交通管理
定义:在一个信号周期内,某相位绿灯时间、相位黄灯时间与相位全红时间之和,单位为秒。
对象类词:配时方案
特性词:绿信比时间
表示词:数量
数据类型:数值型
值域:
数据格式:n..3
内部标识符:34009
备注:

7.4.10 配时方案绝对相位差

英文名称:TIMINGPLAN_AbsoluteOffset_quantity
语境:道路交通管理
定义:协调控制中,协调路口的协调相位与某一个指定交叉路口的协调相位绿灯起始时间之差。
对象类词:配时方案
特性词:绝对相位差
表示词:数量
数据类型:数值型
值域:
数据格式:n..3
内部标识符:34010
备注:

7.4.11 配时方案相对相位差

英文名称:TIMINGPLAN_RelativeOffset_ quantity
语境:道路交通管理
定义:协调控制中,相邻两个交叉口协调相位的绿灯起始时间之差。
对象类词:配时方案
特性词:相对相位差

表示词:数量
数据类型:数值型
值域:
数据格式:n..3
内部标识符:34011
备注:

7.4.12 紧急优先名称

英文名称:PREEMPT_Name_text
语境:道路交通管理
定义:用户自定义的紧急优先控制方案的名称。
对象类词:配时方案
特性词:紧急优先名称
表示词:文本
数据类型:字符型
值域:
数据格式:an..128
内部标识符:34012
备注:

7.4.13 紧急优先数

英文名称:PREEMPT_PreemptCount_quantity
语境:道路交通管理
定义:一定时间内发生紧急优先的次数。
对象类词:配时方案
特性词:数量
表示词:数量
数据类型:数值型
值域:
数据格式:n..3
内部标识符:34013
备注:

7.4.14 紧急优先极限数

英文名称:PREEMPT_FilterLimit_quantity
语境:道路交通管理
定义:一定时间内允许紧急优先的最大次数。
对象类词:配时方案
特性词:极限数
表示词:数量
数据类型:数值型
值域:
数据格式:n..3

内部标识符:34014
备注:

7.4.15 紧急优先告警

英文名称:PREEMPT_AlertAction_text
语境:道路交通管理
定义:紧急优先次数超过极限时发生的告警动作。
对象类词:配时方案
特性词:告警
表示词:文本
数据类型:字符型
值域:
数据格式:a..256
内部标识符:34015
备注:

7.4.16 紧急优先检测器标识符

英文名称:PREEMPT_DetectorIdentifier_identifier
语境:道路交通管理
定义:路网中紧急优先检测器的惟一标识符。
对象类词:配时方案
特性词:紧急优先检测器标识符
表示词:标识符
数据类型:字符型
值域:
数据格式:an..32
内部标识符:34016
备注:

7.4.17 公交优先名称

英文名称:BUSPRIORITY_Name_text
语境:道路交通管理
定义:用户自定义的公交优先控制方案的名称。
对象类词:配时方案
特性词:公交优先名称
表示词:文本
数据类型:字符型
值域:
数据格式:an..32
内部标识符:34017
备注:

7.4.18 公交优先级别

英文名称:BUSPRIORITY_ BusPriorityLevel_code

语境:道路交通管理
定义:用户定义的不同公交车辆优先的级别。
对象类词:配时方案
特性词:公交优先级别
表示词:代码
数据类型:字符型
值域:可以取下列枚举值:
——1 高优先级,比如 BRT 车辆;
——2 低优先级,比如一般公交车辆;
——9 其他。
数据格式:n1
内部标识符:34018
备注:

7.4.19 公交优先方式

英文名称:PREEMPT_ BusPriorityMode_code
语境:道路交通管理
定义:控制方案中实现公交车辆优先控制的方式。
对象类词:配时方案
特性词:公交优先方式
表示词:代码
数据类型:字符型
值域:可以取下列枚举值:
——1 公交相位延长绿灯时间实现优先;
——2 公交相位提前变为绿灯实现优先;
——9 其他。
数据格式:n1
内部标识符:34019
备注:

7.4.20 公交优先检测器标识符

英文名称:BUSPRIORITY_BusDetectorIdentifier_identifier
语境:道路交通管理
定义:路网中公交车检测器的惟一标识符。
对象类词:配时方案
特性词:公交优先检测器标识符
表示词:标识符
数据类型:字符型
值域:
数据格式:an..32
内部标识符:34020
备注:

参 考 文 献

[1] GB/T 14395—2009 城市地理要素编码规则 城市道路、道路交叉口、街坊、市政工程管线
[2] GA/T 509—2004 城市交通信号控制系统术语

索 引

内部标识符索引

ICS 03.220.20;35.240.60
R 85

中华人民共和国国家标准

GB/T 29099—2012

道路交通信息服务 浮动车历史数据交换存储格式

**Road traffic information service—
The exchange and storage format of historical probe data**

2012-12-31 发布　　2013-07-01 实施

中华人民共和国国家质量监督检验检疫总局
中国国家标准化管理委员会　发布

前 言

本标准按照 GB/T 1.1—2009 给出的规则起草。

本标准由全国智能运输系统标准化技术委员会(SAC/TC 268)提出并归口。

本标准主要起草单位:北京航天智通科技有限公司、交通运输部公路科学研究院、北京中交国通智能交通系统技术有限公司。

本标准主要起草人:王海峰、曾维、江标荣、杨琪、张春雨。

道路交通信息服务
浮动车历史数据交换存储格式

1 范围

本标准规定了道路交通信息服务中浮动车历史数据的具体内容、交换格式，以及浮动车历史数据数据元素的存储细则。

本标准适用于对浮动车历史数据的存储、交换以及信息共享。

2 规范性引用文件

下列文件对于本文件的应用是必不可少的。凡是注日期的引用文件，仅注日期的版本适用于本文件。凡是不注日期的引用文件，其最新版本(包括所有的修改单)适用于本文件。

GB 18030 信息技术 中文编码字符集

GB/T 29108 道路交通信息服务 术语

3 术语、定义和缩略语

3.1 术语和定义

GB/T 29108 界定的以及下列术语和定义适用于本文件。

3.1.1

数据元素 data element

用一组属性描述定义、标识、表示和允许值的数据单元。

3.1.2

标识符 identifier

与语言无关的指向特定数据概念的手段。

3.1.3

数据交换格式 data exchange format

一个预定义和结构化的、在功能上相互关联的数据元素的集合，旨在双边或多边的数据交换中确保各方对所交换数据的无歧义理解和自动处理。

3.1.4

XML 模式 XML Schema

基于 W3C XML 模式语言的文档类型定义。

注：它可随附于一个文件，用以描述该文件的基本构成规则，如哪些元素会出现及这些元素之间的结构关系等；它还定义了哪些标记可以在文件中出现、哪些标记可以包含其他标记、标记的号码和顺序、标记的属性，需要时还给出这些属性具有的值。

3.2 缩略语

下列缩略语适用于本文件。

DTD——文档类型定义(Document Type Definition)
TIS——交通信息服务(Traffic Information Service)
W3C——万维网联盟(World Wide Web Consortium)
XML——可扩展置标语言(Extensible Markup Language)

4 数据元素

4.1 概述

浮动车历史数据的数据元素列出了各个数据元素的名称、标签、类型、长度、说明以及性质。具体描述如下:

- 名称:给出了描述历史数据的技术语言。
- 标签:是惟一代表某一个数据元素的标识符,在交换存储格式中用此处定义的标签惟一表示一个数据元素。
- 数据类型:给出了数据元素的存储类型。
- 长度或精度:如果是字符类型的数据元素,则该项表明最长的字符个数;如果是整型类型的数据元素,则该项标明最长的整数位数;如果是浮点型类型的数据,则该项表示浮点型的精度。
- 说明:对数据元素的简单描述,如果是数值型的,则说明取值范围或精度要求等。
- 性质:对数据元素进行了划分,分为核心元素和扩展元素,核心元素作为交换存储格式的必选项,扩展元素作为交换存储格式的可选项。其中核心元素用字母"M"表示,扩展元素用字母"O"表示。如果在"M"或"O"后面加上应用方向标识,则表示在某应用方向上为核心元素或者扩展元素。

浮动车历史数据包括两个组成部分。第一部分是元数据,用来描述浮动车历史数据的全局信息,第二部分是原始浮动车历史数据,或者基于某一应用的浮动车历史数据。

4.2 浮动车历史数据元数据

浮动车历史数据元数据是交换存储格式的全局说明,描述了当前存储的浮动车数据的时间域、数据来源、覆盖范围、电子地图版本、应用方向等信息。浮动车历史数据元数据列表(见表1)中给出了详细的说明。

表1 浮动车历史数据元数据列表

名称	标签	数据类型	长度或精度	说 明	性质
起始时间	STARTTIME	字符	14	存储浮动车历史数据中最早的时间。时间精确到秒,表示方法为 YYYYMMDDHHMMSS,其中时间以24 h制表示	M
终止时间	ENDTIME	字符	14	时间精确到秒,表示方法为 YYYYMMDDHHMMSS,其中时间以24 h制表示	M
数据来源	FROM	字符	20	浮动车历史数据的提供单位,或是采集单位等。默认为空	M

表 1（续）

名称	标签	数据类型	长度或精度	说　明	性质
覆盖范围	SCALE	字符	20	描述所存储的浮动车历史数据的覆盖范围。默认为空	M
电子地图版本	MAPVERSION	字符	20	地图标识描述，根据该字段，能够惟一确定电子地图。默认为空，表示没有相关地图	M
应用方向标识符	APPLICATION ID	整型	2	历史数据的应用方向说明标识符，具体的应用方向见表 2。默认为 0，表示原始历史数据	M
数据元素个数	FIELDNUM	整型	3	记录作为交换的浮动车数据包含的浮动车数据元素的个数	M
数据元素 1	FIELD1	字符	30	浮动车数据元素的标签名，参考表 3 中的“中文名称”或“英文名称”一栏	M
数据元素…	…	…	…	…	M
数据元素 m	FIELDm	字符	30	m 表示大于 0 的整数	M
数据记录条数	RECORDNUM	整型	不限制	保存的浮动车数据记录个数，该值大于等于 0	M
备注	REMARK	字符	50	对历史数据内容的其他一些全局信息的描述	O

浮动车历史数据应用方向标识符说明见表 2，描述了不同的应用方向以及每个应用方向所包含的历史数据元素，作为常规应用的参考。根据不同的扩展应用，也可自定义字段和索引内容。

表 2　浮动车历史数据应用方向标识符说明列表

应用方向标识符	应用方向说明	相关历史数据元素	索引字段
0	原始浮动车历史数据，没有明确的应用方向	车辆标识、更新时间、经度、纬度、高度、速度、方向、车辆类型、车辆状态、数据有效性等数据元素	车辆标识、更新时间
1	基于地图匹配产生的历史数据	在应用方向标识为 0 的数据元素基础上，增加地图匹配相关元素：路段标识、匹配点经度、匹配点纬度等数据元素	车辆标识、更新时间

表 2（续）

应用方向标识符	应用方向说明	相关历史数据元素	索引字段
2	基于浮动车路况播报应用产生的历史数据	位置编码标识、行驶方向、平均速度、路况更新时间、道路名称、起始道路名称、终止道路名称	位置编码标识、行驶方向、路况更新时间
3	基于浮动车优选路线查询产生的历史数据	起点标识、终点标识、优选路线序列、路线更新时间	路线更新时间、起点和终点
4	其他扩展应用		

4.3 浮动车历史数据元素

浮动车历史数据元素是浮动车历史数据交换存储格式的主体内容。根据浮动车数据的应用方向不同，交换存储的历史数据元素也不同，每个应用对应的数据元素见表 2。表 3 是浮动车历史数据的数据元素说明。

关于浮动车历史数据元素的扩展，在表 3 所含内容的基础上选定一个浮动车历史数据应用方向，并作为可选项使用，扩展的数据元素内容和格式由传输双方自行协商。

表 3 浮动车历史数据元素

中文名称	英文名称	数据类型	长度或精度	说　明	性　质
车辆标识	IDENTIFIER	字符	20	车辆的惟一标识符	M(0,1)
更新时间	TIMESTAMP	字符	14	检测到当前浮动车数据的时间点。时间精确到秒，表示方法为 YYYYMMDDHHMMSS，其中时间以 24h 制表示	M(0,1)
经度	LONGITUDE	浮点型	保存小数点后七位	在检测时间点上浮动车的经度。单位为度(°)	M(0,1)
纬度	LATITUDE	浮点型	保存小数点后七位	在检测时间点上浮动车的纬度。单位为度(°)	M(0,1)
高度	ALTITUDE	整型	4	在检测时间点上浮动车的海拔高度。单位为米(m)	O(0,1)
速度	SPEED	整型	3	单位为千米每小时(km/h)	M(0,1)
方向	DIRECTION	浮点型	保存小数点后 1 位	单位为度(°)。车辆行驶方向，以行驶方向与正北的顺时针夹角来表示。取值范围为[0,360.0)	M(0,1)

表 3（续）

中文名称	英文名称	数据类型	长度或精度	说　明	性　质
环境温度	TEMPERATURE	整型	3	温度传感器取得的温度。单位为摄氏度(℃)。取值范围一般在[-49,100]	O(0,1)
雨刷	WIPER	整型	1	取值范围在[0,3]。 0——静止 1——间歇作业 2——缓慢 3——快速	O(0,1)
降水强度	PRECIPITATIONINTENSITY	整型	1	取值范围在[0,9]。 0——没有降水 1——小雨 2——中雨 3——大雨 4——暴雨 5——大暴雨 6——特大暴雨 7——小雪 8——中雪 9——大雪	O(0,1)
雾灯状态	FOGLIGHTS	整型	1	取值范围在[0,1]。 0——表示雾灯关闭 1——表示雾灯开启	O(0,1)
驻车灯	PARKING LIGHT	整型	1	取值范围在[0,1]。 0——关闭 1——开启	O(0,1)
近光灯	LOWBEAM	整型	1	取值范围在[0,1]。 0——表示 LOWBEAM 关闭 1——表示 LOWBEAM 开启	O(0,1)
远光灯	HIGHBEAM	整型	1	取值范围在[0,1]。 0——表示 HIGHBEAM 关闭 1——表示 HIGHBEAM 开启	O(0,1)
自动控制灯	AUTOMATICLIGHTCONTROL	整型	1	取值范围在[0,1]。 0——表示自动控制灯关闭 1——表示自动控制灯开启	O(0,1)

表 3（续）

中文名称	英文名称	数据类型	长度或精度	说　明	性　质
环境光照	ENVIRONMENTLIGHT	整型	1	表示当前外部的明暗程度，反映是否天黑等信息，取值范围在[0,7]。 0——[0,1]lx 1——[2-100]lx 2——[101-1 000]lx 3——[1 001,30 000]lx 4——[30 001,50 000]lx 5——[50 001,80 000]lx 6——[80 001,100 000]lx 7——大于 100 000lx	O(0,1)
车辆类型	VEHICLE TYPE	整型	3	用来区分私家车、出租车、摩托车、公交车等类型的代码，取值范围为[0,255]。 0——未知车型 1——私人小轿车 2——出租车 3——小型货车 4——大型货车(>5 000 kg) 5——公交车 6——摩托车 7——紧急车辆-救护车等 8——其他 9——255-自定义	M (0,1)
车辆状态	LOADSTATUS	整型	1	取值范围在[0,2]。 0——未知 1——空载 2——重载	M(0,1)
发动机状态	ENGINESTATUS	整型	1	取值范围在[0,1]。 0——点火 1——熄火	O(0,1)
数据有效性	DATASTATUS	整型	1	取值范围在[0,1]。 0——有效[a] 1——无效	O(0,1)
路段标识	ROADID	整型	7	该检测点匹配到给定电子地图上的某一个路段的惟一标识	M(1)

表 3（续）

中文名称	英文名称	数据类型	长度或精度	说明	性质
匹配点经度	MATCHED LONGITUDE	浮点型	保存小数点后七位	在检测时间点上浮动车的位置匹配到地图上的经度。单位为度(°)	M(1)
匹配点纬度	MATCHED LATITUDE	浮点型	保存小数点后七位	在检测时间点上浮动车的位置匹配到地图上的纬度。单位为度(°)	M(1)
位置编码	LOCATIONID	整型	8	[1,65535]	M(2)
路段方向	DRIVEDIRECT	整型	2	[0,1],0 和 1 分别表示同一段道路的两个行驶方向	M(2)
平均速度	AVGSPEED	浮点型	保存小数点后 1 位	根据匹配结果算出来的位置编码标识的某一条路径的平均速度	M(2)
路况更新时间	UPDATETIME	字符	14	平均速度更新时间。时间精确到秒,表示方法为 YYYYMMDDHHMMSS,其中时间以 24h 制表示	M(2)
道路名称	ROADNAME	字符	30	匹配到地图上的道路名称	O(2)
起始道路名称	STARTNAME	字符	30	描述路况的路径的起始道路名称	O(2)
终止道路名称	ENDNAME	字符	30	描述路况的路径的终止道路名称	O(2)
起点标识	STARTNODEID	整型	8	给定电子地图上的起点标识	M(3)
终点标识	ENDNODEID	整型	8	给定电子地图上的终点标识	M(3)
路径描述方式	ROUTEFLAG	整型	1	优选路线序列的数据描述: 0——基于节点 1——基于 LINK	
优选路线序列	ROUTE	字符	不限制	优选路线序列的节点格式为-起点 ID+“,”+节点 ID1+“,”+节点 ID2+…+“,”+终点 ID; 优选路线序列的 Link 格式为-起点 link+“,”+Link1+“,”+Link2+…+“,”+终点 Link。以逗号“,”分割节点 ID 或 LINK 数据	M(3)

表 3（续）

中文名称	英文名称	数据类型	长度或精度	说　明	性　质
路线更新时间	UPDATETIME	字符	14	优选路线产生时间。时间精确到秒,表示方法为 YYYYMMDDHHMMSS,其中时间以 24h 制表示	M(3)
位置信息采集方式	LOCATIONSAMPLINGMETHOD	字符	1	0——GPS 1——北斗 2——伽利略系统 3——GLONASS 4——9-预留	M(1)
坐标系统[b]	COORDINATESYSTEM	字符	1	0——WGS84,GPS 采用的坐标系统。 1——BJ54,54 北京坐标系	M(1)

[a] 有效表示通过各种判断方式能够判断此数据除系统误差之外不包含其他误差,能够真实反映车辆当时的状态信息,则为有效,否则为无效。各种判断方式包括终端识别、后续处理识别等。

[b] 其他坐标系统的数据入库应按二选一进行强制坐标转换。

5　交换存储格式

5.1　概述

本标准定义了一种基于 XML 格式的浮动车历史数据交换存储格式,并且针对浮动车历史数据数量巨大的特点,在 XML 格式的基础上,采用文本文件的格式存储历史数据记录。

5.2　数据存储格式的 XML 描述规则

5.2.1　字符集

应采用 GB 18030 中的双字节规定的字符集。

5.2.2　命名方法

浮动车历史数据交换文件的 DTD 和 Schema 中各组成元素采用规范性汉字字符命名。

5.2.3　交换存储格式的结构

浮动车历史数据交换存储格式的结构示意图如图 1 所示。

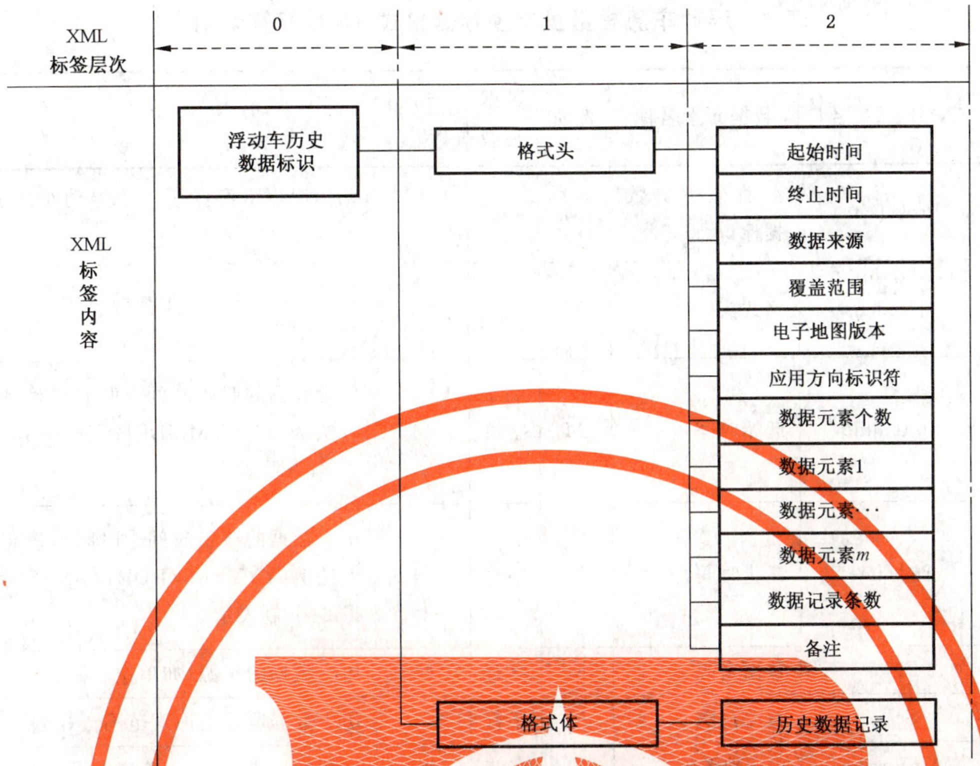

图1　浮动车历史数据交换存储格式结构图

浮动车历史数据交换文件采用统一的浮动车数据标识来识别，其内容包含格式头、格式体两部分。具体如下：

- 格式头：存储浮动车历史数据元数据，其标签内容见4.2的表1，如果表1中为必选项，则该数据元素的标签必须包含在格式头中；如果为可选项，则该数据元素的标签可以不包括在格式头中。格式头的标签内容描述了格式体中历史数据的全局信息，其中数据元素1到数据元素 *m* 决定了格式体中浮动车历史数据包含的数据元素内容。
- 格式体：存储浮动车历史数据，所有的历史数据作为一个历史数据标签存储。历史数据记录这个标签内容见5.4定义的文本格式。

5.3　交换存储格式的标签说明

5.3.1　表头定义

交换存储格式标签说明表的表头说明如下：

- 标签层次：标识数据元素在交换存储格式中的位置；
- XML 标签名(XML Tag Name)：数据元素的英文名称，作为交换存储格式的 XML 标签；
- 数据元素名称：XML 标签对应的中文名称或历史数据元素的中文名称；
- 性质：数据元素的标签在该交换存储格式中是否必选，“M”表示必备项，“O”表示可选项；
- 类型：指数据元素的取值类型；
- 长度：数据元素的最大字节数；
- 说明：对标签的简要解释和应用说明。

5.3.2　标签说明表

浮动车历史数据交换存储格式的 XML 标签说明见表4。

表 4 浮动车历史数据交换存储格式 XML 标签说明

标签层次	XML 标签名	数据元素名称	性质	数据类型	长度字节	说明
0	ProbeData	浮动车历史数据标识	M			此标记指示产生了一个浮动车历史数据交换存储格式文件
1	Header	格式头	M			交换存储格式开始，给出浮动车历史数据的全局信息
2	StartTime	起始时间	M	字符	14	历史数据的起始时间。时间精确到秒，表示方法为 YYYYMMDDHHMMSS，其中时间以 24 h 制表示
2	EndTime	终止时间	M	字符	14	历史数据的终止时间。时间精确到秒，表示方法为 YYYYMMDDHHMMSS，其中时间以 24 h 制表示
2	From	数据来源	M	字符	40	历史数据的来源，如单位名称等
2	Scale	覆盖范围	M	字符	40	历史数据覆盖的地理范围
2	MapVersion	电子地图版本	M	字符	20	地图标识描述，惟一确定电子地图
2	ApplicationID	应用方向标识符	M	整型	2	历史数据的应用方向
2	FieldNum	数据元素个数	M	数字	2	定义了历史数据记录内容包含的数据元素个数
2	Field	数据元素	M			可以出现多个 Field 元素。每个 Field 包含数据元素的字段名称和顺序
3	Name	数据元素名称	M	字符	30	历史数据记录内容与数据元素顺序对应的字段名称，见表 3 的"中文名称"或"英文名称"
3	OrderNum	数据元素序号	M	数字	2	数据元素在记录中的顺序
2	RecordNum	数据记录条数	M	数字	4	该值描述了历史数据记录条数
2	Remark	备注	O	字符	100	其他一些全局描述信息
1	Body	格式体	M			交换存储格式格式体的开始，给出了历史数据的主体内容
2	Records	历史数据记录	M	字符	大于 0	记录所有格式化后的历史数据记录内容，格式化方式见 5.4

5.4 历史数据记录存储格式结构

采用文本文件的结构存储数量巨大的浮动车历史数据记录内容。

历史数据记录的存储格式结构见图 2。

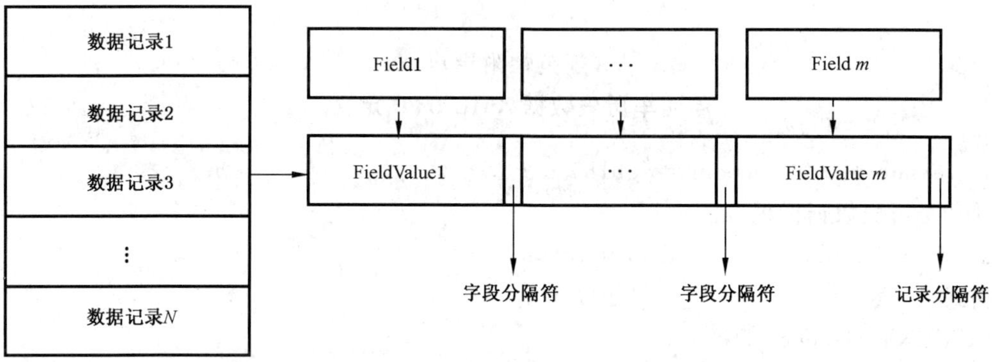

图 2 历史数据记录文本存储格式

历史数据记录的格式说明如下：

- 如图 2 所示，每一条数据记录的结构都是一致的。
- 用记录分隔符表示一条数据记录的结束。即每一条数据记录末尾都加上记录分隔符，记录分隔符用换行符 ASCII“\n”表示。
- 数据记录共有 N 条，N 与 XML 交换存储格式的标签 RecordNum（数据记录条数）的值相同。
- 每一条数据记录都由 m 个数据元素内容组成，由 m 个 Field 组成，每个 Field 包含数据元素的名称和在记录中的序号。
- 每个数据元素内容之间用字段分隔符分开，字段分隔符采用逗号。例如，一条包含八个数据元素内容的记录是：车 111,20080619143210,126.100001,23.100001,523,80.00,1600,道路 1。
- 如果数据元素内容中包含字段分隔符，该数据元素内容应用双引号括起来。例如，一条包含八个数据元素内容的记录是：车 111,20080619143210,126.100001,23.100001,523,80.00,1600,“道路 1,道路 2”。这一条记录中“”内包含字段分隔符，实际表达的意思是第八个数据元素的内容是：道路 1,道路 2。
- 如果数据元素内容中包含双引号，该双引号必须用两个双引号进行转义。例如，一条包含八个数据元素内容的记录是：车 111,20080619143210,126.100001,23.100001,523,80.00,1600,““道路 1,道路 2””。这一条记录中第八个数据元素的内容实际是：“道路 1,道路 2”。
- 字段分隔符前后的空格将自动忽略，如果要保持空格，用双引号把数据元素内容括起来。
- 如果数据元素内容中包含有记录分隔符，该数据元素内容必须用双引号括起来。

5.5 XML 格式定义和应用实例

浮动车历史数据 XML DTD 定义见附录 A。

浮动车历史数据 XML Schema 定义见附录 B。

浮动车历史数据 XML 格式应用实例参见附录 C。

附 录 A
（规范性附录）
浮动车历史数据 XML DTD 定义

```
<? xml version="1.0" encoding="gb18030"? >
<! --浮动车历史数据标识-->
<! ELEMENT ProbeData (Header,Body)>
<! --格式头-->
<! ELEMENT Header
(StartTime,EndTime,From,Scale,MapVersion,ApplicationID,FieldNum,Field+,RecordNum,
Remark*)>
<! --起始时间-->
<! ELEMENT StartTime (#PCDATA)>
<! --终止时间-->
<! ELEMENT EndTime (#PCDATA)>
<! --数据来源-->
<! ELEMENT From (#PCDATA)>
<! --覆盖范围-->
<! ELEMENT Scale (#PCDATA)>
<! --电子地图版本-->
<! ELEMENT MapVersion (#PCDATA)>
<! --应用方向标识符-->
<! ELEMENT ApplicationID (#PCDATA)>
<! --数据元素个数-->
<! ELEMENT FieldNum (#PCDATA)>
<! --数据元素-->
<! ELEMENT Field (Name,OrderNum)>
<! --数据元素名称-->
<! ELEMENT Name (#PCDATA)>
<! --数据元素序号-->
<! ELEMENT OrderNum (#PCDATA)>
<! --数据记录条数-->
<! ELEMENT RecordNum (#PCDATA)>
<! --备注-->
<! ELEMENT Remark (#PCDATA)>
<! --格式体-->
<! ELEMENT Body (Records)>
<! --历史数据记录-->
<! ELEMENT Records (#PCDATA)>
```

附 录 B
（规范性附录）
浮动车历史数据 XML Schema 定义

```
<? xml version="1.0" encoding="gb18030"? >
<xs:schema xmlns:xs="http://www.w3.org/2001/XMLSchema">
    <xs:element name="ProbeData">
        <xs:annotation>
            <xs:documentation>浮动车历史数据标识</xs:documentation>
        </xs:annotation>
        <xs:complexType>
            <xs:sequence>
                <xs:element ref="Header"/>
                <xs:element ref="Body"/>
            </xs:sequence>
        </xs:complexType>
    </xs:element>
    <xs:element name="Header">
        <xs:annotation>
            <xs:documentation>格式头</xs:documentation>
        </xs:annotation>
        <xs:complexType>
            <xs:sequence>
                <xs:element ref="StartTime"/>
                <xs:element ref="EndTime"/>
                <xs:element ref="From"/>
                <xs:element ref="Scale"/>
                <xs:element ref="MapVersion"/>
                <xs:element ref="ApplicationID"/>
                <xs:element ref="FieldNum"/>
                <xs:element ref="Field" minOccurs="1" maxOccurs="unbounded"/>
                <xs:element ref="RecordNum"/>
                <xs:element ref="Remark" minOccurs="0" maxOccurs="unbounded"/>
            </xs:sequence>
        </xs:complexType>
    </xs:element>
    <xs:element name="Body">
        <xs:annotation>
            <xs:documentation> 格式体</xs:documentation>
        </xs:annotation>
        <xs:complexType>
            <xs:sequence>
```

```
            <xs:element ref="Records"/>
          </xs:sequence>
        </xs:complexType>
      </xs:element>
      <xs:element name="Field">
          <xs:annotation>
            <xs:documentation>数据元素</xs:documentation>
          </xs:annotation>
          <xs:complexType>
            <xs:sequence>
              <xs:element ref="Name"/>
            <xs:element ref="OrderNum"/>
            </xs:sequence>
          </xs:complexType>
      </xs:element>
      <xs:element name="StartTime" type="xs:string"/>
      <xs:element name="EndTime" type="xs:string"/>
      <xs:element name="From" type="xs:string"/>
      <xs:element name="Scale" type="xs:string"/>
      <xs:element name="MapVersion" type="xs:string"/>
      <xs:element name="ApplicationID" type="xs:string"/>
      <xs:element name="FieldNum" type="xs:int"/>
      <xs:element name="Name" type="xs:string"/>
      <xs:element name="OrderNum" type="xs:int"/>
      <xs:element name="RecordNum" type="xs:int"/>
      <xs:element name="Remark" type="xs:string"/>
      <xs:element name="Records" type="xs:string"/>
    </xs:schema>
```

附 录 C
（资料性附录）
浮动车历史数据 XML 格式应用实例

该示例是一个包含了所有浮动车历史信息数据元素以及所有浮动车历史数据比选数据元素的浮动车历史数据 XML 交换存储格式。

<? xml version="1.0" encoding="GB18030"? >
<ProbeData xmlns:xs="http://www.w3.org/2001/XMLSchema-instance">
<Header>
<StartTime>20080519163150</StartTime>
<EndTime>20080602163150</EndTime>
<From>北京航天智通科技有限公司</From>
<Scale>广州市</Scale>
<MapVersion></MapVersion>
<ApplicationID>0</ApplicationID>
<FieldNum>7</FieldNum>
<Field>
<Name>车辆标识</Name>
<OrderNum>1</OrderNum>
</Field>
<Field>
<Name>时间</Name>
<OrderNum>2</OrderNum>
</Field>
<Field>
<Name>经度</Name>
<OrderNum>3</OrderNum>
</Field>
<Field>
<Name>纬度</Name>
<OrderNum>4</OrderNum>
</Field>
<Field>
<Name>高度</Name>
<OrderNum>5</OrderNum>
</Field>
<Field>
<Name>速度</Name>
<OrderNum>6</OrderNum>
</Field>
<Field>
<Name>方向</Name>

<OrderNum>7</OrderNum>
</Field>
<RecordNum>10</RecordNum>
<Remark>数据保存时间:20080619180806</Remark>
</Header>
<Body>
<Records>
车 AA10032,20080519163150,113.0006110,23.1115110,680,59.60,1800\n 车 AA10033,20080520163150,113.1006030,23.1005010,680,70,1900\n 车 AA10033,20080521163150,113.1016000,23.1015010,680,50,1600\n 车 AA10033,20080522163150,113.1016340,23.1055510,680,70,1000\n 车 AA10033,20080523163150,113.3016610,23.4055100,650,10,1200\n 车 AA10033,20080524163150,113.2016020,23.2055310,650,68,1800\n 车 AA10033,20080527163150,113.1016060,23.1055040,650,80,1600\n 车 AA10033,20080529163150,113.1116200,23.1155300,650,50,1500\n 车 AA10033,20080601163150,113.1216100,23.1255700,650,80,2500\n 车 AA10033,20080602163150,113.1316800,23.1355300,650,40,2000\n
</Records>
</Body>
</ProbeData>

参 考 文 献

[1] GB/T 16684 信息技术 信息交换用数据描述文卷规范
[2] GB/T 18391.1 信息技术 元数据注册系统(MDR) 第1部分:框架
[3] GB/T 18391.5 信息技术 元数据注册系统(MDR) 第5部分:命名和标识原则
[4] GB/T 18793 信息技术 可扩展置标语言(XML)1.0
[5] GB/T 20606 智能运输系统 数据字典要求
[6] ISO/DIS 22837 Vehicle probe data for wide area communications
[7] ISO/CD 25114 Probe Data Reporting Management (PDRM)

ICS 35.240.60
R 07

中华人民共和国国家标准

GB/T 29100—2012

道路交通信息服务 交通事件分类与编码

Road traffic information service—Traffic event classification and coding

2012-12-31 发布 2013-07-01 实施

中华人民共和国国家质量监督检验检疫总局
中国国家标准化管理委员会 发布

前　言

本标准按照 GB/T 1.1—2009 给出的规则起草。

本标准由全国智能运输系统标准化技术委员会(SAC/TC 268)提出并归口。

本标准起草单位：北京四通智能交通系统集成有限公司、交通运输部公路科学研究院、陕西省交通运输厅综合规划处、北京中交国通智能交通系统技术有限公司。

本标准主要起草人：关积珍、王义生、杨劲夫、齐彤岩、计燕翎、郭喜峰、王琪琳、赵怀鑫。

道路交通信息服务　交通事件分类与编码

1　范围

本标准规定了道路交通信息服务中各类交通事件的编码。

本标准适用于道路交通信息服务领域的信息处理和信息交换。

2　规范性引用文件

下列文件对于本文件的应用是必不可少的。凡是注日期的引用文件，仅注日期的版本适用于本文件。凡是不注日期的引用文件，其最新版本(包括所有的修改单)适用于本文件。

GB/T 29108　道路交通信息服务　术语

3　术语和定义

GB/T 29108 界定的以及下列术语和定义适用于本文件。

3.1

交通事件　traffic incident

由于人、车辆、设施、环境之间的不协调导致正常交通秩序的突发性混乱事件。

[GB/T 20839—2007，定义 8.1]

3.2

交通管制　traffic control

公安机关交通管理部门根据法律、法规，对车辆和行人在道路上通行以及其他与交通有关的活动所制定的带有疏导、禁止、限制或指示性质的具体规定。

示例：英文表示为：traffic control(from 8:00 am to 9:00 am, the third lane of ××× Avenue closed)

4　分类原则

4.1　道路交通信息服务中信息按业务属性或特征分类，同时兼顾行政管理的需求。

4.2　分类方法采用线分类法。

4.3　分类应具兼容性，与有关标准协调一致，特别要与已发布的国家级分类编码标准相兼容。

5　编码原则

5.1　每一个编码对象只有一个代码，一个代码也只惟一表示一个编码对象。

5.2　代码应留扩充位，当增加新的信息服务项目时，可根据需要加以扩充。

5.3　编码采用数字码。

6　编码结构

编码由两部分组成，编码结构见图 1。

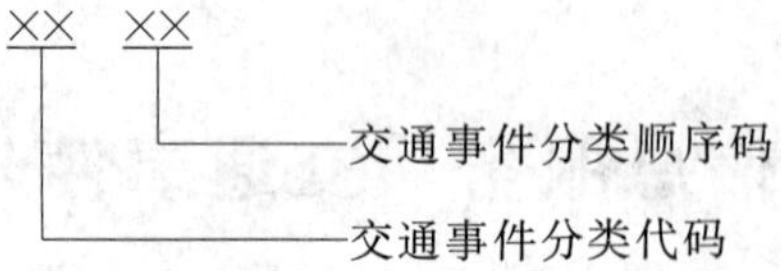

图 1　编码结构

编码结构由四位数字字符组成：

——第一位到第二位为交通事件分类代码；

——第三位到第四位为交通事件分类顺序码。

7　交通事件分类代码

交通事件分类代码见表 1。

表 1

编码	分类
01	交通事故
02	交通灾害
03	交通气象
04	路面状况
05	道路施工
06	活动
07	重大事件
09	其他

8　交通事件分类顺序码

8.1　交通事故

交通事故分类和顺序码见表 2。

表 2

编码	分类
00	无
01	车辆故障
02	人车事故
03	车车事故
04	设施相关
99	其他

8.2 交通灾害

交通灾害分类和顺序码见表 3。

表 3

编码	分类
00	无
01	车辆火灾
02	路面火灾
03	路边火灾
04	隧道火灾
05	道路设施火灾
06	地质灾害
07	水灾
99	其他

8.3 交通气象

交通气象分类和顺序码见表 4。

表 4

编码	分类
00	无
01	暴雨
02	冰雹
03	雷电
04	大风
05	大雾
06	高温
07	干旱
08	暴雪
09	寒潮
10	霜冻
11	霾
99	其他

8.4 路面状况

路面状况分类和顺序码见表 5。

表 5

编码	分类
00	无
01	散乱物体
02	液体
03	机油泄露
04	道路障碍
05	人
06	动物
07	积水
08	湿滑
09	道路结冰
99	其他

8.5 道路施工

道路施工分类和顺序码见表 6。

表 6

编码	分类
00	无
01	占道施工
02	断路施工
99	其他

8.6 活动

活动分类和顺序码见表 7。

表 7

编码	分类
00	无
01	文体商业活动
02	外交政务活动
99	其他

8.7 重大事件

重大事件分类和顺序码见表 8。

表 8

编码	分类
00	无
01	燃气事故
02	化学污染
03	核事故
04	爆炸
05	电力事故
06	公共暴力
07	交通集中阻塞
99	其他

8.8 其他

其他分类和顺序码见表 9。

表 9

编码	分类
00	无
99	其他

参 考 文 献

[1] GB/T 7027—2002 信息分类和编码的基本原则与方法
[2] GB/T 20839—2007 智能运输系统 通用术语
[3] GB/T 20001.3—2001 标准编写规则 第3部分:信息分类编码

ICS 03.220.20
R 85

中华人民共和国国家标准

GB/T 29101—2012

道路交通信息服务　数据服务质量规范

Road traffic information service—Specification for data services quality

2012-12-31 发布　　2013-07-01 实施

中华人民共和国国家质量监督检验检疫总局
中国国家标准化管理委员会　发布

前　言

本标准按照 GB/T 1.1—2009 给出的规则起草。

本标准由全国智能运输系统标准化技术委员会(SAC/TC 268)提出并归口。

本标准起草单位:高德软件有限公司、交通运输部公路科学研究院、北京中交国通智能交通系统技术有限公司。

本标准主要起草人:张林、董振宁、杨琪、孙建宏、关志超、邓小勇、王琪琳。

道路交通信息服务　数据服务质量规范

1　范围

本标准规定了面向公众出行的动态道路交通信息服务质量水平、数据质量评测的基本方法、要求、测试参数和测试项。

本标准适用于面向公众出行的道路交通信息服务质量评测，包括但不限基于调频广播、通用分组无线业务、数字音频广播、互联网等提供服务的通信方式。

2　一致性

当执行本标准中定义的一个或多个子项，且遵循相同的框架模型，则认为该项是与本标准一致。一致性类的细节见附录A。

3　规范性引用文件

下列文件对于本文件的应用是必不可少的。凡是注日期的引用文件，仅注日期的版本适用于本文件。凡是不注日期的引用文件，其最新版本（包括所有的修改单）适用于本文件。

GB/T 29108　道路交通信息服务　术语

4　术语、定义和缩略语

4.1　术语和定义

GB/T 29108界定的以及下列术语和定义适用于本文件。

4.1.1

有向路段　link

构成道路网络的有向边。

4.1.2

质量　quality

产品或服务满足规定的及隐含的需求能力的整体特征。

4.1.3

样本数据　sample data

用于测试的符合一定要求的来自特定数据集的数据。

4.1.4

路段旅行时间　travel time

出行者及其乘坐车辆在特定时段通过特定路段的时间。

4.1.5

路段平均旅行时间　average travel time

在特定时段通过特定路段的所有正常行驶车辆的旅行时间的统计均值。

4.1.6

路段行驶速度　travel speed

出行者及其乘坐车辆在特定时段通过特定路段的速度。

4.1.7

道路拥堵指标(道路交通状态) **congestion index**

表达道路拥堵或畅通的状态,可用特定时段通过特定路段的车辆平均速度范围表示,一般表示为:畅通、缓行或拥堵。

4.1.8

拥堵 **congestion**

道路中行驶的车辆被迫超低速行驶或停下,导致后续车辆连续停下或超低速行驶的交通现象。

通常的判定标准是在特定时段通过特定路段的车辆平均速度或正常行驶速度低于设定值。

4.1.9

事件 **event**

导致或可能导致道路交通问题的事情。

4.1.10

事件描述 **event description**

详细地说明交通问题(例如由事故或其他原因引起的交通堵塞)或天气状况的细节并在适当时给出严重程度(例如引起的排队长度)。

4.1.11

地点(位置) **location**

发生交通问题所在地区、路段或点的位置。

4.1.12

方向和范围 **direction and extent**

受事件影响的临近路段或特定点的位置,并确定受影响交通的方向。

4.1.13

持续时间 **duration**

交通问题的预计持续时间。

4.1.14

分流建议 **diversion advice**

建议驾驶者绕开此路段或沿提供的备选道路行驶,是TMC用户消息的组成部分之一。

4.2 缩略语

下列缩略语适用于本文件。

FM ——调频广播(Frequency Modulation)

DAB ——数字音频广播(Digital Audio Broadcasting)

GPRS——通用分组无线业务(General Packet Radio Service)

AQL ——可接受的质量等级(Acceptable Quality Level)

RMSE—— 误差平方根(Root Mean Squared Error)

RDS ——广播数据系统(Radio Data System)

TMC ——交通报文频道(Traffic Message Channel)

UTC ——世界协调时(Universal Time Coordinated)

5 交通信息服务质量水平

5.1 总则

交通信息服务质量水平是适应地区差异和公众出行者不同服务需求定义的。

在只有少量道路存在拥堵状况的地区，获得道路拥堵程度信息就能够基本满足公众出行需求。在道路普遍拥堵的城市，详细的事件描述以及旅行时间才能满足规划出行路线的需求。在路况不断变化的区域，预测信息是制订和修改出行计划的依据。

面向公众出行者的交通信息服务是数字化服务，它向公众出行者包括驾驶员提供交通事件的信息，内容覆盖国家性和地区性主要道路及地方或城市道路相关的道路施工、天气和交通事件信息，以及预计道路状况、交通密度、即将发生的事件等的预报。

交通信息包含以下内容：

- 包括城市和城际交通中出现的交通事件，以及其性质和严重程度和持续时间等信息；
- 根据交通事件及预测信息为出行者提供出行计划帮助，包括出行路线和时间的再确定，从而避免受当前或预测交通状况的影响；
- 避开当前前方交通事件影响路段的分流建议；
- 根据当前停车位的使用情况提供的诱导路径；
- 其他与道路交通及出行者相关的辅助信息。

上述交通信息内容的发布数据质量要求可依据不同服务质量水平制定。

5.2 一级服务质量

一级服务提供基本的交通信息服务。

在有效时间内，用户能够接收到主要道路上的设定时刻或时段的不低于设定覆盖率的路段拥堵程度和事件信息。

一级服务提供的交通信息内容包括道路拥堵程度、事件信息。

5.3 二级服务质量

二级服务提供更详细的交通信息服务。

在有效时间内，用户能够接收到主要道路上的设定时刻或时段的不低于设定覆盖率的路段拥堵程度和事件信息，以及误差在允许范围内的路段旅行时间和行驶速度。

二级服务提供的交通信息内容包括事件描述和量化的路况信息（旅行时间和行驶速度），以及停车信息。

5.4 三级服务质量

三级服务提供稳定的全路网覆盖的交通信息服务。

在有效时间内，用户能够接收到主要道路上的设定时刻或时段的全覆盖的路段拥堵程度和事件信息，误差在允许范围内的路段旅行时间和行驶速度的统计分布信息，以及满足精度要求的、基于统计和/或参数仿真测算的路段旅行时间和行驶速度。

三级服务需要实现多源交通信息整合，即不同交通信息参数之间的换算、数据质量的识别、可以对当前交通状态进行历史统计分析或实时仿真拟合并评价质量，从而实现基于实测、历史统计、实时仿真数据的集成并稳定的提供全路径覆盖的交通路况信息。

三级服务提供的交通信息内容包括事件描述和量化的路况信息（旅行时间和行驶速度），以及停车信息。三级服务还包含停车诱导路径及诱导路径上的路况信息。

5.5 四级服务质量

在包含三级服务内容的同时，四级服务提供短时预测交通信息服务。

在有效时间内，用户能够接收到主要道路上的设定时刻或时段的全覆盖的路段拥堵程度和事件信息，误差在允许范围内的路段旅行时间和行驶速度，以及满足精度要求的统计预测和参数仿真预测的路段旅行时间和行驶速度。

6 交通信息数据检查项

6.1 总则

检查项由基本元素和质量元素构成。基本元素由交通信息数据项组成,质量元素由基本元素检测结果换算。不同服务质量级别的质量元素及其评价指标构成不同。

质量元素由交通信息的完整性、逻辑一致性、准确率、有效性及实时性(延时)构成。

6.2 一级服务质量检查项

6.2.1 基本元素

6.2.1.1 时间

交通事件发生的时间,缺省时间为当前时间。

6.2.1.2 事件

城市和城际交通中已经发生或将要发生的交通事件,其性质和严重程度符合发布要求的事件与事件相关信息。

对道路交通有影响的气象现象或其他事件均属于交通事件。

6.2.1.3 位置

交通事件发生的道路网络上的空间位置,用道路网络或路段的某区间,某断面或交通区域表示。

6.2.2 质量元素

6.2.2.1 逻辑一致性

对基本元素的概念一致性、域一致性、格式一致性和拓扑一致性的要求及检验。

6.2.2.2 延时

用户接收到交通信息数据项的时间与交通信息数据项所描述的交通事件的采集时间的间隔。

6.2.2.3 交通状态准确率

用户接收到的表达道路拥堵、缓行或畅通的状态数据与实际道路拥堵、缓行或畅通的状态数据的符合程度。

6.2.2.4 事件错误率

误报交通事件数量与用户实际收到的交通事件数量的比率。

注:漏报交通事件的影响在覆盖率中考虑。

6.2.2.5 时间覆盖率

交通信息服务的服务时间是用户接收到的交通信息的时间域与交通信息所描述的交通事件的实际发生时间域的交集。时间覆盖率是在给定时间段(如一周或一日)内服务时间与总时间的比值。

7×24 的实时交通信息服务的时间覆盖率为 100% 。

6.2.2.6 道路覆盖率

在特定时间范围内，特定区域内，特定道路等级上可获得交通信息的道路路段数与道路路段总数的比值。

在实际质量评测时，特定时间范围为质量检测时间范围，特定区域为质量检测区域，特定道路等级为国家有关标准规定的等级，道路路段指交通信息服务标准中规定的有标识的路段。

6.2.2.7 事件覆盖率

在特定时间范围内，特定区域内，用户实际收到的交通事件数量与实际发生的交通事件数量的比率。

6.3 二级服务质量检查项

6.3.1 基本元素

6.3.1.1 路段平均旅行时间

路段平均旅行时间指在特定时间段、特定路段、特定方向上的所有车辆平均旅行时间，即在特定时间段内进入特定路段的所有车辆，在正常行驶状态下，从进入路段起始点到离开路段终点的时间的均值。

每个样本车辆通过路段的时间为行程时间，每个样本车辆通过路段的平均速度为行程速度。行程速度等于路段距离除以行程时间。

6.3.1.2 路段平均行驶速度

路段平均行驶速度指在特定时间段、特定路段、特定方向上的所有车辆行程速度的平均值，即在特定时间段内进入特定路段的所有车辆，在正常行驶状态下，从进入路段起始点到离开路段终点的平均速度的均值。

6.3.1.3 路径旅行时间

依据实时交通信息得出的在特定时间段内通过设定路径的旅行时间。路径旅行时间通常用其包含路段的当前平均旅行时间或行程时间换算。

6.3.2 质量元素

6.3.2.1 误差

误差评价可以是对用户接收到交通信息的误差评价，也可以是对实测数据的统计误差评价。

对于第一种情况，绝对误差是用户接收到二级质量基本元素中的交通信息数据项与该元素真值之差(绝对值)，相对误差是绝对误差与真值之比值。实测误差是使用符合本标准要求的实测方法得到的实测值代替真值计算出的绝对误差和相对误差。

对于第二种情形，在样本数据足够多的情况下，可以视实测数据均值为元素真值。这时样本数据与均值之差是每个样本数据的绝对误差。样本数据的绝对误差的最大值称为最大误差，样本数据的绝对误差的均值为平均误差，样本数据的绝对误差的概率分布误差为统计误差。

6.3.2.2 准确度

用户接收到二级质量基本元素中的交通信息数据项与实测的该元素真值的近似程度。

6.3.2.3 延时

用户接收到二级质量基本元素中的交通信息数据项的时间，与这些交通信息数据项所描述的基本元素的采集时间或特定时间段结束时间的间隔。

6.3.2.4 道路覆盖率

在特定时间段内，特定区域内，特定道路等级上可获得的二级质量基本元素中的交通信息数据项的道路路段数和里程数与道路路段总数和总里程的比值。

6.4 三级服务质量检查项

6.4.1 基本元素

6.4.1.1 路段转向平均旅行时间

路段转向平均旅行时间指在特定时间段、特定路段、特定方向上行驶的所有车辆，在选择不同转向离开该路段时的平均旅行时间，即在特定时间段内进入特定路段的所有车辆，在正常行驶状态下，从进入路段起始点到经过不同转向离开路段终点的时间的均值。

路段转向平均旅行时间与该路段出口车道和下一路段入口车道相关。

6.4.1.2 路段统计旅行时间

路段统计旅行时间指根据历史数据推算出的在特定时间段、特定路段、特定方向上的旅行时间。

6.4.1.3 路段仿真旅行时间

路段参数仿真旅行时间指根据特定路段及其相关路段上的交通仿真模型与相关参数，包括实时数据和历史数据，推算出该路段在特定时间段、特定方向上的旅行时间。

6.4.2 质量元素

6.4.2.1 误差

三级质量元素应包含最大误差、平均误差和统计误差。同时应定义允许最大误差和允许统计误差。当最大误差和统计误差超过允许值时，该元素视为不合格项。

6.4.2.2 延时

用户接收到三级质量基本元素中的交通信息数据项的时间，与这些交通信息数据项所描述的基本元素的时间或特定时间段结束时间的间隔。

6.4.2.3 道路覆盖率

在特定时间段内、特定区域内、特定道路等级上可获得的三级质量基本元素中的交通信息数据项的道路路段数与道路路段总数的比值。

6.5 四级服务质量检查项

6.5.1 基本元素

6.5.1.1 预测事件影响持续时间

当前(实时)发生的交通事件对交通影响的持续时间预测。

6.5.1.2 短时预测

将在特定时间段内进入特定路段的车辆，在正常行驶状态下，从进入路段起始点到经过不同转向离开路段终点的时间预测。

6.5.1.3 短时预测路径旅行时间

依据统计和仿真技术获得的将在特定时间段内通过设定路径的旅行时间预测。

6.5.2 质量元素

6.5.2.1 误差

用户接收到四级质量基本元素中的交通信息数据项与实测值之差(绝对值)。

6.5.2.2 延时

用户接收到四级质量基本元素中的交通信息数据项的时间,与请求发出时间的间隔。

7 数据质量评测方法

7.1 评价过程

7.1.1 评价步骤

质量评价分为五个主要步骤:确定质量元素与质量范围、确定质量度量方法、选择质量评价方法、确认质量评价结果、确认一致性;见表1。

表1 质量评价步骤

步骤	操作	说明
1	确定质量元素与质量范围	
2	确定质量度量方法	确定每个检查项的质量度量方法、质量值类型及单位
3	选择质量评价方法	为每个检查项的质量度量方法选择评价方法
4	确认质量评价结果	质量评价方法的输出结果,包含数据质量值、质量值单位和日期
5	确认一致性	根据一致性质量等级,以及质量评价结果,确认质量一致性

7.1.2 过程评价

交通信息质量评价过程可以用于交通信息服务的各个环节,包括数据采集、数据处理、数据转换、数据传输以及终端接收质量与综合质量评价。见表2。

表2 质量评价过程

<table>
<tr><th>步骤</th><th>操作</th><th>数据采集质量</th><th>数据处理质量</th><th>数据模型质量</th><th>数据传输质量</th><th>终端接收质量</th><th>综合评价</th></tr>
<tr><td>1</td><td>确定质量范围</td><td>建议</td><td>建议</td><td>可选</td><td>可选</td><td>必要</td><td>建议</td></tr>
<tr><td>2</td><td>确定质量度量方法</td><td rowspan="3">建议</td><td rowspan="3">建议</td><td rowspan="3">可选</td><td rowspan="3">可选</td><td rowspan="3">必要</td><td rowspan="3">建议</td></tr>
<tr><td>3</td><td>选择质量评价方法</td></tr>
<tr><td>4</td><td>确认质量评价结果</td></tr>
<tr><td>5</td><td>确认一致性</td><td>建议</td><td>建议</td><td>可选</td><td>可选</td><td>必要</td><td>建议</td></tr>
</table>

7.2 评价方法

7.2.1 直接评价方法

7.2.1.1 完全检测

完全检测要求在选定道路或路段上按照数据质量范围确定的总数测试每一个检查项。

7.2.1.2 抽样检测

抽样检测要求测试总体中足够数量的检查项，以获得质量评测结果。

在采用小样本以及非简单随机抽样方法时，应对数据质量评价结果的可靠性(置信度)进行分析。

7.2.2 间接评价方法

7.2.2.1 客户投诉

基于客户投诉中与本标准定义的质量相关内容的统计分析进行质量评价。

评价分析方法中包含对投诉问题的确认。对于完全确认、部分确认和无法确认的质量相关投诉应采用不同的分析方式。

基于客户投诉信息分析质量时，服务系统应具备对投诉信息的完整记录，以及质量分析所对应的交通信息基本元素的完整服务记录。

7.2.2.2 用户满意度调查

基于用户满意度调查信息中与本标准定义的质量相关内容的统计分析进行质量评价。

评价分析方法中包含对调查对象群体特征的确认。应区分大众、有体验的普通用户、在特定区域接受特定服务的普通用户、业内专家等不同用户群体。

基于用户满意度调查信息分析质量时，分析方应调查内容有完整记录，服务系统应具备调查所对应的交通信息基本元素的完整服务记录。

对于交通信息服务有体验的用户，仅对其体验范围内的信息质量评价有效。没有体验的用户信息，对交通信息服务质量评价无效。

相关示例及参考资料参见附录B、附录C。

8 数据服务质量指标

8.1 总则

交通信息数据质量标识描述数据质量定性和定量的评价要求。满足评价要求的质量元素为合格。二级的合格项包含一级的合格项，在满足一级合格项的基础上再满足二级合格项，才能说服务的水平可以达到二级的某个程度；三级、四级以此类推。每个级别将合格范围制定为A、B、C、D、E五个级。

8.2 数据服务质量指标划分

数据服务质量指标划分具体见表3。

表 3　数据服务质量指标划分表

质量等级	相关参数	质量因素	类型/单位	值域	范围	合格等级 A 级	合格等级 B 级	合格等级 C 级	合格等级 D 级	合格等级 E 级	备注
一级	—	逻辑一致性	逻辑	0,1		一致	一致	一致	一致	一致	
一级	—	延时	分钟			＜10	＜10	＜12	＜15	＜15	
一级	—	交通状态准确率	百分比	0～100%		≥70%	≥65%	≥60%	≥55%	≥50%	
一级	—	事件错误率	百分比	0～100%	紧急事件、重大事件	＜1%	＜2%	＜3%	＜4%	＜5%	
一级	—	时间覆盖率	百分比	0～100%		≥100%	≥95%	≥90%	≥85%	≥80%	一天内最多不覆盖凌晨0时～6时
一级	位置	道路覆盖率	百分比	0～100%		≥80%	≥70%	≥60%	≥50%	≥40%	
一级	—	事件覆盖率	百分比	0～100%	紧急事件、重大事件	≥90%	≥85%	≥80%	≥70%	≥60%	
二级	路段平均旅行时间	道路覆盖率			高速公路、国道;快速路、主要道路	≥80%	≥70%	≥60%	≥50%	≥40%	
二级	路段平均旅行时间	精确度	百分比	0～100%		≥80%	≥75%	≥70%	≥65%	≥60%	
二级	平均旅行速度	精确度	百分比	0～100%		75%	75%	75%	75%	75%	
二级	路径平均旅行时间	延时	分钟			＜1	＜1	＜1.5	＜2	＜2.5	双向通信
二级	路段平均旅行时间	延时	分钟			＜10	＜10	＜10	＜10	＜10	广播方式

表 3（续）

质量等级	相关参数	质量因素	类型/单位	值域	范围	合格等级 A 级	合格等级 B 级	合格等级 C 级	合格等级 D 级	合格等级 E 级	备注
三级	路段转向平均旅行时间	道路覆盖率	百分比		高速公路、国道；快速路、主要道路	≥90%	≥85%	≥80%	≥70%	≥60%	
三级	路段统计旅行时间	道路覆盖率	百分比		高速公路、国道；快速路、主要道路	≥90%	≥85%	≥80%	≥70%	≥60%	
三级	路段仿真旅行时间	道路覆盖率	百分比		高速公路、国道；快速路、主要道路	≥90%	≥85%	≥80%	≥70%	≥60%	
三级	路段转向平均旅行时间	误差	分钟/百分比			<2 分钟或小于 10%	<3 分钟或小于 15%	<5 分钟或小于 20%	<7 分钟或小于 25%	<10 分钟或小于 30%	相对误差
三级	路段统计旅行时间	误差	分钟/百分比			<2 分钟或小于 10%	<3 分钟或小于 15%	<5 分钟或小于 20%	<7 分钟或小于 25%	<10 分钟或小于 30%	相对误差
三级	路段仿真旅行时间	误差	分钟/百分比			<2 分钟或小于 10%	<3 分钟或小于 15%	<5 分钟或小于 20%	<7 分钟或小于 25%	<10 分钟或小于 30%	相对误差
三级	路段转向平均旅行时间	延时	分钟/百分比			<2 分钟或小于 10%	<3 分钟或小于 15%	<5 分钟或小于 20%	<7 分钟或小于 25%	<10 分钟或小于 30%	
三级	路段统计旅行时间	延时	分钟/百分比			<2 分钟或小于 10%	<3 分钟或小于 15%	<5 分钟或小于 20%	<7 分钟或小于 25%	<10 分钟或小于 30%	

表 3（续）

质量等级	相关参数	质量因素	类型/单位	值域	范围	合格等级 A 级	合格等级 B 级	合格等级 C 级	合格等级 D 级	合格等级 E 级	备注
三级	路段仿真旅行时间	延时	分钟/百分比			＜2 分钟或小于 10％	＜3 分钟或小于 15％	＜5 分钟或小于 20％	＜7 分钟或小于 25％	＜10 分钟或小于 30％	
四级	预报事件影响持续时间	误差	百分比	0～100％		＜10％	＜15％	＜20％	＜25％	＜30％	相对误差
四级	预报路段转向旅行时间	误差	百分比	0～100％		＜10％	＜15％	＜20％	＜25％	＜30％	相对误差
四级	预报路径旅行时间	误差	百分比	0～100％		＜10％	＜15％	＜20％	＜25％	＜30％	相对误差
四级	预报事件影响持续时间	延时	分钟			＜2	＜3	＜5	＜7	＜10	
四级	预报路段转向旅行时间	延时	分钟			＜2	＜3	＜5	＜7	＜10	
四级	预报路径旅行时间	延时	分钟			＜2	＜3	＜5	＜7	＜10	

9 数据质量报告

9.1 总则

质量评价报告提供详细的质量评价内容及解释。质量评价报告可以在任何需要的时间产生,满足一致性要求。

9.2 质量元素评价报告

对一项或多项交通信息数据质量元素定性和定量的评价。

9.3 质量综合评价报告

将几个质量评价结果综合为单一的质量评价报告。综合的质量评价结果只在此报告中报告。质量综合评价是质量元素评价结果的聚合。质量综合评价可以用于第三方评测。具体示例参见附录D。

附　录　A
（规范性附录）
一致性测试

A.1　交通信息服务质量水平

说明如下：

- 测试目的：检验与本标准交通信息服务水平的一致性；
- 测试方法：检查概念一致性、质量元素一致性；
- 引用：第6章、第7章；
- 测试类型：基本测试。

A.2　交通信息质量评测方法

说明如下：

- 测试目的：检验与本标准交通信息评测方法的一致性；
- 测试方法：检查评价过程、评价方法的一致性；
- 引用：第8章；
- 测试类型：基本测试。

A.3　交通信息质量评价指标

说明如下：

- 测试目的：检验与本标准交通信息评价指标的一致性；
- 测试方法：检查评价指标项的一致性；
- 引用：第9章；
- 测试类型：基本测试。

附 录 B
（资料性附录）
交通信息实测技术

B.1 测试技术

目前的测试方法主要有实车测试和固定传感器测试。

实车测试是提前设定测试路线，根据测试路段长度和测试车辆的旅行时间计算测试车辆的行驶速度，并将该速度作为衡量测试对象的真值。实测车辆需要配备相应的导航记录工具，一般使用带导航定位功能并且安装数据记录软件的手机或导航终端。

固定传感器测试：固定传感器的标定质量应高于数据采集设备质量，能够达到测试精度要求。

B.2 测试类型

B.2.1 概述

根据测试目的和测试要求不同，将评测要求分为若干个类别，主要包括三大类：A 类测试、B 类测试和 C 类测试。

B.2.2 A 类测试

B.2.2.1 概述

A 类测试是所有测试要求中的最高级别，需要对测试范围内的绝大部分路网，所有时段，所有过程质量指标均进行测试，最后给出实时交通信息发布体系的整体评价结果。

A 类测试分为 A1 测试和 A2 测试。

B.2.2.2 A1 测试

A1 测试是全过程全路网全时段综合质量测试。全路网是指覆盖测试区域内次干道以上级别的大部分或绝大部分道路的路网集合。全时段是指以周为时间单位，覆盖一周每天的五个时段，五个时段即凌晨（0 时～7 时）、早高峰（7 时～10 时）、白天（10 时～17 时）、晚高峰（17 时～20 时）、夜晚（20 时～24 时）。全过程是指对质量评测的五个过程全部进行评测。五个过程是数据采集质量、数据处理质量、数据模型质量、数据传输质量、终端接收质量。见 7.1.2。

注：考虑到道路连通性原则及测试资源及测试效率等因素，此处全路网不要求覆盖所有道路。

测试参数：七天乘以（五时段）乘以（五过程）。

B.2.2.3 A2 测试

A2 测试是多过程全路网主要时段综合质量测试。

以周为时间单位，宜选择周二至周六，周三至周日，周四至周一，周五至周二，周六至周三，周日至周四为测试周期；不宜选择周一至周五的测试。

三个时段为早高峰（7 时～10 时）、白天（10 时～17 时）、晚高峰（17 时～20 时）。

三个过程至少为数据采集质量、数据处理质量、终端接收质量。

注：通常认为周一和周五有类似的交通特征，周六与周日有类似的交通特征，周二至周四有类似的交通特征。基于

这样的理解，A2 测试能够反馈与 A1 同样的质量问题。

测试参数：五天乘以(三时段)乘以(三个以上过程)。

B.2.3 B 类测试

B.2.3.1 概述

B 类测试的级别要求相对较高，虽然测试内容不如 A 类测试完善，但是具有较强的针对性和操作性，质量测试中的常规测试一般选取该等级。

B 类测试分为 B1 测试和 B2 测试。

B.2.3.2 B1 测试

B1 测试是主要过程主要路段主要时段质量测试。

主要路段是测试区域内，道路级别较高的路网，即主干道以上级别道路。

主要时段是指包含出行者关注相对较高的所有出行时段，一般包括早高峰、白天和晚高峰。

主要过程是指影响用户感受的主要质量环节，如数据采集质量、数据处理质量评测和终端接收质量评测。

测试日期可选择周日至周二，或周四至周六。

测试参数：三天乘以(三时段)乘以(两个以上过程)。

B.2.3.3 B2 测试

B2 测试是主要过程主要路段主要时段质量测试。

以周为时间间隔，宜选取周一加周末的任意一天作为测试时间。

两时段是指早高峰和晚高峰。

测试参数：两天乘以(两时段)乘以(两个以上过程)。

B.2.4 C 类测试

C 类测试为一次性测试，不需要对同一时间段进行重复测试，具有很强的针对性，主要用于对数据发布的重要环节进行抽检。

C 类测试是关键路段关键时段关键过程质量测试。

关键路段是指测试城市繁华区域内主干道以上级别的道路。

关键时段一天中出行者最为关注的时段，一般为早高峰或晚高峰。

关键过程是指直接影响实时交通数据质量和用户感受的发布环节，一般为数据采集质量或终端发布质量。

测试参数：一时段乘以(一过程)。

B.3 测试内容

B.3.1 主要过程质量评测

实时交通信息质量评测根据发布的流程可分为五个部分：数据采集质量评测、数据处理质量评测、数据模型质量评测、数据传输质量评测和终端接收质量评测。

a) 数据采集质量评测是以实测信息为正确数据，将数据源采集信息与实测信息进行比较，对数据源采集质量进行评测，以此为依据选择质量可靠的数据源，从根本上保证交通信息数据的质量。
b) 数据处理包括数据预处理和数据深度处理。数据预处理是指对数据进行空间匹配、参数换算、数据存储等操作；数据深度处理包括数据融合、数据补齐、统计分析、仿真分析、预测等数据操作。数据处理质量评测是针对数据预处理和数据深度处理过程中，所采用的各种处理方法可能引起的数据误差或数据错误进行评测，以保证数据处理方法的正确性。

c) 数据模型质量评测是指由于采用不同的路网简化模型和数据发布模型对最终发布数据正确性所产生的差异进行评价，分析数据模型缺陷的影响，以选取最好的模型进行数据存贮和发布。

d) 数据传输质量评测是评测分析数据传输对数据质量所带来的影响。

e) 终端接收质量评测是以实测信息为正确数据，通过将发布的交通信息数据与实测数据进行比较，对实时交通的最终发布结果进行评测，目的在于从用户感受角度对数据发布质量进行评价。

B.3.2 综合质量评测

综合质量评测是指对实时交通发布的全过程进行全面的质量评测，即主要过程质量评测的五部分都要进行评测。

B.3.3 测试周期

根据测试目的和测试用途不同，实时交通信息质量测试可以划分为以下两类：常规测试和专项测试。

- 常规测试：为了保障实时交通信息的正确发布和持续改进，由数据提供商定期进行的质量评测。该测试具有一致性和周期性，主要用于内部质量检测与备案。测试周期一般为2次/月～3次/月，可根据实际情况进行适当调整。
- 专项测试：由于特定需求进行测试，如由于用户需求，需要提供某发布过程的质量评测报告。该测试不具有一致性和周期性，主要用于外部数据选择。

B.4 测试记录

B.4.1 人工记录

人工记录包括以下两部分内容：

- 实测人员观察、判断道路的拥堵状况及事件信息，从用户感受的角度，对道路交通状况进行记录；
- 实测人员记录交通信息发布界面显示的各路段交通状况(红色表示拥堵，绿色表示畅通，橙色表示缓行)，并对发布信息进行记录。

B.4.2 仪器记录

软件自动记录行车轨迹点的位置(经纬度)、轨迹点的时间和瞬时速度等信息，保存为LOG。

B.5 测试方案

测试方案见表B.1，表头说明如下：

- 编号：该项在报告中的ID，表中ID只是给出参考，具体请结合实际报告内容；
- 名称：方案元素的名称；
- 定义/内容：定义项或描述项的内容；
- 约束/条件：给出方案的项的要求，或给出该项所要求的条件。有三种约束代码：

——必选(M)：表示必选的项；

——条件必选(C):当说明的条件满足时要求选的项;
——可选(O):表示可任选的项。

- 最大出现次数:在上级项的域的范围内,该项可以出现的最大的次数,整数型表示项出现的次数,N 表示根据需要出现多次。

表 B.1 质量测试方案组成部分

编号	名称	定义/内容	约束/条件	最大出现次数
1	测试单位	评测对象提交单位的名称及概要情况	M	1
2	评测单位	提供评测内容单位的名称及概要情况	M	1
3	方案撰写人	撰写方案的人的名字	O	1
4	撰写日期	方案的撰写日期	O	1
5	测试目的	该测试的目标及期望达到的效果	M	1
6	测试城市	本次测试所覆盖的城市	M	N
7	测试内容	本次测试所包含的测试过程	M	N
8	测试设备	本次测试所需要的仪器及设备	M	N
9	测试人员	本次测试各项内容分别需要的人数	M	N
10	测试时间	本次测试实际进行的时间	M	N
11	测试类型	本次测试所包含的过程及时间、空间覆盖程度	M	1
12	测试路线	本次需要测试的详细路段的总集	M	N
13	数据处理方案	本次测试准备使用的数据处理防范	M	1
14	实测记录	本次测试过程中需要记录项的内容	M	1
15	数据质量评价方法	数据质量评价方法信息	M	1
16	数据质量评价参数	用于数据质量评价方法中涉及的计算参数	M	N
17	测试费用	预计本次测试所需要的的费用	O	N
18	参考文献	在制定与应用数据处理方案及数据质量评价方法时参考的文件资料信息	O	N

附 录 C
（资料性附录）
质量评价模型

C.1 说明

主要包含数据处理质量、数据接收质量、传输质量、延时分配以及数据模型质量。评价的质量元素在C.2定义。

C.2 质量元素

质量元素包括覆盖率、准确率(错误率)、延时三方面内容。与正文的6.2～6.5内容一致。

C.3 数据处理质量

数据处理质量(通常是数据源质量)包括覆盖率和准确率。

数据处理的准确率是特定路段特定时段采集的数据计算出的交通信息与实测交通信息的比值，或计算出的交通信息与实测交通信息在允许误差范围内的总数的比率。

C.4 数据接收质量

数据接收质量是在特定路段特定时段使用特定接收终端所收到的交通信息(以及到达前所收到的预测信息)与现场实际的交通状况的一致程度。

例如事件覆盖率与错误率(准确率)和延时。

C.5 模型质量

可以细分为三个模型：

- 数据处理模型；
- 数据融合模型；
- 数据发布模型。

数据发布模型的质量依据模型空间覆盖和交通事件表达能力评价。

C.6 延时

宜采用图C.1所示延时分配方案管理系统延时分布。

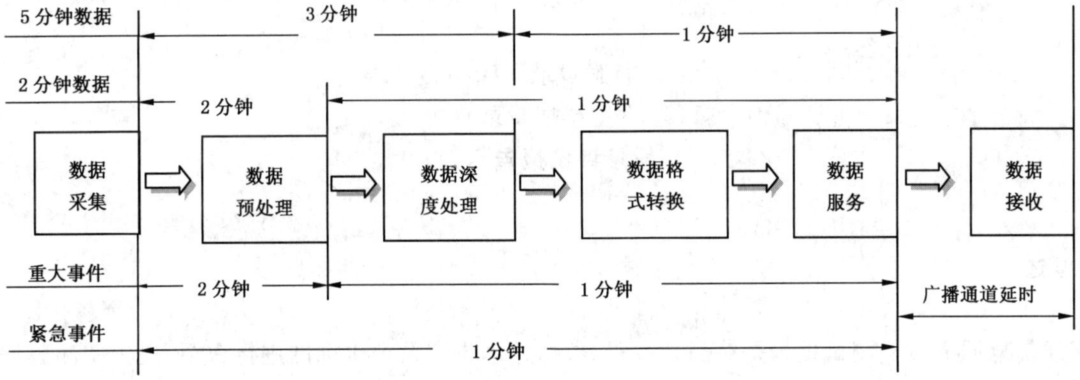

图 C.1　交通信息发布服务过程的信息延时分配

C.7　综合质量评价

多参数区域合格评价公式宜用式(C.1)：

$$E=\sum_{i=1}^{n}(\sum_{j=1}^{m}(P_j\times N_j)\times Q_i) \quad \cdots\cdots(C.1)$$

式中：

E ——质量综合评分分值；

P_j——综合权重；

N_j——单项质量元素检测的对应分值；

m ——质量元素检测指标的个数；

Q_i——参数质量等级权重；

n ——参数质量等级数。

附 录 D
（资料性附录）
质量评价报告示例

D.1 概述

交通信息服务质量测试报告是对测试过程、数据处理方案及评价标准进行介绍，提供实测数据及分析处理结果，对于测试内容给出明确的质量评价，根据测试数据和测试结果分析该测试环节存在的问题，并提出改善意见。

D.2 质量测试报告组成部分

见表D.1描述。

表 D.1 质量测试报告组成部分

编号	名称	定义/内容	约束/条件	最大出现次数
1	测试单位	评测对象提交单位的名称及概要情况	M	1
2	评测单位	提供评测内容单位的名称及概要情况	M	1
3	方案撰写人	撰写报告人的名字	O	1
4	撰写日期	报告的撰写日期	O	1
5	测试目的	该测试的目标及期望达到的效果	M	1
6	测试城市	本次测试所覆盖的城市	M	N
7	测试内容	本次测试所包含的测试过程	M	N
8	测试设备	本次测试所需要的仪器及设备	M	N
9	测试人员	本次测试各项内容分别需要的人数	M	N
10	测试时间	本次测试实际进行的时间	M	N
11	测试类型	本次测试所包含的过程及时间、空间覆盖程度	M	1
12	测试路线	本次需要测试的详细路段的总集	M	N
13	数据处理方案	本次测试准备使用的数据处理防范	M	1
14	实测记录项	本次测试过程中需要记录项的内容	M	1
15	数据质量评价方法	数据质量评价方法信息	M	1
16	数据质量评价参数	用于数据质量评价方法中涉及的计算参数	M	N
17	评价路网模型	本次评价所基于的路网模型	M	N
18	人工记录表	实测过程中测试人员观察记录的内容，包括道路状况和事件信息	M	N

表 D.1（续）

编号	名称	定义/内容	约束/条件	最大出现次数
19	LOG记录表	实测过程中软件自动记录的信息	M	N
20	实测信息表	实测数据经过分析处理之后的综合表	M	N
21	拥堵点分析表	拥堵信息综合表	M	N
22	错误信息分析表	初步处理评价为错误的路段，重新进行分析的综合表	M	N
23	按里程的总体情况表	以里程为计算基础的发布正确率情况表	M	N
24	按路段的总体情况表	以路段数量为计算基础的发布正确率情况表	O	N
25	瞬时速度分析表	同一路段的瞬时速度分布情况表	O	N
26	车厂评价结果表	按照车厂的评价标准评价的质量结果表	O	N
27	评价结论	该次评价中，测试内容的空间覆盖率、时间覆盖率、准确率、实时性及评价内容的质量等级等	M	1
28	改进项	测试内容或评价方法需要改进的内容	O	1
29	测试费用	本次测试所花费的费用	O	N
30	参考文献	在制定与应用数据处理方案及数据质量评价方法时参考的文件资料信息	O	N

ICS 03.220.20;35.240.60
R 85

中华人民共和国国家标准

GB/T 29102—2012

道路交通信息服务 通过调频数据广播发布的道路交通信息

Road traffic information service—Traffic information via frequency modulation sub-carrier

2012-12-31 发布　　2013-07-01 实施

中华人民共和国国家质量监督检验检疫总局
中国国家标准化管理委员会　发布

前　言

本标准按照GB/T 1.1—2009给出的规则起草。

本标准由全国智能运输系统标准化技术委员会(SAC/TC 268)提出并归口。

本标准起草单位:北京航空航天大学、交通运输部公路科学研究院、北京中交国通智能交通系统技术有限公司。

本标准主要起草人:吕卫锋、诸彤宇、王晶晶、焦伟赟、王琪琳、戴希、刘浩涵。

道路交通信息服务
通过调频数据广播发布的道路交通信息

1 范围

本标准规定了通过调频数据广播系统发布的道路交通信息的内容结构，包括总则、道路交通信息服务编码结构以及调频广播漫游切换信息。

本标准适用于广播数据系统(RDS)、数据广播通道(DARC)广播传输环境下的道路交通信息发布。

2 规范性引用文件

下列文件对于本文件的应用是必不可少的。凡是注日期的引用文件，仅注日期的版本适用于本文件。凡是不注日期的引用文件，其最新版本(包括所有的修改单)适用于本文件。

GB/T 20612.1 交通及出行者信息(TTI) 经交通报文编码的 TTI 报文 第1部分：使用 ALERT-C的广播数据系统-交通报文频道(RDS-TMC)的编码协议

GB/T 20612.2 交通及出行者信息(TTI) 经交通报文编码的 TTI 报文 第2部分：广播数据系统-交通报文频道(RDS-TMC)的事件和信息编码

GB/T 20612.3 交通及出行者信息(TTI) 经交通报文编码的 TTI 报文 第3部分：ALERT-C 定位参考

GB/T 29108 道路交通信息服务 术语

IEC 62106:2009 频率范围由 87.5～108.0MHz 的 VHF/FM 声音广播用的广播数据系统(RDS)的规范(Specification of the radio data system (RDS) for VHF/FM sound broadcasting in the frequency range from 87.5 to 108.0 MHz)

3 术语、定义和缩略语

3.1 术语和定义

GB/T 29108 界定的以及下列术语和定义适用于本文件。

3.1.1

位置 location

表示道路网中各对象所在地点，并且需要被标识。

3.1.2

位置参考 location reference

位置的惟一标识。

3.1.3

线位置参考 linear location reference

将道路网中的路段作为被参考的对象。

3.1.4

点位置参考 point location reference

将道路网中单一的地点作为被参考的对象。

3.1.5

调频数据广播

在进行调频单声道和立体声节目广播的同时，利用调频基带的空余频谱，广播特定的数据。

[GB/T 4311—2000，定义第7章]

3.1.6

数据广播通道 data radio channel

一种调频数据广播的副载波调制方式，副载波频率为76 kHz，调制方式为L-MSK，数据传输速率为16 kbps。

3.1.7

广播数据系统 radio data system

一种调频数据广播的副载波调制方式，副载波频率为57 kHz，调制方式为DPSK，数据传输速率为1.187 5 kbps。

3.2 缩略语

下列缩略语适用于本文件。

DARC 数据广播通道(data radio channel)

RDS 广播数据系统(radio data system)

4 总则

4.1 传输模型

本标准定义了一种多载体环境下用于传输道路交通信息的层次模型(见图1)，道路交通信息发布模型由四层组成。每层的定义如下：

a) 位置参考层：定义道路交通信息发布时的位置信息描述方式，位置参考包括线位置参考与点位置参考两种方式，并可根据未来的需求进行扩展；

b) 信息层：描述道路交通信息服务的数据层，根据具体服务内容、位置参考方式、道路编码方式定义本层数据编码格式，如道路交通状况及旅行时间信息编码格式、交通管制及事件信息编码格式以及停车诱导信息编码格式等，并可根据需求进行扩展；

c) 服务层：服务层将上层的各类应用数据封装成可提供给用户的道路交通信息服务，服务提供者对用户的需求进行管理，并依据需求调整所提供服务的形式及内容；

d) 传输控制层:传输控制层为上层提供可靠、安全的传输服务,并提供处理机制进行差错控制和流量控制。

传输载体不包括在传输模型框架中,传输模型允许各载体定义相应的适配子层来支持上层的服务,从而使模型可以应用于多传输载体环境下。

图 1 道路交通信息传输模型

4.2 调频数据广播调制方式

基于调频数据广播发布道路交通信息时,可以采用 RDS 和 DARC 两种调制方式。

4.3 约定

4.3.1 字节顺序

两个或两个以上字节表示的数值应遵循高字节开头的顺序。当字节按位细分时,最高位(“b7”)在字节结构的最左边,最低位(“b0”)在字节结构的最右边。

4.3.2 未定义数据域

信息编码中出现的没有定义的部分,用作未来的应用扩展。未定义部分的值应被服务提供商设定为 00 hex。

4.4 字面数值

本标准中出现的字面数值遵循以下原则:

- 不加任何后缀的字面数值采用十进制计数法,如“123”表示十进制下的 123;
- 加上后缀 hex 的字面数值采用十六进制计数法,如“123 hex”表示十六进制下的 123;
- 当表示一个字节中每一位的值时采用二进制计数法。

5 道路交通信息服务编码

5.1 道路交通信息数据结构

5.1.1 采用 RDS 调制方式的道路交通信息数据结构

采用 RDS 调制方式的道路交通信息服务遵循标准 GB/T 20612.1, GB/T 20612.2, GB/T 20612.3 中的相关规定。

5.1.2 采用 DARC 调制方式的道路交通信息数据结构

采用 DARC 调制方式的道路交通信息服务包含一到多类道路交通信息,以节目的形式表现,节目属于传输模型的服务层。节目为一个可变长的数据集,由节目头部和节目内容两部分构成。其中,节目内容由一个或多个内容项构成。内容项由内容项头部及一个或多个数据段构成,内容项及数据段属于传输模型的信息层。一个内容项包含一种或多种道路交通信息,一个数据段只包含一种道路交通信息,数据段为构成道路交通信息的最小数据单位(见图 2)。

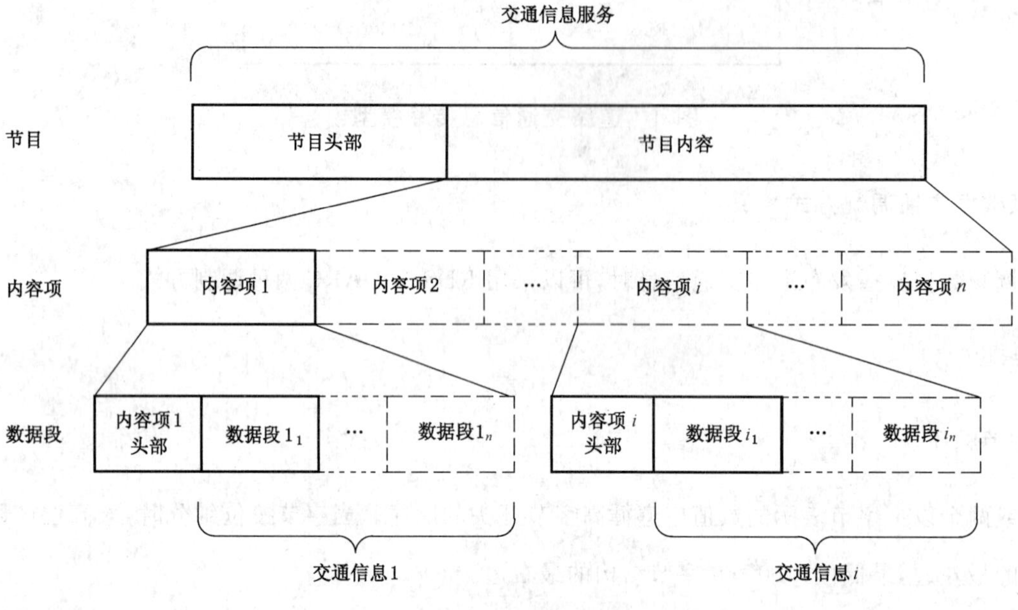

图 2 道路交通信息数据结构图

如无特殊声明,5.2、5.3、5.4、第 6 章中有关节目、内容项、数据段及调频广播漫游切换信息的规定和说明,都是针对 DARC 调制方式的内容数据结构及其编码的说明。

5.2 节目头部

5.2.1 节目头部结构

节目头部由 11 个字节构成,描述了节目的惟一性标识和基本构成,并提供信息控制接收终端的节目数据更新及终端画面的初始化显示。节目头部的结构如表 1 所示。

表 1　节目头部结构

	b7	b6	b5	b4	b3	b2	b1	b0	
PH B0	信息分割符号								节目头标识
PH B1	数据头类型参数								
PH B2	节目编号								节目头数据
PH B3	节目更新标志		内容项总数						
PH B4	提示功能								
PH B5	服务分类				未定义				
PH B6	未定义								
PH B7	未定义								
PH B8	未定义								
PH B9	未定义								
PH B10	未定义								
PH Bx：表示构成节目头部的字节（$x=0,1,\cdots,10$）；bx：表示比特位（$x=0,1,\cdots,7$）。									

5.2.2　信息分割符号

信息分割符号由 PH B0 整个字节构成。接收机的解码器利用信息分割符号将基本的数据元素从连续的二进制字节序列中拆分出来。基本的数据元素可以为内容项或数据段。当解析到第一个信息分割符号时，解码器得知这是一个数据元素的开始；其后，每解析到一个设定值相同的信息分割符号时，解码器可以得知这是上一个数据元素的结束，并且是下一个同类型的数据元素开始。信息分割符号采用“列序号/行序号”表示法，节目头部的信息分割符号被设定为 01/14，即 1Ehex。

5.2.3　数据头类型参数

数据头类型参数由 PH B1 整个字节构成。节目的构成中包括了多种数据头结构，如节目头部，内容项头部等。这些类型不同的数据头结构利用数据头类型参数来标识。数据头类型参数采用“列序号/行序号”表示法，节目头部的类型参数被设定为 03/01，即十六进制数 31 hex。

5.2.4　节目编号

节目编号由 PH B2 整个字节构成。可分配的节目编号范围为 0～255。此范围内的编号可以由服务提供商自行分配。

5.2.5　节目更新标志

节目更新标志由 PH B3 的 b7、b6 共 2 位构成，用于告知接收终端节目内容是否有更新。每个信息发布周期节目更新标志按照「0→1→2→3→0→1……」进行变化。连续两个发布周期中的节目内容即使完全一样，更新标志依然需要变化。

5.2.6 内容项总数

内容项总数由 PH B3 的 b5～b0 共 6 位构成，用于显示节目所包含的内容项的数目。一个节目最多包含 62 个内容项。内容项总数设定值为“0”时表示为没有内容项，设定值为“63”时表示内容项总数不确定。

5.2.7 提示功能

提示功能由 PH B4 整个字节构成，用于向接收终端提示节目内容所使用的表现形式(如字符形式或基于地图显示的交通信息等)。提示功能中每一位代表的含义如表 2 所示。每一位的默认设定值为 0。

表 2 提示功能设定值及含义

位	含义
b0	表现形式为字符时该位为 1
b1	未定义
b2	表现形式为基于地图显示的交通信息时该位为 1
b3	未定义
b4	未定义
b5	未定义
b6	未定义
b7	未定义

5.2.8 服务分类

服务分类由 PH B5 的 b7～b4 共 4 位构成，用于标识服务提供商提供服务的种类。服务分类的设定值及含义如表 3 所示。

表 3 服务分类设定值及含义

b7	b6	b5	b4	数值	服务分类
0	0	0	0	0	免费服务
0	0	0	1	1	收费服务
0	0	1	0	2	未定义
0	0	1	1	3	
		⋮		⋮	
1	1	1	0	14	
1	1	1	1	15	

节目头部描述了节目的惟一性标识和基本构成，并提供信息控制接收终端的节目数据更新及终端画面的初始化显示。通过节目的惟一性标识，可以标识节目的内容，内容可为道路交通信息、漫游切换信息等。

5.3 内容项结构

5.3.1 内容项头部结构

内容项头部由 6 个字节构成，描述了内容项的惟一性标识、所包含的交通信息内容种类以及自定义的信息。内容项头部的结构如表 4 所示。

表 4 内容项头部结构

<table>
<tr><td></td><td>b7</td><td>b6</td><td>b5</td><td>b4</td><td>b3</td><td>b2</td><td>b1</td><td>b0</td><td></td></tr>
<tr><td>IH B0</td><td colspan="8">信息分割符号</td><td rowspan="2">数据头标识</td></tr>
<tr><td>IH B1</td><td colspan="8">数据头参数</td></tr>
<tr><td>IH B2</td><td colspan="8">节目编号</td><td rowspan="4">数据头数据</td></tr>
<tr><td>IH B3</td><td colspan="2">项更新标志</td><td colspan="6">项编号</td></tr>
<tr><td>IH B4</td><td colspan="4">内容种类</td><td>#</td><td colspan="3">信息提供时刻(小时)高 3 位</td></tr>
<tr><td>IH B5</td><td colspan="2">信息提供时刻(小时)低 2 位</td><td colspan="6">信息提供时刻(分)</td></tr>
<tr><td colspan="10">IH Bx：表示构成内容项头部的字节(x=0,1,…,5)。
#：信息提供时刻标志，“0”表示不提供，“1”表示提供。</td></tr>
</table>

5.3.2 信息分割符号

信息分割符号由 IH B0 整个字节构成。信息分割符号的定义见 5.2.2。项头部的信息分割符号设定为 01/14，即 1 Ehex。

5.3.3 数据头类型参数

数据头参数由 IH B1 整个字节构成。数据头参数的定义见 5.2.3。项头部的数据头参数设定为 03/03，即 33 hex。

5.3.4 节目编号

节目编号由 IH B2 整个字节构成。节目编号的定义见 5.2.4。项头部的节目编号设定值必须与节目头部的节目编号设定值一致。

5.3.5 项更新标志

项更新标志由 IH B3 的 b7、b6 共 2 位构成，用于不更新节目整体内容，只更新部分内容项的情况。每个信息发布周期项更新标志按照「0→1→2→3→0→1……」进行变化。

5.3.6 项编号

项编号由 IH B3 的 b5～b0 共 6 位构成。一个节目最多包含 62 个内容项。项编号由服务商自行设定。

5.3.7 内容种类

内容种类由 IH B4 的 b7～b4 共 4 位构成，用于标识内容项包含的交通信息种类。内容种类设定值由服务商自行设定。

5.3.8 信息提供时刻标志

信息提供时刻标志由 IH B4 的 b3 构成，用于标识发布的交通信息中是否含有信息生成时间。设定值为“1”时表示有，为“0”时表示无。

5.3.9 信息提供时刻(小时)

信息提供时刻(小时)由 IH B4 的 b2～b0 以及 IH B5 的 b7、b6 共 5 位构成，其中 IH B4 的 b2～b0 为高 3 位，IH B5 的 b7、b6 为低 2 位。设定值“0”～“23”分别对应 0 h～23 h。设定值“24”～“31”未定义。

5.3.10 信息提供时刻(分)

信息提供时刻(分)由 IH B5 的 b5～b0 共 6 位构成。设定值“0”～“59”分别对应 0 min～59 min。设定值“60”～“63”未定义。

5.4 数据段结构

5.4.1 数据段数据结构

数据段为构成道路交通信息的最小数据单位。数据段的长度在描述该数据段的内容项头部中给出。数据段的结构如表 5 所示。

表 5 数据段数据结构

	b7	b6	b5	b4	b3	b2	b1	b0
D B0	数据段分割符号							
D B1	数据段参数							
D B2	SDF	数据段容量(高 7 位)						
D B3	数据段容量(低 8 位)							
D B4	数据段数据内容							
⋮								
D Bn								
注：D Bx 表示构成数据段的字节(x=0,1,…,n;$n\leqslant 32771$);SDF 为数据段关联标志。								

5.4.2 数据段分割符号

数据段分割符号由 D B0 整个字节构成。分割符号的定义见 5.2.2。数据段分割符号设定为 01/15，即 1 Fhex。

5.4.3 数据段参数

数据段参数由 D B1 整个字节构成，用于标识数据段封装的交通信息内容种类。数据段参数采用"列序号/行序号"表示法，设定值由服务商自行设定。

5.4.4 数据段关联标志(SDF)

数据段关联标志由 D B2 的 b7 构成，用于表示相邻数据段的关联性。由于数据段所能封装的数据容量大小有限，因此如果被封装的数据内容过大而超过一个数据段的最大容量时，需要把数据内容拆分到两个甚至多个数据段中。设定值为"1"时表示本数据段与下一个数据段内容关联，为"0"时表示本数据段不与后续数据段关联。

5.4.5 数据段容量

数据段容量由 D B2 的 b6～b0 以及 D B3 共 15 位构成，其中 D B2 的 b6～b0 为高 7 位，D B3 为低 8 位，表示数据段封装的数据的大小。

5.4.6 数据段数据内容

数据段数据内容由 DB4 往后的 m 个字节构成，m 最大为 32 767。数据段数据内容即为道路交通信息的编码，编码格式由服务商自行设定。

6 调频广播漫游切换信息

6.1 概述

漫游切换信息通过数据段进行发送。漫游切换信息描述相邻区域广播道路交通信息的广播电台标识、紧急信息标识、广播频率等，导航终端通过该信息来实现自动选台、自动切换。

6.2 广播电台标识

6.2.1 广播电台标识信息结构

广播电台标识由三个字节构成，标识当前正在进行广播的广播电台。广播电台标识信息结构如表 6 所示。

表 6 广播电台标识信息结构

	b7	b6	b5	b4	b3	b2	b1	b0
RL B0	扩展国家/地区标识代码							
RL B1	国家/地区标识代码				覆盖区域类型代码			
RL B2	广播单位号							
RL Bx：表示构成广播电台标识信息结构的字节(x=0,1,2)。								

6.2.2 扩展国家/地区标识代码

扩展国家/地区标识代码由 RL B0 整个字节共 8 位构成，表示广播节目的扩展国家/地区代码。

6.2.3 国家/地区标识代码

国家/地区标识代码由 RL B1 中的 b7～b4 共 4 位组成，表示广播节目的国家/地区代码。国家/地区标识代码和扩展国家/地区标识代码的分配采用 IEC 62106:2009 中的规定。

6.2.4 覆盖区域类型代码

覆盖区域类型代码由 RL B1 中的 b3～b0 共四位组成，表示广播节目所能覆盖的区域类型。覆盖区域类型代码的设定值及含义如表 7 所示。

表 7 覆盖区域类型代码的设定值及含义

设定值	含义
0	本地广播(只覆盖本地区)
1	国际广播(覆盖国内外)
2	国内广播(只覆盖国内区域)
3	广域广播(具体区域由服务商指定)
4～15	地域广播(具体区域由服务商指定)

6.2.5 广播单位号

广播单位号由 RL B2 整个字节构成，广播节目的广播单位号用相应的十六进制值表示。

6.3 道路交通信息及紧急信息标识

6.3.1 交通信息及紧急信息标识的信息结构

道路交通信息、紧急信息(以下简称交通、紧急信息)标识由一个字节构成，表示是否正在通过调频主播、立体声、调频副载波进行道路交通信息及紧急信息的实际广播。交通、紧急信息标识的信息结构如表 8 所示。

表 8 交通、紧急信息标识的信息结构

<table>
<tr><th></th><th>b7</th><th>b6</th><th>b5</th><th>b4</th><th>b3</th><th>b2</th><th>b1</th><th>b0</th></tr>
<tr><td>IF B0</td><td>未定义</td><td colspan="5">道路交通信息标识</td><td colspan="2">紧急信息标识</td></tr>
<tr><td colspan="9">IF B0：表示构成交通、紧急信息标识信息结构的字节。</td></tr>
</table>

6.3.2 道路交通信息标识

道路交通信息标识由 IF B0 的 b6～b2 共 5 位构成，表示是否是提供道路交通信息的广播电台，并且是否正在通过声音节目或者数据方式进行广播。该字段每位代表的含义如表 9 所示。

表 9　道路交通信息标识每位含义

位	含义
b6	表示是否通过调频副载波进行道路交通信息广播。 “1”:是,“0”:不是
b5	表示当前广播台是否能通过调频主播进行道路交通信息广播。 “1”:是,“0”:不是
b4	表示当前广播台是否正在通过调频主播进行道路交通信息广播。 “1”:是,“0”:不是
b3	表示当前广播台是否能通过立体声进行道路交通信息广播。 “1”:是,“0”:不是
b2	表示当前广播台是否正在通过立体声进行道路交通信息广播。 “1”:是,“0”:不是

6.3.3　紧急信息标识

紧急信息标识由 IF B0 的 b1、b0 构成,表示是否正在播放紧急信息中。该字段每位代表的含义如表 10 所示。

表 10　紧急信息标识每位含义

位	含义
b1	表示是否正在通过调频主播进行紧急信息广播的标识。 “1”:是,“0”:不是
b0	表示是否正在通过立体声进行紧急信息广播的标识。 “1”:是,“0”:不是

6.4　备选频率

备选频率列表是由当前广播电台提供的,同一广播网络中的相邻广播电台的频率列表。每个频率由一个字节构成,对于每个广播电台广播道路交通信息的频率,列出所有与其相邻的广播电台的广播道路交通信息的备选频率。备选频率信息结构如表 11 所示。符号“BF B”表示构成备选频率信息结构的字节。

表 11　备选频率信息结构

	b7	b6	b5	b4	b3	b2	b1	b0
BF B0	广播电台频率							
BF B1	备选频率(第 1 个)							
BF B2	备选频率(第 2 个)							
⋮	⋮							
BF B(*n*-1)	备选频率(第 *n*-1 个)							
BF Bn	备选频率(最后 1 个)							
BF B*x*:表示构成广播电台标识信息结构的字节(x=0,1,…,n;$n\leqslant 255$)。								

FM 广播台的频率的值分配如表 12 所示。

表 12 FM 广播频率的值分配

b7	b6	b5	b4	b3	b2	b1	b0	数值	频率(MHz)
0	0	0	0	0	0	0	0	0	0
			⋮					⋮	未定义
0	0	0	1	0	1	1	0	22	87.0
0	0	0	1	0	1	1	1	23	87.1
0	0	0	1	1	0	0	0	24	87.2
			⋮					⋮	⋮
1	1	1	0	0	1	1	1	231	107.8
1	1	1	0	1	0	0	0	232	107.9
1	1	1	0	1	0	0	1	233	108.0
			⋮					⋮	未定义
1	1	1	1	1	1	1	1	255	未定义

参 考 文 献

［1］ GB/T 4311—2000 米波调频广播技术规范

［2］ GB 50220 城市道路交通规划设计规范

［3］ Rec. ITU-R BS. 1194 基于调频副载波的大数据传输基站和接收系统(System for multiplexing FM sound broadcasts with a sub-carrier data channel having a relatively large transmission capacity for stationary and mobile reception)

［4］ ISO 14819-1：2002 Traffic and Traveller Information (TTI)—TTI messages via traffic message coding—Part 1：Coding protocol for Radio Data System—Traffic Message Channel (RDS-TMC) using ALERT-C

［5］ ISO 14819-2：2002 Traffic and Traveller Information (TTI)—TTI messages via traffic message coding—Part 2：Event and information codes for Radio Data System—Traffic Message Channel (RDS-TMC)

［6］ ISO 14819-3：2002 Traffic and Traveller Information (TTI)—TTI messages via traffic message coding—Part 3：Location referencing for ALERT-C

［7］ ARIB STD - B3 VERSION1. 2 ARIB standard for operation of the FM multiplex broadcasting system

ICS 03.220.20;35.240.60
R 85

中华人民共和国国家标准

GB/T 29103—2012

道路交通信息服务 通过可变情报板发布的交通信息

Road traffic information service—Traffic information issued by variable message signs

2012-12-31 发布 2013-07-01 实施

中华人民共和国国家质量监督检验检疫总局
中国国家标准化管理委员会 发布

前　言

本标准按照 GB/T 1.1—2009 给出的规则起草。

本标准由全国智能运输系统标准化技术委员会(SAC/TC 268)提出并归口。

本标准起草单位:北京四通智能交通系统集成有限公司、交通运输部公路科学研究院、北京中交国通智能交通系统技术有限公司。

本标准主要起草人:关积珍、朱雪良、王义生、杨劲夫、杨琪、蓝普、李伟、杜男、朱光宇、张春雨。

道路交通信息服务
通过可变情报板发布的交通信息

1 范围

本标准规定了道路交通管理中通过可变情报板发布的交通信息的结构、内容和方式。

本标准适用于城市道路交通和公众信息发布。

2 规范性引用文件

下列文件对于本文件的应用是必不可少的。凡是注日期的引用文件，仅注日期的版本适用于本文件。凡是不注日期的引用文件，其最新版本(包括所有的修改单)适用于本文件。

GB 5768.2—2009 道路交通标志和标线 第2部分：道路交通标志

GB/T 29108 道路交通信息服务 术语

3 术语和定义

GB/T 29108界定的术语和定义适用于本文件。

4 信息分类

交通信息依照不同的分类方式被分为不同类型：

——依据交通信息的时效性，分为两种类型：动态信息、静态信息。其中，动态信息包括实时交通状态信息、交通事故、突发事件、交通管制、交通气象信息等；静态信息包括施工占道、交通宣传、交通违法信息、公告公示等；

——依据交通信息的发布形式，分为三种类型：文字信息、图形信息、图像信息；

——依据交通信息的发布内容，分为四种类型：交通状况信息、交通事件信息、公告信息、宣传信息。其中，交通状况信息包括畅通、缓慢、拥堵等信息；交通事件信息包括交通事故、交通管制、道路施工、交通气象、建议绕行等信息。

5 文字信息

5.1 文字类交通状况信息

5.1.1 交通状况信息结构

交通状况信息由位置描述、车道描述和状况描述三部分组成。信息中不宜使用标点符号。

位置描述主要指位置信息，结构如下：

a) 由参照点、方向和距离组成，其中：

1) 参照点应是易于描述的地点、地物，包括路口、桥梁、快速路出入口、重点建筑物、政府机关等；

2） 方向信息包括东、南、西、北、上、下、左、右、前、后、内环、外环等；方向信息可用多种形式补充描述；

3） 距离描述使用米、千米等国际单位。“距离”若不被描述，意义为参照点所在位置。

b） 由起点、连接词和终点组成，其中：

1） 起点和终点应是在道路端点附近，易于描述的地点，包括路口、桥梁、快速路出入口、重点建筑物、政府机关等；

2） 连接词为“至”、“到”等。

车道描述用具体的车道对上述位置描述进行补充说明。车道描述为空的意义等同于“所有车道”。

状况描述主要对交通状况进行阐述，描述对象为平均车速、排队长度等，基本结构为：

a） 由关键词汇组成；

b） 由关键词汇、数字和国际单位组成。

5.1.2 交通状况信息内容

交通状况描述内容包括畅通、缓慢、拥堵、排队长度、旅行时间、预计通行（过）时间等信息。

5.1.3 文字显示要求

要求如下：

——信息内容宜使用黑体字；

——视认距离 150 m 的条件下，字高不小于 35 cm；视认距离 250 m 条件下，字高不小于 50 cm；

——每幅停留时间 5 s 以上；

——字体因特效变形时，字宽不得低于字高的 60%，由左至右排列，单行显示或多行显示；

——排列方法宜采用从左至右，横向排列，单行文字分散居中。

5.1.4 颜色要求

行驶畅通类信息使用绿色，行驶缓慢类信息使用黄色，拥堵类信息使用红色。

5.2 文字类交通事件信息

5.2.1 交通事件信息结构

交通事件信息应由时间描述、位置描述和事件描述三部分构成，信息中不宜使用标点符号。

时间描述主要指交通事件的发生时间和有效时间，结构如下：

——由开始时间与终止时间构成；

——由时间点与时间单位构成；

——由时间长度与时间单位构成。

注：时间描述中的各种结构可单独使用或组合使用。

位置描述位置信息，其结构见 5.1.1。

事件描述主要对交通事件进行阐述，描述对象应为发生的交通事件或对交通产生影响的事件。

5.2.2 交通事件信息内容

交通事件信息描述内容包括交通事故、交通管制、道路施工、交通气象、建议绕行等信息。

5.2.3 时间描述要求

5.2.3.1 时间点描述应采用 24 小时制描述。

5.2.3.2 未经检验或验证的时间宜使用“预计”来描述。

5.2.3.3 时间描述内容若没有具体阐释，则交通事件信息中的所有时间默认为当前时间。

5.2.4 文字显示要求

文字类交通事件信息文字显示要求见5.1.3。

5.2.5 颜色要求

交通事故类信息使用黄色，实施临时管制类信息使用红色，临时管制解除信息使用绿色，道路施工类信息使用红色或黄色，交通气象类信息使用黄色和红色，绕行类信息为黄色。

其他状况信息使用绿色，并用黄色和红色显示关键内容。关键内容主要指时间、长度等数字信息。

5.3 文字类公告宣传信息

5.3.1 公告信息结构

公告宣传信息由时间描述、位置描述和信息描述组成。信息中不宜使用标点符号。

公告宣传信息中，时间描述主要指公告内容的发生时间和有效时间，其结构见5.2.1。位置描述主要指公告所表述的位置信息，其结构见5.1.1。信息描述中对宣传内容进行直接描述，前后不应有修饰词。

5.3.2 内容要求

发布的信息应是与交通有关的公益性信息。

信息内容要求语言简练易懂，字数宜在20个汉字以内。

5.3.3 时间描述要求

文字类公告信息时间描述要求见5.2.3。

5.3.4 文字显示要求

文字类公告信息文字显示要求见5.1.3。

5.3.5 颜色要求

路面状况类信息使用黄色，险情类信息使用红色，提示类信息使用黄色，警告类信息使用红色，环境类信息使用黄色或红色。

其他状况信息使用绿色，并用黄色和红色显示时间、长度等数字信息。

文字信息结构示例见附录A。

6 图形信息

6.1 图形结构

6.1.1 图形所表述的信息应在可变情报板的中心区域，图形上方为车辆行使方向。

6.1.2 当前位置应在图形上标注。

6.1.3 图形信息中应标示方向。

6.1.4 名称注释类文字应放在不影响图形表述的位置，若空间充足，则优先放在描述对象的右下方。

6.1.5 图形信息与文字信息同时出现时，文字信息宜在可变情报板下方横向显示。

6.1.6 图形信息与 GB 5768.2—2009 的表示一致。

6.2 图形内容

描述路段应标注起始点与终止点的名称。用于描述路段的线条线宽不低于 70 mm。

6.3 文字显示要求

图形信息中的文字字体为黑体。

6.4 颜色要求

6.4.1 图形中行驶畅通区域使用绿色,行驶缓慢区域使用黄色,拥堵区域使用红色。

6.4.2 图形信息中各类文字信息的颜色描述见 5.1.4、5.2.5、5.3.5。

7 图像信息

7.1 图像信息结构

图像信息分辨率应不低于 320×200,图像刷新率不低于每秒钟 10 帧,图像连续播放时间不低于 5 s。

7.2 图像信息使用要求

在可变情报板上不宜使用图像类交通信息。

8 特效使用

文字和图形信息在可变情报板上发布时不宜采用特技效果,如滚动、淡入、淡出等。

附 录 A
（资料性附录）
文字信息结构示例

A.1 交通状况信息

以下示例是各类交通状况信息结构的变化使用。

示例 1：

四通桥至中关村一桥行驶畅通

示例 2：

北三环蓟门桥至学院桥内侧车道行驶缓慢

示例 3：

北三环学院桥下行驶缓慢预计通过时间为 10 min

示例 4：

北三环蓟门桥内环方向拥堵

A.2 交通事件信息

以下示例是各类交通事件信息结构的变化使用。

示例 1：

11:30 至 14:30 北二环西直门桥至德胜门桥将施行临时管制

示例 2：

21:00 京津塘高速公路采育出口南 200 m 出京方向发生追尾事故

示例 3：

北二环双向拥堵车辆请绕行平安大街

A.3 公告宣传信息

以下示例是各类公告宣传信息结构的变化使用。

示例 1：

前方进入事故多发地区

示例 2：

路面温度 35 ℃

示例 3：

请系好安全带

ICS 03.220.20;35.240.60
R 07

中华人民共和国国家标准

GB/T 29104—2012

道路交通信息服务　长途客运线路信息

Road traffic information service—Long-distance passenger transportation route information

2012-12-31 发布　　2013-07-01 实施

中华人民共和国国家质量监督检验检疫总局
中国国家标准化管理委员会　发布

前 言

本标准按照 GB/T 1.1—2009 给出的规则起草。

本标准由全国智能运输系统标准化技术委员会(SAC/TC 268)归口。

本标准起草单位:山东省交通科学研究所、武汉理工大学、北京中交国通智能交通系统技术有限公司、北京星通联华科技发展有限公司、北京交通信息中心、交通运输部公路科学研究院、普天首信集团、山东理工大学、北京中交国通智能交通系统技术有限公司。

本标准主要起草人:吕安涛、张存保、郭林、张全升、王琪琳、王猛、祁素升、张龙波、李金娜、姚宁、代洪娜、魏守月。

道路交通信息服务　长途客运线路信息

1　范围

本标准规定了全国长途客运线路信息的基本内容。

本标准适用于国内长途客运线路信息的收集、处理、发布、查询及管理等。

2　规范性引用文件

下列文件对于本文件的应用是必不可少的。凡是注日期的引用文件，仅注日期的版本适用于本文件。凡是不注日期的引用文件，其最新版本(包括所有的修改单)适用于本文件。

GB/T 917　公路路线标识规则和国道编号

GA 36　中华人民共和国机动车号牌

JT/T 309　汽车客运站(点)代码

JT/T 325　营运客车类型划分及等级评定

3　基本内容

3.1　总则

本文件规定的数据项是必备的，各使用单位可根据实际需要增加。

长途客运线路是指起讫点在不同县级以上行政区域内、或起讫点虽在同一县级以上行政区域内但穿越其他县级以上行政区域的，有固定行驶路线的道路客运线路。

长途客运线路信息分为基本信息和运行信息，两者之间通过客运线路编号进行关联。

基本信息是指描述长途客运线路基本特征的信息。运行信息是指描述长途客运线路运行特征的信息。

3.2　基本信息

基本信息见表1。

表1　基本信息表

数据项	类型	编码长度	编码规则	引用文件
长途客运线路编号	字符	22	起点站(点)代码-讫点站(点)代码-识别代码[a]	
线路类别	字符	1	1——省际客运线路；2——市际客运线路；3——县际客运线路；9——其他客运线路	
线路等级	字符	1	1——高速客运线路；2——普通客运线路；9——其他客运线路	

表 1（续）

数据项		类型	编码长度	编码规则	引用文件
线路途径道路信息		字符	可变长度	第 1 条道路编号-第 2 条道路编号-····-第 N 条道路编号	编号见 GB/T 917
站点信息	站点序号	数字	2	按线路行驶方向依次编号，起点站序号为 00，第一个中间站点序号为 01，依次类推	
	站点代码	字符	9	按照 JT/T 309 进行站点编码	JT/T 309
	起点到该站点里程	数字	4	以千米为单位，不保留小数	
	起点到该站点行程时间	字符	4	前两位数字为小时，后两位数字为分钟	
[a] 长途客运线路编号：用长途客运线路起点站（点）代码＋讫点站（点）代码＋识别代码表示。识别代码用两位数字表示，缺省值为 00。起讫点及所有中间站点均相同的长途客运线路，作为同一条客运线路进行编号；起讫点相同但中间站点不同的长途客运线路，作为不同客运线路进行编号，并通过识别代码来区别。两个“-”分别各占一位。					

3.3 运行信息

运行信息见表 2。

表 2 运行信息表

数据项		类型	编码长度	编码规则	引用文件
长途客运线路编号		字符	22	起点站（点）代码-讫点站（点）代码-识别代码	
客运班次编号		字符	5	由起点站发车时间和识别代码组成	见附录 A
全程票价		字符	7	以元为单位，保留两位小数	
车辆类型		字符	1	0——小型客车；1——中型客车；2——大型客车；3——特大型客车	JT/T 325
额定载客人数		数字	3		
座位类型		字符	1	1——座椅；2——卧铺	
车辆号牌		字符	9	按照 GA 36 进行机动车号牌编码	GA 36
车辆位置信息		字符	33	车辆位置定位时间-经度坐标-纬度坐标	见附录 A
车辆状态信息		字符	1	0——无车辆状态信息；1——起点站未发车；2——正常行驶；3——交通事故；4——车辆故障；5——到达中间站点；6——到达终点站；7——交通拥堵或交通管制；9——其他	
车票剩余情况		字符	3	×××——剩余票数；WSP——未开始售票	
区间票价	起点站到后序站点票价	字符	可变长度	起点站到第 2 个站点票价-起点站到第 3 个站点票价-···· -起点站到终点票价	
	第 2 个站点到后序站点票价	字符	可变长度	第 2 个站点到第 3 个站点票价-第 2 个站点到第 4 个站点票价-····-第 2 个站点到终点票价	
	第 3 个站点到后序站点票价	字符	可变长度	第 3 个站点到第 4 个站点票价-第 3 个站点到第 5 个站点票价-····-第 3 个站点到终点票价	
	后续站点依此类推。				

附 录 A
（规范性附录）
客运班次和车辆位置信息编号规则

A.1 客运班次编号

由起点站发车时间和识别代码组成，代码结构如图 A.1 所示。发车时间为 24 小时制，前两位表示小时，后两位表示分钟。识别代码由一位大写英文字母表示，用于区分同一客运线路、同一时间发车的班次。识别代码可省略。

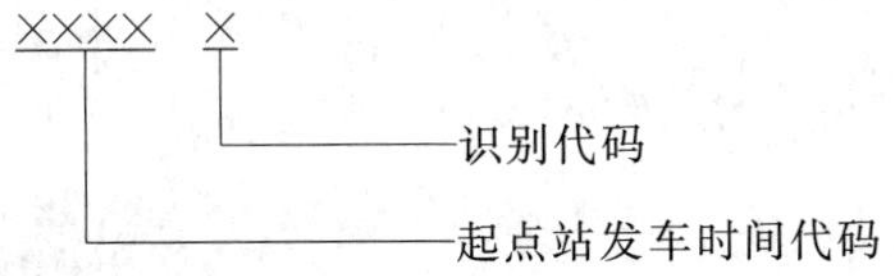

图 A.1 客运班次编号的代码结构

示例：
同一客运线路、发车时间均为 14:30 的 2 个客运班次，其客运班次编号可表示为 1430A 和 1430B。

A.2 车辆位置信息

由“车辆位置定位时间-经度坐标-纬度坐标”表示，代码结构如图 A.2 所示。

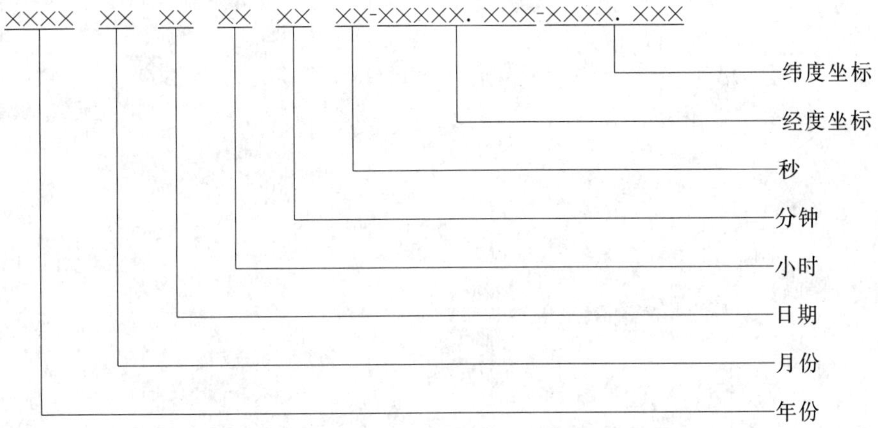

图 A.2 车辆位置信息的代码结构

ICS 35.240.60
R 07

中华人民共和国国家标准

GB/T 29105—2012

道路交通信息服务　浮动车数据编码

Road traffic information service—Probe data coding

2012-12-31 发布　　2013-07-01 实施

中华人民共和国国家质量监督检验检疫总局
中国国家标准化管理委员会　发布

前　言

本标准按照 GB/T 1.1—2009 给出的规则起草。

本标准由全国智能运输系统标准化技术委员会(SAC/TC 268)提出并归口。

本标准起草单位:中国移动通信集团设计院有限公司、交通运输部公路科学研究院、北京中交国通智能交通系统技术有限公司。

本标准主要起草人:马华兴、王西点、齐彤岩、张淑伟、张琳、高鹏、常玲、杨琪、王琪琳。

道路交通信息服务　浮动车数据编码

1　范围

本标准规定了道路交通信息服务中浮动车系统的参考模型、浮动车数据要求、浮动车数据包格式、核心数据元素和扩展数据元素。

本标准适用于道路交通信息服务中浮动车数据的采集、编码、传输等应用。

2　规范性引用文件

下列文件对于本文件的应用是必不可少的。凡是注日期的引用文件，仅注日期的版本适用于本文件。凡是不注日期的引用文件，其最新版本(包括所有的修改单)适用于本文件。

GB/T 16831　地理点位置的纬度、经度和高程的标准表示法

GB/T 29108　道路交通信息服务　术语

3　术语和定义

GB/T 29108　界定的术语和定义适用于本文件。

4　参考模型

4.1　浮动车系统的参考模型

浮动车系统的参考模型从概念上给出了各个系统过程及其关系，详见图1。

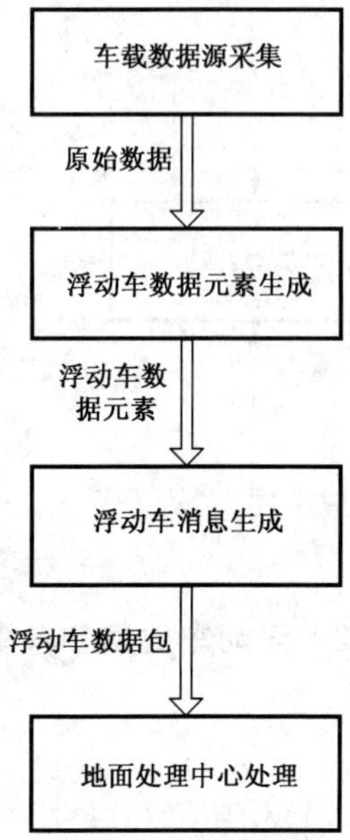

图1　浮动车系统的参考模型

参考模型中各个过程描述如下：

- 车载数据源采集(onboard data source collect)：采集浮动车系统的原始数据。
- 浮动车数据元素生成(probe data element generation)：根据原始数据生成浮动车数据元素。包括以下几种：
  ——不处理(浮动车数据元素与原始数据是一样的)；
  ——将原始数据格式化(浮动车数据元素是对原始数据进行计算、转化而得到的结果)；
  ——对原始数据处理后产生新的数据(对多条原始数据进行处理，可能需要经过一段时间，产生浮动车数据元素，如检测到交通拥塞)。
- 浮动车消息生成(probe message generation)：根据浮动车数据元素产生浮动车消息并将其格式化后传输给浮动车数据采集器。
- 地面处理中心处理：对浮动车数据包中的数据进行处理，包括接收浮动车数据包并从中解析出相应的浮动车数据、对收集到的数据进行处理(例如：分析、整合等)，对浮动车数据处理后的信息进行应用等。

图1中传递的数据描述如下：

- 浮动车数据元素：由原始数据生成的数据条目。
- 浮动车消息：将浮动车数据元素进行封装得到的数据结构。
- 浮动车数据包：通过车载的通信设备传送给地面处理中心的数据块集合。包含：浮动车数据包头和浮动车消息。浮动车数据包由浮动车消息组成，浮动车消息由浮动车数据元素组成。

4.2 浮动车数据的参考模型(信息模型)

浮动车数据的参考模型用以描述浮动车数据的初始类别，同时还包含了数据的信息模型。

浮动车数据的参考模型包括多个数据包。图2是浮动车数据参考模型的整体结构。

其中，浮动车数据包对应第7章中的核心数据元素。天气数据包、车辆状态数据包、操作状态数据包、路况状态数据包、安全信息数据包和其他数据包对应第8章中的扩展数据元素。

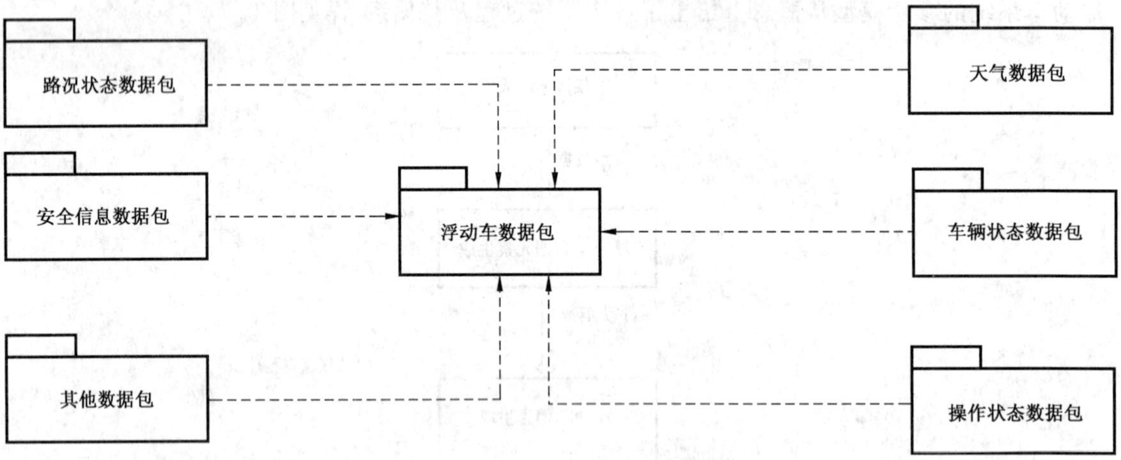

图2 浮动车数据参考模型

5 浮动车数据要求

5.1 浮动车数据元素

对于浮动车数据元素的要求如下：

- 每一个浮动车数据元素是通过一组数据描述的，包括所属类别和具体的数值；
- 每一个浮动车数据元素应包含下面的属性：
  ——名称；
  ——描述；
  ——数据源；
  ——数据类型；
  ——格式；
  ——单位及精度；
  ——有效值。

5.2 浮动车消息

对于浮动车消息的要求为：

- 每一条浮动车消息应能够将一系列的浮动车数据元素从浮动车传给地面处理中心；
- 每一条浮动车消息应包含核心数据元素；
- 在浮动车消息中的每一个浮动车数据元素应满足 5.1 对浮动车数据元素的要求。

6 浮动车数据包格式

6.1 概述

浮动车与地面处理中心之间的浮动车数据包格式对应图 3 的应用层的部分（相当于 OSI 七层参考模型的 5 层、6 层、7 层）。

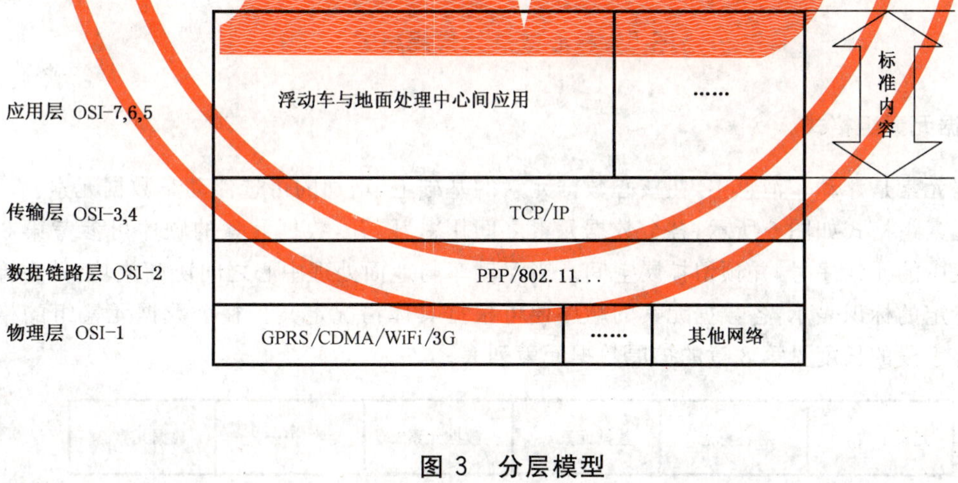

图 3 分层模型

由浮动车数据元素封装成浮动车消息并组成浮动车数据包的过程如图 4 所示。

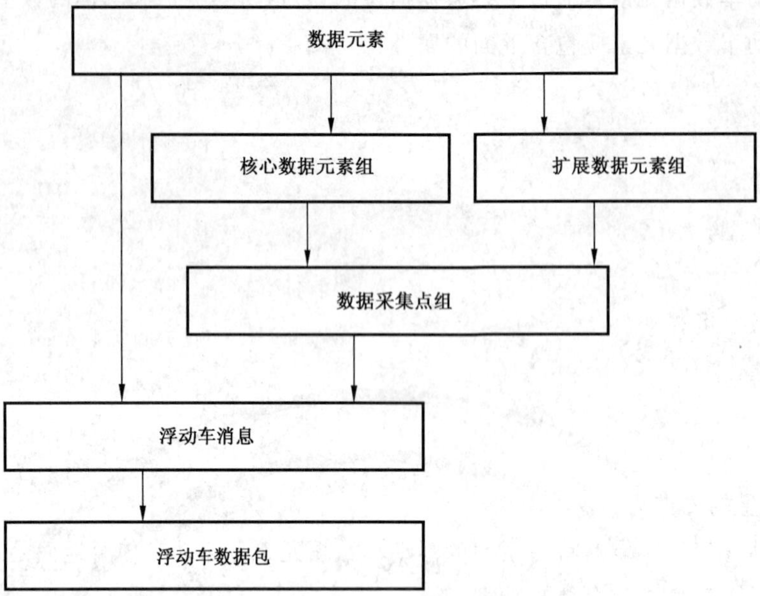

图 4 浮动车数据包形成示意图

6.2 核心数据元素组格式

核心数据元素是在所有浮动车消息中都应包含的浮动车数据元素。

其元素组格式如图 5 所示，各核心数据元素在核心数据元素组中依次传输，数据元素之间以“,”隔开，具体各字段的长度见第 7 章的核心数据元素列表。

时间,	经度,	纬度,	高度,	速度,	行驶方向

图 5 核心数据元素组格式

6.3 扩展数据元素组格式

扩展数据元素是浮动车消息中，在核心数据元素的基础上，增加的可选浮动车数据元素。

其数据元素组格式如图 6 所示，各个数据元素之间用“,”隔开，数据元素的顺序可参考第 8 章扩展数据元素列表中的元素序号，并预留扩展空间。当浮动车与地面处理中心之间协商成功，并在浮动车数据包头中以特定的标识表示，各数据元素的顺序便可根据具体情况定义。整个数据元素组的格式不能改变。具体各字段的长度见第 8 章的扩展数据元素列表。

元素个数N,	存在标志,	数据元素1,	数据元素2,	……,	数据元素i

图 6 扩展数据元素组格式

详细说明如下：

- 元素个数

元素个数 N 为一个字节的整数，表示存在标志中要表示的元素的个数。

- 存在标志

存在标志最多用37个字节表示，具体个数由元素个数 N 决定，N 最小为0，最大为255。各个bit的含义如下：Fi=0表示第 i 个数据元素不存在；Fi=1表示第 i 个数据元素存在。其具体的表示方法如下：

当 $N=0$ 时，存在标志为0。扩展包长度为2字节。

当 $1<=N<8$ 时：

bit7	6	5	4	3	2	1	bit0
0	F7	F6	F5	F4	F3	F2	F1

当 $8<=N<15$ 时：

bit7	6	5	4	3	2	1	bit0
1	F7	F6	F5	F4	F3	F2	F1
0	F14	F13	F12	F11	F10	F9	F8

当 $15<=N<22$ 时：

bit7	6	5	4	3	2	1	bit0
1	F7	F6	F5	F4	F3	F2	F1
1	F14	F13	F12	F11	F10	F9	F8
0	F21	F20	F19	F18	F17	F16	F15

当 $22<=N<256$ 时：

采用类似扩展方式，每增加七个数据元素，增加一个字节，除了最后一个字节的bit7设置为0外，其他的bit7都设置为1。

- 数据元素

数据元素代表存在标志为1的标志所对应的元素的数值，实际的数据元素个数由存在标志为1的标志的数目决定，按照元素的顺序依次排列，以“，”隔开。例如：$N=10$，存在标志中F2=1，F6=1，其他位都为0，则表示只需有两个数据元素，依次为数据元素2和数据元素6。

6.4 数据采集点包格式

数据采集点包将核心数据元素组和扩展数据元素组进行封装，其格式如图7所示，数据采集点包结束标识为“$”，核心数据元素组、扩展数据元素组、数据采集点包结束标识依次排列，中间以“，”隔开。

核心数据元素组，	扩展数据元素组，	数据采集点包结束标识

图7 数据采集点包格式

6.5 浮动车消息格式

浮动车消息将多个数据采集点的信息进行封装，通过一条消息进行传输，其格式如图8所示，中间以“，”隔开。

车辆ID类型，	车辆ID，	数据采集点个数，	数据采集点包1，	数据采集点包2，	……，	数据采集点包n

图8 浮动车消息格式

其中:数据采集点个数表示该条浮动车消息中所包含的数据采集点的数目,为1字节的整型,理论上所包含的数据采集点个数最大为255。车辆ID类型,车辆ID均为车辆标识信息,车辆ID类型以整数形式表示,车辆ID以字符串的形式表示,具体内容见表1。

表1 车辆标识信息列表

名称	描述	数据类型	格 式	有效值
车辆ID类型	车辆ID表示的方法	整型(1字节)	0——车牌号码; 1——SIM卡号; 2～255——本地扩展定义	整数[0～255]
车辆ID	车辆的ID	字符		最长20位
车辆类型	车辆的类型:私人轿车、出租车、小型卡车、大型卡车、公共汽车等	无符号整型(1字节)	0——未知; 1——私人轿车; 2——出租车; 3——小型货车; 4——大型货车(>5 000 kg); 5——公共汽车; 6——摩托车; 7——紧急车辆; 8——其他; 9～255——本地扩展定义	整数[0～255]

6.6 用于通信的浮动车数据包格式

6.6.1 浮动车数据包格式总体说明

从通信的角度来看,浮动车数据包的格式见图9。

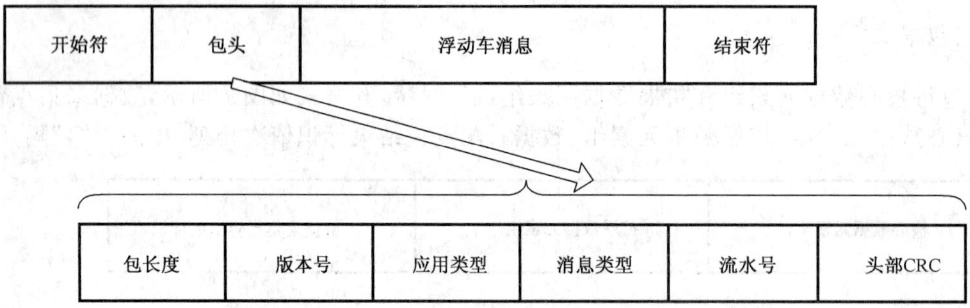

图9 浮动车数据包格式

浮动车数据包格式的具体说明见表2。

表2 浮动车数据包格式说明

数据项	字节数	说 明
开始符	1	标识通信包的开始
包长度	2	总有效长度包括开始符和结束符
版本号	1	版本号标识

表 2（续）

数据项	字节数	说　明
应用类型	1	应用类型标识
消息类型	1	供厂家进行扩展
流水号	1	升序排列，至 255 则溢出归零
头部 CRC	1	头部 CRC 校验
浮动车消息	变长	长度可变
结束符	1	标识通信包的结束

6.6.2　开始符

开始符（同步字）1 个字节，用 0x7E 表示。

6.6.3　包头

6.6.3.1　包长度

包长度采用两个字节表示，理论上包长度最大可以是 65 535 个字节。

6.6.3.2　版本号

高四位表示版本号，低四位表示分版本号。当前版本号为 1.0，用 0x10 表示。

6.6.3.3　应用类型

最高位为 1 时表示包头中存在目的地址（目的地址表示不同的地面处理中心），否则表示不同的应用分类，浮动车与地面处理中心间应用类型为 0x01。

6.6.3.4　消息类型

消息类型是预留的字段，其含义可以由厂家进行扩展，当厂家对于扩展数据元素包中的元素顺序或者元素内容进行修改时，可在消息类型中予以标识。

6.6.3.5　头部 CRC

头部 CRC 计算包括开始符号、包长度、版本号、应用类型、消息类型、流水号和源地址共 11 个字节。采用异或运算进行 CRC 的计算。

计算过程如下：通过查找 16 进制的开始符（0x7E），对头部 CRC 进行计算和检查，如果不相符合，则认为开始符查找错误，迅速丢弃，重新开始查找 0x7E，头部 CRC 提供快速错误检测功能。若找到开始符（0x7E），根据包长度取到结束符位置判断是否为结束符（0x7F），如果不是则同样迅速丢弃，重新开始查找开始符（0x7E）。

6.6.4　包体

包体由一个浮动车消息组成，包括核心数据元素包和扩展数据元素包，由于扩展数据元素包是不确定的，故该部分的长度是可变的。

6.6.5 结束符

结束符采用一个字节,用 0x7F 表示。

7 核心数据元素

7.1 核心数据元素总体说明

核心数据元素是所有浮动车消息都应包含的数据元素。包括以下几部分:

- 时间戳:描述了浮动车数据采集时的时间;
- 位置信息:定义了浮动车数据采集时车辆的具体位置,包括“经度”“纬度”“高度”,遵循 GB/T 16831 的规定。
  ——经度:以实数形式表示,单位为度。东经为正,西经为负;
  ——纬度:以实数形式表示,单位为度。北纬为正,南纬为负;
  ——高度:高度的单位为米(m),表示相对于海平面的高度,以整数形式表示。正数表示高于海平面,负数表示低于海平面。
- 行驶速度:定义了浮动车数据采集时的车辆行驶速度和方向。
  ——速度:以整数形式表示,单位为千米每小时(km/h);
  ——行驶方向:以实数形式表示,表示行驶方向与正北的顺时针夹角,单位为度。

7.2 核心数据元素列表

核心数据元素见表 3。

表 3 核心数据元素列表

名称	描述	数据源	数据类型	格式	单位及精度	有效值
时间	浮动车信息上报的时间	位置传感器	浮点型(8 字节)	参考时间为 1900-1-1 00:00:00,小数点前面是天数,后面是时间。浮点数 1 表示 1900-1-1 00:00:00	双精度浮点型	
经度	浮动车所在地理位置的经度	位置传感器	浮点型(4 字节)	×××.××××××	单位:度(°) 精度:最长小数点后 6 位	实数[—180～180] 东经为正,西经为负
纬度	浮动车所在地理位置的纬度	位置传感器	浮点型(4 字节)	×××.××××××	单位:度(°) 精度:最长小数点后 6 位	实数[—90～90] 北纬为正,南纬为负
高度	浮动车所在地理位置的高度	位置传感器	整型(2 字节)		单位:米(m) 精度:1 m	整数[—32 767～32 767]
速度	车辆行驶速度	车辆速度传感器	整型(1 字节)		单位:千米每小时(km/h) 精度:1 km/h	整数[0～255]

表 3（续）

名称	描述	数据源	数据类型	格式	单位及精度	有效值
车辆行驶方向	车辆运行的当前方向	车辆导航系统或车载指南针	浮点型（2 字节）	以行驶方向与正北的顺时针夹角来表示	单位：度(°) 精度：0.1°	实数[0～360.0)

8 扩展数据元素

扩展数据元素通过车载的传感器或者车载软件获取，表征了具体的应用领域的特性，如天气信息、车辆状态信息、操作状态信息、路况信息、安全信息等。天气信息扩展数据元素列表见表 4。车辆状态信息扩展数据元素列表见表 5。操作状态信息扩展数据元素列表见表 6。路况信息扩展数据元素列表见表 7。安全信息扩展数据元素列表见表 8。其他信息扩展数据元素列表见表 9。

表 4 天气信息扩展数据元素列表

名称	描述	数据源	数据类型	格式	单位及精度	有效值	元素序号
温度	外部环境的温度	温度传感器	有符号整型（1 字节）		单位：摄氏度(℃) 精度：1 ℃	整数[－49～100]	0
降水强度	雨量大小	雨量传感器	无符号整型（1 字节）	对于雨量的大小定义如下： 0——没有降水； 1——小雨； 2——中雨； 3——大雨； 4——暴雨； 5——大暴雨； 6——特大暴雨； 7——小雪； 8——中雪； 9——大雪		整数[0～9]	1
环境光线状态	车外的光线状态	光线传感器	无符号整型（1 字节）	单位：lx 0——0～1； 1——2～100； 2——101～1 000； 3——1 001～30 000； 4——30 001～50 000； 5——50 001～80 000； 6——80 001～100 000； 7——>100 000		整数[0～7]	2

表 5 车辆状态信息扩展数据元素列表

名称	描述	数据源	数据类型	格式	单位及精度	有效值	元素序号
车辆类型	车辆的类型:私人轿车、出租车、轻型卡车、重型卡车、公共汽车等		无符号整型(1字节)	0 ——未知; 1 ——私人轿车; 2 ——出租车; 3 ——小型货车; 4 ——大型货车(>5 000 kg); 5 ——公共汽车; 6 ——摩托车; 7 ——紧急车辆; 8 ——其他; 9～255——本地扩展定义		整数[0～255]	3
车辆加速度	超出一定门限值车辆的加速/减速状态	纵向加速检测器	整型(4字节)		单位: cm/s^2 精度:1 cm/s^2	整数[－3 000～3 000]	4
平均速度	车载系统计算出来的自上次数据传输以来的平均速度		无符号整型(1字节)		单位:米每秒(m/s) 精度:1 m/s	整数[0～99]	5
稳定行驶速度	加速稳定之后的速度	车辆速度传感器	无符号整型(1字节)		单位:米每秒(m/s) 精度:1 m/s	整数[0～99]	6
发动机转数	表示发动机的瞬间转数		无符号整型(2字节)		单位:转每分钟(r/min) 精度:1 r/min		7
行驶距离	累计行驶距离	ECU	无符号整型(4字节)		单位:米(m) 精度:1 m		8
燃料喷射量		ECU	无符号实数型(4字节)		单位:立方厘米(cm^3) 精度:0.1 cm^3		9
油门开度	节流阀的开度	ECU	无符号整型(1字节)	百分比: 0 ——全开; 100%——全闭	精度:1%	整数[0～100]	10
燃料消耗量	当前的燃料消耗量	来自ECU的车载燃料消耗数据	无符号整型(2字节)	耗油量	单位:毫升每分钟(mL/min) 精度:1 mL/min	整数[0～999]	11

表 5（续）

名称	描述	数据源	数据类型	格式	单位及精度	有效值	元素序号
平均燃料消耗量	平均的燃料消耗量	来自 ECU 的车载燃料消耗数据	无符号整型(2 字节)	平均耗油量	单位：毫升每分钟(mL/min) 精度：1 mL/min	整数[0～999]	12
ABS 状态	防抱死制动系统状态	ABS 系统	布尔型(1 bit)	0——ABS 未激活； 1——ABS 激活		0 或 1	13
TCS 状态	牵引力控制系统状态	TCS 系统状态	布尔型(1 bit)	0——TC 未激活； 1——TC 激活		0 或 1	14
VSC 状态	汽车稳定控制状态	VSC/ESP 系统	布尔型(1 bit)	0——VSC/ESP 未激活； 1——VSC/ESP 激活		0 或 1	15
停车时间	车辆停止引擎空转的时间	根据车辆的时间和速度得出	无符号整型(2 字节)		单位：秒(s) 精度：1 s	整数[0～999]	16
发动机停止时间	发动机停止的时间长度	车辆时间和发动机 ECU	无符号整型(2 字节)		单位：分钟(min) 精度：1 min	整数[0～999]	17
车辆状态	检测车辆是满载或空载		无符号整型(1 字节)	0 ——空载； 1 ——满载； 2 ——驻车(即锁车后车内无人)； 3 ——其他； 4～255——本地扩展定义		整数[0～255]	18

表 6　操作状态信息扩展数据元素列表

名称	描述	数据源	数据类型	格式	单位及精度	有效值	元素序号
转向灯	转向灯的开启状态	车辆数据总线	无符号整型(1 字节)	0——关闭； 1——左转； 2——右转； 3——hazard(危险)		整数[0～3]	19
雾灯状态	雾灯的开启状态	车辆数据总线	布尔型(1 bit)	0——关闭； 1——开启		0 或 1	20
驻车灯	驻车灯开启状态	车辆数据总线	布尔型(1 bit)	0——关闭； 1——开启		0 或 1	21

表 6（续）

名称	描述	数据源	数据类型	格式	单位及精度	有效值	元素序号
近光灯	近光灯的开启状态	车辆数据总线	布尔型(1 bit)	0——关闭； 1——开启		0 或 1	22
远光灯	远光灯的开启状态	车辆数据总线	布尔型(1 bit)	0——关闭； 1——开启		0 或 1	23
自动控制灯	自动控制灯的开启状态	车辆数据总线	布尔型(1 bit)	0——关闭； 1——开启		0 或 1	24
雨刷状态	雨刷的动作和运行模式	雨刷	无符号整型（1 字节）	0——雨刷不动； 1——雨刷间歇的摆动； 2——雨刷慢速摆动； 3——雨刷快速摆动		整数[0～3]	25
刹车状态	刹车状态及程度	刹车信号	无符号整型（1 字节）	刹车的程度，为百分比	精度：1%	整数[0～99]	26
突然转向状态	驾驶员所采取的转向的角度	转向角速度传感器	无符号整型（2 字节）	转向的角速度	单位：度/秒[(°)/s] 精度：1°/s	整数[0～359]	27
安全带状态	驾驶员安全带状态	安全带检测器	无符号整型（1 字节）	0——未安装； 1——未系安全带； 2——系好安全带		整数[0～2]	28
车门状态	检测一个或多个车门是否关闭	车门传感器	布尔型(1 bit)	0——所有车门关闭； 1——有车门打开		0 或 1	29
后备箱状态	检测后备箱是否打开	后备箱传感器	布尔型(1 bit)	0——关； 1——开		0 或 1	30
停车制动状态	检测是否是停车状态	停车制动系统	布尔型(1 bit)	0——关； 1——开		0 或 1	31
喇叭状态	喇叭的动作状况		布尔型(1 bit)	0——关； 1——开		0 或 1	32

表 7　路况信息扩展数据元素列表

名称	描述	数据源	数据类型	格式	单位及精度	有效值	元素序号
障碍状态	是否检测到障碍	前方障碍感知系统	布尔型(1 bit)	0——无障碍； 1——有障碍		0 或 1	33
障碍距离	检测到的车辆到障碍的距离	前方障碍感知系统	无符号整型（2 字节）	距障碍的距离	单位：分米(dm) 精度：1 dm	整数[0～999]	34

表 7（续）

名称	描述	数据源	数据类型	格式	单位及精度	有效值	元素序号
障碍方向	检测到的车辆到障碍的方向	前方障碍感知系统	有符号整型（1字节）	距障碍的角度	单位：度(°) 精度：1°	整数 ［－90～90］	35
路面冻结信息	路面冻结的情况	ABS系统	布尔型（1 bit）	0——路面未冻结； 1——路面冻结		0或1	36
路面状态	通过垂直方向的G Force感知路面的坑洼状态	垂直GForce传感器	有符号整型（1字节）	车轮的垂直作用力		整数 ［－99～99］	37
车道标识	车道标识检测	车道标识检测系统	布尔型(1 bit)	0——未检测到车道标识； 1——检测到车道标识		0或1	38
道路坡度	当前车辆行驶的坡度	陀螺仪	有符号整型（2字节）	相对水平面的角度	单位：十分之一度 精度：十分之一度	整数 ［－899～900］	39

表 8　安全信息扩展数据元素列表

名称	描述	数据源	数据类型	格式	单位及精度	有效值	元素序号
辅助制动设备状态	辅助制动设备的状态，能够表明是否处于紧急状态	辅助制动系统	布尔型（1 bit）	0——未激活； 1——激活		0或1	40
车辆偏航率	车辆偏航角度的变化，可以表示一些紧急危险状态	偏航传感器	无符号整型（2字节）	偏航率变化的速率	单位：度每秒［(°)/s］ 精度：1°/s	整数 ［0～359］	41
车间距离	与前车的距离		无符号整型（2字节）	距障碍的距离	单位：分米(dm) 精度：1 dm	整数 ［0～999］	42
信号灯停止时间	信号灯停止工作的时间		无符号整型（2字节）		单位：秒(s) 精度：1 s	整数	43
事故信息	是否发生事故		无符号整型（1字节）	0　——无事故； 1　——车辆故障； 2～255——本地扩展定义		整数 ［0～255］	44

表9　其他信息扩展数据元素列表

名称	描述	数据源	数据类型	格式	单位及精度	有效值	元素序号
地图数据库异常	车辆行驶的道路信息与地图数据库中的不同，表明地图数据库需要更新	导航系统	布尔型(1 bit)	一旦检测到异常，车辆每20 m或者每秒上报一次变化。 0——未检测到异常； 1——检测到异常		0或1	45
数据有效性	表明数据的有效性		布尔型(1 bit)	0——有效； 1——无效		0或1	46

ICS 03.220.20;35.240.60
R 07

中华人民共和国国家标准

GB/T 29106—2012

道路交通信息服务 公路信息亭技术要求

Road traffic information service—Specification for highway information kiosk

2012-12-31 发布　　　　2013-07-01 实施

中华人民共和国国家质量监督检验检疫总局
中国国家标准化管理委员会 发布

前　言

本标准按照 GB/T 1.1—2009 给出的规则起草。

本标准由全国智能运输系统标准化技术委员会(SAC/TC 268)提出并归口。

本标准起草单位:交通运输部公路科学研究院、北京公科飞达交通工程发展有限公司、陕西省交通运输厅综合规划处、北京中交国通智能交通系统技术有限公司。

本标准主要起草人:陈光武、周超雄、胡赟、白立岗、申丽君、杨琪、王琪琳、赵怀鑫、熊奕宁。

道路交通信息服务 公路信息亭技术要求

1 范围

本标准规定公路信息亭的系统运行环境要求、系统功能性要求、信息服务内容、检验方法以及设备的标志、包装、运输、贮存。

本标准适用于高等级公路服务区或停车区使用的信息亭。

2 规范性引用文件

下列文件对于本文件的应用是必不可少的。凡是注日期的引用文件，仅注日期的版本适用于本文件。凡是不注日期的引用文件，其最新版本(包括所有的修改单)适用于本文件。

GB/T 191—2008 包装储运图示标志

GB/T 1988—1998 信息技术 信息交换用七位编码字符集

GB 2312—1980 信息交换用汉字编码字符集 基本集

GB/T 2423.3—2006 电工电子产品环境试验 第2部分:试验方法 试验Cab:恒定湿热试验

GB/T 2423.5—1995 电工电子产品环境试验 第2部分:试验方法 试验Ea和导则:冲击

GB/T 2423.6—1995 电工电子产品环境试验 第2部分:试验方法 试验Eb和导则:碰撞

GB/T 2423.10—2008 电工电子产品环境试验 第2部分:试验方法 试验Fc:振动(正弦)

GB 4943—2001 信息技术设备的安全

GB 5007.2—2008 信息技术 汉字编码字符集(辅助集)24点阵字型 宋体

GB/T 5080.7—1986 设备可靠性试验 恒定失效率假设下的失效率与平均无故障时间的验证试验方案

GB 5199—2010 信息技术 汉字编码字符集(基本集) 15×16点阵字型

GB 6345.1—2010 信息技术 汉字编码字符集(基本集) 32点阵字型 第1部分:宋体

GB 9254—2008 信息技术设备的无线电骚扰限值和测量方法

GB 12041.1—2010 信息技术 汉字编码字符集(基本集) 48点阵字型 第1部分:宋体

GB 12345—1990 信息交换用汉字编码字符集 辅助集

GB/T 15732—1995 汉字键盘输入用通用词语集

GB 16793.1—2010 信息技术 通用多八位编码字符集(CJK统一汉字) 24点阵字型 第1部分:宋体

GB 16794.1—2010 信息技术 通用多八位编码字符集(CJK统一汉字) 48点阵字型 第1部分:宋体

GB/T 17618—1998 信息技术设备抗扰度限值和测量方法

GB 18030—2005 信息技术 中文编码字符集

GB/T 18790—2010 联机手写汉字识别系统技术要求与测试规程

3 术语和定义

下列术语和定义适用于本文件。

3.1

公路信息亭 highway information kiosk

位于高等级公路服务区或停车区室内，由多媒体计算机、触摸屏、显示器等设备集成于一体的，由软件实现的，以触摸方式查询信息的设备。

4 系统运行环境要求

4.1 硬件要求

4.1.1 外观和结构

信息亭硬件设备表面不应有明显的凹痕、划伤、裂缝、变形和污染等；表面镀涂层应均匀、无气泡、龟裂、脱落及磨损；金属零部件不应有锈蚀及其他机械损伤。

信息亭硬件设备的组成部分应牢固无松动；键盘、开关、按键等控制元件的动作应灵活可靠。

信息亭硬件设备表面的标识应清晰、端正、牢固；文字、符号应规范。

信息亭触摸屏距离地面的高度应在1.3 m～1.5 m之间。

4.1.2 硬件系统

具体要求如下：

a) 多媒体计算机(必备)：工控机，当前的主流配置；
b) 触摸屏(必备)：触摸屏至少应满足以下技术指标：
   1) 触摸反应时间：不大于30 ms；
   2) 透光率：不小于75%；
   3) 使用寿命：单点触摸不小于3 500万次(正常情况下使用)。
c) 网络接口(必备)：100 M/1 000 M自适应网口或无线通信接收装置；
d) 语音系统(选备)：音响系统的输出功率不大于80 W；
e) 打印机接口(选备)：IEEE-1284双向并口，USB接口；
f) 调试接口(选备)：RS232串行接口；
g) 外部设备(选备)：根据实际需求，自行配置。

4.1.3 安全

4.1.3.1 接地连续性

信息亭硬件设备的保护接地措施应符合GB 4943—2001中2.5的要求。

4.1.3.2 对地漏电流

信息亭硬件设备的对地漏电流的允许值应符合GB 4943—2001中5.2的要求。

4.1.3.3 抗电强度

信息亭硬件设备抗电强度的施加电压值应符合GB 4943—2001中5.3的要求。

4.1.4 电源适应能力

信息亭硬件设备应能在交流220 V±22 V、50 Hz±1 Hz的条件下正常工作。

4.1.5 噪声

信息亭硬件设备在工作状态下，距产品 1 m 处噪声不得高于 55 dB(A)。

4.1.6 电磁兼容性

4.1.6.1 无线电骚扰限值

信息亭硬件设备的无线电骚扰限值应符合 GB 9254—2008 的规定。

4.1.6.2 抗扰度

信息亭硬件设备的抗扰度限值应符合 GB/T 17618—1998 的规定。

4.1.7 环境条件

温度要求如下：

——工作：10 ℃～＋35 ℃；

——贮存运输：－40 ℃～＋55 ℃。

湿度要求如下：

——工作：40%～80%；

——贮存运输：≤93%(40 ℃)。

4.1.8 机械环境适应性

信息亭硬件设备机械环境适应性应符合 GB/T 2423.3—2006、GB/T 2423.5—1995、GB/T 2423.6—1995、GB/T 2423.10—2008 的相关要求。

4.1.9 可靠性

信息亭硬件设备可靠性水平采用平均无故障时间(MTBF)衡量。

本标准规定公路信息亭的 MTBF 下限值不应低于 4 000 h。

4.2 软件功能要求

4.2.1 概述

界面设计应遵循规范，便于用户操作，具有良好的人机界面，界面布局合理，图标轮廓清晰。

4.2.2 运行环境(必备)

操作系统软件应采用符合国际开放式操作系统标准和图形界面标准的软件，操作界面全部为中文图形界面，易于扩充、移植和维护。

防病毒软件选择应满足下列原则：

——应支持多种操作系统平台；

——应能检测引导型病毒，内存病毒，文件病毒，蠕虫，宏病毒，木马，恶意 Java 小程序和 ActiveX 插件等各种病毒；

——具备实时检测病毒的功能，同时支持手动扫描；

——防病毒软件应支持在线或者离线升级；

——支持对病毒的多种处理方式。

4.2.3 应用软件(必备)

应用软件应满足下列要求：

a) 应用软件设计为前台和后台两个部分：
——前台：终端演示部分(即用户浏览、查询的终端)；
——后台：控制和维护终端的平台(即管理服务器)。

b) 功能要求：
——前台(终端演示部分)：操作简单，容错性高；
——后台(控制和终端维护平台)：具有数据的自动收集功能，维护简单。

c) 应用软件系统应具有一键还原功能。

4.2.4 信息汉字显示

4.2.4.1 字符集

采用国家标准规定的字符集，优先在下列范围内选用：

a) GB/T 1988—1998；
b) GB 2312—1980 和 GB 12345—1990；
c) GB 16793.1—2010、GB 16794.1—2010 或 GB 18030—2005；
d) 其他有关少数民族文字编码字符集。

4.2.4.2 汉字字型

公路信息亭应采用国家标准或行业标准规定的点阵汉字字型，优先采用下述标准点阵：

a) 15×16(GB 5199—2010)一般用于显示；
b) 24×24(GB 5007.2—2008、GB 16793.1—2010)可用于显示或打印；
c) 32×32(GB 6345.1—2010)可用于打印；
d) 48×48(GB 12041.1—2010、GB 16794.1—2010)可用于打印。

如采用曲线汉字字型，其对繁体字的处理应与相应尺寸的点阵汉字字型一致。

4.2.4.3 汉字输入方式

具体要求如下：

a) 键盘输入(必备)：配备的输入法应在有关国家主管部门正式推荐的输入法中优先选择；
b) 手写输入(选备)：配备的手写输入功能应符合 GB/T 18790—2010 的要求。

4.2.4.4 汉语词库

配备的汉语词库应优先采用 GB/T 15732—1995 规定的词库。在此基础上扩充的词库应符合我国语言文字规范或习惯，并应有该词汇来源的依据。

5 系统功能性要求

公路信息亭至少应具有以下功能：

a) 定时关闭计算机功能；
b) 自动播放背景音乐的功能；
c) 自动返回程序首页的功能；

d） 信息查询展示功能；

e） 自动进入屏保状态功能；

f） 自动调整屏幕分辨率功能；

g） 自动关闭浏览器图片工具栏功能；

h） 支持模糊查询、联想查询等查询方式的功能；

i） 具有周期性更新基础信息的功能；

j） 具有接收，展示后台系统传送的更新后信息的功能。

6 信息内容

6.1 概述

根据服务对象对交通信息的需求，公路交通出行信息主要包括：公路基础信息、公路交通实时状况信息、公路气象信息、公路养护施工信息、突发事件信息、服务区(停车区)信息等。

6.2 公路基础信息

公路基础信息主要包括但不限于：公路路线编号、公路路线名称、公路里程、特殊路段、公路沿线主要城市及旅游景点的出入位置或编号、安全服务设施与服务项目、公路收费站、收费标准等。

6.3 公路交通状况信息

将道路按照实时流量、动态信息显示，对发生重大事故或因天气原因而关闭的高速公路进行提示，根据出行者当前位置、目的地位置、道路交通状况、车辆信息和距离等条件，推荐出行路径。

6.4 公路气象信息

公路气象信息内容主要包括但不限于：公路关键点及路段实时气象信息、公路交通气象信息、特别是雾、雨、雪、冰、风及路面积水、结冰等直接关系到公路交通安全的重大气象信息。

6.5 公路养护施工信息

公路养护施工信息内容主要包括但不限于：近期计划实施养护或改造路段的路线编号、路线名称、施工路段起止点、预计工期，封闭程度。

6.6 突发事件信息

突发事件是指影响公路交通正常运行的自然灾害、交通事故、公共卫生事件、社会安全事件等。突发事件信息主要包括但不限于：事件原因、影响路段、公路受损情况，以及交通管制措施。

6.7 服务区(停车区)信息

服务区(停车区)信息包括但不限于：服务区位置、基本服务设施(加油、餐饮、超市、住宿等)、特色服务等。通过 GIS 系统将公路地图和各种服务设施，以及特色服务信息相结合，为出行者提供服务。

7 检验方法

信息亭硬件设备的检验方法按照表 1 执行。

表 1

序号	检验项目		技术要求	试验方法	定型检验	交工检验	例行检验
1	外观和结构		4.1.1	用目测法或相应量具进行检查	●	●	●
2	性能		5	按标准中规定的各项性能逐项进行检查	●	●	●
3	安全	接地连续性	4.1.3.1	按 GB 4943—2001 中 2.5 的规定进行	●	●	●
		对地漏电流	4.1.3.2	按 GB 4943—2001 中 5.2 的规定进行	●	●	●
		抗电强度	4.1.3.3	按 GB 4943—2001 中 5.3 的规定进行	●	●	●
4	电源适应能力		4.1.4	每种组合运行检查程序一遍，受试样品工作应正常。 220 V 50 Hz 198 V 49 Hz 198 V 51 Hz 242 V 49 Hz 242 V 51 Hz	●	—	●
5	噪声		4.1.5	测试点距离受试样品前、后、左、右、上各表面 1 m 处，相关外设不工作的条件下进行测试，取最大值	●	—	●
6	电磁兼容性		4.1.6	按 GB 9254—2008、GB/T 17618—1998 规定的方法进行	●	—	●
7	气候环境适应性		4.1.7	工作温度：取规定温度的上下限值，加电运行检查程序，受试样品应工作正常。恢复时间为 2 h。 贮存运输温度：取规定温度的上下限值，受试样品在不加电条件下存放 16 h。恢复时间 2 h	●	—	●
				湿度：按 GB/T 2423.3—2006“试验 Cab”进行			
8	振动适应性		4.1.8	按 GB/T 2423.10—2008“试验 Fc”进行	●	—	●
9	冲击适应性		4.1.8	按 GB/T 2423.5—1995“试验 Ea”进行	●	—	●
10	碰撞适应性		4.1.8	按 GB/T 2423.6—1995“试验 Eb”进行	●	—	●
11	可靠性		4.1.9	按 GB/T 5080.7—1986 的规定进行	●	—	○

注：“●”表示应进行的检验项目；“○”表示可选择进行的检验项目；“—”表示不进行的检验项目。

信息服务内容的检测按照表 2 执行。

表 2

信息类型	信息内容	更新时间	
公路基础信息	公路路线编号	周期性更新(如有变化)	●
	公路路线名称	周期性更新(如有变化)	●
	公路里程	周期性更新(如有变化)	●
	特殊路段	周期性更新(如有变化)	●
	公路沿线主要城市及旅游景点的出入位置或编号	周期性更新(如有变化)	●
	安全服务设施与服务项目	周期性更新(如有变化)	●
	公路收费站与收费标准	周期性更新(如有变化)	●
公路交通情况信息	实时路况	实时接收后台系统传送的更新信息	●
	关闭的高速公路进行提示	实时接收后台系统传送的更新信息	●
	提供给用户的路线选择	实时接收后台系统传送的更新信息	○
公路气象信息	公路关键点及路段实时气象信息	实时接收后台系统传送的更新信息	○
	交通气象信息		○
公路养护施工信息	近期计划实施养护或改造路段的路线编号、路线名称、施工路段起止点、预计工期	实时接收后台系统传送的更新信息	●
突发事件信息	事件原因		○
	影响路段	实时接收后台系统传送的更新信息	●
	公路受损情况	实时接收后台系统传送的更新信息	○
	采取的交通管制措施	实时接收后台系统传送的更新信息	●
服务区信息	服务区(停车区)信息包括但不限于服务区位置、基本服务设施(加油、餐饮、超市、住宿等)、特色服务等。通过 GIS 系统将公路地图和各种服务设施,以及特色服务信息相结合,为出行者提供服务	周期性更新(如有变化)	○
其他:	自诊断和报警功能		○
注:“●”表示应进行的检验项目;“○”表示可选择进行的检验项目。			

8 标志、包装、运输、贮存

8.1 标志

8.1.1 信息亭硬件产品表面应有以下标志:

a) 产品型号、名称及商标;

b) 执行标准;

c) 出厂日期;

d) 产品制造单位名称。

8.1.2 信息亭硬件产品包装箱上应有以下标志:

a) 产品型号、名称及商标;

b) 执行标准；

c) 出厂日期；

d) 包装箱尺寸、质量；

e) “小心轻放”“向上”“怕湿”“堆码层数极限”等储运图示标志，储运图示标志应符合GB/T 191—2008 的规定；

f) 产品制造单位名称、地址及邮政编码。

包装箱上的标志不应因运输条件和自然条件而褪色、变色、脱落。

8.2 信息亭硬件产品包装

包装箱应符合防潮、防尘、防震的要求。包装箱内应有装箱单、产品合格证、产品说明书、备附件及有关的随机文件。

8.3 信息亭硬件产品运输

包装后的产品在长途运输时，不得放在敞开的船舱或车厢内，中途转运时不得放在敞开的仓库中。在运输过程中不允许和易燃、易爆、易腐蚀的物品同车(或其他运输工具)装运，并且产品不允许经受雨、雪或液体物质的淋袭与机械损伤。

8.4 信息亭硬件产品贮存

产品贮存时应放在原包装内，存放产品的仓库环境温度应控制在－20 ℃～＋40 ℃(液晶显示器的产品应适于－10 ℃～＋40 ℃)，相对湿度不大于 85%。仓库内不允许有各种腐蚀性气体以及易燃、易爆、易腐蚀的物品，并应无强烈的机械震动、冲击和强磁场作用。

包装箱应垫离地面至少 10 cm，距离墙壁、热源、冷源、窗口或空气入口至少 50 cm。

产品若在生产单位存放超过 6 个月，则应重新进行交收检验。

ICS 03.220.20;35.240.60
R 85

中华人民共和国国家标准

GB/T 29107—2012

道路交通信息服务　交通状况描述

Road traffic information service—Traffic condition description

2012-12-31 发布　　2013-07-01 实施

中华人民共和国国家质量监督检验检疫总局
中国国家标准化管理委员会　发布

前　言

本标准按照 GB/T 1.1—2009 给出的规则起草。

本标准由全国智能运输系统标准化技术委员会(SAC/TC 268)提出并归口。

本标准起草单位:上海市城市综合交通规划研究所、北京市交通发展研究中心、交通运输部公路科学研究院、北京中交国通智能交通系统技术有限公司。

本标准主要起草人:朱昊、温慧敏、鲍枫、扈中伟、刘涛、孙建平、曲广妍、杨琪、王琪琳。

引　言

制定本标准的目的是规范道路交通信息服务中对交通运行状况的描述，本标准对交通状况的统一描述与发布，以及道路交通出行信息服务具有指导作用。

本标准涉及的交通状况描述信息主要指交通流特征信息。本标准描述指标所采用的数据是基于当前的交通数据采集方式获得数据，并适当的考虑了交通采集可获得数据的拓展性。

道路交通信息服务　交通状况描述

1　范围

本标准规定了交叉口、路段、道路网等不同设施层面道路交通运行状况描述的方法和指标。

本标准适用于城市道路交通信息发布和应用。

2　规范性引用文件

下列文件对于本文件的应用是必不可少的。凡是注日期的引用文件，仅注日期的版本适用于本文件。凡是不注日期的引用文件，其最新版本(包括所有的修改单)适用于本文件。

GB 50220—1995　城市道路交通规划设计规范

3　术语和定义

下列术语和定义适用于本文件。

3.1

车辆排队　vehicle queue

在城市道路交叉口或者路段的车行道上，随机到达的车辆通过过程中，当交通流受阻后出现的等待通过车辆的队列。

3.2

交通流量　traffic volume

单位时间内通过某一道路或某一车道横断面、交叉口的车辆数量。

3.3

路段　road section

由两个端点界定的具有方向性的，至少包含一个交叉口或一个出入口的道路区段。

3.4

车公里数　vehicle kilometers traveled

车辆行驶里程的累积值，单位为当量小汽车·公里(pcu·km)。

4　缩略语

下列缩略语适用于本文件。

TBI　行程时间可靠性指数(Travel Time Buffer Index)

TCR　道路交通拥堵率(Traffic Congestion Ratio)

TPI　道路交通运行指数(Traffic Performance Index)

VKT　车公里数(Vehicle Kilometers Traveled)

5　交叉口交通状况描述

5.1　描述方法

主要用车辆通过交叉口的时耗来对交叉口交通状况进行描述。

5.2 描述指标

5.2.1 交叉口平均延误

交叉口平均延误是指各进口道机动车辆在通过交叉口的过程中所产生的平均时间损失，见式(1)。该指标常用于描述交叉口的运行效率与服务水平。计算该指标需要以下数据：各进口道每辆车的延误时间、各进口道交通流量。

$$\overline{d}=\frac{\sum_{i=1}^{n}\sum_{j=1}^{m}d_{ij}}{\sum_{i=1}^{n}V_i} \quad \cdots\cdots(1)$$

式中：

$\overline{d}$ ——交叉口平均延误，单位为秒每辆(s/辆)；

d_{ij}——第 i 进口道第 j 辆车延误时间，单位为秒每辆(s/辆)；

V_i——第 i 进口道交通流量；

n ——交叉口的进口道数；

m ——第 i 进口道进入的车辆数量。

5.2.2 交叉口平均等候信号灯周期个数

指单位时间内，在通过交叉口停车线前车辆排队等候信号周期的个数。是描述车辆在交叉口时间延误多少的指标之一。

6 路段交通状况描述

6.1 描述方法

路段是道路系统的基本组成要素，对于路段运行状况的描述，应本着方法简单、指标易获取的原则，以保证其描述参数的可获得性，并尽可能避免由于算法等技术层面的原因而产生的误差。

6.2 描述指标

描述指标为路段平均行程速度，计算方法为路段长度除以通过该路段所有车辆的平均行程时间(包括信号控制和交通拥堵造成的延误)，见式(2)。路段平均行程速度值的大小是出行者对交通拥挤状态的最直观感受之一，直接反映了路段的交通状况。

$$S=\frac{nL}{\sum_{i=1}^{n}t_i}=\frac{L}{\frac{1}{n}\sum_{i=1}^{n}t_i}=\frac{L}{\overline{t}} \quad \cdots\cdots(2)$$

式中：

S ——路段平均行程速度，单位为千米每小时(km/h)；

L ——路段长度，单位为千米(km)；

t_i ——第 i 辆车通过路段的行程时间，单位为小时(h)；

n ——旅行时间观测值的个数；

$\overline{t}=\frac{1}{n}\sum_{i=1}^{n}t_i$ ——路段平均行程时间，单位为小时(h)。

将路段平均行程速度划分为 5 个等级，分别反映路段不同的运行状况。即：

——畅通；

——基本畅通；
——轻度拥堵；
——中度拥堵；
——严重拥堵。

也可采用三级划分方法。即：

——畅通；
——缓慢；
——拥堵。

具体见表1和表2。

表1 路段交通状况等级划分(五级)

单位为千米每小时

运行等级	畅通	基本畅通	轻度拥堵	中度拥堵	严重拥堵
快速路	$S>55$	$40<S\leqslant55$	$30<S\leqslant40$	$20<S\leqslant30$	$S\leqslant20$
主干路	$S>40$	$30<S\leqslant40$	$20<S\leqslant30$	$15<S\leqslant20$	$S\leqslant15$
次干路、支路	$S>30$	$20<S\leqslant30$	$15<S\leqslant20$	$10<S\leqslant15$	$S\leqslant10$

表2 路段交通状况等级划分(三级)

单位为千米每小时

运行等级	畅通	缓慢	拥堵
快速路	$S>40$	$20<S\leqslant40$	$S\leqslant20$
主干路	$S>30$	$15<S\leqslant30$	$S\leqslant15$
次干路、支路	$S>20$	$10<S\leqslant20$	$S\leqslant10$

7 快速通道交通状况描述

7.1 描述方法

快速通道是城市各组成空间的主要联结点，也是城市交通的重要骨架。城市快速通道的运行情况对城市交通整体服务水平影响较大。

7.2 描述指标

7.2.1 快速通道平均行程速度

在快速通道中，各路段流量不同，且每车行驶里程不同，因此快速通道平均行程速度采用路段流量加权计算，见式(3)。

$$\bar{v}=\frac{\sum_{i=1}^{n}V_i\cdot l_i}{\sum_{i=1}^{n}V_i\cdot\frac{l_i}{v_i}}=\frac{\sum_{i=1}^{n}V_i\cdot l_i}{\sum_{i=1}^{n}V_i\cdot l_i\cdot\frac{1}{v_i}}\qquad\cdots\cdots(3)$$

式中：

$\bar{v}$ ——快速通道平均行程车速，单位为千米每小时(km/h)；

v_i ——第 i 个路段的路段行程车速，单位为千米每小时(km/h)；

l_i ——第 i 个路段的路段长度,单位为千米(km);

V_i——第 i 个路段的流量;

n ——快速通道路段条数。

在不能获得路段流量数据时,快速通道平均行程速度可以用快速通道中路段长度加权平均的方法计算,见式(4)。

$$\bar{v}=\frac{\sum_{i=1}^{n} l_i \cdot v_i}{\sum_{i=1}^{n} l_i} \qquad \cdots\cdots(4)$$

式中:

$\bar{v}$ ——快速通道平均行驶速度,单位为千米每小时(km/h);

v_i——第 i 个路段的路段车速,单位为千米每小时(km/h);

l_i ——第 i 个路段的路段长度,单位为千米(km);

n ——快速通道路段条数。

7.2.2 快速通道平均行程时间

车辆的行程时间可通过车牌识别、浮动车等检测手段获得,快速通道平均行程时间可采用多辆车通过某快速通道行程时间的平均值。见式(5):

$$\bar{t}=\frac{\sum_{i=1}^{n} t_i}{n} \qquad \cdots\cdots(5)$$

式中:

$\bar{t}$ ——快速通道平均行程时间,单位为分钟(min);

t_i——第 i 辆车通过某快速通道所用时间,单位为分钟(min);

n——实际测量的通过车辆数。

在没有车牌识别、浮动车等直接行程时间检测数据的情况下,快速通道平均行程时间还可采用快速通道里程除以快速通道平均行程速度的方法计算。见式(6):

$$\bar{t}=\frac{\sum_{i=1}^{n} l_i}{\bar{v}} \times 60 \qquad \cdots\cdots(6)$$

式中:

$\bar{t}$ ——快速通道平均行程时间,单位为分钟(min);

$\bar{v}$ ——快速通道平均行程速度,单位为千米每小时(km/h);

l_i ——第 i 个路段的路段长度,单位为千米(km);

n ——快速通道中的路段条数。

8 区域交通状况宏观描述

8.1 描述方法

区域交通状况的宏观描述是指总体描述城市道路网或者特定区域的交通拥堵程度、范围和趋势,明确区域交通拥堵的变化趋势。可选取道路交通运行指数、道路交通拥堵率、拥堵里程比例、拥堵持续时间、常发拥堵路段数和行程时间可靠性指数等指标对城市道路网交通运行状况进行评价。

8.2 描述指标

8.2.1 道路交通运行指数(TPI)

道路交通运行指数是综合反映道路网交通运行状况的指标(简称道路交通指数,或称道路交通拥堵指数),可以按照时段设定道路交通运行指数,如日道路交通运行指数等。日道路交通运行指数可采用一日高峰时段道路交通运行指数的平均值。

按照以下步骤计算道路交通运行指数:

a) 按照 GB 50220—1995 划分的道路等级,以不高于 15 min 为统计间隔,计算道路网中各路段的平均行程速度;

b) 分别统计快速路、主干路、次干路和支路中处于各拥堵运行等级的路段里程比例,其中路段交通运行等级的确定见表 1;

c) 对各等级道路拥堵里程比例以 VKT 比例作为权重进行加权,计算确定道路网拥堵里程比例,VKT 比例计算方法按照附录 A 的规定执行;

d) 按照道路网拥堵里程比例与道路交通运行指数的转换关系(参考附录 B),计算道路交通运行指数,道路交通运行指数取值区间为[0,10]。

根据 TPI 的数值按照表 3 将道路网交通运行水平划分为 5 个等级。

表 3 道路交通运行水平划分

道路交通运行指数(TPI)	0≤TPI<2	2≤TPI<4	4≤TPI<6	6≤TPI<8	8≤TPI≤10
道路网运行水平	畅通	基本畅通	轻度拥堵	中度拥堵	严重拥堵

8.2.2 道路交通拥堵率(TCR)

特定时段内道路网处于中度拥堵和严重拥堵等级的道路交通运行指数之和,与该时段内所有道路交通运行指数之和的比值,综合反映特定时段内的交通拥堵程度,值越大拥堵越严重。

道路交通拥堵率指标按照式(7)计算:

$$\mathrm{TCR}=\frac{\sum\limits_{j}\mathrm{TPI}_j}{\sum\limits_{k=1}^{N}\mathrm{TPI}_k} \qquad \cdots\cdots(7)$$

式中:

TCR ——道路交通拥堵率(%);

TPI_j ——特定时段内第 j 个统计间隔的道路交通运行指数,$j\in\{\mathrm{TPI}_j\geqslant 6\}$;

TPI_k ——特定时段内第 k 个统计间隔的道路交通运行指数,N=特定时段长度/统计间隔长度,统计间隔一般不大于 15 min。

8.2.3 拥堵里程比例

各等级道路分别处于中度拥堵、严重拥堵等级的路段里程比例,从空间分布的角度反映道路网交通拥堵的影响范围。

拥堵里程比例指标按照 8.2.1 的 a)~b)计算。

8.2.4 拥堵持续时间

道路网分别处于中度拥堵、严重拥堵等级的持续时间(小时),从时间分布的角度反映道路网交通拥堵状况和变化趋势。

拥堵持续时间指标按照8.2.1的a)～d)计算。在道路交通运行指数的基础上,分别统计处于中度拥堵、严重拥堵等级的时间。

8.2.5 常发拥堵路段数

道路网中以一定频率出现严重拥堵的路段的数量(条)。分为周常发拥堵路段、月常发拥堵路段和年常发拥堵路段。常发拥堵路段的空间与方向分布反映交通拥堵发生的聚集性、潮汐性。

日拥堵路段指当日1 h(含)以上处于严重拥堵的路段。

周常发拥堵路段指一周5个工作日内,大于或等于4天为日拥堵路段的路段。

月常发拥堵路段指一月4个周内,大于或等于3周为周常发拥堵路段的路段。

年常发拥堵路段指一年12个月内,大于或等于6个月为月常发拥堵路段的路段。

常发拥堵路段数指标按照8.2.1的a)～b)计算。

8.2.6 行程时间可靠性指数(TBI)

95%概率条件下通过一个或多个路段比平均行程时间多花费的时间与畅通状态下行程时间的比值,值越大越不可靠。行程时间可靠性指数反映道路网交通运行的波动性。

按照以下步骤计算行程时间可靠性指数:

a) 按照式(8)计算统计间隔内道路网各路段的行程时间可靠性指数;

$$\mathrm{TBI}_j = \frac{t_{0.95,j} - \bar{t}_j}{t_j^f} \qquad \cdots\cdots(8)$$

式中:

TBI_j——路段 j 的行程时间可靠性指数;

$t_{0.95,j}$——路段 j 行程时间的95%分位数,即95%概率条件下通过 j 路段的行程时间;

$\bar{t}_j$ ——路段 j 的平均行程时间;

t_j^f ——畅通状态下路段 j 的行程时间。

b) 以路段长度作为权重,统计各等级道路行程时间可靠性指数;

c) 对各等级道路行程时间可靠性指数,以VKT比例作为权重进行加权,计算道路网行程时间可靠性指数,VKT比例计算方法按照附录A的规定执行。

附 录 A
（规范性附录）
VKT 比例计算方法

以快速路(见图 A.1)为例,说明 VKT 计算方法。

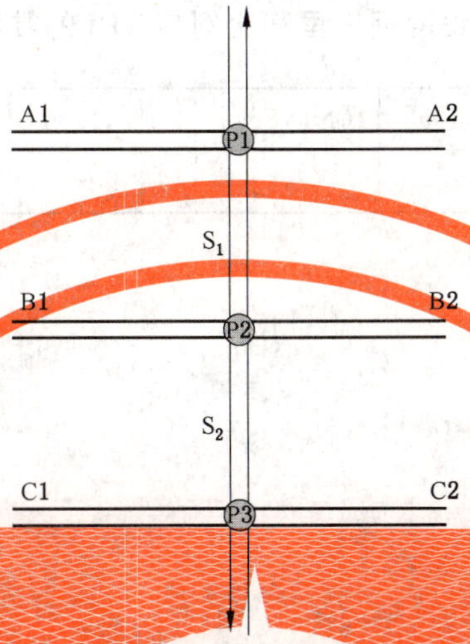

图 A.1 路段示例

第 1 步:按照式(A.1)计算统计时段内各路段的 VKT 值;

$$VKT_{S_i} = V_{S_i} \times L_{S_i} \quad \cdots\cdots (A.1)$$

式中:

VKT_{S_i}——统计时段内路段 S_i 的 VKT 值,单位为当量小汽车·公里(pcu·km);

V_{S_i} ——统计时段内通过路段 S_i 的当量小汽车交通量,单位为当量小汽车(pcu);

L_{S_i} ——路段 S_i 的长度,单位为千米(km)。

第 2 步:按照式(A.2)汇总得到统计时段内快速路的 VKT 值;

$$VKT_{快速路} = \sum_{i=1}^{N_1} VKT_{S_i} \quad \cdots\cdots (A.2)$$

式中:

$VKT_{快速路}$——快速路的 VKT 值,单位为当量小汽车·公里(pcu·km);

N_1 ——快速路的路段数,单位为条。

主干路、次干路和支路 VKT 值的计算,以此类推。

第 3 步:计算各等级道路 VKT 值占道路网总 VKT 值的百分比。

附　录　B
（资料性附录）
道路网拥堵里程比例与TPI的推荐转换关系

表B.1给出了道路网拥堵里程比例与TPI的推荐转换关系。

表B.1　道路网拥堵里程比例与TPI的推荐转换关系

道路网拥堵里程比例	[0%,4%]	(4%,8%]	(8%,11%]	(11%,14%]	(14%,24%)	≥24%
道路交通运行指数(TPI)	[0,2]	(2,4]	(4,6]	(6,8]	(8,10)	10

参 考 文 献

[1] Highway Capacity Manual. Transportation Research Board. 2000.
[2] GBJ 124—1988 道路工程术语标准

ICS 03.220.20
R 04

中华人民共和国国家标准

GB/T 29108—2012

道路交通信息服务　术语

Road traffic information service—Terminology

2012-12-31 发布　　2013-07-01 实施

中华人民共和国国家质量监督检验检疫总局
中国国家标准化管理委员会　发布

前　言

本标准按照 GB/T 1.1—2009 给出的规则起草。

本标准由全国智能运输系统标准化技术委员会(SAC/TC 268)提出并归口。

本标准起草单位:北京长地万方科技有限公司、交通运输部公路科学研究院、北京四通智能交通系统集成有限公司、上海市城市综合交通规划研究所、北京航空航天大学、北京中交国通智能交通系统技术有限公司。

本标准主要起草人:李宏利、吴漫露、杨建序、鲍枫、王琪琳、齐彤岩、关积珍、朱昊、吕卫锋。

道路交通信息服务　术语

1　范围

本标准规定了道路交通信息服务领域所涉及的术语，包括基本术语、交通信息与服务术语、交通信息采集术语、交通信息处理术语、交通信息传输与发布术语。

本标准适用于道路交通信息服务以及相关应用领域。

2　基本术语

2.1

道路交通　road traffic

各种道路运输事业的总称。

2.2

道路交通信息　road traffic information

关于道路交通状况的说明，主要指道路上的交通流变化情况、突发性交通事件情况、临时性交通管控情况、交通气象情况以及所有影响道路交通状况的信息。

2.3

道路交通信息服务　road traffic information service

为出行者提供出行前或出行中有关的道路交通条件、事件及环境等信息的服务。

[GB/T 21394—2008，定义 3.1]

2.4

智能运输系统　intelligent transport systems(ITS)

又称智能交通系统，是在较完善的交通基础设施之上，在先进的信息、通信、计算机、自动控制和系统集成等技术前提下，通过先进的交通信息采集与融合技术、交通对象交互以及智能化交通控制与管理等专有技术，加强载运工具、载体和用户之间的联系，提高交通系统的运行效率，减少交通事故，降低环境污染，从而建立一个高效、便捷、安全、环保、舒适的综合交通运输体系。

[GB/T 20839—2007，定义 2.1]

2.5

公共停车信息平台　public parking information platform

又称公共停车信息系统。用于整合停车信息资源，按照一定的标准规范完成停车数据的接入、存储、处理、交换、分发等功能，面向应用服务，为实现部门间信息共享、各相关部门的方案制定、科学决策，以及面向停车信息服务和交通综合信息服务提供数据支持的停车信息集成系统，由数据采集、传输、存储、处理、发布等设备组成。

2.6

先进的交通管理系统　advanced transport management systems(ATMS)

为改善路网运行状况，提高道路的有效利用率，减少拥挤程度，降低交通事故的影响，降低油耗，以及减少废气排放等，而建立的一套系统。它利用计算机技术、通信技术、传感器技术、数据管理和融合技术，通过对道路交通设施及运行状况的监测，掌握交通系统的状况，按照交通系统运行状况和特殊需求（例如，公交优先、预案控制等），生成交通管理及控制方案，通过信号系统、可变信息标志、交通广播等相应的发布设备对交通流进行管理、调节和诱导。

[GB/T 20839—2007,定义 2.4]

2.7

先进的公共交通系统　advanced public transport system(APTS)

将现代通信、信息、电子、控制、计算机等高科技技术,集成应用于公共交通系统,实现公共交通调度、运营、管理的信息化、现代化和智能化,为出行者提供更加安全、舒适、便捷的公共交通服务,从而吸引出行者采用公交出行。

[GB/T 20839—2007,定义 2.6]

2.8

先进的出行者信息系统　advanced traveler information system(ATIS)

为了方便出行者制定和调整出行所使用的交通方式、出行路线和出行时间等,提供包括出行前信息、行驶中驾驶员信息、途中公共交通信息、个性化信息、路径诱导及导航信息等服务。

[GB/T 20839—2007,定义 2.5]

2.9

城市公共交通　urban public traffic

从广义上来说,它包括了所有与城市相关的公共运输行业,主要指与市民生活密切相关的公共交通客运行业。运输方式包括公共汽车、电车、营运中巴、轨道交通、轮渡、出租车等。这部分行业基本上满足城市功能的公共交通需要。

3　交通信息与服务

3.1

出行前信息　pre-trip information

在出行前给出行者提供的用于规划出行的信息。

3.2

出行途中信息　en-route information

在出行途中突遇偶然的交通事件或突然改变出行原有目的时,为求得最佳出行而调整出行规划所参考的信息。

3.3

公共交通运营信息　bus transport information

有关公交车辆的运行时刻表、运行路线图、票价及收费方式、公交车辆在各个站点的上下车人数,以及当前公交车辆上的空座位数、公交车辆的实时地理位置、公交车辆到达下一站所需运行时间等信息。

3.4

停车信息　parking information

包括某区域内停车场(库)的名称、位置、开放状态、停车位数量,停车收费标准,地上、地下,露天、室内等停车相关静态信息和某停车场(库)实时停车位空闲数量等动态信息。

3.5

交通事件　traffic incident

由于人、车辆、设施、环境之间的不协调导致正常交通秩序的突发性混乱的事件。

[GB/T 20839—2007,定义 8.1]

3.6

紧急事件　emergency incident

在道路上非周期性、突然发生的使道路通行能力下降或影响交通安全或公共安全的事件,它具有突发性、破坏性和不可预见性的特点,主要包括交通事故、车辆故障、货物散落、道路损坏和自然灾害等。

[GB/T 20839—2007,定义 8.3]

3.7

道路条件信息　road condition information

描述出行者或车辆所选择道路的运行条件。

3.8

交通气象　traffic weather

对道路交通产生影响的天气现象。

3.9

交通运行状况　traffic condition

包括公共交通在内的交通流的周期性规律和当前运行状况。

3.10

事件信息　incident message

记录道路交通事件的信息。事件指突发性的交通事件,如交通事故、车辆抛锚、道路异常等,以文字、图表等方式表达。

3.11

道路交通事故信息　traffic accident information

记录道路交通事故的信息,主要包括事故方位、影响交通程度、伤亡人数、事故类型、事故原因等。其数据结构表分为事故基本信息表和相关人员信息表,两表之间通过行政区划、事故编码进行关联。

3.12

抛锚信息　anchor information

记录车辆抛锚的信息,包括抛锚方位、主要原因等。其数据结构表分为抛锚基本信息表和相关人员信息表,两表之间通过行政区划、抛锚编码进行关联。

3.13

道路异常信息　road abnormal information

记录道路状况异常的信息,包括货物散落、路面积水、路面积雪、路面结冰、路面损毁、煤气管爆裂、自来水管爆裂等,以及对道路的影响程度。

3.14

交通管制信息　traffic control information

记录公安交管部门根据法律、法规,发布的对车辆和行人在道路上通行以及其他与交通有关的活动所制定的带有疏导、禁止、限制或指示性质的临时性规定的信息,一般多发生在有集会游行、大型运动会、道路桥梁建设、救灾抢险、执行重要警卫任务等情况下。

3.15

出行前信息服务　pre-trip information sevice

利用先进的信息技术,使出行者在出行前可通过多种信息终端,查询当前道路交通及公共交通的相关信息,如出行路径、出行方式、出行时间等,为出行者提供出行建议信息,为出行者出行提供支持。

[GB/T 20839—2007,定义 6.1]

3.16

途中驾驶员信息服务　en-route driver information service

在出行途中,通过车载信息单元或者路侧动态交通信息显示装置,为驾驶员提供包括驾驶操作提示、实时交通状况、可选路线、路径诱导、车辆运行状态、事故警告等有助于驾驶员出行的信息服务,并可通过路径诱导系统对车辆进行定位和导航,为驾驶员提供最优行驶路线和辅助驾驶指令。

[GB/T 20839—2007,定义 6.2]

3.17

途中公共交通信息服务　en-route public transport information service

利用先进的通信、电子和多媒体网络技术,使处在出行途中的出行者在路边、场站内、站台上及车辆内,通过电子站牌、车内电子显示屏、语音提示系统、公交咨询服务电话、个人查询终端等多种媒体获取实时公交出行信息服务,以方便出行者在出行途中能够对出行路线、方式和时间做出恰当的调整。

[GB/T 20839—2007,定义 6.3]

3.18

个性化信息服务　customized information service

出行者通过交通咨询电话、互联网、手机以及个人便携装置等信息查询方式，提出用户特定的信息需求，得到定制化的、全面的、综合性的交通信息。

［GB/T 20839—2007，定义 6.4］

3.19

路径诱导服务　service of route guidance

利用先进的信息技术，为驾驶员提供交通管制信息、拥堵信息、道路施工情况、附近停车场、加油站等出行信息，提出建议行驶路线，引导驾驶员选择最佳路径，减少车辆在路网中的滞留时间，从而缓解交通压力。

3.20

车辆导航服务　service of vehicle navigation

在应用地理信息系统技术构造的导航电子地图的基础上，运用定位技术、通信技术进行车辆定位，确定最优行驶路线，为出行者提供静态的或实时的最优出行信息，并在出行过程中对驾驶员适时的进行路线指引。

3.21

停车诱导系统　parking guidance system

停车诱导系统是以多级路侧信息发布屏为载体，提供一定区域内公共停车场(库)的位置、空满状态或车位数等信息，指引驾驶员停车的系统。

3.22

路况图　road condition digital map

用不同颜色的图形和文字方式直观表示道路交通状况的电子地图，以不同颜色的线段表示道路交通畅通、缓慢或拥堵的状况，一般以红色表示拥堵，黄色表示缓慢，绿色表示畅通。

4　交通信息采集

4.1

交通检测器技术　traffic detector technology

一种检测城市道路交通流状态的技术。交通检测器一般安装在固定的地点，对运动的交通流进行检测。按安装位置的不同，交通检测器又分为地埋型检测器和非地埋型检测器两种类型。地埋型检测器是工作时需将检测器直接置于路面上或埋于路面以下的检测器，主要包括感应线圈检测器、磁力检测器和道路管检测器。非地埋检测器是工作时不需要将检测器置于路面上或埋于路面以下的检测器，这种检测器通常安装在车道上方或车道旁边，主要包括被动式红外线检测器、主动式红外线检测器、微波雷达监测器、超声波检测器、声学检测器和视频检测器。

4.2

浮动车系统　probe vehicle system

又称浮动车交通信息采集系统，由浮动车、交通数据处理中心，以及二者之间的通信链路所组成。按功能分作浮动车数据采集、浮动车信息处理和动态交通信息发布三个部分。它通过交通流中一定比例的浮动车辆与交通数据处理中心实时交换数据，结合历史数据和其他固定检测设施的交通流探测数据的融合和分析，得出对整体道路交通状况的准确理解。它是一种新型交通信息采集系统，将处理过的交通信息发布给车辆和出行者，为他们出行提供帮助，还可以辅助交通管理以及为其他用户提供帮助。

4.3

浮动车　probe vehicle,floating vehicle

安装有全球定位系统接收机或电子标签设施的、可用于交通参数数据采集的车辆,又称为浮动车传感器。它能够提供车辆的位置、瞬时速度、车辆在特定路段上的行程时间和行程速度等数据,这种数据元素被封装成适合传输的数据包,称浮动车消息,通过车载无线通信装置与交通数据处理中心进行信息交换。

4.4

浮动车数据　probe data,floating car data (FCD)

将浮动车传感器获取的信息以浮动车消息的格式进行处理、格式化、传输到信息处理中心,处理后用于描述道路网络中的交通流情况。

4.5

车辆识别法　vehicle identification method

主要包括使用车辆牌照匹配技术、通过视频 OCR 的车辆牌照匹配技术和感应线圈检测器的车辆信号匹配技术实现车辆识别的技术方法。它不借助试验仪器,而是采用相应的技术,在研究区域内不同的检测点上确认车流中随机选定的车辆,检测它们到达每个检测点的时间,这些车辆不需安装特殊的设备,行车路线和行车时间不受交通调查部门的约束。

4.6

路侧信标　roadside beacon (RS)

一种车-路短程通讯装置。该装置带有固定的位置信息,车辆一旦接收到该信号,就定位在指定区域。

4.7

停车信息采集设备　parking information acquisition device

采集停车场信息的设备,分为间接停车信息采集设备和直接停车信息采集设备,间接停车信息采集设备由车位采集器、通讯模块、显示模块等组成,直接停车信息采集设备由车辆检测器、车位采集器、通讯模块、显示模块等组成。

5　交通信息处理

5.1

交通地理信息系统　geographic information system for transportation (GIS-T)

收集、存储、管理、综合分析和处理空间信息和交通信息的计算机软、硬件系统,是 GIS 技术在交通领域的延伸,是 GIS 与多种交通信息分析和处理技术的集成。

5.2

交通信息融合技术　traffic information fusion technology

通过各种交通传感器和历史数据库等多种数据来源作为输入,利用融合技术理论与方法,得到适合各个 ATMS 服务领域使用的交通信息。按照传感器类型的不同可以分为同类传感器信息的融合和异类传感器信息的融合。按照时间空间上的不同可以分为:同一时间、不同断面传感器信息的融合;同一时间,相同断面传感器信息的融合;不同时间,相同断面传感器信息的融合;不同时间,不同断面传感器信息的融合。按照信息融合方法组合结构的不同分类,可以分为单一算法融合和复合算法融合。

5.3

道路交通状态参数　parameters of road traffic condition

综合反映道路交通状况的定量指标,主要指交通流量、交通密度、空间占有率、时间占有率、车辆平均速度、交通流时间平均速度、交通流区间平均速度、排队长度、道路交叉口拥挤率等。

5.4

道路编码　road coding

在道路交通信息的采集、处理、发布和应用中，给道路分配惟一代码的过程。被编码的道路只涉及和交通信息发布相关的道路。

5.5

道路编码参考点　reference point for road coding

为道路交通信息的采集、处理、发布和应用，将道路划分为多段交通信息播报单元路段的关键结点，此点为抽象层面上的点，有时一个面也可做为参考点。

5.6

道路路段　road section

两个参考点之间的路段，按交通流分为正向和反向，是交通信息播报的最小空间单元。

5.7

交通流　traffic flow

道路上通行的人流和车流统称交通流，在不加区分的情况下，一般指车流。

5.8

交通流量　traffic volume

单位时间内通过某一道路或某一车道横断面、交叉口的车辆或行人数量，分为机动车交通流量、非机动车交通流量和行人交通流量，指往返两方向的合计值，如特指某流向或某分隔道、人行横道的值时应予注明。

5.9

交通密度　traffic density

在某一瞬间内，单位道路长度上存在的车辆数。

5.10

空间占有率　space occupancy ratio

在某个时间段内，观测路段上车辆长度的总合与路段总长度的比值。空间占有率直接反应了交通密度的高低，但更能表明道路被实际占用的情况。

5.11

时间占有率　time occupancy ratio

在一定的观测时间内，交通检测器被车辆占用的时间累计值与观测时间长度的比值。能体现交通运行的状态。

5.12

车辆平均速度　vehicle average velocity

车辆通过特定长度路段时路段长度与所用的全部时间之比。

5.13

交通流断面平均速度　spot-based average velocity of traffic flow

在观测时间内通过某断面所有车辆的速度算术平均值，体现了交通流在特定观测地点处的运行状况。

5.14

交通流区间平均速度　segment-based average velocity of traffic flow

观测距离与车辆通过该距离所用平均行程时间之比，体现了交通流在特定路段空间上的运行状况。

5.15

旅行时间　travel time

出行者及其乘坐车辆在特定时段通过特定路段的时间。

5.16

平均旅行时间　average travel time

在特定时段通过特定路段的所有正常行驶车辆的旅行时间的统计均值。

5.17

旅行速度　travel speed

出行者及其乘坐车辆在特定时段通过特定路段或地点的速度。

5.18

平均旅行速度　average travel speed

出行者及其乘坐车辆在特定时段通过特定路段的平均速度。平均旅行速度等于路段长度除以路段平均旅行时间。

5.19

车辆排队长度　vehicle queue length

简称排队长度，在交通间断点（交叉口、事故发生点等）处排队车辆占有的路段长度。可以用来衡量交通拥挤程度。

5.20

道路拥挤　road congestion

交通需求（一定时间内想要通过道路的车辆数）超过道路通行能力的那部分车辆滞留在道路上形成排队的交通现象。

5.21

交通拥堵　traffic jam

道路中行驶的车辆被迫超低速行驶或停下，导致后续车辆连续停下或超低速行驶的交通现象。分自然拥堵（由交叉口信号灯控制引起）、事故拥堵等。其量化指标有排队长度、排队时间和疏散时间、延误时间等。经常性的交通拥堵大多由于实际交通流量超过道路通行能力所致。

5.22

道路拥堵程度　grade of traffic jam

表达道路拥堵或畅通的状态，通常用特定时段通过特定路段的车辆平均速度范围表示。

5.23

常发性拥挤　recurrent congestion

常见的交通瓶颈包括车道减少、交织路段短、道路横截面窄、视线不良、收费站、不符合标准的互通式立交桥等，由于这些交通瓶颈空间位置比较固定，因此称为固定交通瓶颈，由此引发的交通拥挤称为常发性拥挤。

5.24

偶发性拥挤　non-recurrent congestion

有的交通瓶颈正常通行能力不一定低，但是由于某些突发交通事件的发生，导致其通行能力临时下降，由于这种临时性的交通瓶颈引发的交通拥挤在时间和空间上都具有很强的随机性，因此称为偶发性交通拥挤。

5.25

初始交通拥挤　primary traffic congestion

在一个道路瓶颈处首先形成的交通拥挤。

5.26

后续交通拥挤　secondary traffic congestion

由原始交通拥挤的回流和蔓延而形成的交通拥挤。

5.27

道路交叉口拥挤率　road intersection congestion ratio

拥挤路口数量占道路交叉路口总数的比例,根据道路等级,可分为主干路交叉口拥挤率、次干路交叉口拥挤率等。

5.28

道路里程拥挤率　road distance congestion ratio

拥挤路段长度占道路总长度的比例,根据道路等级,可分为主干路里程拥挤率、次干路里程拥挤率等。

5.29

事件列表　event list

影响道路交通的事件清单。清单内的任一事件以数字编码的方式给出,反映在车载导航设备上是一个形象化的图标。事件是TMC用户消息的组成部分之一。

5.30

位置列表　location table

预制的关于道路编码的列表。导航电子地图上,只有被编码的道路路段才可以提供TMC服务,介于两个路段结点之间的就是一个被编码的道路路段。被编码的位置是TMC用户消息的组成部分之一。

5.31

时间度量　duration

某一事件发生及持续的时间,是TMC用户消息的组成部分之一。

5.32

备选行车路径　optional route

由系统所推荐的行车路线,是TMC用户消息的组成部分之一。

5.33

分流建议　diverging advice

建议驾驶者绕开此路段或沿提供的备选道路行驶,是TMC用户消息的组成部分之一。

5.34

空车位数　number of residual parking space

停车场当前用于公众服务总的空车位数。

空车位数=原空车位数+开出停车场车辆数－进入停车场车辆数。

6　交通信息传输与发布

6.1

交通信息传输　traffic information transfer

将处理后的道路交通信息由交通信息处理中心发布到应用终端的过程。常见的传输手段有有线或无线互联网、音频或数字的无线电广播、移动通信网络等。

6.2

交通信息电话咨询　telephone consultation for traffic information

基于电话的可闻信息发布方式。通过出行者拨打一固定电话,告之所需咨询的出行信息,电话的另一端交通信息服务中心经过信息的搜寻,将出行者所需求的信息通过信息服务员的声音或计算机合成声音发布给出行者。

6.3

交互式有线电视　cable television

通过改造现有的有线电视网,使其从单向传输发展为交互式双向传输,使有线电视用户可主动地发出请求,电视台响应请求,可视又可闻地发布相关信息。

6.4

交通广播　traffic broadcast

由广播电台发布，向出行者提供各种诱导信息、气象信息、定位信息等交通信息的无线电广播。

[GB/T 20839—2007，定义 6.9]

6.5

无线数据广播系统　radio data system (RDS)

一种调频(frequency modulation，FM)数据广播的副载波调制方式，副载波频率为 57 kHz，调制方式为差分移相键控(differential phase-shift keying，DPSK)，数据传输速率 1.187 5 kbps。

6.6

交通报文频道　traffic message channel(TMC)

通过无线数据广播系统，发送实时交通信息和天气状况的一种开放式数据应用服务(open data applications，ODA)。TMC 提供的服务信息是基于事件的，分用户消息和系统消息两大类。系统消息是指仅供 RDS-TMC 解码器用于解码、信息管理的消息。用户消息是指要提供给用户的交通状况、道路施工及天气信息。标准的用户消息包括以下五个基本方面：

事件　　——天气状况或交通事故及其严重程度的细节描述；

位置　　——交通事件影响的区域、路段或点位置；

方向和范围——描述受交通事件影响的相邻路段或位置点，以及受影响的车辆行驶方向；

持续时间　——此项交通信息预测的持续有效时间；

分流建议　——建议驾驶者绕开此路段或沿提供的备选道路行驶。

6.7

交通信息广播频道　radio data system -traffic message channel (RDS-TMC)

在不影响正常音频广播的基础上，利用 VHF/FM(甚高频/调频)广播的剩余带宽，发布无声、数字化交通信息的一种信息发布技术。

6.8

可变情报板　variable message sign，changeable message sign (VMS，CMS)

设置在道路沿线，动态显示文字、数据或符号，向驾驶员发布最新交通运行状况、道路条件、交通设施使用状况、提供路径诱导、气象和环境等交通信息的外场显示板式信息设备。

[GB/T 20839—2007，定义 6.5]

6.9

可变标志　variable sign

一种显示图案可变的交通标志，包括可变车道控制标志及可变限速标志等。

[GB/T 20839—2007，定义 6.6]

6.10

公交车内电子信息显示板　electric information panel of bus

基于公交车的一套信息显示系统，主要显示本公交车下一到达站的站点名、预测到达下一站点所需时间、途经站点名、途经道路名、沿途黄页信息和天气信息。

6.11

电子站牌　electronic bus stop display

设置在公交车站，向候车乘客动态显示正在向本站行使的运营车辆的状态及当前位置，预计到达时间,换乘信息以及其他公交运营信息的发布栏或显示载体。

[GB/T 20839—2007,定义 4.5]

6.12

公路信息亭　highway information kiosk

设置于高速、国道等主要道路服务区或路边的,基于计算机信息网络的一种集触摸屏技术、信息查询技术和多媒体技术于一体的提供公路交通信息的自助式终端设备。它是集信息查询、缴费服务多种功能于一体的便民公路服务平台,是一个准公益性质的公路服务项目。

6.13

公众出行交通信息服务系统　public transportation information service system (PTISS)

又称公众出行信息服务平台,是以静态导航电子地图为基础,整合实时公路信息资源和公交客运信息资源,依托互联网为出行者提供交通信息出行服务的计算机网络系统,由后台服务器、终端浏览器和网络通信设备所组成。它为驾车出行者提供地图浏览、实时路况、突发事件、道路施工、道路收费、交通气象和路径规划等信息,为公交客运出行者提供地图浏览、出行路线、出行费用、换乘方式、出行时间以及票务等信息,据此出行者可提前安排出行计划、变更出行路线和方式,使出行更加安全可靠、舒适便捷。

7　缩略语

GDF	地理数据文件(Geographic Data Files)
GIS	地理信息系统(Geographic Information System)
PTI	公共交通信息(Public Transport Information)
RTM	道路交通信息(Road Traffic Message)
TIC	交通信息中心(Traffic Information Centre)
TPEG	交通协议专家组(Transport Protocol Experts Group)
TTI	交通与旅行信息(Traffic and Travel Information)
WGS84	1984 年世界大地坐标系(World Geodetic System 1984)

参 考 文 献

[1] 杨兆升.城市智能公共交通系统理论与方法.北京:中国铁道出版社,2004.
[2] 杨兆升.城市交通流诱导系统.北京:中国铁道出版社,2004.
[3] 杨兆升.基础交通信息融合技术及其应用.北京:中国铁道出版社,2005.
[4] 姜桂艳.道路交通状态判别技术与应用.北京:人民交通出版社,2004.
[5] 杨兆升.智能运输系统概论.北京:人民交通出版社,2003.
[6] 任福田.交通工程学.北京:人民交通出版社,2008.
[7] GB/T 20134—2006 道路交通信息采集 事件信息集
[8] GB/T 20612.2—2006 交通及出行者信息(TTI) 经交通报文编码的 TTI 报文 第 2 部分:广播数据系统-交通报文频道(RDS-TMC)的事件和信息编码
[9] ISO 14819-2:2003 Traffic and Traveller Information
[10] ISO 25114:2010 Probe Data Reporting Management

索　引

汉语拼音索引

B

C

D

F

G

H

J

K

L

英文对应词索引

P

R

S

T

U

V

ICS 03.220.20;35.240.60
R 85

中华人民共和国国家标准

GB/T 29109—2012

道路交通信息服务 通过无线电台发布的交通信息

Road traffic information service—
Traffic information data distributed by radio

2012-12-31 发布　　2013-07-01 实施

中华人民共和国国家质量监督检验检疫总局
中国国家标准化管理委员会　发布

前　言

本标准按照 GB/T 1.1—2009 给出的规则起草。

本标准由全国智能运输系统标准化技术委员会(SAC/TC 268)提出并归口。

本标准起草单位:北京鑫艾维通信技术有限公司、交通运输部公路科学研究院、威信通通讯工程(杭州)有限公司、三友集团。

本标准主要起草人:李小东、齐彤岩、焦伟赟、杨鲲、李工、吴志广、张骏、郭淦杰。

道路交通信息服务
通过无线电台发布的交通信息

1 范围

本标准规定了通过无线电台发布交通路况、交通事件、交通气象等道路交通信息的内容、格式及要求。

本标准适用于通过无线电台发布道路交通信息。

2 规范性引用文件

下列文件对于本文件的应用是必不可少的。凡是注日期的引用文件,仅注日期的版本适用于本文件。凡是不注日期的引用文件,其最新版本(包括所有的修改单)适用于本文件。

GB 3101—1993 有关量、单位和符号的一般原则

GB/T 15565(所有部分) 图形符号 术语

GB/T 15834 标点符号用法

GB/T 15835 出版物上数字用法

GB/T 29744 道路交通信息服务 道路编码规则

GB/T 29108 道路交通信息服务 术语

3 术语和定义

GB/T 29108 界定的术语和定义适用于本文件。

4 信息内容

4.1 信息分类

按信息的时效性分类,道路交通信息的内容可分为动态交通信息和静态交通信息两类。

4.2 动态交通信息的内容

动态交通信息的主要内容包括:

- 路况信息;
- 交通事件;
- 交通气象;
- 公共交通;
- 停车场泊位;
- 交通诱导信息。

4.3 静态交通信息的内容

静态交通信息的主要内容包括:

- 地理信息；
- 换乘信息；
- 与人、车出行相关的其他信息。

5 要求

5.1 信息要素

不论采用何种方式发布道路交通信息(文字、图片、路况图、语音或其他形式)，一条完整的交通信息应具备的要素见表1。

表1 交通信息应具备的要素表

信息类别	应具备的要素	
路况信息	实时路况	道路(路段)名称、行驶方向、路况状态、发布时间
	路况预报	道路(路段)名称、行驶方向、时间、路况状态、影响范围、路况预测信息、发布时间
交通事件	事件位置、事件陈述、事件波及范围、路况状态、处置状态、发布时间	
交通气象	气象描述、影响的区域、预计影响时间、路况状态、发布时间	
停车场泊位	停车场名称、停车场位置、泊位总数量、当前可用泊位位置、可用泊位数量、发布时间	
公共交通	×××路车、当前位置、行驶前方路况状态、发布时间	
交通诱导信息	诱导信息的具体内容、发布时间	
地理信息	对象的具体位置、对象的名称	
换乘信息	换乘线路、起/终点站、沿途重要车站、首/末车时间	
与人、车出行相关的其他信息	即时信息、起始/结束时间、措施和建议	

5.2 信息处理

5.2.1 实时路况、停车场泊位、公共交通信息应实时更新；允许延迟时间小于5 min。

5.2.2 交通事件结束后，应及时发布事件结果，结果中应明确该事件对道路交通造成的影响是否消除。

5.3 发布方式及要求

5.3.1 语音

使用语音发布交通信息应遵守的规则是：录制语音芯片时，播(话)音员应使用普通话；普通话读音标准应遵守国家颁布的《普通话异读词审音表》和《现代汉语词典》所规定的规则。

5.3.2 文字、图片

使用文字、图片发布交通信息应遵守下列文件所规定的规则：

- 《中华人民共和国国家通用语言文字法》(2001)；
- 《普通话异读词审音表》(1985)；
- 《现代汉语词典》(2005)；

- 《互联网新闻信息服务管理规定》(2006)；
- GB/T 15834；
- GB/T 15565；
- GB 3101—1993 第3章；
- GB/T 15835。

5.3.3 路况图

5.3.3.1 一般人的视觉可明确区别环路、城市快速路、主干道、支路。

5.3.3.2 单方向行驶道路(路段)应是可识别的(相对双方向行驶)，对其标注的实时路况应是单方向的。

5.3.3.3 双方向行驶道路(路段)应是可识别的(相对单方向行驶)，对其标注的实时路况应是双方向的。

5.3.3.4 用于标识不同路况的图形、颜色或其他直观方式，应区别明显，易于识别。

5.3.3.5 道路、路段编码应遵守 GB/T 29744 所规定的规则。

5.3.3.6 利用全球导航卫星系统定位数据，图中可实时标注出车辆(接收终端)所在位置。

5.4 路况状态

路况至少应被描述为下面三种基本状态：

- 畅通；
- 缓慢；
- 拥堵。

5.5 信息编发要求

5.5.1 信息编发

5.5.1.1 交通信息发布单位应遵守我国的宪法、法律和法规。

5.5.1.2 不得编发《互联网新闻信息服务管理规定》(国务院新闻办公室 2006 年颁布)中第十九条所列的内容。

5.5.2 编辑、校对

5.5.2.1 编辑的信息内容应真实、准确；不得编辑虚假信息。

5.5.2.2 对内容的表述应做到必备要素齐全，概念明确，判断恰当，表述合乎逻辑，文字规范，语言文明。

5.5.2.3 文字校对要求准确，无明显差错。文字差错率应小于万分之三。

ICS 03.220.20;35.240.60
R 07

中华人民共和国国家标准

GB/T 29110—2012

道路交通信息服务　公共汽电车线路信息基础数据元

Road traffic information service—Basic data element of bus line information

2012-12-31 发布　　2013-07-01 实施

中华人民共和国国家质量监督检验检疫总局
中国国家标准化管理委员会　发布

前　言

本标准按照 GB/T 1.1—2009 给出的规则起草。

本标准由全国智能运输系统标准化技术委员会(SAC/TC 268)提出并归口。

本标准起草单位:北京市公共交通研究所、交通运输部公路科学研究院、北京中交国通智能交通系统技术有限公司。

本标准主要起草人:卢峰、陈剑雄、齐彤岩、许辉、孙国萍、魏民、焦伟赟。

道路交通信息服务　公共汽电车线路信息基础数据元

1　范围

本标准规定了公共汽电车线路信息基础数据元的分类、内部标识符编码原则与编码结构、数据元属性描述和基础数据元。

本标准适用于建立公共汽电车线路信息数据库的技术属性数据以及公共汽电车线路信息的采集、处理、发布及应用服务。

2　规范性引用文件

下列文件对于本文件的应用是必不可少的。凡是注日期的引用文件，仅注日期的版本适用于本文件。凡是不注日期的引用文件，其最新版本(包括所有的修改单)适用于本文件。

GB/T 2260　中华人民共和国行政区划代码

GB/T 5655—1985　城市公共交通常用名词术语

GB/T 7408　数据元和交换格式　信息交换　日期和时间表示法

GB/T 18391.1—2009　信息技术　元数据注册系统(MDR)　第1部分：框架

GB/T 20606—2006　智能运输系统　数据字典要求

GA 36　中华人民共和国机动车号牌

3　术语和定义

GB/T 5655—1985 和 GB/T 18391.1—2009 界定的以及下列术语和定义适用于本文件。为了便于使用，以下重复列出了 GB/T 5655—1985 和 GB/T 18391.1—2009 中的某些术语和定义。

3.1

公共汽电车线路　bus line

公共汽电车单方向运行的通路。

3.2

数据元　data element；DE

由一组属性规定其定义、标识、表示和允许值的数据单元。

[GB/T 18391.1—2009，定义 3.3.8]

3.3

注册机构　registration authority；RA

负责维护一个注册库的组织。

[GB/T 18391.1—2009，定义 3.3.32]

3.4

高峰时间　peak time

一天中，客流量最大的时段。

[GB/T 5655—1985，定义 4.1.47]

3.5

非高峰时间　off-peak time

客流高峰时间以外的时段。

[GB/T 5655—1985,定义 4.1.48]

4　分类

公共汽电车线路信息基础数据元划分为6类:线路基本信息、车站信息、车辆信息、车次信息、乘车信息、票卡发售点信息。

5　数据元属性描述

5.1　名称:中文名称。

定义:赋予数据元的单个或多个中文字词的指称。

约束:必选。

5.2　名称:英文名称。

定义:赋予数据元的单个或多个英文字词的指称。

约束:必选。

备注:英文名称的结构分为两段,分别为命名对象所属的实体类型及命名对象的特性,之间用"_"相联接,英文单词首字母大写。

5.3　名称:定义。

定义:表达一个数据元的本质特性并使其区别于所有其他数据元的陈述。

约束:必选。

5.4　名称:对象类词。

定义:数据元名称成分之一,表达了该数据元所属事物或概念的集合。

约束:必选。

5.5　名称:特性词。

定义:数据元名称成分之一,表达了该数据元所属的对象类的某个显著的、有区别的特征。

约束:必选。

5.6　名称:表示词。

定义:表达了该数据元值域的表示形式。

约束:必选。

备注:表示词具体取值见GB/T 20606—2006附录C中的C.2.2。

5.7　名称:数据类型。

定义:用于表示数据元的符号、字符或其他表示的类型。

约束:必选。

备注:表1包括了数据类型可能的取值列表,但不限于表1中所列。

表 1 数据类型可能的取值列表

数据类型	说明
字符型(string)	通过字符形式表达的值的类型
数值型(number)	通过从“0”到“9”数字形式表达的值的类型
日期型(date)	通过 YYYYMMDD 的形式表达的值的类型,符合 GB/T 7408
时间型(time)	通过 hhmmss 的形式表达的值的类型,符合 GB/T 7408
二进制型(binary)	上述无法表示的其他数据类型,比如图像、音频等

5.8 名称:数据格式。

定义:从业务的角度规定的数据元值的格式需求,包括所允许的最大和/或最小字符长度,数据元值的表示格式等。

约束:必选。

备注:

——数据格式中使用的字符含义如下:

a	= 字母字符
n	= 数字字符
N	= 数字字符,以指示给定数可以有负值
an	= 字母数字字符
..p,q(p,q 均为自然数)	=最长 p 个数字字符,其中小数点后 q 位
..	= 从最小长度到最大长度,前面附加最小长度,后面附加最大长度
YYYYMMDDhhmmss	=“YYYY”表示年份,“MM”表示月份,“DD”表示日期,“hh”表示小时,“mm”表示分钟,“ss”表示秒,可以视实际情况组合使用

示例 1:n2 表示定长 2 个数字字符。

示例 2:n..6,2 表示最长 6 个数字字符,小数点后 2 位。

示例 3:an3..20 表示最大长度为 20,最小长度为 3 的不定长的字母数字字符。

示例 4:N..2 表示从－99 到 99 的正数或负数,包括 0。

——如果“数据类型”是二进制,在本属性中应标识出二进制的具体格式,如“JPEG 图像格式”。

5.9 名称:内部标识符。

定义:在一个注册机构内,由注册机构分配的、与语言无关的数据元的惟一标识符。

约束:必选。

5.10 名称:值域。

定义:根据相应属性中所规定的数据类型、数据格式而决定的数据元的允许值的集合。

约束:可选。

备注:该集合可以通过以下 4 种方式给出:

——通过名称给出,即直接指出值域的名称;

——通过资料给出;

——通过一一列举的方式给出所有可能的取值以及每一个值对应的实例或含义;

——通过规则间接给出。

除以上 4 种方式外，也可对值域不做要求。

5.11 名称：计量单位。

定义：属于数值型的数据元值的计量单位。

约束：可选。

5.12 名称：备注。

定义：数据元的附加注释。

约束：可选。

6 内部标识符编码原则与编码结构

6.1 内部标识符编码原则

编码原则如下：

——每个数据元应有一个惟一的内部标识符；

——内部标识符代码保留冗余，用户可根据需要自行扩充。

6.2 内部标识符编码结构

内部标识符编码结构见图 1。

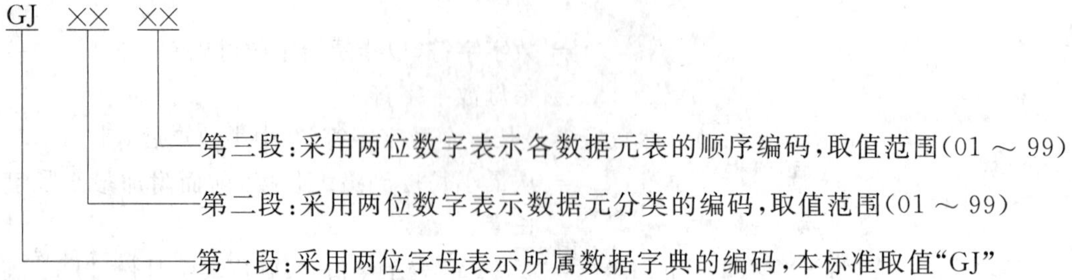

图 1 内部标识符编码结构见图

7 线路信息基础数据元

7.1 线路基本信息

7.1.1 线路标识码

英文名称：Line_IDentity

定义：某一行政区域内公共汽电车线路的惟一标识号码。

对象类词：线路基本信息

特性词：标识码

表示词：号码

数据类型：字符型

数据格式：n4

内部标识符：GJ0101

7.1.2 线路名称

英文名称：Line_Name

定义：以文字形式标识的公共汽电车线路。

对象类词:线路基本信息
特性词:名称
表示词:文本
数据类型:字符型
数据格式:an..50
内部标识符:GJ0102
备注:例如,特 8 路(某某起点站-某某终点站)

7.1.3 线路方向

英文名称:Line_Direction
定义:公共汽电车线路从起点站到终点站的行驶方向。
对象类词:线路基本信息
特性词:方向
表示词:文本
数据类型:字符型
数据格式:an..32
内部标识符:GJ0103

7.1.4 线路营业里程

英文名称:Line_RevenueKilometres
定义:公共汽电车线路的载客里程。
对象类词:线路基本信息
特性词:营业里程
表示词:数量
数据类型:数值型
数据格式:n..4,1
内部标识符:GJ0104
计量单位:千米

7.1.5 线路全程票价

英文名称:Line_FullFare
定义:乘行距离为线路起点站至终点站全程的票价。
对象类词:线路基本信息
特性词:全程票价
表示词:金额
数据类型:数值型
数据格式:n..4,2
内部标识符:GJ0105
计量单位:元

7.1.6 线路全程时间

英文名称:Line_FullTime
定义:线路行车时刻表规定的车辆自线路起点站到终点站全程的运行时间。

对象类词:线路基本信息
特性词:全程时间
表示词:数量
数据类型:数值型
数据格式:n..3
内部标识符:GJ0106
计量单位:分

7.1.7 线路首班车发车时间

英文名称:Line_FirstVehicleDepartureTime
定义:首班车驶离起点站的时刻。
对象类词:线路基本信息
特性词:首班车发车时间
表示词:时间
数据类型:时间型
数据格式:hhmmss
内部标识符:GJ0107

7.1.8 线路末班车发车时间

英文名称:Line_FinalVehicleDepartureTime
定义:末班车驶离起点站的时刻。
对象类词:线路基本信息
特性词:末班车发车时间
表示词:时间
数据类型:时间型
数据格式:hhmmss
内部标识符:GJ0108

7.1.9 线路高峰发车间隔

英文名称:Line_PeakDepartureInterval
定义:客流高峰时间段,同一线路前后两车驶离始发站的时距。
对象类词:线路基本信息
特性词:高峰发车间隔
表示词:数量
数据类型:数值型
数据格式:n..4
内部标识符:GJ0109
计量单位:秒

7.1.10 线路非高峰发车间隔

英文名称:Line_OffPeakDepartureInterval
定义:客流非高峰时间段,同一线路前后两车驶离始发站的时距。
对象类词:线路基本信息

特性词:非高峰发车间隔
表示词:数量
数据类型:数值型
数据格式:n..4
内部标识符:GJ0110
计量单位:秒

7.1.11 线路售票服务类别

英文名称:Line_TicketingServiceType
定义:向乘客售票的方式。
对象类词:线路基本信息
特性词:售票服务类别
表示词:代码
数据类型:字符型
数据格式:n1
内部标识符:GJ0111
值域:可按下列规则取值:

——0 有人售票;
——1 无人售票;
……
——9 其他。

7.1.12 线路检票类别

英文名称:Line_TicketCheckingType
定义:检票的方式。
对象类词:线路基本信息
特性词:检票类别
表示词:代码
数据类型:字符型
数据格式:n..2
内部标识符:GJ0112
值域:可按下列规则取值:

——0 车内检票;
——1 站台检票;
——2 乘客投币;
——3 乘客刷卡;
……
——99 其他。

7.1.13 线路计费方法

英文名称:Line_FareMethod
定义:计算票价的方法。
对象类词:线路基本信息

特性词:计费方法

表示词:文本

数据类型:字符型

数据格式:an..1000

内部标识符:GJ0113

备注:包含票制票价、行李包裹收费标准、各种免票证件等。

7.1.14 线路类别

英文名称:Line_Type

定义:线路运营的类别。

对象类词:线路基本信息

特性词:类别

表示词:代码

数据类型:字符型

数据格式:n1

内部标识符:GJ0114

值域:可按下列规则取值:

——0 干线线路;

——1 支线线路;

——2 快速线路;

——3 高峰线路;

——4 夜间线路;

……

——9 其他。

7.1.15 线路空调服务类别

英文名称:Line_AirConditioningServiceType

定义:线路的空调配置状态。

对象类词:线路基本信息

特性词:空调服务类别

表示词:代码

数据类型:字符型

数据格式:n1

内部标识符:GJ0115

值域:可以取下列枚举值:

——0 空调线路;

——1 非空调线路;

——2 混编线路(包含空调和非空调车辆)。

7.1.16 线路所属公司

英文名称:Line_Company

定义:线路运营权属公司的名称。

对象类词:线路基本信息

特性词:所属公司
表示词:文本
数据类型:字符型
数据格式:an..100
内部标识符:GJ0116

7.1.17 线路所属行政区域

英文名称:Line_AdministrativeArea
定义:以行政区划代码表示的线路所属车队所在县及县以上的行政区域。
对象类词:线路基本信息
特性词:所属行政区域
表示词:代码
数据类型:字符型
数据格式:n6
内部标识符:GJ0117
值域:GB/T 2260中的行政区划代码。

7.1.18 线路服务监督电话号码

英文名称:Line_ServiceMonitoringTelephoneNumber
定义:提供给乘客的、用于服务监督的电话号码。
对象类词:线路基本信息
特性词:服务监督电话号码
表示词:号码
数据类型:字符型
数据格式:an..18
内部标识符:GJ0118

7.1.19 线路站序

英文名称:Line_StationSequence
定义:从线路的起点站开始,顺序对沿线各车站所作的编号。
对象类词:线路基本信息
特性词:站序
表示词:号码
数据类型:数值型
数据格式:n2
内部标识符:GJ0119

7.1.20 线路站距

英文名称:Line_StationSpacing
定义:同一线路相邻两站之间的距离。
对象类词:线路基本信息
特性词:站距
表示词:数量

数据类型:数值型
数据格式:n..5
内部标识符:GJ0120
计量单位:米

7.1.21 线路图

英文名称:Line_Map
定义:以图的形式描述的从起点站到终点站的公共交通线路。
对象类词:线路基本信息
特性词:图
表示词:图像
数据类型:二进制型
数据格式:图形格式
内部标识符:GJ0121

7.2 车站信息

7.2.1 车站标识码

英文名称:Station_IDentity
定义:公交车站的惟一标识号码。
对象类词:车站信息
特性词:标识码
表示词:号码
数据类型:字符型
数据格式:n6
内部标识符:GJ0201

7.2.2 车站名称

英文名称:Station_Name
定义:在公共汽电车线路上,供运营车辆停靠、乘客候车和乘降的设施平台统称。
对象类词:车站信息
特性词:名称
表示词:文本
数据类型:字符型
数据格式:an..16
内部标识符:GJ0202

7.2.3 车站汉语拼音站名

英文名称:Station_PinyinName
定义:以汉语拼音表示的车站名称。
对象类词:车站信息
特性词:汉语拼音站名
表示词:文本

数据类型:字符型
数据格式:a..48
内部标识符:GJ0203

7.2.4 车站位置经度

英文名称:Station_LongitudeLocation
定义:车站中心所处位置的经度。
对象类词:车站信息
特性词:位置经度
表示词:位置
数据类型:数值型
数据格式:N..9,6
内部标识符:GJ0204

7.2.5 车站位置纬度

英文名称:Station_LatitudeLocation
定义:车站中心所处位置的纬度。
对象类词:车站信息
特性词:位置纬度
表示词:位置
数据类型:数值型
数据格式:N..8,6
内部标识符:GJ0205

7.2.6 车站所属行政区域

英文名称:Station_AdministrativeArea
定义:以行政区划代码表示的车站所在县及县以上的行政区域。
对象类词:车站信息
特性词:所属行政区域
表示词:代码
数据类型:字符型
数据格式:n6
内部标识符:GJ0206
值域:GB/T 2260 中的行政区划代码。

7.2.7 车站类别

英文名称:Station_Type
定义:车站的建设形式分类。
对象类词:车站信息
特性词:类别
表示词:代码
数据类型:字符型
数据格式:n1

内部标识符:GJ0207

值域:可按下列规则取值:

——0 普通车站;

——1 港湾式车站;

——2 中心站;

——3 枢纽站;

……

——9 其他。

7.3 车辆信息

7.3.1 车辆编码

英文名称:Vehicle_Code

定义:按一定规则为线路所配车辆编制的代码。

对象类词:车辆信息

特性词:编码

表示词:代码

数据类型:字符型

数据格式:an..10

内部标识符:GJ0301

7.3.2 车辆车牌号

英文名称:Vehicle_NumberPlateCode

定义:车辆所配的中华人民共和国机动车号牌号码。

对象类词:车辆信息

特性词:车牌号

表示词:代码

数据类型:字符型

数据格式:an..10

内部标识符:GJ0302

值域:见 GA 36。

7.3.3 车辆空调形式

英文名称:Vehicle_AirConditionForm

定义:车辆的空调具备形式。

对象类词:车辆信息

特性词:空调形式

表示词:代码

数据类型:字符型

数据格式:n1

内部标识符:GJ0303

值域:可以取下列枚举值:

——0 空调;

——1　替代空调；
——2　无空调。

7.3.4　车辆定位经度

英文名称：Vehicle_LongitudeLocation
定义：车辆在线路上运营时所处位置的经度。
对象类词：车辆信息
特性词：定位经度
表示词：位置
数据类型：数值型
数据格式：N..9,6
内部标识符：GJ0304

7.3.5　车辆定位纬度

英文名称：Vehicle_LatitudeLocation
定义：车辆在线路上运营时所处位置的纬度。
对象类词：车辆信息
特性词：定位纬度
表示词：位置
数据类型：数值型
数据格式：N..8,6
内部标识符：GJ0305

7.3.6　车辆速度

英文名称：Vehicle_Speed
定义：车辆在线路上运营时某时刻的行驶速度。
对象类词：车辆信息
特性词：速度
表示词：数量
数据类型：数值型
数据格式：n..5,2
内部标识符：GJ0306
计量单位：千米每小时

7.3.7　车辆额定载客数

英文名称：Vehicle_RatedPassengerCapacity
定义：车辆制造厂标定的载客人数。
对象类词：车辆信息
特性词：额定载客数
表示词：数量
数据类型：数值型
数据格式：n..3
内部标识符：GJ0307

7.4 车次信息

7.4.1 车次编号

英文名称:VehicleShift_Number
定义:当日公共汽电车运行车次的顺序号码。
对象类词:车次信息
特性词:编号
表示词:号码
数据类型:字符型
数据格式:n..4
内部标识符:GJ0401

7.4.2 车次计划出站时间

英文名称:VehicleShift_PlanDepartureTime
定义:运营车辆驶离起点站或各沿途站的计划时刻。
对象类词:车次信息
特性词:计划出站时间
表示词:时间
数据类型:时间型
数据格式:hhmmss
内部标识符:GJ0402

7.4.3 车次计划到站时间

英文名称:VehicleShift_PlanArrivalTime
定义:运营车辆到达各沿途站或终点站的计划时刻。
对象类词:车次信息
特性词:计划到站时间
表示词:时间
数据类型:时间型
数据格式:hhmmss
内部标识符:GJ0403

7.4.4 车次出站时间

英文名称:VehicleShift_DepartureTime
定义:运营车辆驶离起点站或各沿途站的时刻。
对象类词:车次信息
特性词:出站时间
表示词:时间
数据类型:时间型
数据格式:hhmmss
内部标识符:GJ0404

7.4.5 车次到站时间

英文名称:VehicleShift_ArrivalTime

定义:运营车辆到达各沿途站或终点站的时刻。

对象类词:车次信息

特性词:到站时间

表示词:时间

数据类型:时间型

数据格式:hhmmss

内部标识符:GJ0405

7.4.6 车次类别

英文名称:VehicleShift_Type

定义:本车次的运营性质。

对象类词:车次信息

特性词:类别

表示词:代码

数据类型:字符型

数据格式:n1

内部标识符:GJ0406

值域:可按下列规则取值:

——0 普通;

——1 区间;

——2 大站快;

——3 直达;

……

——9 其他。

7.5 乘车信息

7.5.1 起始地点

英文名称:Riding_Origin

定义:乘客出行的起点所在的地理位置。

对象类词:乘车信息

特性词:起始地点

表示词:文本

数据类型:字符型

数据格式:an..40

内部标识符:GJ0501

7.5.2 到达地点

英文名称:Riding_Destination

定义:乘客出行的目的地所在的地理位置。

对象类词:乘车信息
特性词:到达地点
表示词:文本
数据类型:字符型
数据格式:an..40
内部标识符:GJ0502

7.5.3 乘车方案

英文名称:Riding_Plan
定义:乘客在出行过程中乘坐、换乘公共汽电车的方案。
对象类词:乘车方案信息(参见附录A)
特性词:方案
表示词:文本
数据类型:字符型
数据格式:an..1000
内部标识符:GJ0503

7.5.4 乘车预计时间

英文名称:Riding_ExpectedTime
定义:乘客上车时刻至下车时刻的预计时间长度。
对象类词:乘车信息
特性词:预计时间
表示词:数量
数据类型:数值型
数据格式:n..3
内部标识符:GJ0504
计量单位:分

7.5.5 乘车距离

英文名称:Riding_Distance
定义:乘客从起点站至终点站乘车所经过的距离。
对象类词:乘车信息
特性词:距离
表示词:数量
数据类型:数值型
数据格式:n..5,2
内部标识符:GJ0505
计量单位:千米

7.5.6 乘车换乘距离

英文名称:Riding_TransferDistance
定义:乘客换乘时的步行距离。
对象类词:乘车信息

特性词:换乘距离
表示词:数量
数据类型:数值型
数据格式:n..4
内部标识符:GJ0506
计量单位:米

7.5.7 乘车出行费用

英文名称:Riding_TripExpense
定义:乘客从起点站至终点站出行过程中的乘车费用总和。
对象类词:乘车信息
特性词:出行费用
表示词:金额
数据类型:数值型
数据格式:n..5,2
内部标识符:GJ0507
计量单位:元

7.5.8 乘车路线图

英文名称:Riding_RouteMap
定义:以图形形式表示乘坐公共汽电车的路线。
对象类词:乘车信息
特性词:路线图
表示词:图像
数据类型:二进制型
数据格式:图形格式
内部标识符:GJ0508

7.6 票卡发售点信息

7.6.1 票卡发售点标识码

英文名称:TicketOffice_IDentity
定义:票卡发售点的惟一标识号码。
对象类词:票卡发售点信息
特性词:编号
表示词:号码
数据类型:字符型
数据格式:n4
内部标识符:GJ0601

7.6.2 票卡发售点名称

英文名称:TicketOffice_Name
定义:发售票卡地点的名称。

对象类词:票卡发售点信息

特性词:名称

表示词:文本

数据类型:字符型

数据格式:an..20

内部标识符:GJ0602

7.6.3 票卡发售点服务日期

英文名称:TicketOffice_ServiceDate

定义:乘客可以办理乘车卡和月票等业务的日期范围。

对象类词:票卡发售点信息

特性词:服务日期

表示词:文本

数据类型:字符型

数据格式:an..20

内部标识符:GJ0603

7.6.4 票卡发售点服务时间

英文名称:TicketOffice_ServiceTime

定义:乘客可以办理乘车卡和月票等业务的时间段。

对象类词:票卡发售点信息

特性词:服务时间

表示词:文本

数据类型:字符型

数据格式:an..20

内部标识符:GJ0604

7.6.5 票卡发售点业务类别

英文名称:TicketOffice_OperationType

定义:办理乘车用票卡的业务种类。

对象类词:票卡发售点信息

特性词:业务类别

表示词:代码

数据类型:字符型

数据格式:n..2

内部标识符:GJ0605

值域:可以按下列规则取值:

——0 乘车卡售卡;

——1 乘车卡充值;

——2 乘车卡退卡;

——3 普通月票;

——4 学生月票;

……

——99 其他业务。

7.6.6 票卡发售点位置

英文名称:TicketOffice_Location
定义:票卡发售点所处的位置。
对象类词:票卡发售点信息
特性词:位置
表示词:文本
数据类型:字符型
数据格式:an..100
内部标识符:GJ0606

7.6.7 票卡发售点位置经度

英文名称:TicketOffice_LongitudeLocation
定义:票卡发售点中心所处位置的经度。
对象类词:票卡发售点信息
特性词:位置经度
表示词:位置
数据类型:数值型
数据格式:N..9,6
内部标识符:GJ0607

7.6.8 票卡发售点位置纬度

英文名称:TicketOffice_LatitudeLocation
定义:票卡发售点中心所处位置的纬度。
对象类词:票卡发售点信息
特性词:位置纬度
表示词:位置
数据类型:数值型
数据格式:N..8,6
内部标识符:GJ0608

7.6.9 票卡发售点所属行政区域

英文名称:TicketOffice_AdministrativeArea
定义:以行政区划代码表示的票卡发售点所在县及县以上的行政区域。
对象类词:票卡发售点信息
特性词:所属行政区域
表示词:代码
数据类型:字符型
数据格式:n6
内部标识符:GJ0609
值域:GB/T 2260 中的行政区划代码。

7.6.10 票卡发售点位置图

英文名称:TicketOffice_LocationMap
定义:票卡发售点的地理位置图。
对象类词:票卡发售点信息
特性词:位置图
表示词:图像
数据类型:二进制型
数据格式:图形格式
内部标识符:GJ0610

附 录 A
（资料性附录）
乘车方案

乘车方案可用以下方式描述：

方案1：

“乘”＋第一条线路名称＋“在”＋车站名称＋“上车”＋“在”＋车站名称＋“下车”＋“步行”＋乘车换乘距离＋“米”＋“换乘”＋第二条线路名称＋“在”＋车站名称＋“上车”＋“在”＋车站名称＋“下车”＋“步行”＋乘车换乘距离＋……。

方案2：

……

索　引

C

D

P

Q

X

ICS 03.220.20;35.240.60
R 85

中华人民共和国国家标准

GB/T 29111—2012

道路交通信息服务 通过蜂窝网络发布的交通信息

Road traffic information service—Traffic information distributed via cell network

2012-12-31 发布　　2013-07-01 实施

中华人民共和国国家质量监督检验检疫总局
中国国家标准化管理委员会 发布

前　言

本标准按照 GB/T 1.1—2009 给出的规则起草。

本标准由全国智能运输系统标准化技术委员会(SAC/TC 268)提出并归口。

本标准起草单位:中国移动通信集团设计院有限公司、交通运输部公路科学研究院、高德软件有限公司、北京中交国通智能交通系统技术有限公司。

本标准主要起草人:马华兴、王西点、杨琪、焦伟赟、张淑伟、张琳、高鹏、常玲。

道路交通信息服务
通过蜂窝网络发布的交通信息

1 范围

本标准规定了道路交通信息服务中涉及的通过蜂窝网络发布的交通信息内容、分类及发布方式等。

本标准适用于无线网络环境下,发布道路交通信息的内容及发布方式等。

2 规范性引用文件

下列文件对于本文件的应用是必不可少的。凡是注日期的引用文件,仅注日期的版本适用于本文件。凡是不注日期的引用文件,其最新版本(包括所有的修改单)适用于本文件。

GB/T 29100 道路交通信息服务 交通事件分类与编码

GB/T 29107 道路交通信息服务 交通状况描述

GB/T 29108 道路交通信息服务 术语

3 术语和定义

GB/T 29108 界定的以及下列术语和定义适用于本文件。

3.1

蜂窝网络 cell network

将移动电话服务区划分为若干个彼此相邻的小区,每个小区设立一个基站的网络结构。由于每个小区呈正六边形,又彼此邻接,从整体上看,形状酷似蜂窝,所以人们称它为蜂窝网。用若干蜂窝状小区覆盖整个服务区的大、中容量移动电话系统就叫做蜂窝移动电话系统,简称蜂窝网络。

3.2

道路交通信息服务 road traffic information service

为出行者提供出行前或出行中有关的道路交通条件、事件及环境等信息的服务。

3.3

终端 terminal

支持蜂窝小区 ID 号(CELL_ID)/全球定位系统(GPS)/辅助全球定位系统(AGPS)及下一代卫星定位方式的手持终端(含手机)或安装在车辆上的车载设备。

4 信息内容及分类

交通信息的内容及分类见 GB/T 29100 中所定义的内容及分类。

5 信息展示格式及要求

5.1 交通信息展示格式分类

通过蜂窝网络发布的交通信息的格式为文本、图片、语音和视频。在具体的业务表现形式中,可以采用多种形式组合的方式。如短信业务采用纯文本的方式,彩信业务采用文本、图片、语音自由组合的方式,手机上网业务采用文本、图片、语音、视频自由组合的方式。业务应用参见附录 A。

5.2 文本格式及内容的要求

文本格式要求支持目前主流的如 TXT 格式，可向用户展示其关注的道路的交通信息，内容至少包括地理位置、发布时间、方向、每个方向上的交通状况等，具体定义如表 1 所示。

表 1

内容项	说明
发布时间	信息发布的时间
方向	包括相应路段路桥各个方向的描述。可采用不同的方式： ● 可选择如“东向西”“西向东”“北向南”和“南向北”等； ● 可选择使用实际路段路桥名称进行方向描述。
交通状况	见 GB/T 29107
平均车速	整数，单位为 km/h

5.3 图片格式及内容的要求

图片格式要求支持目前主流的如 BMP、PCX、PNG、JPEG、GIF、TIFF 等，内容为具体地理位置当前路况的直观展示，具体要求如下：

- 以该地理位置(路桥)的中心作为图片中心；
- 图片应使用上北下南的标准地图方式展现，并在图片中出现北向指针图；
- 对于上下层路，多个层次的路况线不能重叠，可适当分开便于直观分辨；
- 图片可以是路桥实际形状或变形图，但应可以让人直观理解；
- 图片应包括路桥的整体；
- 图片的路况信息见 GB/T 29107 所定义的；
- 描述城市整体路况的图片，应覆盖主要城区，如北京应覆盖五环；
- 对于多级图片，每级图片的范围保持一致，图片数量按区域级数增加，显示道路的级别逐渐扩大，道路显示的粒度逐渐缩小。如一级图只显示城市高速路和主干路，二级图片增加次干路，三级图增加一般道路；
- 对于双向路，两个方向的路况线不能重叠，应可以直观分辨；
- 图片的大小应与用户手机适配；
- 图片对应的文本描述和图片组合应保持时间一致、信息内容一致。

5.4 语音格式及内容的要求

语音格式要求支持目前主流的如 PCM、WAV、ADPCM、MP3 等，所包含的内容要求同文本格式。使用普通话播音，读音应符合《普通话异读词审音表》和《现代汉语词典》的规定。

5.5 视频格式及内容的要求

视频的格式要求支持目前主流的如 AVI、MPEG2、MPEG4、RM 等。视频主要是增强直观的感觉，其所包含的内容是文本、图片、语音的组合，其格式要求遵照前面文本、图片、语音格式的要求。

6 传输

6.1 概述

交通信息服务在移动通信行业中的应用，所涉及到的通信协议参考 ISO 开放系统互联(OSI)七层参考模型的方式表示通信标准，将通信分为四个主要层(见图 1)。

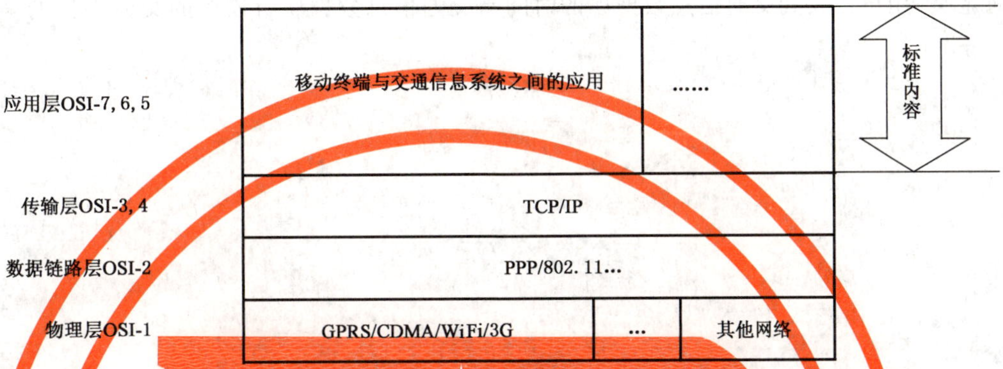

图 1　分层模型

第四层是应用层。应用层定义数据包结构和会话管理的标准，对应 OSI 的应用层、表示层和会话层。该层定义了移动终端与交通信息系统之间的应用。

第三层是传输层。传输层定义数据包拆分、数据包重新组装和路由的标准，类似于电话公司连接两个话机进行通话的规则和过程。在这一层上使用已经存在的 TCP/IP 标准，没有定义特殊的新标准，对应于 OSI 的传输层和网络层。

第二层是数据链路层。数据链路层定义数据包传输方法标准。在这一层上使用已经存在的标准，没有定义特殊的新标准，对应于 OSI 的链路层。

第一层是物理层。定义了数据传输的物理接口，例如包括 GPRS、CDMA、WiFi、3G 等无线传输方式。对应于 OSI 的物理层。

本标准主要针对应用层的通信协议进行研究，不考虑底层的实现。具体参考模型参见附录 B。

6.2 通信协议

6.2.1 总体规则

为了保持系统的开放性、可靠性、成熟性，交通信息系统和蜂窝网络之间的网络通信均基于 HTTP 协议。

6.2.2 消息格式

数据交换格式可面向不同的应用，支持 XML、二进制格式。

6.3 性能要求

道路交通信息的发布具有较强的时效性。蜂窝网络发布交通信息，其端到端性能要求应满足表 2 的要求。

表 2

	紧急事件	重大事件	一般事件
延时	5 min	10 min	15 min
事件错误率	0	1%	
事件覆盖率	100%	90%	

延时定义:用户接收到交通信息数据项的时间与交通信息数据项所描述的交通事件的采集时间的间隔。

附 录 A
（资料性附录）
业 务 应 用

A.1 短信(SMS)业务

A.1.1 概述

短信是用户常用的无线数据业务方式之一，有着广泛的增值业务使用群体，短信用户使用方便，短信业务模式满足用户对点、路线、区域、环路等查询需求。

短信以文字表述，由于信息内容受限，要求文字描述简要精确。

返回信息基本格式：短信的长度为140个字符，如短信报文过长将报文拆分成多条短信陆续上报。

A.1.2 位置查询

用户关心某一个位置附近的道路交通状况，如输入“银谷大厦”，需要返回银谷大厦周围道路的情况。返回结果：第一条为“1/2 10:10 银谷大厦位于保福寺附近，北四环学院桥到保福寺桥，东向西，畅通”。第二条为“2/2 中关村东大街知春路到保福寺，南向北，拥堵，路况变化仅供参考”。

短信格式如下：

- 时间格式：小时、分钟用两位数字表示；

  示例：10时10分2秒表数为10:10；

- 查询位置：显示所在路段，例如输入“银谷大厦”，则显示银谷大厦周边的路段信息；

  示例：银谷大厦位于保福寺附近；

- 路段名称：需要获得实时交通路况描述的路段名称；如果没有指定具体起始点，将返回此位置点周围所有道路的路况描述；

  示例：北四环学院桥到保福寺桥，中关村东大街知春路到保福寺；

- 道路方向：东向西，西向东，南向北，北向南；
- 路况描述：缓行、畅通、拥堵；
- 提示：路况变化仅供参考。

A.1.3 道路名查询

用户输入道路名，可以查询该道路的情况。

示例：发送“阜城门内大街”到012345；返回结果：“06:48 阜城门内大街，阜城门桥至金融大街，西向东，缓行，金融大街至阜城门桥，东向西，拥堵，路况变化仅供参考。”

短信格式如下：

- 时间格式：小时、分钟用两位数字表示；

  示例：6时48分2秒表数为06:48；

- 路段名称：需要获得实时交通路况描述的路段名称。如果没有指定具体起始点，将返回所有在此道路上双向的拥堵和缓行的路段路况描述；
- 道路方向：东向西，西向东，南向北，北向南；
- 路况描述：缓行、畅通、拥堵；
- 提示：路况变化仅供参考。

A.1.4 重点线路查询

每个城市都有大家习惯的环路或干线，有时候这些名字并不是真正的道路名称，如北京的二环、三环等。大家通常会有西二环、东三环的说法。需要系统设置好匹配数据，便于用户查询。如输入“西二环”，发送到012345。返回结果：“06:11 西二环主路。复兴门桥至菜户营桥，北向南，拥堵，白纸坊桥至广安门桥，南向北，拥堵，路口变化仅供参考。”

短信格式如下：

- 时间格式：小时、分钟用两位数字表示；

  示例：6 时 11 分 2 秒表数为 06:11；
- 路段名称：需要获得实时交通路况描述的路段名称；如果没有指定具体起始点，将返回所有必经点的路况描述；如查询西二环，返回该道路双向各拥堵或者缓行路段之间的实时路况描述；必经点：如复兴门桥，菜户营桥，白纸坊桥；
- 道路方向：东向西，西向东，南向北，北向南；
- 路况描述：缓行、畅通、拥堵；
- 提示：路况变化仅供参考。

A.1.5 路线路况查询

用户从A点到B点，可以发送起始道路名，中止道路名。例如：“输入东直门桥，西直门桥”，发送到012345。返回结果：“07:10 东直门桥，西直门桥。东向西，东直门桥至积水潭桥，拥堵，积水潭桥至西直门桥，缓行，路况变化仅供参考。”

短信格式如下：

- 时间格式：小时、分钟用两位数字表示；

  示例：7 时 10 分 2 秒表数为 07:10；
- 起点位置和终点位置：需要获得实时交通路况描述的起点和终点的道路名称，将返回所有必经点的拥堵和缓行的路段路况描述；如：东直门桥，西直门桥；必经点：积水潭桥，安定门桥等；
- 道路方向：东向西，西向东，南向北，北向南；
- 路况描述：包括起始位置，终止位置之间各个路段的路况描述（如缓行、畅通、拥堵）；
- 提示：路况变化仅供参考。

A.1.6 每日播报

系统根据数据自动生成当时相对拥堵厉害的路段或突发事件造成的道路拥堵作为每日播报内容。

示例：用户发送“DBJD”，可以获得当时的拥堵信息。返回结果：“焦点路段包括：16:20，西二环，北向南，拥堵。西三环，北向南，拥堵。”

短信格式如下：

- 时间格式：小时、分钟用两位数字表示；

  示例：7 时 10 分 2 秒表数为 07:10；
- 道路名称：拥堵道路的名称；
- 道路方向：东向西，西向东，南向北，北向南；
- 路况描述：包括起始位置，终止位置之间各个路段的路况描述（如缓行、畅通、拥堵）；
- 提示：路况变化仅供参考。

A.1.7 出行参考

对于城市出入重要路段进行路况通报，便于人员出行。

示例:北京可以对重点高速进出京状况进行报道,用户发送"DBJR",可以获得当时的高速公路出入情况,避免拥堵线路。返回结果:"焦点路段包括:16:20,京石高速出京方向,拥堵。"

短信格式如下:

- 时间格式:小时、分钟用两位数字表示;

  示例:7 时 10 分 2 秒表数为 07:10;

- 道路名称:高速路等;
- 道路方向:出京方向、进京方向、南向北、北向南、东向西、西向东;
- 路况描述:包括起始位置,终止位置之间各个路段的路况描述(如缓行、畅通、拥堵);
- 提示:路况变化仅供参考。

A.2 彩信(MMS)业务

彩信和短信类似,但内容可以包括图片、视频、声音、文字等混合内容。终端能力较强且追求丰富内容的用户,可以根据需要选择彩信服务。MMS 在业务内容方面较短信表现丰富,点播方式可以短信上行,彩信下行。因此,其总体业务设计和短信保持一致,例如:位置查询、道路名查询、起始道路查询、重点道路查询、每日焦点、假日出行。

A.3 无线应用(WAP)业务

移动终端上网也是发布交通信息的重要手段。面向这些用户,可以提供图片、视频、文字等内容,而且由于和用户通过人机多次交互,可以实现比短信和彩信更为复杂的信息服务流程。

WAP 通过页面形式,提供了更为直观的业务展示,实现的功能可以有:

- 城市道路事件播报:对交通事故、交通管制、施工等情况进行滚动播报;
- 根据位置查询路况:通过位置查询,利用 WAP 的交互性,可以确认要找的位置并查看周边路况,路况图可以再扩大范围查看;
- 根据道路查询路况:用户输入道路名,可以查询该道路的情况;
- 根据路径查询路况:用户从 A 点到 B 点,可以计算从 A 点到 B 点的路径并给出交通情况;
- 重点道路播报:通过浏览方式可以查看重点路段的信息;
- 每日焦点;
- 假日出行:查看假日交通提示信息。

表现方式为文字加图片的表现形式,通过在线渲染获得道路路况显示。

A.4 互动式语音(IVR)业务

IVR 动态交通信息查询服务是手机用户拨打 IVR 号码,向客服人员描述自己关心的位置点周边,道路、路径、重点区域等路况信息,由客服人员根据查询界面输入完成后,可以为用户选择下发短信、彩信、语音播报等方式进行服务。

A.5 网站(WEB)业务

WEB 方式以其充分的信息交互能力,主要用于开展梦网的动态交通信息发布和查询,提供基于 WEB 的实时动态交通信息渲染发布,基于点、道路、路线、区域的查询。WEB 业务基本同 IVR 业务,业务流程基本一致。区别是 IVR 业务是客服操作,WEB 业务是客户自己操作,二者鉴权流程不同。

A.6 客户端(CLIENT)业务

CLIENT 业务既包含动态交通信息发布服务器功能,也包含动态交通信息发布终端的软件开发。动态交通信息发布业务,其系统功能要达成的基本目的如下:

- 快速,安全地引导用户到达用户想要去的任何地方是本业务的目的;
- 基于此目的为用户提供设施检索,地址检索,周边设施检索,拼音检索,目的地履历检索等多种检索,查询及设定方式,便于用户查找想要去的任何地方;
- 快速计算出从现在位置或某一位置到目的地的路线,并可以在行车开始前通过模拟行车功能浏览与实际行车完全一致的行车效果;
- 在行车过程中,通过图像及声音等方式指引用户沿正确的方向前行,直至将用户安全地引导到目的地;
- 动态交通信息在客户端及时发布和展现,实现动态交通信息参与路径计算,提供最优线路。需在动态交通信息发布业务系统的服务器上实现的功能:
- 导航服务:服务器端为用户提供基于数字移动蜂窝网络导航服务,特别是提供基于动态交通信息计算服务,确保用户得到准确、客观的用户体验。导航服务包括了路径计算和导航指引。路径计算支持路线最短、时间最短、费用最少、路线最优等计算方式;导航指引则为客户端到达提供便捷的使用模式。
- 其他服务支持:动态交通信息发布业务系统为其他业务展现提供 GIS 服务。

需在动态交通信息发布业务系统的终端上实现的功能:

- 基于触摸屏等硬件设备,终端集成手写功能,同时支持拼音、手写输入方式;
- 终端使用经加密的电子地图,并遵守相关的地图服务法规。

动态交通信息发布业务系统提供三种形式的实时交通信息发布形式:

- 以文本的形式提供实时交通信息:如“前方金融街 9:00～9:20 进行交通限行,请绕行长安街”可以通过短信、彩信、终端推送等方式;
- 以地图描画的形式提供实时交通信息:地图描画方式的展示方式,不同的路段有不同的颜色;
- 基于道路导航使用的实时交通信息:路径搜索时,根据实时交通状况制作规避拥堵的最优导航路径。

附　录　B
（资料性附录）
参考模型(流程)

B.1　概述

通过蜂窝网络发布的道路交通信息的方式包括以下几种：

- 点对点,向特定的一个终端发布消息；
- 广播方式,向一部分指定的终端或者所有终端广播消息。

其中广播方式主要用于一些公共紧急事件及信息的下发,此种方式可参照 RDS-TMC 的规范,对于蜂窝网络来说,最主要的方式是点对点的方式,采用请求-应答方式。下面所描述的流程主要是针对点对点的方式。

根据通过蜂窝网络发布的交通信息的内容和形式的不同,参考模型需要分别说明,主要分为以下三种：

- 点播-即时发送类型:请求的信息内容是即时的,不依赖于将来发生的信息,用户发起请求后网络即可在较短时间内将合适的信息发送给用户；
- 点播-连续发送类型:请求的信息内容需要不断更新并在一段时间内连续发送给用户；
- 包月业务类型:用户请求的内容是特定的,一次定购了相当长时间的业务,网络定时更新内容发送给用户,在定购到期后自动结束。

B.2　点播-即时发送类型的参考模型

通过蜂窝网络发布的交通信息的点播-即时发送类型的参考模型如图 B.1。

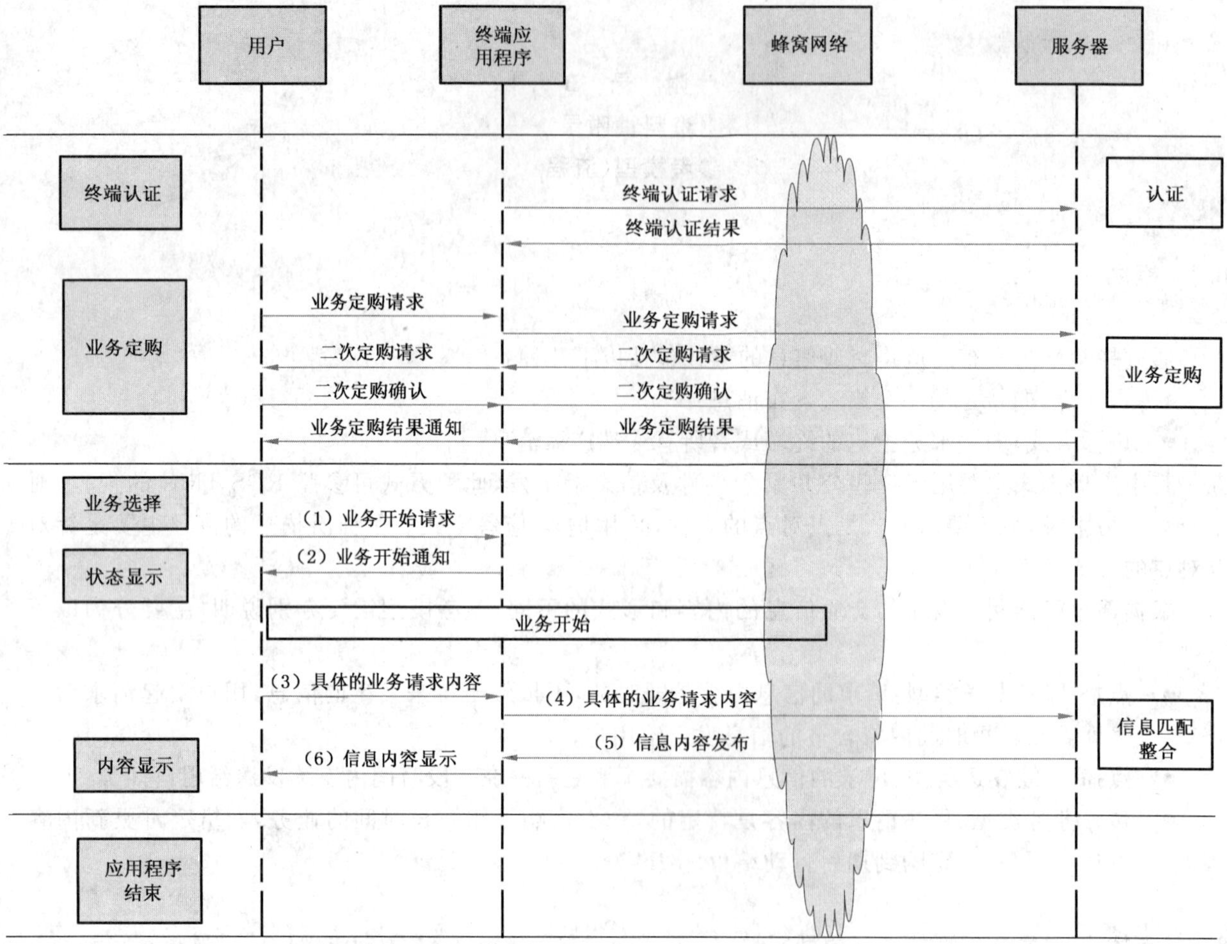

图 B.1　点播-即时发送类型的参考模型

点播-即时发送类型的参考模型解释：

- 终端认证：拒绝不正当的终端接入网络；
- 业务定购：确保用户对业务的合理使用，以便进行计费处理。

流程为：

a) (1)～(2)用户在终端上选择具体的业务进行操作；

b) (3)～(4)用户输入具体的业务请求内容并通过终端发送给网络；

c) (5)网络服务器根据用户请求的信息进行内容匹配，合成符合用户需求的信息后以一定的方式下发到终端上；

d) (6)终端应用程序根据收到的网络发送的内容对用户进行显示。

B.3　点播-连续发送类型的参考模型

通过蜂窝网络发布的交通信息的点播-连续发送类型的参考模型如图 B.2。

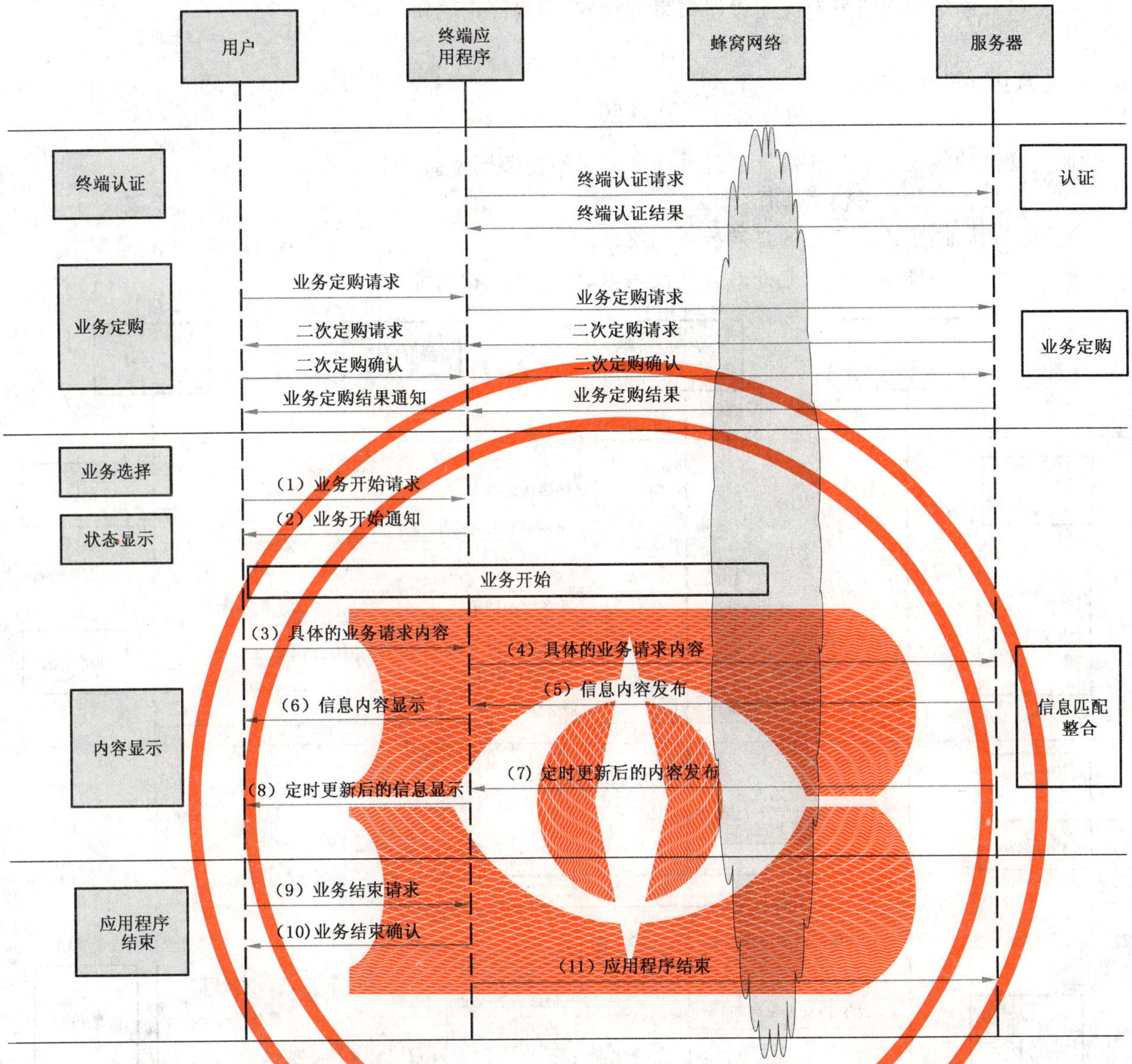

图 B.2　点播-连续发送类型的参考模型

点播-连续发送类型的参考模型解释：

- 终端认证：拒绝不正当的终端接入网络；
- 业务定购：确保用户对业务的合理使用，以便进行计费处理。

流程为：

a) (1)～(2)用户在终端上选择具体的业务进行操作；

b) (3)～(4)用户输入具体的业务请求内容并通过终端发送给网络；

c) (5)网络服务器根据用户请求的信息进行内容匹配，合成符合用户需求的信息后以一定的方式下发到终端上；

d) (6)终端应用程序根据收到的网络发送的内容对用户进行显示；

e) (7)在用户没有发起业务结束请求前，网络每隔一定的时间更新信息内容，重新合成后发布给终端；

f) (8)终端应用程序根据更新后的内容对用户进行显示；

g) (9)～(10)用户在终端上进行操作，结束本次业务；

h) (11)终端向网络发起应用程序结束的请求,网络停止更新合成内容。

B.4 包月业务参考模型

通过蜂窝网络发布的交通信息的包月业务类型的参考模型如图 B.3。

包月业务类型的参考模型解释:

- 终端认证:拒绝不正当的终端接入网络;
- 业务定购:确保用户对业务的合理使用,以便进行计费处理。

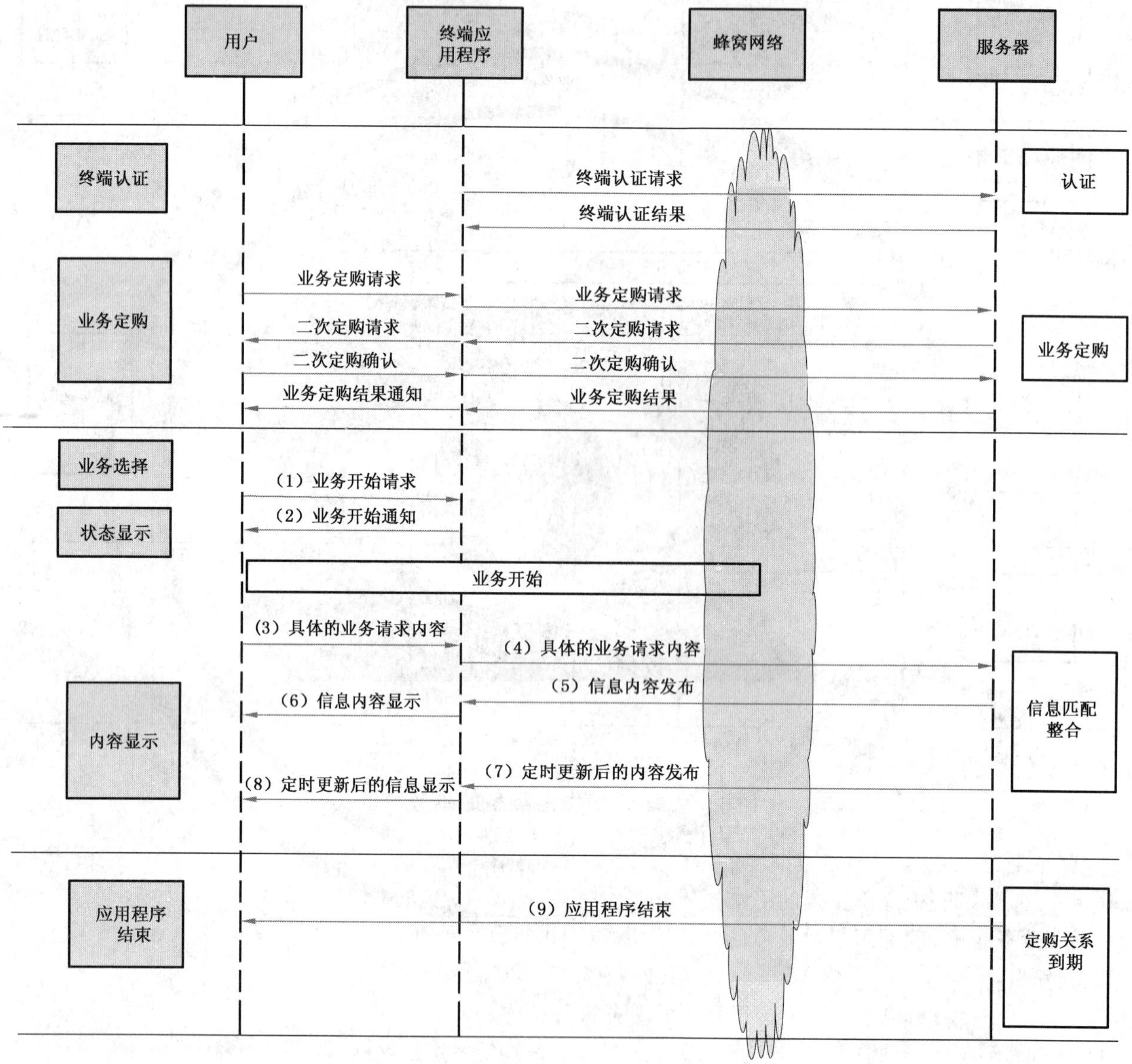

图 B.3 包月业务类型的参考模型

流程为:

a) (1)～(2)用户在终端上选择具体的业务进行操作;

b) (3)～(4)用户输入具体的业务请求内容并通过终端发送给网络;

c) (5)网络服务器根据用户请求的信息进行内容匹配,合成符合用户需求的信息后以一定的方式下发到终端上;

d) (6)终端应用程序根据收到的网络发送的内容对用户进行显示;
e) (7)在用户没有发起业务结束请求前,网络每隔一定的时间更新信息内容,重新合成后发布给终端;
f) (8)终端应用程序根据更新后的内容对用户进行显示;
g) (9)定购关系到期,网络停止更新合成内容,不再向用户下发。

B.5 信息发送方式模型

具体如下:

- 用户发起点播,查询所要的交通信息,具体方式有:
  ——发送短消息:用户向特定短信接入号码发送短信指令,短消息中包含的参数应有:位置信息(起至位置、区域等)、请求信息类型(路况信息、事件信息、气象信息、预测信息等)、请求信息格式(短信、彩信、WAP Push 等);
  ——拨打语音接入号:用户拨打特定的语音接入号,描述所需的交通信息;
  ——通过 WAP 上网:用户通过 WAP 菜单选择需要的交通信息并提交给网络;
  ——通过 WEB 上网:用户通过 WWW 网页的菜单选择需要的交通信息并提交给网络;
  ——客户端方式:用户在已经安装好的客户端上选择所需的交通信息并提交给网络;
  ——其他。

- 系统下发所要的交通信息,具体方式有:
  ——短信:系统将所要发布的交通信息以文本语言的形式进行描述,通过一条或者多条短信发送给用户;
  ——彩信:系统将所要发布的交通信息以文本、图片、语音、动画的形式进行组合封装,通过一条或者多条彩信发送给用户;
  ——WAP Push 链接:系统将所要发布的交通信息以网页内容的形式生成后,将网络链接以短信的形式发送给用户,用户点击链接即可获取所需要的信息;
  ——语音:系统将所要发布的交通信息直接以语音播报的方式发送给用户;
  ——视频流:系统将所要发布的交通信息制作成视频画面后发送给用户;
  ——WAP 显示:系统在 WAP 页面上显示用户需要的交通信息;
  ——WEB 显示:系统在 WEB 页面上显示用户需要的交通信息;
  ——其他。

- 用户发起请求的方式与系统下发信息的方式的对应关系:
  ——用户以短信形式发起请求,系统返回信息的方式包括:短信、彩信、WAP Push 链接、语音、视频流等;
  ——用户以彩信形式发起请求,系统返回信息的方式包括:彩信、WAP Push 链接、语音、视频流等;
  ——用户以语音方式发起请求,系统返回信息的方式包括:短信、彩信、语音播报等方式;
  ——用户在 WAP 界面发起请求,系统返回信息的方式以 WAP 为主,同时还可能有短信、彩信、语音、视频流等方式;
  ——用户在 WAP 界面发起请求,系统返回信息的方式包括:WEB、短信、彩信、语音、视频流等方式;
  ——用户使用客户端发起请求,系统返回信息的方式以客户端为主。

ICS 01.040.47
U 04

GB

中华人民共和国国家标准

GB/T 29112—2012

船舶防污染术语

Terminology for the prevention of pollution from ships

2012-12-31 发布　　　　2013-07-01 实施

中华人民共和国国家质量监督检验检疫总局
中国国家标准化管理委员会　发布

前　言

本标准按照 GB/T 1.1—2009 给出的规则起草。

本标准由中国船舶重工集团公司提出。

本标准由全国船用机械标准化技术委员会海上环境保护分技术委员会(SAC/TC 137/SC 9)归口。

本标准起草单位为中国船舶重工集团公司第七〇四研究所、东台市东方船舶装配有限公司。

本标准主要起草人:盛伟群、张海燕、梅东兴。

船舶防污染术语

1 范围

本标准规定了船舶油污水处理、船舶生活污水处理、船舶垃圾处理、船舶压载水处理、油船洗舱、防止有毒液体污染、海上溢油处理和船舶大气污染防治等专业领域的术语。

本标准适用于各类船舶及海洋平台防污染系统和装置的设计、科研、生产、贸易和教学。

2 规范性引用文件

下列文件对于本文件的应用是必不可少的。凡是注日期的引用文件，仅注日期的版本适用于本文件。凡是不注日期的引用文件，其最新版本(包括所有的修改单)适用于本文件。

GB/T 21478—2008 船舶与海上技术 海上环境保护 溢油处理相关术语

3 通用术语

3.1

海洋环境污染损害 damage of marine environment pollution

直接或间接地把物质或能量引入海洋环境，产生损害海洋生物资源，危害人体健康，妨碍渔业和海上其他合法活动，污染海水或降低环境质量等有害影响。

3.2

油类 oil

包括原油、燃油、油泥、油渣和炼制品(石油化学品除外)在内的任何形式的石油。

3.3

油性混合物 oily mixture

含有任何油分的混合物。

3.4

排放 discharge

把固体或液体污染物排放入海洋的行为，包括漏出、处理、溢出、渗漏、泵出、冒出或排出，不包括勘探、开发、科研过程中的排放行为。

3.5

倾倒 dumping

通过各类船舶及海洋平台向海洋抛弃废弃物或其他有害物质的行为。

3.6

操作性排放 operational discharge

船舶正常作业中，将机器处所含油舱底水、液货船货物区域的压载水和洗舱水、船舶生活污水和船舶垃圾排放入海洋的行为。

3.7

事故性排放 accidental discharge

船舶发生碰撞、搁浅、触礁、爆炸等严重的船舶事故，造成液货舱破裂，液体货物外溢；或是在供液作业中的跑、冒、滴、漏造成海洋污染的行为。

3.8

船上焚烧 shipboard incineration

船舶正常作业时产生的废弃物或其他物质在船上进行焚烧处理的行为。

4 船舶油污水处理术语

4.1

防止油类污染系统 oil pollution prevention system

由防止油类污染设备及其附件组成，用于减少和控制船舶的油类污染海洋环境的系统。

4.2

排油监控系统 oil discharge monitoring and control system

监控含油压载水或其他油污水从货舱区域排入海中的系统，其一般由油分浓度计、流速指示系统、船速指示装置、船舶位置指示装置、取样系统、舷外排放控制、起动连锁以及控制部分等组成。

4.3

舷外排放控制 overboard discharge control

在报警条件下自动按程序停止排放物向舷外排放，并在整个报警期间防止排放的装置。该装置可设计成关闭舷外阀或终止相关的泵。

4.4

起动连锁 starting interlock

使用排油监控系统时，在监控系统充分运行前，防止排放阀打开或防止其他等效装置进行运行的设备。

4.5

油/水界面探测器 oil/water interface detector

能自动分辨出油污水中油和水的分界面的专用传感器。

4.6

油水分离器 oily water separator

采用物理、化学及生物处理等方法从油污水中将油分离出来的装置。

4.7

油分离机 oil separator/purifier

离心分油机

利用高速旋转产生的离心力清除油料中水分和杂质的机械。

4.8

油分浓度计 oil content meter

检测油污水的含油量的设备。

注：该设备的测定方法主要基于光学的原理。

4.9

舱底水 bilge water

机舱内冷却系统中海、淡水泄漏，燃、滑油系统中燃油、滑油泄漏，蒸气供热系统中凝水泄漏，各种泵轴封处的泄漏，有关机械设备的泄放水和洗涤水，以及维护工作产生的水，汇集于舱底水系统（包括舱底水阱、舱底水管系、内底或舱底水储存柜），形成一种含有船舶所使用的各种油类和固体杂质等的油水混合液。

4.10

含油舱底水　oily bilge water

船舶机器处所中的渗漏或维护工作产生的被油污染的水。

4.11

舱底水综合处理系统　integrated bilge water treatment system, IBTS

通过设备和管路的布置，将机舱处所产生的油、水分别收集，尽可能避免油、水混合而成为舱底水/舱底油污水，从而最大程度地减少船舶机舱产生舱底水/舱底油污水的一种系统。

注：该系统同时还可提供残油(油泥)的综合处理方法。

4.12

15 ppm 舱底水分离器　15 ppm bilge water separator

处理来自机器处所舱底的一切油性混合物，可以是一个分离器，一个过滤器，一个凝聚过滤器或其他装置的任意组合，使其流出物的含油量不超过 15 ppm 的单一装置。

注：ppm——每百万分水中的含油量(体积)，单位为 mL/m^3

4.13

残油(油泥)　oil residue (sludge)

船舶正常操作过程中产生的残余废油产物，如由主机或辅机的燃油或润滑油净化产生的残余废油产物，来自滤油设备的分离废油，滴油盘收集的废油，以及废弃液压油和润滑油。

4.14

残油(油泥)舱　oil residues(sludge)tank

为避免舱底水含油量的增加，特设置存放残油(油泥)的舱柜，以便使用净化燃油及润滑时排出的残油(油泥)以及主辅机械的泄漏残油不流入舱底水中。

注：通过标准排放接头和其他任何认可的处理措施可从该舱直接处理油泥。

4.15

污油水舱　slop tank

专用于收集舱柜排出物、洗舱水和其他油性混合物的舱柜。

4.16

含油舱底水储存柜　oily bilge water holding tank

在排放、过驳或处理前收集含油舱底水的舱柜。

4.17

油类标准排放接头　oil standard discharge connection

为了使岸上接受设备的管路与船上机舱舱底和油泥舱残余物的排放管路相连结的接头。

4.18

重力分离　gravity segregate

在重力场作用下，利用油和水的比重差而将彼此分离的油污水处理方法。

4.19

聚结分离　coalescence segregate

当油污水通过聚结分离元件时，油污水中的微细珠被聚结成较大的油粒，并利用外力作用下，油粒脱离粗粒化元件表面，利用油和水比重差，克服阻力迅速上浮，达到油水分离的油污水处理方法。

4.20

过滤法　filtrate method

使油污水通过多孔性过滤元件，将油挡住，让水通过而得以分离的油污水处理方法。

4.21

吸附法　adsorption method

利用多孔性的固体吸附材料直接吸附油污水中的油粒以达到油与水分离的油污水处理方法。

4.22

油量瞬间排放率　instantaneous rate of discharge of oil content

任一瞬间每小时排油的升数除以同一瞬间船速节数之值。

4.23

专用压载舱　segregated ballast tank,SBT

专门用来装载压载水的舱,具有独立的泵和管系,与货油舱管系及燃油系统完全分离。

4.24

清洁压载舱　clean ballast tank,CBT

某一货舱经过彻底清洗后改作为压载舱,用于装载压载水,而对其结构、泵和管系未作变动(泵和管路系统可仍与货油系统共有)。

4.25

专用压载水　segregated ballast water

专门装入专用压载舱的水。

4.26

清洁压载水　clean ballast water

一个舱内的压载水,该舱自上次装油后,已清洗到以至倘若在晴天从一静态船舶将该舱中的排出物排入清洁而平静的水中,不会在水面或邻近的岸线上产生明显的痕迹,或形成油泥或乳化物沉积于水面以下或邻近的岸线上。

4.27

专用压载舱容量　capacity of segregated ballast tank

不依靠货油舱内额外加装压载水而能使船舶在正常压载航行的容量。

4.28

专用压载舱保护位置　segregated ballast tank protection location

在货舱长度范围内的易损部位,合理布置专用压载舱,以提供在船舶发生搁浅或碰撞时防止油类外流的保护措施。

4.29

国际防止油污证书　international oil pollution prevention certificate,IOPP

经主管机构认可,证明船舶防止油类污染符合国际公约要求的证书。

5　船舶生活污水处理术语

5.1

生活污水　sewage

船上生活设施所排出的废水,系指:

1)　任何型式的厕所和小便池的排出物和其他废弃物;

2)　医务室(药房、病房等)的面盆、洗澡盆和这些处所排水孔的排出物;

3)　装有活畜禽货的处所的排出物;

4) 混有上述排出物的其他废水。

注：生活污水也俗称"黑水"。

5.2

灰水 grey water

船上排出的洗碟水、淋浴水、洗衣水、洗澡水以及洗脸水等。

5.3

生活污水系统 sewage system

经主管机关认可的生活污水处理装置、生活污水粉碎和消毒系统或生活污水贮存系统。

5.4

生活污水处理装置 sewage treatment plant

对生活污水进行净化和消毒处理并经主管机关型式认可符合国际海事组织(IMO)制定的标准和试验方法的装置。

5.5

生活污水粉碎消毒系统 sewage comminuting and disinfecting system

接收生活污水，通过粉碎泵反复进行粉碎，同时加入相应化学药品进行消毒后，排出舷外的系统。

5.6

生活污水贮存系统 sewage storage system

用于暂时收存船上生活污水，待港口派船回收，或当船舶航行到非限制海域时再通过污水泵排出舷外的系统。

5.7

真空收集系统 vacuum toilet system

采用特殊的真空型便器和产生真空的装置，利用空气的压力差输送污水。

5.8

常规重力收集系统 gravity toilet system

采用常规重力型便器，使用大量的水冲洗便器，并借助重力输送污水。

5.9

集污舱 holding tank

用于暂时收集和储存生活污水的舱柜。

5.10

生活污水标准排放接头 sewage standard discharge connection

为了使岸上接受设备的管路与船上生活污水的排放管路相连结的接头。

5.11

生物化学处理法 biochemical process

在污水中创造理想的生物生存条件，使微生物大量繁殖，依靠生物的消解作用，使污水中的有机污染物转变成二氧化碳及其他无机物质的方法。

5.12

物理化学处理法 physical-chemical process

通过机械方法将污水中固体和液体分离，采用化学凝聚、电解凝聚沉淀、过滤消毒等手段消除水中有机污染物的方法。

5.13

国际防止生活污水污染证书 international sewage pollution prevention certificate，ISPP

经主管机构认可，证明船舶防止生活污水污染符合国际公约要求的证书。

6 船舶垃圾处理术语

6.1

船舶垃圾 ship garbage

产生于船舶正常营运期间并需要持续或定期处理的各种食品、日常用品和工作用品的废弃物(不包括鲜鱼及其各部分),一般指:

1) 塑料制品;
2) 漂浮的垫舱物料、衬料、包装材料;
3) 粉碎的纸制品、碎布、玻璃、金属、瓶子、陶器等;
4) 货物残余、纸制品、碎布、玻璃、金属、瓶子、陶器等;
5) 食品废弃物;
6) 焚烧炉灰渣;
7) 烹调油;
8) 渔具;
9) 船舶正常操作过程中产生的动物尸体。

6.2

可排放垃圾 discharge garbage

经过粉碎处理的船舶垃圾,且符合国际海事公约可直接排入海洋的垃圾,如纸制品、碎布、玻璃。

6.3

不可排放垃圾 no discharging garbage

必须经过焚烧处理,或岸上排放的船舶垃圾,如废弃塑料制品。

6.4

焚烧炉 incinerator

用于焚烧在结构上接近生活废弃物的固体废弃物,以及由船舶作业而产生的液体废弃物的装置。利用热氧反应处理船上的固体和液体垃圾,一般分为分批装料和连续进料两种。

注:该装置可设计成利用或不利用其产生的热量。

6.5

生活废弃物 domestic waste

各种食品废弃物和来源于船上生活处所的废弃物。

6.6

食品废弃物 food waste

船舶厨房和用餐场所的变质或未变质的食品,如水果、肉制品等,以及由这些废弃物污染过的物质。

6.7

货物装卸废弃物 cargo-associated waste

船舶上货物堆装和装卸过程中所产生的各种废弃物和货运附带废弃物,如垫舱材料、托盘、衬垫和填料等。

6.8

维修废弃物 maintenance waste

当船舶维修和运行时,由轮机部和甲板部收集的物质,如烟垢、脱落的油漆、甲板清扫物等。

6.9

货物残余物 cargo residues

货运残留物

在装卸载过程中留存在甲板上或货舱中的货物残余，包括过量或溢出的装卸载货物(无论干、湿以及是否含有甲板冲洗水)，但不包括清扫后的甲板货物粉尘或船舶表面灰尘。

6.10

操作性废弃物　operational waste

作业废弃物

船舶日常维护或运行过程中产生的废弃物，或货物配载和装卸产生的废弃物，以及甲板冲洗水中所含的清洁剂和添加剂，不包括灰水、舱底水、或类似的船舶操作必不可少的排放。

6.11

垃圾收集　garbage collection

根据船舶在航行中可排放于海洋中的垃圾范围，采用分类收集方法收集船上产生的垃圾。

6.12

垃圾处置　garbage processing

根据船舶类型、航行区域、船员配备等情况，船上可选用焚烧炉、压实装置、粉碎装置或其他适当设备对船上的垃圾进行处置。

6.13

垃圾打包装置　garbage pack plant

将船上的垃圾收纳至垃圾袋并封存的装置，便于垃圾的存放和处置。

6.14

垃圾压实装置　garbage compact plant

将船上的垃圾压缩，便于贮存和卸至港口接收设备或在允许排放范围内进行处理的装置。

6.15

垃圾粉碎装置　garbage comminute plant

将船上垃圾捣碎，便于可排放垃圾的排放或不可排放垃圾的压实处理的装置。

6.16

垃圾记录簿　garbage record book

用于记录垃圾每次排放作业或完成焚烧处理作业，并由主管高级船员在焚烧或排放当日签署的记录本。

6.17

垃圾管理计划　garbage management plan

船上备有的针对收集、储藏、加工和处理垃圾以及船上设备使用的书面程序。

7　船舶压载水处理术语

7.1

船舶压载水管理　ballast water management，BWM

单独或合并的机械、物理、化学和生物处理方法，以清除、无害处置、避免摄入或排放压载水和沉积物中的有害水生物和病原体。

7.2

船舶压载水管理计划　ballast water management plan，BWMP

存放于船上的用于描述特定船舶的压载水管理过程和实施程序的文件。

注：BWMP 的内容应按国际海事组织(IMO)《国际船舶压载水和沉积物控制和管理公约》中 B-1 条进行编制。

7.3

压载水管理系统　ballast water management system，BWMS

对压载水进行处理使其达到或高于公约规定的压载水性能标准的任何系统，一般包括压载水处理设备、所有相关控制设备、监测设备以及取样设备。

注：该系统处理后的压载水需满足《国际船舶压载水和沉积物控制和管理公约》中 D-2 条的要求。

7.4

压载水处理设备　ballast water treatment equipment

采用单独或合并的机械、物理、化学或生物处理方法以清除、无害处置或避免摄入或排放压载水和沉积物中的有害水生物和病原体的设备。

7.5

有害水生物和病原体　harmful aquatic organisms and pathogens

若被引入海洋包括河口，或引入淡水河道，则可能危害环境、人体健康、财产或资源，损害生物多样性或妨碍该区域的其他合法利用的水生物和病原体。

7.6

活性物质　active substance

一种物质或水生物，包括病毒或真菌，其对有害水生物和病原体有一般的或特定的作用或抑制作用。

7.7

活性有机物　viable organisms

存活的有机物及其任何生命阶段。

7.8

压载舱　ballast tank

注入舷外水来调整船的重心位置、浮态及纵横倾，改善船舶航行性能的舱。

7.9

压载水　ballast water

为控制船舶横倾、纵倾、吃水、稳性或应力而加装到船上的水及悬浮物质。

7.10

压载水容量　ballast water capacity

船上用于装载、加装或排放压载水的任何液舱、处所或舱室（包括被设计成允许承载压载水的任何多用途液舱、处所或舱室）的总体积容量。

7.11

取样设备　sampling facilities

对已经处理或未经处理的压载水进行取样的装置。

7.12

压载水置换　ballast water exchange

在船舶进入目的港之前，在远离海岸的地方将压载水更换掉，其基于生活在远海的生物不能在近海中生活的前提下成立的。现一般分为顺序法、溢流法和稀释法等三种方法。

注：《国际船舶压载水和沉积物控制和管理公约》中 B-4 条规定了压载水置换的要求。

7.13

顺序法　sequential method

排空法　exhaust method

先将用于装载压载水的压载舱抽空，然后用替换的压载水重新注满的过程，以达到置换率至少为压载水体积的 95%。

7.14

溢流法　flow-through method

将替换的压载水泵入用于装载压载水的压载舱，而允许水从溢流口或其他装置流出的过程。采用该方法时，在深海由泵向已注满的压载水舱注水，让水溢流，至少应以 3 倍该舱容积的水量流经该舱。

7.15

稀释法　dilution method

替换的压载水从用于装载压载水的压载水舱顶部注入并同时以相同流速从底部排出的过程，舱内水位在压载水更换作业全过程中保持不变。

7.16

压载水记录簿　ballast water record book

用于记录船舶压载水的处理作业，其可以是电子记录系统，或可以是其他记录簿或系统的一部分。

注：《国际船舶压载水和沉积物控制和管理公约》中 B-2 条规定了压载水记录簿的内容。

7.17

额定处理功率　treatment rated capacity，TRC

压载水管理系统每单位时间处理压载水的数量，单位为 m^3/h。

7.18

国际压载水管理证书　international ballast water management certificate

经主管机构认可，证明船舶压载水管理措施符合国际公约要求的证书。

8　油船洗舱术语

8.1

洗舱系统　tank cleaning system

对船舶各有关舱室进行冲刷和清洗的系统。一般由洗舱泵、洗舱机、海水预热器及其管路等组成。

8.2

原油洗舱　crude oil washing，COW

利用所载货油中的一部分原油在高压下通过洗舱机喷射到货舱内，借以把附着在货舱的垂直舱壁、垂直大型主要构件、水平梁以及沉积在舱底的原油油泥清洗掉，并依靠原油本身所具有的溶解作用，使油泥溶解在原油中，然后通过货油泵将这些油泥连同原油一起卸往岸上油库。

8.3

洗舱机　tank washing machine

利用水或原油的流动冲击油舱表面来达到清洗油舱的机械设备。

8.4

扫舱装置　stripping plant

在货油舱内的原油即将卸空时，为能排除溶解于原油沉渣的高黏度残油而专门设置的装置。

8.5

扫舱泵　stripping pump

油船卸货完成后，通过一条扫舱管，抽吸舱里的存留货油和管路中的货油的专用泵。

8.6

统洗　all-around clean

在卸油完毕后所进行的一次洗舱，即全面清洗。

8.7

预洗　prewash

利用海水或淡水通过洗舱机将舱壁、舱底和舱顶的残油和油渣清除掉。

8.8

冲洗　flushing

用热水或冷水通过洗舱机对油舱进行冲刷。该作业在预洗之后进行。

8.9

分段清洗　section clean

在卸油的同时根据需要,进行多于一次的清洗,一般分为上、中、下阶段,或上、下阶段。

8.10

清洗循环次数　circulation times of cleaning

为达到理想的清洗效果,需对油舱进行重复清洗的次数,其一般由油舱内的锈蚀和沉渣情况、洗舱设备机械效率的高低等因素确定。

8.11

惰性气体系统　inert gas system,IGS

将氮气、二氧化碳等惰性气体充注到油舱内以防止油舱爆炸的装置系统。

8.12

洗涤塔　clean tower

将船舶锅炉烟气进行冷却和清洗,并清除二氧化碳和固体颗粒的装置。

8.13

甲板水封　deck water segregate

在惰性气体系统中,防止碳氢化合物等可燃气体在船舶各种工况下,由货舱通过惰性气体总管倒流到机舱和锅炉烟道的装置。

8.14

压力/真空阀　pressure/vacuum valve

呼吸阀　breather valve

在惰性气体系统中,为防止在舱内压力达到一定数值以上而处于过压状态时,将气体排到大气中,并将压力降到一定数值以下的负压力状态时,又能将大气吸入到舱内,从而调整舱内压力,防止船体受到损伤而设置的阀。

9　防止有毒液体污染术语

9.1

有毒液体物质　noxious liquid substances

从船上排放入海,将对海洋资源或人类健康产生危害的液体。

9.2

有毒液体物质分类　categorization of noxious liquid substances

有毒液体物质一般分为4类:

a)X类　——这类有毒液体物质如从洗舱或排除压载的作业中排放入海,将被认为会对海洋资源或人类健康产生重大危害,因而严禁向海洋环境排放该类物质;

b)Y类　——这类有毒液体物质如从洗舱或排除压载的作业中排放入海,将被认为会对海洋资源或人类健康产生危害,或对海上的休憩环境或其他合法利用造成损害,因而对排放入海的该类物质的质和量应采取限制措施;

c)Z类 ——这类有毒液体物质如从洗舱或排除压载的作业中排放入海，将被认为会对海洋资源或人类健康产生较小的危害，因而对排放入海的该类物质应采取较严格的限制措施；

d)其他物质(OS)——这类物质从洗舱或排除压载的作业中排放入海，目前认为对海洋资源、人类健康、海上的休憩环境或其他合法利用并无危害。

9.3

有效扫舱 efficient stripping

通过合理的布置泵吸扫舱系统，使每个舱内及其相关泵和管路内的残余物(X类、Y类、Z类)不超过相应要求含量的扫舱。

9.4

泵吸扫舱系统 pumping stripping system

由泵和管系组成的扫舱系统。

9.5

强制预洗 mandatory prewash

对已卸完X类物质货物的货舱，或Y类高黏度或凝固物质，或Y、Z类物质没有按船旗国主管机关批准的有关要求进行卸载，在船舶离开卸货港口之前，应按船旗国主管机关批准的“预洗程序”加以清洗，除非在满足特定要求的情况下，卸货港主管机关应船长要求予以免除。

9.6

扫舱量 stripping quantity

通过水试验确定的液货舱、泵及管系内的残余物量。

9.7

水性能试验 water test

水试验

为了证明船舶可进行有效扫舱，扫舱系统必须用水作为试验介质进行试验，确定液货舱、泵及管系内的残余物量的试验。

9.8

残余物 residue

任何需处理的有毒液体物质。

9.9

高黏度物质 high-viscosity substance

在卸货温度下黏度不小于50 mPa·s的X或Y类有毒液体物质。

9.10

低黏度物质 low-viscosity

非高黏度物质的有毒液体物质。

9.11

国际防止散装运输有毒液体物质污染证书 international pollution prevention certificate for the carriage of noxious liquid substances in bulk

经主管机构认可，证明有毒液体运输船舶防止污染措施符合国际公约要求的证书。

10 海上溢油处理术语

GB/T 21478—2008规定的术语适用于本章。

10.1

油污染事故　oil pollution incident

在同一个或多个地区发生的可能溢油引起破坏海洋环境的事件或一系列事件，这些事件要求紧急处理或采取其他应急措施。

10.2

船上油污应急计划　shipboard oil pollution emergence plan，SOPEP

以控制或减少油类排放或减轻其危害，而采取必要措施的预案。

注：国际海事组织(IMO)发布的《经1978年议定书修订的1973年国际防止船舶造成污染公约》(简称MARPOL公约)附则Ⅰ第37条规定每艘150总吨及以上的油船和每艘400总吨及以上的非油船，应备有主管机关认可的SOPEP。

10.3

应急预案　contingency plan

对可能发生的溢油事故预先准备的应对方案。

10.4

油带　windrows

通常在溢油后形成的与风向一致的窄带，是溢油发生几个小时后(或大的溢油事故发生几天后)的典型现象。

10.5

溢油回收系统　oil spill recovery system

用于回收溢油的多个设备所组成的系统。

10.6

围油栏　boom

用于控制漂浮物体(如泄漏的石油)移动的机械性漂浮围栏。

10.7

撇油器　skimmers

从水的表面撇走油的装置。

10.8

临时储存设备　temporary storage device

用于临时储存被回收液体的设备。

10.9

原地燃烧　in situ burning

海上浮油在水面适当的位置直接燃烧。

10.10

流体回收率　fluid recovery rate，FRR

每个时间单位内回收流体总量。

注：流量以单位小时立方米表示(m^3/h)。

10.11

回收效率　recovery efficiency，RE

回收的测试流体(油或乳化剂)与回收的流体总额之间的比率。

注：比率以百分数表示。

10.12

油回收率　oil recovery rate，ORR

每一个时间单位里回收的试验流体的总量。

注：流量以单位小时立方米表示(m^3/h)。

11 船舶大气污染防治术语

11.1

船舶大气污染 air pollution from ship

船舶在运输生产过程中，由于燃烧排放和操作性排放，向周围大气环境排放了诸如挥发性有机物、二氧化碳、氮氧化物等污染气体，并最终造成对大气环境的物理或化学性污染。

11.2

消耗臭氧物质 ozone-depleting substances，ODS

船舶排放出的对臭氧层有危害的污染气体，如溴氯二氟甲烷、三氯氟甲烷等气体。

11.3

消耗臭氧潜能值 ozone-depleting potential value

反映船舶排放出的污染气体对臭氧层的破坏程度。

11.4

排放控制区 emission control area

要求对船舶排放采取特殊强制措施以防止、减少和控制 NO_x、SO_x 和颗粒物质造成大气污染以及随之对人类健康和环境造成不利影响的区域。

11.5

选择性催化还原 selective catalytic reduction，SCR

用氨等有效气体作为还原剂，喷入柴油机排气管道，在特定的排气温度下有选择地对 NO_x 进行催化还原处理，将其中的氮分离出来成为无害的 N_2 和水蒸气的系统，该系统一般包括 SCR 反应器、氨水溶液喷射器、压缩空气系统、泵、氨水溶液储存罐、NO_x 分析仪及监控系统。

11.6

挥发性有机化合物 volatile organic compounds，VOC

油船在满载航行、装卸、洗舱过程中，原油自然挥发到大气的有机物。

11.7

废气滤清 exhaust gas cleaning，EGC

将船舶 SO_x 排放总量减少至规定的排放量的措施。

11.8

废气再循环 exhaust gas recirculation，EGR

船舶发动机一部分排气引回进气管，与新鲜空气混合进入汽缸作为工作介质参加汽缸内的热循环。

11.9

油气挥发控制系统 vapour emission control system

通过对装卸油时所产生的油气加以控制收集回收，并输送到岸上进行处理，以防止油气中的胫类气体化物扩散到大气中去的系统。

11.10

净油吸附法 clean oil adsorption method

利用减小挥发性有机化合物蒸气压力的原理，在一定的压力下，通过凝聚和冷却，将挥发性有机化合物转移到净油中回收的方法。

11.11

燃油燃烧装置 fuel oil combustion unit

除船上焚烧炉之外的任何发动机、锅炉、燃气轮机或其他燃油燃烧设备。

11.12

连续进料 continuous feeding

当船上焚烧炉在正常操作条件下，燃烧室工作温度在 850 ℃～1 200 ℃时，无需人工辅助将废弃物自动送入燃烧室的过程。

11.13

船上监测手册　onboard monitoring manual,OMM

用于船上废气、洗涤水的排放监测,以及相关设备的操作、维护和校准的手册。

注:该手册需经相关主管机关认可。

11.14

国际防止空气污染证书　international air pollution prevention certificate,IAPP

经主管机构认可,证明船舶废气排放符合国际公约要求的证书。

中　文　索　引

H

J

K

L

P

Q

R

S

T

W

X

Y

Z

英 文 索 引

A

B

C

D

E

F

G

H

I

ICS 03.220.40
R 51

中华人民共和国国家标准

GB/T 29113—2012

海上救助船舶设备配置技术要求

Technical requirements for equipments of maritime rescue vessels

2012-12-31 发布　　2013-07-01 实施

中华人民共和国国家质量监督检验检疫总局
中国国家标准化管理委员会　发布

前　言

本标准按照 GB/T 1.1—2009 给出的规则起草。

本标准由中华人民共和国交通运输部提出。

本标准由交通运输部救捞与水下工程标准化技术委员会归口。

本标准起草单位:交通运输部东海救助局、上海海事大学。

本标准主要起草人:尤庆华、肖宝家、莫剑英、王心智。

海上救助船舶设备配置技术要求

1 范围

本标准规定了海上救助船舶救助设备配置的技术要求。

本标准适用于中华人民共和国所属专业从事海上救助的船舶,也适用于等同的兼有海上救助功能的其他公务船。

2 规范性引用文件

下列文件对于本文件的应用是必不可少的。凡是注日期的引用文件,仅注日期的版本适用于本文件。凡是不注日期的引用文件,其最新版本(包括所有的修改单)适用于本文件。

GB/T 11412.1 海船安全开航技术要求 第1部分:一般要求

3 术语和定义

GB/T 11412.1 界定的以及下列术语和定义适用于本文件。

3.1

海上救助船舶 maritime rescue vessels

以海上救助为目的,随时接受救助指令出动执行救助任务的船舶。

海上救助船舶包括沿海高速救助船、近海快速救助船和海洋救助船。

4 海上救助船舶设备配置基本要求

4.1 海上救助船舶应符合 GB/T 11412.1 的要求。

4.2 海上救助船舶应具备对海上求生和遇险单元实施救助作业的技术条件,包括船舶性能、适航状态、船舶应配备的救助、救生器材设备最低限额和船员的救助技能等。

4.3 海上救助船舶应按相应航区的要求办妥所需的船舶证书、船员证书和其他必备文本。

4.4 海上救助船舶船体重载水线以上的颜色应为白色或橙色。

5 沿海高速救助船设备配置技术要求

5.1 作业抗风浪等级

沿海高速救助船作业抗风浪等级为蒲氏六级风,五级海况。

5.2 救护设施

沿海高速救助船应配备快速拯救伤、病员及落水人员的救助设施,足够的医疗器械,以及能满足急救、包扎及简易治疗需要的医疗用品。

5.3 航行设备

沿海高速救助船应配备雷达、陀螺罗经、电子海图显示和信息系统(ECDIS)、航海警告值班机

(NAVTEX)和GPS导航仪等各一台。

5.4 通信设备

沿海高速救助船应配备便携式防水甚高频对讲机(全频道)不少于四部,便携式对空对讲机两部,固定式大功率甚高频无线电话(VHF)一台。

5.5 摄、录像设备

沿海高速救助船应配备防水数码照相机一台、防水数码摄像机一台、收录机一台、录音笔两支。

5.6 搜寻救生设备

沿海高速救助船应配备如下搜寻救生设备:

a) 红外望远镜一只,高性能强光远程扫海灯两套;
b) 悬挂式专用攀爬网一套;
c) 高性能抛缆枪两套,高强度漂浮缆两根;
d) 空气式抛投枪一套,配多个充气式救生圈;
e) 救生圈十只(根据不同用途配救生绳、自亮灯、烟火信号自亮灯等);
f) 保温救生服两套,充气式救生衣20件,其中儿童救生衣不少于三件;
g) 软硬担架各一副;
h) 满足不少于五名获救人员御寒的棉大衣、毛毯、毛巾、棉毛内衣裤等。

5.7 抽水设备

沿海高速救助船应配备潜水泵两台,供电电缆300 m,电源控制箱一只,快速接头六套。

6 近海快速救助船设备配置技术要求

6.1 作业抗风浪等级

近海快速救助船作业抗风浪等级为蒲氏六级风,五级海况。

6.2 救护设施

近海快速救助船应配备快速拯救伤、病员及落水人员的救助设施,在船舶中前部设置包括手术室在内的医疗室,配备足够的医疗器械,以及能满足急救、包扎及简易治疗需要的医疗用品。

6.3 航行设备

航行设备应符合5.3的规定。

6.4 通信设备

近海快速救助船应配备便携式防水甚高频对讲机(全频道)不少于四部,便携式对空对讲机两部,海事卫星船站C站和F站各一台。

6.5 摄、录像设备

摄、录像设备配备应符合5.5的规定。

6.6 搜寻救生设备

近海快速救助船应配备如下搜寻救生设备：

a) 红外望远镜一只，高性能强光远程扫海灯两套；

b) 固定式红外搜寻系统一套；

c) 悬挂式救生捞网两套，救生攀爬网两套；

d) 救生吊篮一只；

e) 充气式救生平台一套；

f) 高性能抛缆枪两套，高强度漂浮缆两根；

g) 空气式抛投枪两套，每套配多个充气式救生圈；

h) 救生圈十只(根据不同用途配救生绳、自亮灯、烟火信号自亮灯等)；

i) 保温救生服两套，充气式救生衣 20 件，其中儿童救生衣不少于三件；

j) 软硬担架各一副；

k) 满足不少于十名获救人员御寒的棉大衣、毛毯、毛巾、棉毛内衣裤等；

l) 高速(≥28 kn)救助艇不少于一艘。

6.7 抽水设备

近海高速救助船应配备潜水泵四台，供电电缆 300 m，电源控制箱一只，快速接头八套。

7 海洋救助船设备配置技术要求

7.1 设备配置

7.1.1 主机功率 6 000 kW(不含)以下

7.1.1.1 主机功率 6 000 kW(不含)以下的海洋救助船应配备：

a) 旋转式起重机一台；

b) 双滚筒拖缆机一台，并配备拖力计；

c) 对外供电、供水、供油的装置和设备；

d) 收放式减摇鳍不少于一对；

e) 可控被动式减摇水舱设备一套；

f) 首侧向推进装置一套，尾侧向推进装置一套；

g) 高海况(巨浪)高速(≥28 kn)救助艇两艘及其收放装置。

7.1.1.2 主机功率 6 000 kW(不含)以下的海洋救助船作业抗风浪等级为蒲氏十级风，七级海况。

7.1.2 主机功率 6 000 kW～8 000 kW(不含)

7.1.2.1 主机功率 6 000 kW～8 000 kW(不含)的海洋救助船应配备：

a) 旋转式起重机一台；

b) 双滚筒拖缆机一台，并配备拖力计；

c) 对外供电、供水、供油的装置和设备；

d) 收放式减摇鳍不少于一对；

e) 可控被动式减摇水舱设备一套；

f) 首侧向推进装置不少于一套，尾侧向推进装置一套；

g) 高海况(巨浪)高速(≥28 kn)救助艇两艘及其收放装置；

h) 海上救助直升飞机起降平台及其配套安全设施一座。

7.1.2.2 主机功率6 000 kW～8 000 kW(不含)的海洋救助船作业抗风浪等级为蒲氏十二级风,八级海况。

7.1.3 主机功率8 000 kW及以上

7.1.3.1 主机功率8 000 kW及以上的海洋救助船应配备:

a) 旋转式起重机一台;

b) 双滚筒拖缆机一台,并配备拖力计;

c) 对外供电、供水、供油的装置和设备;

d) 收放式减摇鳍不少于一对;

e) 可控被动式减摇水舱设备一套;

f) 首侧向推进装置两套,尾侧向推进装置一套;

g) 高海况(巨浪)高速(≥28 kn)救助艇两艘及其收放装置;

h) 海上救助直升飞机起降平台及其配套安全设施一座。

7.1.3.2 主机功率8 000 kW及以上的海洋救助船作业抗风浪等级为蒲氏十二级风,九级海况。

7.2 救护设施

救护设施应符合6.2的规定。

7.3 航行设备

海洋救助船应配备雷达、陀螺罗经、电子海图显示和信息系统(ECDIS)、航海警告值班机(NAVTEX)、气象传真机和GPS导航仪等各一台。

7.4 通信设备

海洋救助船应配备:

a) 便携式防水甚高频对讲机(全频道)不少于六部,便携式对空对讲机两部,船舶与直升飞机间的通信设备一台;

b) 海事卫星船站C站和F站各一台;

c) 高宽带卫星通信系统(能进行现场实时图像传送)一套;

d) 与高宽带卫星通信系统联网的远程视频监控系统一套。

7.5 摄、录像设备

海洋救助船应配备高性能数码照相机一台、高性能防水数码照相机一台、高性能数码摄像机一台、高性能防水数码摄像机一台、收录机一台、录音笔两支。

7.6 搜寻救生设备

7.6.1 海洋救助船应配备如下搜寻救生设备:

a) 红外望远镜两只,高性能强光远程扫海灯三套;

b) 悬挂式救生捞网两套,救生攀爬网两套;

c) 软梯两架;

d) 救生吊篮一只;

e) 高性能抛缆枪两套,高强度漂浮缆两根;

f) 空气式抛投枪一套,配多个充气式救生圈;

g）救生圈十只（根据不同用途配救生绳、自亮灯、烟火信号自亮灯等）；

h）保温救生服四套，充气式救生衣不少于 20 件，其中儿童救生衣不少于五件；

i）软硬担架各一副；

j）满足不少于十名获救人员御寒的棉大衣、毛毯、毛巾、棉毛内衣裤等；

k）橡胶充气靠把两只；

l）救助用移动式空压机不少于一台；

m）电焊机两台，气焊和气割工具各一套。

7.6.2 主机功率 8 000 kW 及以上的海洋救助船还应配备：

a）红外夜视仪一台；

b）可移动气胀式滑道一套；

c）可直接抵达手术室的救助电梯一台。

7.7 抽水设备

海洋救助船应配备：

a）移动式潜水泵不少于六台，每台配备胶管两节；

b）供电电缆 300 m，电源控制箱一只，快速接头十套。

7.8 潜水设备

海洋救助船应配备：

a）潜水装具不少于两套；

b）高压充气机一台。

7.9 消防设备

海洋救助船应根据相应的规范配备足够的消防设备：

a）主机功率 6 000 kW（不含）以下的海洋救助船应具备三级对外消防作业能力；

b）主机功率 6 000 kW～8 000 kW（不含）的海洋救助船应具备二级对外消防作业能力；

c）主机功率 8 000 kW 及以上的海洋救助船应具备一级对外消防作业能力。

7.10 海洋救助船燃料及相关人员食品储备量

a）燃料、淡水储备量至少应能维持航行 15 天；

b）除船员食品储备量不少于 15 天外，干菜罐头储备量不少于 10 天；

c）另增加获救人员食品储备量不少于 20 人三天的食用量。

7.11 其他救助物资储备量

海洋救助船应按照表 1 配备其他救助物资。

表 1　救助物资储备定额表

船舶功率 kW	潜水泵 台		封舱木板 m^3		封舱螺栓 根		棉絮 kg	堵漏毯 条	速凝剂 kg	氧气瓶 瓶
	65 mm	100 mm	15 mm	50 mm	20 mm×400 mm	20 mm×600 mm				
<6 000	4	4	0.5	0.5	10	10	20	10	25	6
6 000～8 000	4	4	0.5	0.5	10	10	30	10	50	12
≥8 000	4	4	0.5	0.5	15	15	30	10	50	15

船舶功率 kW	防水席 块		空气胶管连接头 根	吸水胶管连接头 根	乙炔气瓶 瓶	电焊条	木楔	木塞	马钉
	2 m×2 m	3.5 m×3.5 m	65 mm	100 mm					
<6 000	1	1	10	10	2	配备	配备	配备	配备
6 000～8 000	1	1	10	10	4	配备	配备	配备	配备
≥8 000	1	1	10	10	5	配备	配备	配备	配备

参 考 文 献

[1] GB 15304—1994 全球海上遇险安全系统(GMDSS)船用无线电通信设备技术要求
[2] IMO International Convention on Maritime Search and Rescue (SAR), 1979
[3] IMO International Convention for the Safety of Life at Sea (SOLAS), 1974
[4] 中华人民共和国船舶检验局 《船舶与海上设施法定检验规则》 (1999 年)
[5] 中华人民共和国国务院 《国家海上搜救应急预案》 (2006 年)
[6] 中华人民共和国交通部 《交通部海上突发公共事件应急反应程序》 (2007 年)
[7] 中华人民共和国交通运输部 《专业救助船舶调度指挥管理办法》 (2010 年)
[8] 中华人民共和国交通部 《中华人民共和国海船船员适任考试、评估和发证规则》 (2004 年)
[9] 中华人民共和国交通部 《中华人民共和国船舶最低安全配员规则》 (2004 年)

ICS 75.160.20
E 31

中华人民共和国国家标准

GB/T 29114—2012

燃气轮机液体燃料

Specifications of gas turbine fuels

(ISO 4261:1993, Petroleum products—Fuels(Class F)—Specifications of gas turbine fuels for industrial and marine applications, MOD)

2012-12-31 发布 2013-07-01 实施

中华人民共和国国家质量监督检验检疫总局
中国国家标准化管理委员会 发布

前 言

本标准按照 GB/T 1.1—2009 给出的规则起草。

本标准使用重新起草法修改采用 ISO 4261:1993《石油产品　燃料(F 级)　工业及船舶用燃气轮机燃料规格》。

本标准与 ISO 4261:1993 相比，在结构上有较多调整，附录 A 中列出了本标准与 ISO 4261:1993 的章条编号对照一览表。

本标准与 ISO 4261:1993 相比存在技术性差异，附录 B 中给出了相应技术差异及其原因的一览表。

本标准做了下列编辑性修改：

——删除了 ISO 4261:1993 的附录 C(资料性附录)和附录 D(资料性附录)。

本标准由全国石油产品和润滑剂标准化技术委员会(SAC/TC 280)提出。

本标准由全国石油产品和润滑剂标准化技术委员会石油燃料和润滑剂分技术委员会(SAC/TC 280/SC 1)归口。

本标准起草单位：中国石油化工股份有限公司石油化工科学研究院、中国海洋石油总公司中海油气开发利用公司。

本标准主要起草人：龚冬梅、陶志平、付玉娥、王玉海。

燃气轮机液体燃料

警告：如果不遵守适当的防范措施，本标准所属产品在生产、贮运和使用等过程中可能存在危险。本标准无意对与本产品有关的所有安全问题提出建议。用户在使用本标准之前，有责任建立适当的安全和防范措施，并确定相关规章限制的适用性。

1 范围

本标准规定了石油直馏和二次加工产品或其调合产品作为非航空用燃气轮机液体燃料的分类、要求和试验方法、检验规则、标志、包装、运输和贮存及安全。

本标准适用于非航空用的燃气轮机。

2 规范性引用文件

下列文件对于本文件的应用是必不可少的。凡是注日期的引用文件，仅注日期的版本适用于本文件。凡是不注日期的引用文件，其最新版本(包括所有的修改单)适用于本文件。

GB 190 危险货物包装标志

GB/T 260 石油产品水分测定法

GB/T 261 闪点的测定 宾斯基-马丁闭口杯法(GB/T 261—2008,ISO 2719:2002,MOD)

GB/T 265 石油产品运动粘度测定法和动力粘度计算法

GB/T 387 深色石油产品硫含量测定法(管式炉法)

GB/T 508 石油产品灰分测定法(GB/T 508—1985,neq ISO 6245:1982)

GB/T 1884 原油和液体石油产品密度实验室测定法(密度计法)(GB/T 1884—2000,eqv ISO 3675:1998)

GB/T 1885 石油计量表(GB/T 1885—1998,eqv ISO 91-2:1991)

GB/T 3535 石油产品倾点测定法(GB/T 3535—2006, ISO 3016:1974,MOD)

GB/T 4756 石油液体手工取样法(GB/T 4756—1998,eqv ISO 3170:1988)

GB/T 5096 石油产品铜片腐蚀试验法

GB/T 6531 原油和燃料油中沉淀物测定法(抽提法)(GB/T 6531—1986,eqv ISO 3735:1975)

GB/T 6536 石油产品常压蒸馏特性测定法

GB/T 6986 石油浊点测定法(GB/T 6986—1991,eqv ISO 3015:1974)

GB/T 11140 石油产品硫含量的测定 波长色散X射线荧光光谱法

GB/T 12692.3 石油产品 燃料(F类)分类 第3部分 工业及船用燃气轮机燃料品种

GB/T 12700 石油产品和烃类化合物硫含量的测定 Wickbold法(GB/T 12700—1990,neq ISO 4260:1987)

GB 13690 化学品分类和危险性公示 通则

GB/T 17040 石油和石油产品硫含量的测定法 能量色散X射线荧光光谱法

GB 20581—2006 化学品分类、警示标签和警示性说明安全规范 易燃液体

SH/T 0160 石油产品残炭测定法(兰氏法)(SH/T 0160—1992,neq ISO 4262:1978)

SH 0164　石油产品包装、贮运及交货验收规则

SH/T 0172　石油产品硫含量测定法(高温法)

3　产品分类

本标准中燃气轮机液体燃料牌号的划分与GB/T 12692.3是一致的。

4　技术要求和试验方法

4.1　燃料应是均匀的烃类混合物,不含无机酸和其他杂质。使用燃料的地区应重视贮存的条件、处理和贮存期,以保证各类燃料在推荐的贮存和处理的条件下保持均匀。

4.2　本产品的技术要求和试验方法见表1。进入燃气轮机燃烧室的燃料中微量金属限制值参见附录D。

表1　燃气轮机液体燃料的技术要求和试验方法

项　目	质量指标						试验方法
	ISO-F-[a]						
	DST0	DST1 DMT1	DST2 DMT2	DST3 DMT3	RST3 RMT3	RST4 RMT4	
	低闪点石油馏分(石脑油型)	中闪点石油馏分[喷气燃料(煤油)型]	石油馏分(柴油型)	低灰分石油馏分	低灰分残渣燃料或含有石油炼制中重组分的馏分油	包含石油炼制中重组分的石油燃料	
闪点(闭口)/℃　不低于	—	38(陆用) 43(海用)	56(陆用) 60(海用)	56(陆用) 60(海用)	60	60	GB/T 261
运动黏度 40 ℃ /(mm²/s) 100 ℃/(mm²/s)	 ≥1.3 —	 1.3～2.4 —	 1.3～5.5 —	 1.3～11.0 —	 1.3～20.0 —	 — ≤55	GB/T 265
15 ℃密度/(kg/m³)　不大于	报告	报告	880	900	920	996	GB/T 1884 GB/T 1885
馏程 90%(体积分数)回收温度/℃　不高于	288	288	365	—	—	—	GB/T 6536
倾点[b]/℃　不高于	—	−18	−6	报告	报告	报告	GB/T 3535
残炭(质量分数)/%　不大于	0.15(10%蒸余物)	0.15(10%蒸余物)	0.15(10%蒸余物)	0.25	1.50	报告	SH/T 0160
灰分(质量分数)/%　不大于	0.01	0.01	0.01	0.01	0.03	0.15	GB/T 508

表 1（续）

项目	质量指标 ISO-F-[a] DST0 低闪点石油馏分（石脑油型）	DST1 DMT1 中闪点石油馏分［喷气燃料（煤油）型］	DST2 DMT2 石油馏分（柴油型）	DST3 DMT3 低灰分石油馏分	RST3 RMT3 低灰分残渣燃料或含有石油炼制中重组分的馏分油	RST4 RMT4 包含石油炼制中重组分的石油燃料	试验方法
水分(体积分数)/% 不大于	0.05	0.05	0.05	0.30	0.50	1.0	GB/T 260
沉淀物(体积分数)/% 不大于	0.01	0.01	0.01	0.05	0.05	0.25	GB/T 6531
硫含量(质量分数)/%[c] 不大于	0.5	0.5	—	—	—	—	GB/T 12700
	0.5	0.5	1.3	2.0	2.0	4.5	GB/T 17040[d]
铜片腐蚀/级 不大于	1(50 ℃，3 h)	1(100 ℃，3 h)	1(50 ℃，3 h)	—	—	—	GB/T 5096
计算法净热值/(MJ/kg) 不低于	报告	42.8	41.6	40.0	40.0	39.4	见附录 A

[a] 由于原油是多种多样的，无需定义原油的类别。如果采用原油为工业用涡轮发动机的燃料，这种用法须由涡轮发动机制造者和用户达成一致。

[b] 冬季低于 6 ℃操作时，燃料系统应有加热设施。

[c] 燃气涡轮发动机废热回收装置要求另外控制硫含量，以防止对冷却末端的腐蚀。

[d] 硫含量的测定方法也可采用 GB/T 387、GB/T 11140、SH/T 0172，有争议时以 GB/T 17040 为仲裁方法。

5 检验规则

5.1 检验分类与检验项目

本产品检验为出厂检验。出厂检验项目为第 4 章技术要求规定的所有检验项目。

5.2 组批

在原材料和生产工艺不变的条件下，产品每生产一罐为一批。

5.3 取样

按 GB/T 4756 的规定进行。取 2 L 样品作为检验和留样用。

5.4 判定规则

出厂检验结果全部符合第4章技术要求时，则判定该批产品为合格。

5.5 复验规则

如果检验结果中有不符合第4章技术要求时，按GB/T 4756的规定自同批产品中重新抽取双倍量样品，对不合格项目进行复验。复检结果如仍不符合要求，则判定该批产品为不合格。

6 标志、包装、运输和贮存

产品标志、包装、运输和贮存及交货验收按SH 0164进行。

根据GB 13690，闪点低于61 ℃的馏分型燃料属于危险化学品的第3类易燃液体，此类产品的标志、包装按照GB 13690和GB 190的要求进行。

7 安全

根据GB 13690的规定，燃气轮机液体燃料属于易燃液体，其危险性警示见GB 20581—2006中第8章的警示说明。该燃料当闪点低于38 ℃或黏度(40 ℃)小于1.3 mm^2/s时，用户应考虑机组燃料系统防火安全设计。

附　录　A
（资料性附录）
本标准与ISO 4261:1993的结构变化情况

本标准与ISO 4261:1993的章条编号对照情况见表A.1。

表A.1　本标准与ISO 4261:1993的章条编号对照情况

本标准章条编号	对应的ISO 4261:1993章条编号
3	—
4.1	3
5.1,5.2	—
5.3	5
5.4,5.5	—
—	6
6	—
7	—
附录A	—
附录B	—
附录C	附录A
附录D	附录B
—	附录C
—	附录D

附 录 B
（资料性附录）
本标准与 ISO 4261:1993 的技术性差异及其原因

表 B.1 给出了本标准与 ISO 4261:1993 的技术性差异及其原因。

表 B.1 本标准与 ISO 4261:1993 的技术性差异及其原因

本标准的章条编号	技术性差异	原 因
2	关于规范性引用文件，本标准做了具有技术性差异的调整，以适应我国的技术条件，调整的情况集中反映在第 2 章“规范性引用文件”中，具体调整如下： ——用修改采用国际标准的 GB/T 261 代替了 ISO 2719(见 4.2)； ——用非等效采用国际标准的 GB/T 508 代替了 ISO 6245(见 4.2)； ——用等效采用国际标准的 GB/T 1884 代替了 ISO 3675(见 4.2)； ——用等效采用国际标准的 GB/T 1885 代替了 ISO 91-2(见 4.2)； ——用修改采用国际标准的 GB/T 3535 代替了 ISO 3016(见 4.2)； ——用等效采用国际标准的 GB/T 4756 代替了 ISO 3170(见 4.2)； ——用等效采用国际标准的 GB/T 6531 代替了 ISO 3735(见 4.2)； ——用等效采用国际标准的 GB/T 6986 代替了 ISO 3015(见 4.2)； ——用非等效采用国际标准的 GB/T 12700 代替了 ISO 4260(见 4.2)； ——用非等效采用国际标准的 SH/T 0160 代替了 ISO 4262(见 4.2)	适应我国技术条件
3	增加了第 3 章产品的分类	根据我国产品标准的要求增加该项内容
4	ISO 4216:1993 中低温流动性是根据不同国家习惯分别采用冰点、浊点、倾点和冷滤点进行测定，指标为报告，本标准的低温性能统一用倾点来测定	适应我国技术条件
5	增加了 5.1 检验分类与检验项目；5.2 组批；5.4 判定规则；5.5 复验规则	根据我国产品标准的要求增加该项内容
6	增加了第 6 章标志、包装、运输和贮存的要求	根据我国产品标准的要求增加该项内容
7	增加了第 7 章安全的内容	根据我国产品标准的要求增加该项内容
	删除了 ISO 4216:1993 的第 6 章试验结果的精密度和解释	根据我国产品标准的编写习惯

附　录　C
（规范性附录）
净热值计算法

C.1　净热值（低热值）是由本标准的其他性质间接控制。净热值可由燃料的密度来计算，由可能存在的硫、水分和不燃性物质（灰分）的含量来修正。

C.2　净热值的计算见公式（C.1）。

$$Q=(46.704-8.802\rho^2\times10^{-6}+3.167\rho\times10^{-3})[1-0.01(x+y+s)]+0.01(9.420s-2.449x) \quad \cdots\cdots(C.1)$$

式中：

Q ——净热值，单位为兆焦每千克（MJ/kg）；

ρ ——燃料在 15 ℃时的密度，单位为千克每立方米（kg/m^3）；

x ——水分含量，以质量分数表示；

y ——灰分含量，以质量分数表示；

s ——硫含量，以质量分数表示。

附 录 D
（资料性附录）
进入燃气轮机燃烧室中微量金属最大允许值

表 D.1 为进入燃气轮机燃烧室燃料中微量金属钒（V）、钠和钾（Na＋K）、钙（Ca）、铅（Pb）的允许值。

表 D.1 进入燃气轮机燃烧室燃料中微量金属的最大允许值

微量金属	各牌号[a] 允许值/(mg/kg)					
	DST0	DST1 DMT1	DST2 DMT2	DST3 DMT3	RST3 RMT3	RST4 RMT4
V[b]	0.5	0.5	0.5	0.5	商定	商定
Na＋K[c]						
Ca[c]						
Pb[c]						

[a] 各牌号使用的名称为简称。

[b] V 的测定推荐使用 ISO 8691 方法。

[c] Na、K、Ca、Pb 的测定推荐使用 ASTM D 3605 方法。

ICS 03.100.50
A 01

中华人民共和国国家标准

GB/T 29115—2012

工业企业节约原材料评价导则

Evaluating guide for raw material saving of industrial enterprises

2012-12-31 发布　　2013-06-01 实施

中华人民共和国国家质量监督检验检疫总局
中国国家标准化管理委员会　发布

前　言

本标准按照GB/T 1.1—2009给出的规则起草。

本标准由全国能源基础与管理标准化技术委员会(SAC/TC 20)提出并归口。

本标准起草单位:中国标准化研究院、深圳市标准技术研究院、中国建筑材料检验认证中心有限公司、轻工业环境保护研究所。

本标准主要起草人:白雪、朱春雁、倪易洲、王益群、付允、王灵秀、梁秀英、黄曼雪、梁爽、曹宁、闫浩春。

工业企业节约原材料评价导则

1 范围

本标准规定了工业企业节约原材料的评价指标及要求、评价程序及计算方法。

本标准适用于工业企业节约原材料的评价工作。

2 规范性引用文件

下列文件对于本文件的应用是必不可少的。凡是注日期的引用文件，仅注日期的版本适用于本文件。凡是不注日期的引用文件，其最新版本(包括所有的修改单)适用于本文件。

GB/T 4754 国民经济行业分类

3 术语和定义

下列术语和定义适用于本文件。

3.1

节约原材料 saving of raw material

通过加强管理，采取技术上先进可行、经济上合理的措施，在原材料生产、使用、流通、回收再利用等各个环节，降低原材料消耗。

3.2

单位产品原材料消耗量 consumption of raw material for unit output of product

生产单位合格产品所消耗的某种原材料的数量。

3.3

产品单位产值原材料消耗量 consumption of raw material for unit output value of product

某种产品单位产值所消耗的某种原材料的数量。

3.4

原材料利用率 utilization rate of raw material

合格产品中所包含的某种原材料量占产品生产所投入的该种原材料量的百分比。

3.5

单位产品原材料节约量 savings of raw material

统计期内与基准期内单位产品某种原材料消耗量之差。

3.6

回收利用率 recovery rate of waste product

统计期内对产生的废料废品回收利用的量占产生废料废品总量的百分比。

4 评价指标及要求

4.1 管理评价要求

4.1.1 应建立节约原材料管理制度，规定管理职责和人员。应制定并实施节约原材料目标和方案，进行原材料消耗的计划、统计、核算、节约绩效考核的工作。

4.1.2 制定完善的节约原材料宣传和培训计划，开展节约原材料宣传教育和全员节材培训。

4.1.3 根据生产实际，制定本企业原材料节约管理办法和先进、合理的原材料消耗定额，有原材料消耗原始记录，并按照规范完成统计报表。

4.1.4 计量器具配备率符合国家相关规定，并定期进行物料平衡检查和分析。

4.1.5 采用先进的优化工艺和设计节约原材料。

4.1.6 原材料储运环节满足防护要求，减少原材料损失。

4.1.7 产生的废料和废品应合理回收利用，提高回收利用率。

4.1.8 在满足产品质量和使用功能情况下，加强原材料的合理替代。

4.2 技术评价指标及要求

4.2.1 企业节约原材料技术评价指标包括：

——单位产品某种原材料消耗量；

——产品单位产值某种原材料消耗量；

——原材料利用率；

——原材料节约量；

——回收利用率；

——成材率(成品率)。

4.2.2 企业节约原材料技术评价指标应达到行业内的先进水平。

4.3 评价指标计算方法

4.3.1 单位产品原材料消耗量

单位产品原材料消耗量根据式(1)计算：

$$m_y = \frac{M_y}{Q} \qquad \cdots\cdots(1)$$

式中：

m_y——单位产品某种原材料消耗量；

M_y——统计期内该种原材料消耗量；

Q ——统计期内合格产品产量。

4.3.2 产品单位产值原材料消耗量

产品单位产值原材料消耗量根据式(2)计算：

$$m_{CZ} = \frac{M_y}{V} \qquad \cdots\cdots(2)$$

式中：

m_{CZ}——产品单位产值某种原材料消耗量；

V ——统计期内生产该种产品的产值。

4.3.3 原材料利用率

原材料利用率按式(3)计算：

$$r = \frac{M_l}{M_y} \times 100 \qquad \cdots\cdots(3)$$

式中：

r ——某种原材料利用率，%；

M_l——统计期内生产合格产品所包含的该种原材料的量。

4.3.4 单位产品原材料节约量

单位产品原材料节约量按式(4)计算：

$$\Delta m_y = m_{y0} - m_y \quad \cdots\cdots(4)$$

式中：

Δm_y——单位产品某种原材料节约量；

m_{y0} ——基准期内单位产品该种原材料消耗量。

4.3.5 原材料节约量

原材料节约量按式(5)计算：

$$\Delta M_y = \Delta m_y \cdot Q \quad \cdots\cdots(5)$$

式中：

ΔM_y——某种原材料节约量。

4.3.6 回收利用率

回收利用率按式(6)计算：

$$R = \frac{M_{hs}}{M_y - M_l} \times 100 \quad \cdots\cdots(6)$$

式中：

R ——回收利用率，%；

M_{hs}——统计期内回收利用的废料废品量。

4.3.7 成材率(成品率)

成材率(成品率)按式(7)计算：

$$n = \frac{N_s}{N_l} \times 100 \quad \cdots\cdots(7)$$

式中：

n ——成材率(成品率)，%；

N_s——统计期内合格产品数量；

N_l——统计期内按投入生产的原材料量计算的理论合格产品数量。

5 评价程序

5.1 建立专家评审小组，负责开展企业节约原材料的评价工作。

5.2 工业企业按行业进行节约原材料评价工作，对工业企业的行业分类依据 GB/T 4754。

5.3 可参照附录 A 中的表 A.1 和表 A.2，并依据企业所在行业和地区特点确定主要原材料、评价指标和先进值要求。

5.4 查看报告文件、统计报表、原始记录；根据实际情况，开展实地调查、抽样调查等工作，确保数据完整和正确。

5.5 对资料进行分析，评价企业是否满足以下要求：

a） 管理评价要求；

b） 技术评价及指标要求。

5.6 对企业是否满足评价指标和要求进行综合评审。企业可根据评审结果改善企业节材管理，管理部门可根据评审结果评价企业是否节材。

5.7 如企业不满足考核要求，应给出相应的改进措施。

附 录 A
（资料性附录）
工业企业节约原材料评价体系表

A.1 企业节约原材料管理评价体系表如表 A.1 所示。

表 A.1 企业节约原材料管理评价体系表

评价要求		评价内容	分值	评价方法
管理评价要求（40分）	人员制度	应建立节约原材料管理制度，规定管理职责和人员	3	制度健全，职责明确，3 分；职责不明确，2 分；人员未落实，1 分；无制度，0 分
	节约目标及考核	应制定并实施节约原材料目标和方案，进行原材料消耗的计划、统计、核算、节约绩效考核的工作	3	有目标和实施方案，3 分；实施每少一项扣 1 分，直至 0 分
	宣传培训	制定完善的节约原材料宣传和培训计划，开展节约原材料宣传教育和全员节材培训	2	有计划和定期培训，2 分；无宣传，1 分；无培训，0 分
	记录及统计	根据生产实际，制定本企业原材料节约管理办法和先进、合理的原材料消耗定额	3	定额水平先进，3 分；定额合理，2 分；定额不合理，0 分
		有原材料消耗原始记录，并按照规范完成统计报表	5	报表规范，5 分；报表信息完整但不规范，3 分；报表信息不完整，1 分；无报表或记录不实，0 分
	计量及物料平衡检查	计量器具配备率符合国家相关规定	3	符合要求，3 分；否则 0 分
		定期进行物料平衡检查和分析	5	每年 2 次及以上，5 分；每年 1 次，3 分；无则 0 分
	工艺优化和设计	采用先进的优化工艺和设计节约原材料	5	工艺、设计先进，5 分；设计没考虑节材，3 分；工艺落后，0 分
	储运防护	原材料储运环节满足防护要求，减少原材料损失	3	符合要求，3 分；防护不合要求，1 分；无防护，0 分
	回收利用	产生的废料和废品应合理回收利用，提高回收利用率	5	回收利用体系完善，5 分；没有进行分类收集，3 分；体系不完善，0 分
	原材料合理替代	在满足产品质量和使用功能情况下，加强原材料的合理替代	3	替代合理，3 分；无则 0 分

A.2 企业节约原材料技术评价体系如表 A.2 所示。

表 A.2 企业节约原材料技术评价体系表

评价要求	评价内容	分值	评分方法
技术评价及指标要求（60 分）	单位产品某种原材料消耗量	5	达到国际先进水平 5 分；国内先进水平 4 分；国内一般水平 2 分；低于国内一般水平 0 分
	产品单位产值某种原材料消耗量	5	达到国际先进水平 5 分；国内先进水平 4 分；国内一般水平 2 分；低于国内一般水平 0 分
	原材料利用率	15	达到国际先进水平 15 分；国内先进水平 10 分；国内一般水平 5 分；低于国内一般水平 0 分
	原材料节约量	15	达到国际先进水平 15 分；国内先进水平 10 分；国内一般水平 5 分；低于国内一般水平 0 分
	回收利用率	15	达到国际先进水平 15 分；国内先进水平 10 分；国内一般水平 5 分；低于国内一般水平 0 分
	成材率（成品率）	5	达到国际先进水平 5 分；国内先进水平 4 分；国内一般水平 2 分；低于国内一般水平 0 分

ICS 03.100.50
A 01

中华人民共和国国家标准

GB/T 29116—2012

工业企业原材料消耗计算通则

General principles for calculation of raw material consumption in industrial enterprises

2012-12-31 发布 2013-06-01 实施

中华人民共和国国家质量监督检验检疫总局
中国国家标准化管理委员会 发布

前言

本标准按照 GB/T 1.1—2009 给出的规则起草。

本标准由全国能源基础与管理标准化技术委员会(SAC/TC 20)提出并归口。

本标准起草单位:中国建筑材料检验认证中心有限公司、深圳市标准技术研究院、中国标准化研究院、江苏秀强玻璃工艺股份有限公司。

本标准主要起草人:王灵秀、闫浩春、王益群、朱春雁、白雪、倪易洲、周健、付允、黄曼雪、刘猛、梁爽、李燕、陈璐。

工业企业原材料消耗计算通则

1 范围

本标准规定了工业企业原材料消耗的计算方法、指标计算公式及计算结果报告。

本标准适用于工业企业原材料消耗计算。

2 规范性引用文件

下列文件对于本文件的应用是必不可少的。凡是注日期的引用文件,仅注日期的版本适用于本文件。凡是不注日期的引用文件,其最新版本(包括所有的修改单)适用于本文件。

GB 3100 国际单位制及其应用

3 术语和定义

下列术语和定义适用于本文件。

3.1

基准期 base period

将企业不同时期原材料消耗信息进行比照的时段。

注:基准期原材料消耗信息可以基于企业自身或国内外同行业若干个时期(例如某一年或某几个月)的平均值。

3.2

计算边界 calculation boundary

在原材料消耗计算时依据生产工艺流程确定的计算范围。

3.3

单位产品原材料消耗量 consumption of raw material for unit of product

生产单位合格产品所消耗的某种原材料的数量。

3.4

产品单位产值原材料消耗量 consumption of raw material for unit output value of product

某种产品单位产值所消耗的某种原材料的数量。

3.5

原材料利用率 utilization rate of raw material

合格产品中所包含的某种原材料量占产品生产所投入的该种原材料量的百分比。

3.6

回收利用率 recovery rate of waste product

统计期内对产生的废料废品回收利用的量占产生废料废品总量的百分比。

3.7

原材料消耗定额 raw material consumption norms

根据生产工艺特点和生产经验,对生产单位合格产品或完成单位生产任务所设定的原材料消耗标准值。

4 计算方法

4.1 总则

企业生产多种产品时，应针对不同产品分别计算。生产某一种产品消耗多种原材料时，也应针对该种产品的每种原材料消耗分别进行计算。

4.2 计算边界确定

4.2.1 企业依据生产工艺和管理要求确定计算边界，计算边界可以是整个企业、企业某一生产线或生产线中的某一环节。

4.2.2 依据计算边界，建立计算系统，绘制边界内原材料利用示意简图。图中应标注进出系统的物质名称，物流走向。系统内各单元的位置既要能清晰表征实际工艺流程，又要真实反映物流关系。企业原材料利用示意简图如图1所示。

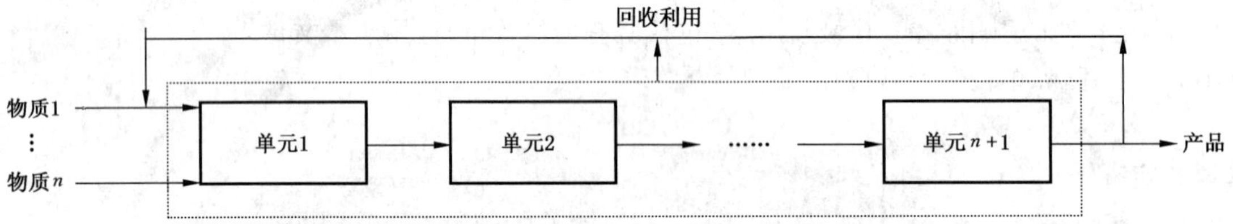

图1 企业原材料利用示意简图

4.3 数据收集

4.3.1 原材料输入量：原材料种类、数量等；

4.3.2 产品输出量：产品种类、数量等；

4.3.3 回收利用物质量：生产过程中回收利用、资源化、产品化的各类原材料、中间产物、次品、废品等种类、数量等；

4.3.4 其他：产品工业产值、原材料消耗定额等。

4.4 数据质量要求

4.4.1 数据单位、符号与换算应使用国际单位及符号，符合 GB 3100，同时满足企业生产和行业统计要求。

4.4.2 数据采集应采用原材料计量器具的数据，无法直接获得计量器具测量数据的，可采用间接方法计量，并做出合理性解释。

4.4.3 计算中使用的数据应确保采集口径一致、时间点一致、计量方式方法一致。

4.4.4 建立原始数据记录和台账，确保采集的数据真实、有效，报表数据应能追溯至原始记录、台账或现场物料平衡测试报告，具体物料平衡计算方法参见各行业相关标准。

4.4.5 如果由于企业进行物料平衡时出现重大数据变化，应对消耗指标进行相应调整。数据收集表格可参考附录A。

5 消耗指标计算公式

5.1 单位产品原材料消耗量

单位产品原材料消耗量按式(1)计算：

$$m_y = \frac{M_y}{Q} \qquad (1)$$

式中：

m_y ——单位产品某种原材料消耗量；

M_y ——统计期内该种原材料消耗量；

Q ——统计期内合格产品产量。

5.2 产品单位产值原材料消耗量

产品单位产值原材料消耗量按式(2)计算：

$$m_{CZ} = \frac{M_y}{V} \qquad (2)$$

式中：

m_{CZ}——产品单位产值某种原材料消耗量；

V ——统计期内生产该种产品的产值。

5.3 原材料利用率

原材料利用率按式(3)计算：

$$r = \frac{M_l}{M_y} \times 100 \qquad (3)$$

式中：

r ——某种原材料利用率，%；

M_l——统计期内生产合格产品所包含的该种原材料的量。

5.4 回收利用率

回收利用率按式(4)计算：

$$R = \frac{M_{hs}}{M_y - M_l} \times 100 \qquad (4)$$

式中：

R ——回收利用率，%；

M_{hs}——统计期内回收利用的废料废品量。

5.5 成材率(成品率)

成材率(成品率)按式(5)计算：

$$n = \frac{N_s}{N_l} \times 100 \qquad (5)$$

式中：

n ——成材率(成品率)，%；

N_s——统计期内合格产品数量；

N_l——统计期内按投入生产的原材料量计算的理论合格产品数量。

5.6 单位产品原材料节约量

单位产品原材料节约量按式(6)计算：

$$\Delta m_y = m_{y0} - m_y \qquad (6)$$

式中：

Δm_y ——单位产品某种原材料节约量；

m_{y0} ——基准期内单位产品该种原材料消耗量。

5.7 原材料节约量

原材料节约量按式(7)计算：

$$\Delta M_y = \Delta m_y \cdot Q \qquad (7)$$

式中：

ΔM_y ——某种原材料节约量。

6 计算结果报告

工业企业原材料消耗计算报告中应包括工业企业的组织描述、生产状况描述、计算边界、统计期、数据收集清单和消耗指标计算结果，报告形式可参考附录B。

附　录　A
（资料性附录）
原材料消耗计算数据采集表

表 A.1 列出原材料消耗计算数据采集的样表。

表 A.1　原材料消耗计算数据采集表

填表人		填表日期	
数据时间	起始：	终止：	
计算边界			
（一）直接数据			

原材料输入

名称	单位	数量	组分	数据来源	备注
原材料 1					
原材料 2					
……					
原材料 *n*					

产品输出

名称	单位	数量	组分	数据来源	备注
产品 1					
产品 2					
……					
产品 *n*					

不同产品中某种原材料含量

项目	原材料 1		原材料 2		原材料 3		……		原材料 *n*	
	单位	数量	单位	数量	单位	数量	单位	数量	单位	数量
产品 1 中原材料含量										
产品 2 中原材料含量										
……										
产品 *n* 中原材料含量										

回收利用

名称	单位	数量	组分	数据来源	备注

表 A.1（续）

（二）其他					
原材料消耗定额					
名称	单位	数量	组分	数据来源	备注
原材料 1					
原材料 2					
……					
原材料 n					
产品工业产值					
名称	单位	数量	组分	数据来源	备注
产品 1					
产品 2					
……					
产品 n					

注 1：数量栏数据采用计量器具的数据，无法直接获得计量器具测量数据的，可采用间接方法计量，并做出合理性解释。

注 2：组分栏填写表征物质性能的主要性能指标值。

注 3：数据来源栏填写填报数据的出处，如原始记录、物料平衡测试报告等。

注 4：对表格中所填写内容需要额外说明时，说明内容填入对应的备注栏。

附 录 B
（资料性附录）
原材料消耗计算报告

表 B.1 列出了原材料消耗计算报告形式。

表 B.1 原材料消耗计算报告

企业信息							
企业名称							
企业地址	××省××市			邮编			
填表人		职务/职称		审核人		职务/职称	
统计期		计算边界					
填表日期							
其他说明							

生产信息(统计期内)				
产品产量				
名称	单位	数量	数据来源	备注
产品 1				
产品 2				
……				
产品 n				
产品工业产值				
名称	单位	数量	数据来源	备注
产品 1				
产品 2				
……				
产品 n				

原材料消耗指标计算						
原材料 1		基准期		统计期		
名称	符号	单位	数量	单位	数量	消耗定额
单位产品原材料消耗量						
产品单位产值原材料消耗量						
原材料利用率						
回收利用率						
成材率						
单位产品原材料节约量						
原材料节约量						

表 B.1（续）

原材料 2		基准期		统计期		
名称	符号	单位	数量	单位	数量	消耗定额
单位产品原材料消耗量						
产品单位产值原材料消耗量						
原材料利用率						
回收利用率						
成材率						
单位产品原材料节约量						
原材料节约量						
……						
原材料 n		基准期		统计期		
名称	符号	单位	数量	单位	数量	消耗定额
单位产品原材料消耗量						
产品单位产值原材料消耗量						
原材料利用率						
回收利用率						
成材率						
单位产品原材料节约量						
原材料节约量						
备注：						

注 1：企业应根据自身行业特征、生产工艺特点和管理要求选择使用以上指标。

注 2：原材料消耗定额由企业为提高自身管理自行制定，也可参考行业主管部门规定或相关标准。

注 3：数量栏数据采用计量器具的数据，无法直接获得计量器具测量数据的，可采用间接方法计量，并做出合理性解释。

注 4：数据来源栏填写填报数据的出处，如原始记录、物料平衡测试报告等。

注 5：对表格中所填写内容需要额外说明时，说明内容填入对应的备注栏。

ICS 27.010
F 01

中华人民共和国国家标准

GB/T 29117—2012

节约型学校评价导则

Evaluating guide for resource conserving schools

2012-12-31 发布　　2013-06-01 实施

中华人民共和国国家质量监督检验检疫总局
中国国家标准化管理委员会　发布

前言

本标准按照 GB/T 1.1—2009 给出的规则起草。

本标准由国家发展和改革委员会和国务院机关事务管理局提出。

本标准由全国能源基础与管理标准化技术委员会(SAC/TC 20)归口。

本标准起草单位:中国标准化研究院、中国人民大学、北京师范大学。

本标准主要起草人:朱春雁、白雪、张强、李燕、李明奎、梁秀英、曹宁。

节约型学校评价导则

1 范围

本标准规定了节约型学校的相关术语和定义、评价指标分类和方法、评价指标内容和要求。

本标准适用于高等学校,其他学校可参照使用。

2 规范性引用文件

下列文件对于本文件的应用是必不可少的。凡是注日期的引用文件,仅注日期的版本适用于本文件。凡是不注日期的引用文件,其最新版本(包括所有的修改单)适用于本文件。

GB 50189 公共建筑节能设计标准

3 术语和定义

下列术语和定义适用于本文件。

3.1

节约型学校 resource conserving schools

在教学、科研、管理、服务和建设过程中,严格遵守相关法律、法规、政策和标准要求,坚持和传播节约理念,培育和推行节约模式,通过建立资源节约管理制度、有效采用管理手段和技术措施,不断提高资源利用水平,达到评价要求的学校。

4 评价指标分类和方法

4.1 节约型学校评价指标分为管理评价指标和资源利用水平指标两类。

4.2 节约型学校的管理评价指标内容和要求见5.1,管理评价指标计分方法见附录A,计分标准满分为100分,得分在90分以上(含90分)的学校符合节约型学校的管理评价要求。

4.3 节约型学校的资源利用水平指标见5.2,计算方法参见附录B,各项指标均达到同类可比先进水平的学校符合节约型学校的资源利用水平评价要求。

4.4 管理评价和资源利用水平评价同时符合要求的学校为节约型学校。

5 评价指标内容和要求

5.1 管理评价指标内容和要求

5.1.1 组织管理与制度建设

5.1.1.1 学校的最高管理机构应承诺建设节约型学校,并为其提供资源保障。

5.1.1.2 建立相应的组织机构,负责有关节约制度、措施和方案的制定和实施,确保节约目标的实现。

5.1.1.3 建立各级部门的责任人制度,各部门负责人作为该部门节约监管工作的责任人,负责监督落实学校制定的各项与节约型学校建设有关的制度。

5.1.1.4　建立资源计量和统计管理制度，制定建筑、机房、实验室以及其他重点用能、用水设备和设施的计量统计管理规程。

5.1.1.5　研究制定合理的用能、用水定额管理制度。

5.1.1.6　遵守节能产品政府采购制度，优先使用节能、节水产品和设备，推动节能、节水产品的普及。

5.1.1.7　建立资源节约、提高资源利用效率的自我完善机制，定期进行检查、考核，不断分析和识别改进的机会，持续改进资源节约管理绩效。对在能源、水以及其他资源节约管理中取得成绩的个人和集体予以表彰奖励。

5.1.2　规划与技术要求

5.1.2.1　制定节约型学校建设的规划及年度目标和实施方案。

5.1.2.2　在基本建设和更新改造过程中，积极采用节能、节水、节地、节材以及资源综合利用等方面的先进技术。

5.1.2.3　在基本建设和更新改造过程中，积极利用可再生能源、非常规水资源，合理规划雨水径流途径，降低地表径流。

5.1.3　建筑及设备设施的运行管理

5.1.3.1　定期对建筑及用能、用水设备进行巡查、测试、检修和维护，确保正常运行。

5.1.3.2　指定专人负责对能源、水以及其他资源的消耗进行计量、监测和统计，实行分项计量，建立统计台账，并定期对各类资源消耗情况进行分析，结合建筑、系统、设施、设备的运行情况，识别和评估节约潜力，针对节约指标制定并实施节约方案。

5.1.3.3　对采暖、空调、照明、电梯、实验室和机房等进行专项节能管理，包括：

a）采暖系统的分区分时控制等；
b）空调系统的节能运行和模式等；
c）照明系统的分区分时控制等；
d）电梯系统的智能控制；
e）实验室实行专项节能管理；
f）机房实行专项节能管理；
g）其他节能措施。

5.1.3.4　实施节水管理措施：

a）对供水系统进行定期检查维护，杜绝跑冒滴漏现象；
b）绿化浇灌、景观补水和路面喷洒等鼓励采用雨雪水回收、再生水处理系统；
c）绿化浇灌采用喷灌、微灌、滴灌等节水浇灌方式，合理安排绿化的灌溉次数及用水量；
d）建有回用水供水系统的学校需对回用水管网压力进行监测，保证各用水点的正常使用，安排专人对再生水处理设施进行日常管理，保持日常数据记录并定期进行分析；
e）公共卫生间宜采用自动启闭的节水器具，并定期进行检查，保证设施正常运行；
f）学生集中浴室、游泳馆应积极采用废水的热回收和回用处理技术，有计划采用智能节水管理系统；
g）杜绝教学及科研试验过程中水的一次性排放；
h）供暖、制冷等设备用水的节水管理；
i）其他节水措施。

5.1.3.5　食堂应采用高效节能灶具，严格执行操作规程，在清洗、烹调、消毒过程中，注意水、电、气等资源的有效利用。

5.1.3.6　对固定资产积极采取回收利用措施。

5.1.3.7 合理采用立体绿化方式，节约用地。

5.1.4 节约教育和校园文化

5.1.4.1 建立有效途径积极传播节约理念、信息和知识，加强校园节约文化建设。

5.1.4.2 开设有关资源节约的理论、技术、方法等方面教育内容的课程，普及和宣传相关知识。

5.1.4.3 学生工作部门应将节约型学校建设纳入学生工作中，有计划地引导和支持学生开展校园节约活动，鼓励支持学生成立节约型学校志愿者队伍，巡查、监督并制止校园的浪费现象和行为。

5.1.5 科技与管理创新

5.1.5.1 制定资源节约领域的创新计划，引导学生和教职工开展资源节约领域的科技创新和管理创新活动，积极开展相关专业的课题研究。

5.1.5.2 建立资源节约创新奖励制度，对在资源节约领域作出科技创新和管理创新的个人、集体给予奖励和资金等方面的支持。

5.1.5.3 积极宣传、推广和示范科技创新和管理创新案例。

5.1.6 行为节约

5.1.6.1 制定并实施行为节约规范，对日常行为进行约束和管理，养成节约习惯，推行节约行为模式。

5.1.6.2 节约行为规范的内容：

- a) 空调、照明等用能设备的节能使用方式；
- b) 计算机、打印机等教学办公设备的节能使用方式；
- c) 洗衣机、卫生洁具等用水设备的节水使用方式；
- d) 纸、墨等办公耗材的节约使用方式；
- e) 鼓励网络、电视电话会议等；
- f) 抵制过度包装和一次性用品；
- g) 节约粮食、文明就餐的行为方式；
- h) 鼓励书籍、文具、衣物等资源的循环利用；
- i) 鼓励低碳出行；
- j) 其他节约行为方式。

5.1.6.3 检查记录节约行为规范的执行情况，对节约行为进行奖励、对浪费行为进行教育处罚。

5.2 资源利用水平指标

节约型学校的资源利用水平指标包括：生均能耗指标和生均水耗指标。

附 录 A
（规范性附录）
管理评价指标的计分方法

节约型学校管理评价指标的计分方法见表 A.1。

表 A.1

序号	评价指标	评价内容	评价依据	评分
1	组织管理与制度建设(20 分)	有主要领导负责节约型学校建设工作	查阅有关文件及会议记录	2 分
		有节约型学校建设的管理机构并明确职责	查阅有关文件及会议记录	2 分
		有各级部门节约型学校建设的责任人制度	查阅有关制度文件	2 分
		有能源资源计量管理制度，制定各类能源、水计量器具配备和管理规程	查阅有关文件	3 分
		有资源消耗统计制度，定期上报统计报表	查阅有关资料	2 分
		有校园用能用水定额管理制度和标准	查阅有关资料	2 分
		有政府节能采购细则，优先采购节能节水产品	查阅有关文件和采购记录	2 分
		有资源节约的自我完善机制并定期进行检查、分析和改进	查阅有关文件和记录	3 分
		有校园资源节约激励制度	查阅制度文件和记录	2 分
2	规划与技术要求(20 分)	有节约型学校建设规划	查阅规划文件	2 分
		有年度节约目标和实施方案	查阅有关文件	3 分
		新建建筑执行 GB 50189	查阅设计文件	1 分
		在基本建设和更新改造过程中，采用： a) 节能技术 b) 节水技术 c) 节地技术 d) 节材技术 e) 资源综合利用技术	查阅相关文件及查看现场	 1 分 1 分 1 分 1 分 1 分
		在基本建设和更新改造过程中，有： a) 利用可再生能源 b) 利用非常规水资源 c) 合理规划雨水径流	查阅相关资料及查看现场	 1 分 1 分 1 分
		建立计量数据自动采集监控系统	查阅相关资料及查看现场	6 分
3	建筑及设备设施的运行管理(35 分)	定期对建筑及用能、用水设备进行巡查、测试、检修和维护，设备运行正常	查阅记录	3 分
		区分资源消耗种类，实行分户、分类、分项计量和监测	查阅记录	2 分
		建立统计台账，定期对资源消耗情况进行分析，有具体的节约方案和措施	查阅台账和分析报告，核实数据	2 分

表 A.1(续)

序号	评价指标	评价内容	评价依据	评分
3	建筑及设备设施的运行管理(35分)	采暖、空调、照明、电梯、实验室和机房等实行专项节能管理,包括: a) 采暖系统实行分时段供热控制等 b) 空调系统实行节能运行参数和模式控制等 c) 照明系统实行分区分时控制等 d) 电梯系统实行智能化控制 e) 实验室实行专项节能管理 f) 机房实行专项节能管理	查阅文件和记录及查看现场	2分 2分 2分 2分 1分 1分
		采用可再生能源利用措施	查阅资料及查看现场	1分
		实施节水管理措施,包括: a) 定期检查和维护供水系统,无跑冒滴漏现象 b) 绿化浇灌、景观补水和路面喷洒采用雨雪水回收或再生水处理系统 c) 绿化浇灌采用喷灌、微灌、滴灌等节水浇灌方式 d) 节水型器具普及率达到95% e) 学生集中浴室、游泳馆等采用废水的热回收技术及回用处理技术,并采用智能节水管理系统 f) 采取非常规水资源利用措施 g) 教学及科研试验过程中没有水的一次性排放 h) 供暖、制冷等用水设备的节水管理	查阅资料及查看现场,核实数据	2分 1分 1分 2分 3分 1分 1分 2分
		食堂采用节能灶具,严格执行节约操作规程	查阅资料及查看现场	2分
		有固定资产回收利用措施	查阅文件和记录	1分
		采用立体绿化方式	查看现场	1分
4	节约教育和校园文化(10分)	建立有效途径传播节约理念、信息和知识	查阅工作记录	3分
		设置有资源节约内容的课程	查阅有关课程设置方案及大纲	3分
		学生工作部门将节约型校园建设工作纳入学生工作	查阅工作记录	2分
		组建学生志愿者队伍并开展相关活动	查阅活动记录	2分
5	科技与管理创新(5分)	制定资源节约领域的研究创新计划	查阅相关文件	2分
		建立创新奖励制度、设立奖金	查阅制度文件及财务记录	2分
		开展研究并进行成果推广示范	查阅研究和示范案例	1分
6	行为节约(10分)	制定节约行为规范、内容完整科学	查阅相关文件	6分
		有节约行为奖惩措施	查阅文件及记录	2分
		检查记录节约行为规范的执行情况	查阅文件及记录	2分

附 录 B
（资料性附录）
资源利用水平指标的计算方法

B.1 生均能耗指标

生均能耗指标按式(B.1)计算：

$$E_{pp}=\frac{E_c}{N} \qquad \cdots\cdots(B.1)$$

式中：

E_{pp}——学校的生均能耗，单位为千克标准煤每人；

E_c ——统计报告期内，学校的能源消耗总量，单位为千克标准煤；

N ——统计报告期内，学校的学生人数，单位为人。

注 1：特殊区域(指机房、实验室以及营业场馆等)的能耗不计入其中。

注 2：统计报告期内学生人数为学校全日制教育、继续教育以及短期培训的人数之和，需要折算。本科生折算系数为 1，硕士生折算系数为 2，博士生折算系数为 3，留学生折算系数为 5，继续教育和短期培训人员按在校时间折算成统计报告期内人数。

B.2 生均水耗指标

生均水耗指标按式(B.2)计算：

$$V_{pp}=\frac{V_c}{N} \qquad \cdots\cdots(B.2)$$

式中：

V_{pp}——学校的生均水耗，单位为立方米每人；

V_c ——统计报告期内，学校的用水总量，单位为立方米；

N ——统计报告期内，学校的学生人数，单位为人。

注 1：学校的年用水量不包括非常规水资源的用水量。

注 2：特殊区域(指机房、实验室以及营业场馆等)的用水不计入其中。

注 3：统计报告期内学生人数为学校全日制教育、继续教育以及短期培训的人数之和，需要折算。本科生折算系数为 1，硕士生折算系数为 2，博士生折算系数为 3，留学生折算系数为 5，继续教育和短期培训人员按时间折算成统计报告期内人数。

ICS 27.010
F 01

中华人民共和国国家标准

GB/T 29118—2012

节约型机关评价导则

Evaluating guide for resource conserving government agencies

2012-12-31 发布　　　　2013-06-01 实施

中华人民共和国国家质量监督检验检疫总局
中国国家标准化管理委员会　发布

前　言

本标准依据 GB/T 1.1—2009 制定的规则起草。

本标准由国家发展和改革委员会和国务院机关事务管理局提出。

本标准由全国能源基础与管理标准化技术委员会(SAC/TC 20)归口。

本标准起草单位:中国标准化研究院、北京市诚信能环科技有限公司、德州市人民政府。

本标准主要起草人:白雪、朱春雁、武艳丽、王赓、刘兆祝、李燕、梁秀英、刘猛。

节约型机关评价导则

1 范围

本标准规定了节约型机关的相关术语和定义、评价指标分类和方法、评价指标内容和要求。

本标准适用于各级国家机关，全部或部分使用财政性资金的事业单位或团体组织可参照执行。

2 规范性引用文件

下列文件对于本文件的应用是必不可少的。凡是注日期的引用文件，仅注日期的版本适用于本文件。凡是不注日期的引用文件，其最新版本(包括所有的修改单)适用于本文件。

GB/T 24915 合同能源管理技术通则

GB 50189 公共建筑节能设计标准

3 术语和定义

下列术语和定义适用于本文件。

3.1

节约型机关 resource conserving government agencies

在建设和运行过程中，严格遵守相关法律、法规、政策和标准要求，努力践行节约理念，通过建立和实施资源节约管理制度、有效采用管理手段和技术措施，不断提高资源的利用水平，达到评价要求的国家机关。

4 评价指标分类和方法

4.1 节约型机关的评价指标分为管理评价指标和资源利用水平指标两类。

4.2 节约型机关的管理评价指标内容和要求见5.1，管理评价指标的计分方法见附录A，计分标准满分为100分，得分在90分以上(含90分)的机关符合节约型机关的管理评价要求。

4.3 节约型机关的资源利用水平指标见5.2，计算方法参见附录B，各项指标均达到同类可比先进水平的机关符合节约型机关的资源利用水平评价要求。

4.4 管理评价和资源利用水平评价同时符合要求的机关为节约型机关。

5 评价指标内容和要求

5.1 管理评价指标内容和要求

5.1.1 组织管理与制度建设

5.1.1.1 承诺建设节约型机关，并提供资源保障。

5.1.1.2 建立相应的组织机构，负责有关节约制度、措施和方案的制定和落实，确保节约目标的实现。

5.1.1.3 制定宣传培训计划，定期进行有关资源节约的教育和培训，提高节约意识和技能。

5.1.1.4 建立资源计量和统计管理制度，制定建筑、机房以及其他重点用能、用水设备和设施的计量统计管理规程。

5.1.1.5 研究制定合理的用能、用水定额管理制度。

5.1.1.6 遵守节能产品政府采购制度，优先使用节能、节水产品和设备，推动节能、节水产品的普及。

5.1.1.7 严格执行相关公务用车配备制度，制定完善的车辆管理制度和科学合理的用能指标，对公务用车的百公里耗油量进行管理控制。

5.1.1.8 建立资源节约、提高资源利用效率的自我完善机制，定期进行检查、考核，不断分析和识别改进的机会，持续改进资源节约管理绩效。对在能源、水以及其他资源节约管理中取得成绩的个人和集体予以表彰奖励。

5.1.2 规划与技术要求

5.1.2.1 制定节约型机关建设的规划及年度目标和实施方案。

5.1.2.2 在基本建设和更新改造过程中，积极采用节能、节水、节地、节材以及资源综合利用等方面的先进技术。

5.1.2.3 在基本建设和更新改造过程中，积极利用可再生能源、非常规水资源，合理规划雨水径流途径，降低地表径流。

5.1.3 建筑及设备设施的运行管理

5.1.3.1 定期对建筑及用能、用水设备进行巡查、测试、检修和维护，确保设备正常运行。

5.1.3.2 指定专人负责对能源、水以及其他资源的消耗进行计量、监测和统计，实行分项计量，建立统计台账，并定期对各类资源消耗情况进行分析，结合建筑、系统、设施、设备的运行情况，识别和评估节约潜力，针对节约指标制定并实施节约方案。

5.1.3.3 对采暖、空调系统、照明设备、电梯以及其他大型设备等主要用能设备进行专项节能管理：

a) 采暖系统的分时控制等；
b) 空调系统的节能运行和模式等；
c) 照明系统的智能控制等；
d) 电梯系统的智能控制；
e) 其他节能措施。

5.1.3.4 实施节水管理措施：

a) 对供水系统进行定期检查维护，杜绝跑冒滴漏现象；
b) 绿化浇灌、景观补水和路面喷洒等鼓励采用雨雪水回收、再生水处理系统；
c) 绿化浇灌宜采用喷灌、微灌、滴灌等节水浇灌方式，合理安排绿化的灌溉次数及用水量；
d) 建有回用水供水系统的机关需对回用水管网压力进行监测，保证各用水点的正常使用，安排专人对再生水处理设施进行日常管理，保持日常数据记录并定期进行分析；
e) 公共卫生间宜采用自动启闭的节水器具，并定期检查，保证设施正常运行；
f) 禁止使用高压自来水冲洗车辆；
g) 供暖、制冷等设备用水的节水管理；
h) 其他节水措施。

5.1.3.5 鼓励依据 GB/T 24915 推行合同能源管理等管理方式。

5.1.4 行为节约

5.1.4.1 制定并实施行为节约规范，对日常行为进行约束和管理，养成节约习惯，推行节约行为模式。

5.1.4.2 节约行为规范的内容：

a）空调、照明等用能设备的节能使用方式；

b）计算机、打印机等办公设备的节能使用方式；

c）卫生洁具等用水设备的节水使用方式；

d）鼓励采用办公自动化，减少纸、墨等办公耗材的使用；

e）鼓励使用网络、电视电话会议等；

f）抵制过度包装和一次性用品；

g）节约粮食、文明就餐的行为方式；

h）鼓励低碳出行；

i）其他节约行为方式。

5.1.4.3 检查记录节约行为规范的执行情况，对节约行为进行奖励、对浪费行为进行教育处罚。

5.2 资源利用水平指标

节约型机关的资源利用水平指标包括：单位建筑面积能耗、人均用电量、人均用水量、车均百公里油耗。

附　录　A
（规范性附录）
管理评价指标的计分方法

节约型机关管理评价指标的计分方法见表 A.1。

表 A.1

序号	评价指标	评价内容	评价依据	评分
1	组织管理与制度建设（30 分）	有主要领导负责节约型机关建设工作	查阅有关文件及会议记录	3 分
		有相应的组织机构和管理岗位，负责相关制度、措施和方案的制定和落实	查阅有关文件及会议记录	3 分
		有宣传培训计划，定期开展宣传培训活动	查阅计划文件及活动记录	3 分
		有能源资源计量管理制度，制定各类能源、水计量器具配备和管理规程	查阅有关文件	3 分
		有资源消耗统计公示制度，定期上报统计报表	查阅有关资料	3 分
		有机关用能用水定额管理制度和标准	查阅有关资料	3 分
		遵守节能产品政府采购制度	查阅有关文件和采购记录	3 分
		制定完善的车辆管理制度和科学合理的车辆燃料消耗指标，控制公务用车的百公里耗油量	查阅有关文件及记录	3 分
		有资源节约的自我完善机制并定期进行监督检查、分析和改进	查阅有关文件和记录	3 分
		有机关资源节约激励制度	查阅制度文件和记录	3 分
2	规划与技术要求（20 分）	有节约型机关建设规划	查阅规划文件	2 分
		有年度节约目标和实施方案	查阅有关文件	3 分
		新建建筑执行 GB 50189	查阅设计文件	1 分
		在基本建设和更新改造过程中，在以下方面采用节能技术： a）　建筑围护结构 b）　照明 c）　暖通空调	查阅相关文件及查看现场	 1 分 1 分 1 分
		在基本建设和更新改造过程中，有 a）　利用可再生能源 b）　利用非常规水资源 c）　合理规划雨水径流	查阅相关资料及查看现场	 1 分 1 分 1 分
		实行能源梯级利用、热回收、低位能利用	查阅相关资料及查看现场	3 分
		建立计量数据自动采集监控系统	查阅相关资料及查看现场	5 分
3	建筑及设备设施的运行管理（40 分）	建立重点用能用水设备清单和运行台账，定期对建筑及用能、用水设备进行巡查、测试、检修和维护，设备运行正常	查阅记录	3 分

表 A.1（续）

序号	评价指标	评价内容	评价依据	评分
3	建筑及设备设施的运行管理(40分)	区分资源消耗种类，实行分户、分类、分项计量和监测，建立信息化管理平台	查阅记录	3分
		建立统计台账，定期对资源消耗情况进行分析，有具体的节约方案和措施	查阅台账和分析报告，核实数据	3分
		采暖、空调、照明、电梯等大型设备实行专项节能管理，包括： a) 采暖系统实行分时段供热控制等 b) 空调系统实行节能运行参数和模式控制，执行国家相关温度控制规定等 c) 照明系统采用高效节能灯具，公共区域实行智能控制等 d) 电梯系统实行智能控制等	查阅文件和记录及查看现场	 a) 2分 b) 2分 c) 2分 d) 2分
		采用可再生能源利用措施	查阅资料及查看现场	2分
		实施节水管理措施，包括： a) 定期检查和维护供水系统，无跑冒滴漏现象 b) 绿化浇灌、景观补水和路面喷洒采用雨雪水回收或再生水处理系统 c) 绿化浇灌采用喷灌、微灌、滴灌等节水浇灌方式 d) 节水型器具普及率达到95% e) 卫生间、食堂等公共区域及用水设备采取节水措施 f) 无使用高压自来水冲洗车辆现象 g) 采取非常规水资源利用措施	查阅资料及查看现场，核实数据	 a) 2分 b) 2分 c) 2分 d) 2分 e) 2分 f) 2分 g) 2分
		食堂采用节能灶具，严格执行节约操作规程	查阅资料及查看现场	2分
		公务用车实施定点加油、维修和保养，实行单车能耗核算	查阅记录及查看现场，核实数据	2分
		采用合同能源管理等新型节能机制进行节能改造	查阅合同及改造记录	3分
4	行为节约(10分)	制定节约行为规范、内容完整科学	查阅相关文件	6分
		有节约行为奖惩措施	查阅文件及记录	2分
		检查记录节约行为规范的执行情况	查阅文件及记录	2分

附　录　B
（资料性附录）
资源利用水平指标的计算方法

B.1　单位建筑面积能耗

单位建筑面积能耗按式(B.1)计算：

$$E_a = \frac{E_i}{A} \qquad \cdots\cdots(B.1)$$

式中：

E_a ——机关单位建筑面积能耗，单位为千克标准煤每平方米；

E_i ——统计报告期内，机关的能源消耗总量，单位为千克标准煤；

A ——机关的建筑面积，单位为平方米。

注1：特殊区域(指供其他用户使用的机房、食堂、营业厅、对外服务的演播厅等)的能耗不计入其中。

注2：能源消耗总量不包括公务用车油耗。

B.2　人均用电量

人均用电量按式(B.2)计算：

$$E_{pp} = \frac{E_c}{N} \qquad \cdots\cdots(B.2)$$

式中：

E_{pp}——机关的人均用电量，单位为千瓦时每人；

E_c ——统计报告期内，机关内的用电总量，单位为千瓦时；

N ——统计报告期内，机关的常驻人员数量，单位为人。

B.3　人均用水量

人均用水量按式(B.3)计算：

$$V_{pp} = \frac{V_c}{N} \qquad \cdots\cdots(B.3)$$

式中：

V_{pp}——机关的人均用水量，单位为立方米每人；

V_c ——统计报告期内机关的用水总量，单位为立方米；

N ——统计报告期内，机关的常驻人员数量，单位为人。

B.4　车均百公里油耗

车均百公里油耗按式(B.4)计算：

$$F_a = \frac{F}{M} \qquad \cdots\cdots(B.4)$$

式中：

F_a ——机关的车均百公里油耗，单位为升每辆；

F ——统计报告期内，机关的用车百公里油耗总量，单位为升；

M ——统计报告期内，机关符合配备资格的公务车数量，单位为辆。

注：不同油品分别计算。

ICS 73.040
D 20

中华人民共和国国家标准

GB/T 29119—2012

煤层气资源勘查技术规范

Technical specification of coalbed methane resource exploration

2012-12-31 发布

2013-08-01 实施

中华人民共和国国家质量监督检验检疫总局
中国国家标准化管理委员会
发布

前言

本标准按照GB/T 1.1—2009给出的规则起草。

本标准由中国煤炭工业协会提出。

本标准由全国煤炭标准化技术委员会归口。

本标准起草单位:中国煤炭地质总局、中国矿业大学、河北省煤田地质局、煤炭科学研究总院西安研究院。

本标准主要起草人:徐水师、孙升林、程爱国、吴国强、秦勇、傅雪海、赵本肖、李英超、张新生、郑玉柱、孙玉臣、陈春林、宁树正。

煤层气资源勘查技术规范

1 范围

本标准规定了煤层气勘查的基本原则、工作程度要求、煤炭资源各勘查阶段的煤层气工作，勘查工程的方法和技术要求，煤层气资源/储量计算及勘查报告的编写。

本标准适用于煤层气勘查的设计编制、勘查施工、地质研究、资源/储量计算、评估、勘查报告编制和审批的依据，为煤层气产业的远景发展规划、煤层气资源的开发利用、矿井瓦斯治理提供地质依据。

2 规范性引用文件

下列文件对于本文件的应用是必不可少的。凡是注日期的引用文件，仅注日期的版本适用于本文件。凡是不注日期的引用文件，其最新版本(包括所有的修改单)适用于本文件。

GB/T 212 煤的工业分析方法

GB/T 12719 矿区水文地质工程地质勘探规范

GB/T 13908 固体矿产地质勘查规范总则

GB/T 19559 煤层气含量测定方法

GB/T 19560 煤的高压等温吸附试验方法

GB/T 23249 地勘时期煤层瓦斯含量测定方法

DZ/T 0215 煤、泥炭地质勘查规范

DZ/T 0216 煤层气资源/储量规范

MT/T 897 煤炭煤层气地震勘探规范

3 术语和定义

下列术语和定义适用于本文件。

3.1

煤层气 coalbed gas;coalbed methane

赋存于煤层中、以甲烷为主要成分、以吸附在煤基质颗粒表面为主并部分游离于煤孔隙中或溶解于煤层水中的烃类气体。

3.2

煤层气资源/储量 coalbed methane resources/reserves

根据一定的地质和工程依据计算的赋存于煤层中，当前可开采或未来可能开采的，具有现实经济意义和潜在经济意义的煤层气数量，包括已发现资源量和待发现资源量。

3.3

探井 test well;exploratory well

采用钻井辅以测井和化验测试，确定煤储层的深度、厚度、结构、煤质、顶底板性质、含气量、气体成分、等温吸附性能等参数的工程井。

3.4

参数井 parameter well

在探井基础上采用注入压降法，以取得渗透率、储层压力、表皮系数、调查半径、储层温度、破裂压

力、地应力等参数为目的的工程井。

3.5

排采井　drainage well

为取得气体成分、产气量、产水量、水质及机井间干扰试验为主要目的的工程井。

4　基本原则

4.1　煤层气资源勘查应遵循“统一规划、综合勘查、综合评价、合理开发”和煤炭、煤层气协调勘查开发的原则，从而达到充分利用、合理保护矿产资源的目的。

4.2　从煤层气资源勘查的实际需要出发，因地制宜地选择采用勘查技术手段，注重技术经济效益，以合理的投入取得最佳的地质成果。

4.3　以现代地质理论为指导，采用先进的技术、装备和勘查方法，提高勘查精度，适应煤层气开采技术发展的需要。

4.4　煤层气应进行动态储量评估，分阶段进行储量计算、复算、核算和结算。

5　煤层气勘查工作程度

5.1　阶段划分

煤层气资源勘查划分为预查、普查、预探和勘探四个阶段。各阶段提交相应的煤层气资源/储量和勘查报告。煤层气勘查工程应尽量统一布置、分阶段实施，以提高煤层气勘查的地质效果和经济效益。

5.2　煤层气预查

5.2.1　预查任务

煤层气预查是煤层气勘查的基础工作。其主要任务是以矿区或煤田为基本单元，根据现有煤田地质勘查成果和有关技术经济要求，确定并初步评价具有勘查前景评价区，计算煤层气潜在资源量，为煤层气普查提供地质依据。

5.2.2　预查工作程度要求

a)　调查评价区内煤层气成分、含量、分布规律和影响因素，以及煤层甲烷风化带范围。

b)　调查煤储层特征和影响因素，了解煤层顶底板主要特征。

c)　调查含煤地层水文地球化学特征、水动力状况，补、径、排关系以及与煤储层的水力联系。

d)　计算评价区煤层气潜在资源量。

e)　估算和预测评价区相应的煤炭资量。

5.3　煤层气普查

5.3.1　普查任务

煤层气普查是煤层气预查工作的基础上，是以具有勘查前景评价区为基本单元。其主要任务是根据现有煤田地质勘查成果、煤层气探井、参数井和有关技术经济要求，确定并初步评价具有勘查前景有利区，计算煤层气预测地质储量和潜在资源量，为煤层气预探提供地质依据。

5.3.2　普查工作程度要求

a)　初步确定和分析评价区内煤层气成分、含量、分布规律和影响因素，以及煤层甲烷风化带范围。

b） 分析评价煤储层孔、裂隙特征、吸附/解吸特征和影响因素，分析煤层顶底板主要特征。
c） 分析评价含煤地层水文地球化学特征、水动力状况，补、径、排关系以及与煤储层的水力联系。
d） 计算有利区煤层气预测地质储量和潜在资源量。
e） 估算相应的煤炭资源量。

5.3.3 普查有利区的条件

有利区一般应具备的条件见B.1。

5.4 煤层气预探

5.4.1 预探任务

煤层气预探是以预查有利区为基本单元。主要任务是获取煤储层物性有关参数，进行排水采气试验，研究煤层气增产措施，获得开发技术条件下的煤层气井参数，初步评价目标区煤层气开发潜力。计算煤层气控制的地质储量、可采储量和预测地质储量，确定煤层气开发的靶区，为煤层气地面井网勘探和开发规划提供依据。

5.4.2 预探工作程度要求

a） 基本查明影响煤层气开发井网布置的断层及区块边界条件，初步查明含煤地层水文地球化学特征、水动力状况，补、径、排关系以及与煤储层的水力联系。研究影响煤层气赋存和开采的地质因素。
b） 基本查明主要煤储层的物理、化学性质及工艺性能。
c） 基本查明主要煤层的煤层气成分、含气量及分布规律。
d） 基本查明主要煤储层特征及渗透率、储层压力、破裂压力、闭合压力、原地应力、原地应力梯度、地温等。
e） 初步查明煤层顶底板岩性、孔隙性、渗透性特征及力学性质，研究其对煤层气赋存、运移的影响。
f） 初步查明煤层吸附/解吸特征，初步确定煤层气的临界解吸压力。
g） 初步确定合理的储层改造方法、工艺参数，评价储层改造的有效性。
h） 初步确定合理的排采制度。获取排水量、产气量、压力随时间变化的数据，数值模拟研究三者间的相互关系。初步评价单井产能。
i） 计算目标区内煤层气控制的地质储量、可采储量和预测的地质储量。
j） 估算相应的煤炭资源量。

5.4.3 预探目标区的条件

目标区一般应具备的条件见B.2。

5.5 煤层气勘探

5.5.1 勘探任务

煤层气勘探是在煤层气预探阶段单井取得工业气流的基础上进行的小规模井网勘探。基本工作单元是目标区内的靶区。主要任务是获取煤层气井网产能、煤层气增产措施、排采制度数据，获取探明的地质储量和可采储量，为煤层气商业性开发提供地质依据。

5.5.2 勘探工作程度要求

a） 查明煤储层特征及压力、渗透率等动态变化规律。

b) 初步确定煤层气开发的井网布置方式。

c) 初步确定煤层气的储层改造方法、工艺和参数，确定煤层气排采工作制度。

d) 评价井网煤层气的产能、可采性及服务年限。

e) 运用储层模拟技术进行参数敏感性分析，历史拟合、预测生产能力，确定井距、井网、完井方式和生产年限。

f) 计算靶区内煤层气探明的、控制的地质储量和可采储量。

g) 估算相应的煤炭资源储量。

5.5.3 勘探靶区的条件

靶区一般应具备的条件，见B.3。

6 煤炭资源勘查阶段的煤层气工作

6.1 预查阶段

全面收集工作区地质、物探及煤层气勘查等资料，开展野外和邻近矿井煤层气地质调查，了解煤层裂隙发育情况及方向，了解邻近矿井煤层瓦斯情况。从区域地质条件出发，研究煤层气生成的物质基础、生气条件及保存条件。对煤层气勘查前景进行评估。

6.2 普查阶段

6.2.1 在煤炭资源普查及其对瓦斯地质工作要求的基础上，根据煤层甲烷含量情况，选择布置适量煤层气参数井，了解煤储层孔隙、渗透和吸附/解吸特征。初步确定可供进一步勘查的有利区块，对影响煤储层含气性及保存条件的地质因素进行初步分析和评价。

6.2.2 参数井要求采用绳索取心工具取全目的煤层煤心、顶底板岩心，并进行各项化验测试。

6.2.3 计算煤层气预测资源/储量。

6.2.4 通过瓦斯地质工作，证实煤层气含气量未达到表1规定的下限标准，可不施工参数井。

6.3 详查阶段

6.3.1 在煤炭资源详查及其对瓦斯地质工作要求的基础上，在确定可供进一步勘查的煤层气有利区块内，根据瓦斯分带情况，选择少量探煤钻孔作为煤层气参数井，获取可靠的地质评价参数。主要任务是在煤层气有利区块内确定可供进一步勘探的目标区，基本查明煤层气资源情况，对煤层气开发预可行性进行评价。

6.3.2 若开发条件许可，在煤层气开发有利区内应布置适当的排采井，初步了解煤层气开采的技术条件；初步了解煤层气的生产能力，对煤层气的开发预可行性进行进一步的评估。

6.3.3 计算相应的煤层气地质储量。

6.3.4 普查阶段查明煤层含气量没有达到表1规定的下限标准，本阶段不再进行参数井或排采井的施工。

6.4 勘探阶段

6.4.1 勘探阶段主要任务是在确定可供开发的目标区内，查明煤层气田的产出能力，除继续布置一定量的参数井或排采井进一步证实详查阶段所获得储层参数和生产能力外，若开发条件许可，还可通过小型井网排采试验，结合储层数值模拟技术，确定开发策略，为全区进行商业性开发提供设计及主要生产设备所必需的数据。

6.4.2 对影响煤层气开发的技术条件进行详细研究，通过排采试验对煤层含气量、渗透率、水动力条件及产能进行研究；通过一段时间连续排采和产能动态监测，获取各项数据，建立气、水产量与生产压力和时间关系曲线。确定排采制度。

6.4.3 根据储层参数和排采数据，运用数值模拟技术，可进行合理井距、完井方式等敏感性分析，以确定气田生产策略，预测产能。

6.4.4 单井排采试验或小型井网、参数井的重点区域是矿井的先期开采地段（或第一水平）和煤炭详查确定的目标区块。

6.4.5 计算相应的煤层气地质储量。

7 煤层气勘查工程及技术要求

7.1 勘查工程

根据地形、地质及物性条件，合理选择和使用遥感、物探、钻探、地面地质调查和排采试验等勘查手段，并配合邻近矿井地质调查进行各阶段的地质工作。

7.1.1 预查阶段工程布置

a) 收集整理、分析研究以往地质成果，开展地表地质工作、矿井调查和采样测试工作。

b) 煤炭资源勘查度低的地区宜布置少量物探和钻探工程，了解煤层的基本特征及分布规律。

c) 本阶段一般可不施工专门煤层气钻探工程。如果本区和邻区缺乏煤层气资料，可施工少量煤层气探井，确定煤储层的深度、厚度、结构、煤质、顶底板性质、含气量、气体成分、等温吸附性能。

7.1.2 普查阶段工程布置

a) 在煤层气有前景的区域布置少量煤层气探井和参数井。

b) 其他勘查工程一般按照煤炭资源预查工程部署原则布置。

c) 煤炭资源勘查程度较高的区块，应充分利用物探和钻探资料，做到煤层气探井、参数井布置与探煤工程的相互协调。

7.1.3 预探阶段工程布置

a) 根据有利区块的划分，布置参数井和排采试验井。每个主要区块均应布置不少于2口参数井、1口生产试验井；当区块面积较大时，每10 km^2 参数井不少于2口、试验井一般不少于1口。

b) 排采试验井的井位应考虑今后井网布置。

c) 其他勘查工程一般按照煤炭资源普查阶段工程部署原则布置。

7.1.4 勘探阶段工程布置

a) 在不同目标区内均应布置小型试验井网或多分枝井、U型井。

b) 排采试验井网和形状视实际情况而定，一般有菱形网、矩形网等。井距应根据储层参数、主应力方向及试验井的压裂方向、压裂缝长度等储层改造有效性确定，一般为200 m～500 m。

c) 生产试验井应布置适量的观测井，以验证井网布置的合理性。

d) 其他工程一般按照煤炭资源详查工程部署原则布置。

e) 先期开发靶区应根据地震地质条件，可部署一定三维地震工程。

7.2 勘查工程技术要求

7.2.1 地质填图

可参照 E.1 技术要求执行。在进行地质填图时应特别注意对不同岩性节理的描述、测定和研究，可参照 E.1 技术要求执行。

7.2.2 矿井地质调查

矿井地质调查包括煤层厚度、结构特征、煤层割理、裂隙、构造、应力方向、煤层顶底板、水文地质、瓦斯等内容。其技术要求可参照 E.2 确定的有关标准执行。

7.2.3 地震勘查工程

地震勘查应按煤层气资源勘查阶段划分循序进行，分阶段实施，可参照 E.3 确定的标准执行。

7.2.4 煤层气井录井的原始资料采集

煤层气录井的原始资料采集可参照 E.4 技术要求执行。

7.2.5 钻井工程

a） 煤层气预探、勘探阶段都要录取各项原始资料。
b） 探井的主要任务是采用钻井附以测井和化验测试，确定煤储层的深度、厚度、结构、煤质、顶底板性质、含气量、气体成分、等温吸附性能等参数。
c） 参数井的主要目的是获取储层压力、渗透率、表皮系数、储层温度、破裂压力、地应力等储层物性数据；通过对主要目的煤层（段）进行试井和原地应力试验，获取压裂设计所需要的参数。井深一般要达到最下一个目的层底板以下 40 m～50 m。井径应满足岩、煤心采样、试井和常规煤层气完井、排采的要求。
d） 排采井的主要目的是评价目的煤层（段）的生产潜力。数据采集后，在试验、分析的基础上，通过对储层的改造和排采试验，获取稳定产能，对单井产能进行动态评价。排采试验井一般应进行最少半年以上连续的产气试验。在多煤层完井的试验井中，应尽可能对各主要目的煤层（段）进行单独试验，以评价不同煤层（段）的生产潜力。排采试验井可以在参数井的基础上扩径完成。
e） 钻井工程其他技术要求可参照 E.5 确定的有关标准执行。

7.2.6 测井、试井、完井、固井、压裂及排采工程

可参照 E.6、E.7、E.8、E.9、E.10、E.11 规定的有关标准执行。

7.2.7 数据采集

a） 通过岩心编录和地球物理测井手段，确定煤层深度、厚度及结构、构造、裂隙、含煤地层及煤层顶底板岩性、岩石力学性质、井径、井斜、井温等。
b） 对目的煤层（段）采集全岩心煤样，进行解吸试验，确定气含量、气成分、吸附时间。
c） 对目的煤层（段）采集完整的全岩心煤心样品，进行割理、裂隙观察描述与统计、宏观煤岩类型描述及显微煤岩分析、镜质组反射率（R^{o}_{max}）测定、煤质分析（工业分析和元素分析）、孔隙度及孔隙结构分析。
d） 对主要目的煤层（段）煤层样进行等温吸附试验，确定等温吸附曲线、Langmuir 体积、

Langmuir 压力，结合储层压力资料，确定煤层气的吸附饱和度、临界解吸压力。

e) 对主要目的煤层(段)进行试井测试，确定煤储层压力、渗透率、表皮系数、原地应力、储层温度等。

f) 对主要目的煤层(段)进行排采试验，获取单井半年以上连续气、水产量。

7.3 煤层气采样及测试工作量

7.3.1 煤心样分析试验项目及数量参照附录 D 确定。

7.3.2 参数井及试验井分析测试

参数井及试验井除完成附录 D 中规定的测试工作外，还要进行储层压力、渗透率试井测试，取得目的煤层(段)的储层压力、渗透率、表皮系数等参数。

7.3.3 煤层顶底板岩石力学性质测试项目及数量，参照 D.1 确定。

8 煤层气资源/储量计算

8.1 煤层气资源/储量分类及分级

煤层气资源/储量分类、分级体系执行煤层气资源/储量规范(DZ/T 0216)。

8.2 计算指标

8.2.1 各类型煤层气资源/储量计算块段中的煤层含气量要达到表 1 所规定的下限标准。煤层气探井和煤田勘查钻孔测试的含气量差别大，确实认为煤田勘查钻孔所取得的资料存在问题的，需要采用回归方法进行校/修正。

表 1 煤层气含量下限标准

煤类	变质程度 R^{o}_{max} %	空气干燥基含气量/(m^3/t)
褐煤-长焰煤	<0.70	1.0
气煤—瘦煤(Ⅱ—Ⅴ)	0.70～1.90	4.0
贫煤—无烟煤(Ⅵ—Ⅶ)	>1.90	8.0

8.2.2 煤层气地质储量的计算要满足垂直单井平均产量 500 m^3/d、多分支水平井平均产量 5 000 m^3/d、"U"型井平均产量 1 000 m^3/d 的下限标准(单井平均产量是指不低于半年的连续排采平均值)。

8.2.3 探明储量计算的基本井距原则应按表 C.1 执行。

8.2.4 资源储量计算的深度一般不超过 1 500 m。

8.3 煤层气资源/储量计算块段划分的基本原则

8.3.1 资源/储量计算边界应由查明的煤层气田的各类地质边界，如断层、地层变化(变薄、尖灭、剥蚀、风氧化带、煤阶等)、含气量下限、煤层净厚下限(0.5 m～0.8 m)等边界确定(对煤层组的情况可根据实际条件做适当调整)；由于各种原因也可由矿权区边界、自然地理边界或人为储量计算线等圈定。

8.3.2 探明储量的计算边界以煤层气井外推圈定，外推距离不大于表 C.1 中规定井距的 0.5～1.0 倍，可分以下几种情况(假定表 C.1 规定井距为 1 个井距)：

a) 仅有一口井达到产气下限时，以此井为中心外推 1/2 井距。

b) 在有多口相邻井达到产气下限值时，若其中有两口相邻井井间距离超过 3 个井距，可分别以这两口井为中心外推 1/2 井距。

c) 在有多口井达到产气下限值时，若其中有两口相邻井井间距离超过 2 个井距，但小于 3 个井距时，井间所有面积都计为探明面积，同时可以这两口井为中心外推1个井距作为探明面积边界。

d) 在有多口井达到产气下限值时，且井间距离都不超过2个井距时，探明面积可以边缘井为中心外推1个井距。

8.3.3 只有在煤层气单井平均产气量达到8.2.2所规定的下限值的块段才能计算探明储量。探明储量计算中，煤层含气量按GB/T 19559测定。

8.3.4 煤炭资源量达到探明级别，实测含气量可靠，且控制程度达到表C.1规定井距的1～1.5倍，区内施工了煤层气参数井和/或试验井的块段，可计算煤层气的控制储量。

8.3.5 煤炭资源量达到控制级别，实测含气量可靠，且控制程度达到表C.1规定井距的1.5～2倍的块段，可计算煤层气的预测储量。

8.3.6 通过与邻近地质条件和煤岩、煤质相似地区类比求得的含气量，或综合分析矿井地质条件、煤炭开采状况后修正的矿井相对瓦斯涌出量，也可作为计算煤层气潜在的资源量时含气量的参考值。通过干燥煤样等温吸附曲线所提供的吸附常数以及煤矿井下实测的瓦斯压力等数据间接计算的含气量在进行水分、温度等的校正后可用于潜在的资源量的计算。

8.4 煤层气资源/储量计算的一般要求

8.4.1 面积很大的勘查区可进一步细分为块段作为基本计算单元，同一块段应具有相同或相似的煤层气地质条件；纵向上一般以单一煤层为计算单元，煤层相对集中的煤层组可合并计算单元，探井分布不均衡、煤层含气量、厚度变化较大的要进行面积权衡。

8.4.2 煤层气风化带以浅的煤层不计算煤层气资源/储量。

8.4.3 资源/储量计算仅考虑烷烃（如甲烷、乙烷等）气体成分。在特殊情况下，如二氧化碳含量极高，可考虑分别计算烷烃、二氧化碳等不同主要成分的资源/储量。

8.4.4 计算参数可由多种资料和多种方法获得，在选用时应详细比较它们的精度和代表性进行综合选值，并在储量报告中论述确定参数的依据。

8.4.5 采用煤层原位含气量作为计算煤层气资源/储量的参数。

8.4.6 各项参数名称、符号、单位及取值有效位数的标准，见附录A。

8.5 煤层气资源/储量计算方法及参数选取

煤层气资源/储量计算方法及参数选取可参照附录F规定执行。

9 资源编录、综合研究和报告编制

9.1 原始资料编录工作的基本要求

9.1.1 按勘查设计的要求和有关规程的规定，各种勘查工程的原始记录和数据资料必须齐全、准确、真实、可靠。

9.1.2 对自然露头和各种勘查工程所揭露的地质、水文地质现象，都必须按规定的内容和要求，进行观测、鉴定和描述，各种观测、测量记录资料，都应及时进行处理、解释和整理。

9.1.3 原始资料编录的工作程序、格式、内容、表达形式、术语等，均应符合有关标准的规定。

9.1.4 各种原始记录、原始编录资料以及岩心、样品、标本等实物资料，必须按有关规定的要求妥善保管，建立完整的原始资料档案。

9.2 综合研究

按照"边勘查施工，边分析研究资料，边调整修改设计"的原则，对各种勘查技术手段所取得的资料均应进行及时且充分的分析研究和利用。地质报告应综合反映各种勘查技术手段和研究方法所取得的成果，其中可行性研究的主要内容参见附录G。

9.3 报告编制

各阶段地质报告的编制，原则上参照附录H及有关地质报告编写规范规定的要求进行。在实际编制工作中，应根据勘查区的实际情况，对有关规定的要求进行适当的调整和补充，以使报告内容的重点突出，方便使用。

附 录 A
（规范性附录）
煤层气储量计算参数名称、符号、单位及取值有效位数的规定

煤层气储量计算参数名称、符号、单位及取值有效位数的规定见表 A.1。

表 A.1 煤层气储量计算参数名称、符号、单位及取值有效位数的规定

参数		单位		取值位数
名称	符号	名称	符号	
煤层含气面积	A	平方千米	km^2	小数点后 1 位
煤中干燥基灰分	A_d	无因次	%	小数点后 2 位
煤的平均灰分	A_{av}	无因次	%	小数点后 2 位
煤的原煤基含气量	C_c	立方米每吨煤	m^3/t	小数点后 1 位
煤的空气干燥基含气量	C_{ad}	立方米每吨煤	m^3/t	小数点后 1 位
煤的干燥无灰基含气量	C_{daf}	立方米每吨煤	m^3/t	小数点后 1 位
废弃压力条件下的煤层气含量	C_{ga}	立方米每吨煤	m^3/t	小数点后 1 位
原始储层条件下的煤层气含量	C_{gi}	立方米每吨煤	m^3/t	小数点后 1 位
煤的空气干燥基密度	D_{ad}	吨每立方米	t/m^3	小数点后 2 位
煤的干燥无灰基密度	D_{daf}	吨每立方米	t/m^3	小数点后 2 位
煤层气地质储量	G_i	亿立方米	$10^8 m^3$	小数点后 2 位
煤层气井控范围内的地质储量	G_{iw}	亿立方米	$10^8 m^3$	小数点后 2 位
气井累计气体产量	G_{PL}	亿立方米	$10^8 m^3$	小数点后 2 位
煤层气可采储量	G_r	亿立方米	$10^8 m^3$	小数点后 2 位
煤层净厚度	h	米	m	小数点后 1 位
煤层埋深	H	米	m	小数点后 1 位
渗透率	K	平方米	m^2	小数点后 2 位
煤中空气干燥基水分	M_{ad}	无因次	%	小数点后 2 位
煤的平衡水分	M_{eq}	无因次	%	小数点后 2 位
原始储层压力	P_i	兆帕	MPa	小数点后 2 位
废弃储层压力	P_a	兆帕	MPa	小数点后 2 位
闭合压力	P_c	兆帕	MPa	小数点后 2 位
朗缪尔压力	P_L	兆帕	MPa	小数点后 2 位
临界解吸压力	P_d	兆帕	MPa	小数点后 2 位
破裂压力	P_f	兆帕	MPa	小数点后 2 位
压力梯度	K_p	兆帕每百米	MPa/100m	小数点后 2 位
井底压力	P_{wf}	兆帕	MPa	小数点后 2 位

表 A.1(续)

参数		单位		取值位数
名称	符号	名称	符号	
单井日产气量	g_g	立方米每天	m^3/d	小数点后2位
单井日产水量	g_w	立方米每天	m^3/d	小数点后2位
采收率	R_f	无因次	%	小数点后1位
平均井控面积	S_W	平方千米每口	km^2/口	小数点后1位
吸附时间	τ	小时	h	小数点后1位
储层温度	T	摄氏度	℃	整数
朗缪尔体积	V_L	立方米	m^3	小数点后2位
地层倾角	α	度	(°)	小数点后1位
空气干燥基煤层气含量与(灰分+平衡水分)相关关系曲线斜率	β	无因次		小数点后2位

附 录 B
（资料性附录）
煤层气有利区、目标区和靶区条件

B.1 有利区一般应同时具备以下条件

B.1.1 可采煤层净总厚度 5 m 以上。煤层渗透性好的地区，煤层厚度可以适当放宽要求。
B.1.2 煤层气含量总体达到表 1 的要求。
B.1.3 煤层渗透性较好，煤层原生结构保存完好，煤层裂隙发育。
B.1.4 煤层埋深一般浅于 1 500 m。
B.1.5 煤层气资源总量在 $3\times10^{8}\ m^{3}$ 以上。
B.1.6 煤层气开发经济地理条件较好。

B.2 目标区一般应同时具备以下条件

B.2.1 可采煤层净总厚度 8 m 以上，主要煤储层平均净厚度一般 3m 以上。煤层渗透性好的地区，煤层厚度可以适当放宽要求。
B.2.2 煤层气含量一般达到表 1 中高一煤级含气量的要求或含气饱和度一般达到 50％以上。煤储层为正常压力储层。
B.2.3 煤层渗透性较好，渗透率大于 $0.10\times10^{-3}\ \mu m^{2}$；煤层原生结构保存完好，煤层裂隙发育。
B.2.4 煤层埋深一般浅于 1 200 m。
B.2.5 煤层气资源丰度一般在 $1\times10^{8}\ m^{3}/km^{2}$ 以上。
B.2.6 煤层气开发经济地理条件好。

B.3 靶区一般应同时具备以下条件

B.3.1 可采煤层净总厚度 8 m 以上，主要煤储层平均净厚度一般 2 m 以上。煤层渗透性好的地区，煤层厚度可以适当放宽要求。
B.3.2 煤储层为正常压力储层。煤层含气饱和度达到 60％以上。
B.3.3 煤层渗透性好，渗透率大于 $0.25\times10^{-3}\ \mu m^{2}$；煤层原生结构保存完好，煤层裂隙发育。
B.3.4 煤层埋深一般浅于 1 000 m。
B.3.5 煤层气资源丰度一般在 $1.5\times10^{8}\ m^{3}/km^{2}$ 以上。
B.3.6 煤层气开发经济地理条件好。

附 录 C
（资料性附录）
构造复杂程度、煤层稳定程度类型划分及钻探工程基本线距

C.1 构造复杂程度划分为四种类型

C.1.1 简单构造

含煤地层沿走向、倾向的产状变化不大，断层稀少，没有或很少受岩浆岩的影响。主要包括：

a) 产状接近水平，很少有缓波状起伏；

b) 缓倾斜至倾斜的简单单斜、向斜或背斜；

c) 为数不多和方向单一的宽缓褶皱。

C.1.2 中等构造

含煤地层沿走向、倾向的产状有一定的变化，断层较发育，有时局部受岩浆岩的一定影响。主要包括：

a) 产状平缓，沿走向和倾向均发育宽缓褶皱，或伴有一定数量的断层；

b) 简单的单斜、向斜或背斜，伴有较多断层，或局部有小规模的褶曲及倒转；

c) 急倾斜或倒转的单斜、向斜和背斜，或为形态简单的褶皱，伴有稀少断层。

C.1.3 复杂构造

含煤地层沿走向、倾向的产状变化很大，断层发育，有时受岩浆岩的严重影响。主要包括：

a) 受几组断层严重破坏的断块构造；

b) 在单斜、向斜或背斜的基础上，次一级褶曲和断层均很发育；

c) 紧密褶皱，伴有一定数量的断层。

C.1.4 极复杂构造

含煤地层的产状变化极大，断层极发育，有时受岩浆岩的严重破坏。主要包括：

a) 紧密褶皱，断层密集；

b) 形态复杂特殊的褶皱，断层发育；

c) 断层发育，受岩浆岩的严重破坏。

C.2 煤层稳定程度划分为四种类型

C.2.1 稳定煤层

煤层厚度变化很小，变化规律明显，结构简单至较简单；煤类单一，煤质变化很小。全区可采或大部分可采。

C.2.2 较稳定煤层

煤层厚度有一定的变化，但规律性较明显，结构简单至复杂；有两个煤类，煤质变化中等。全区可采或大部分可采。可采范围内厚度及煤质变化不大。

C.2.3 不稳定煤层

煤层厚度变化较大，无明显规律，结构复杂至极复杂；有三个或三个以上煤类，煤质变化大。包括：

a） 煤层厚度变化很大，具突然增厚、变薄现象，全区可采或大部分可采；
b） 煤层呈串珠状、藕节状，一般连续，局部可采，可采边界不规则；
c） 难以进行分层对比，但可进行层组对比的复煤层。

C.2.4 极不稳定煤层

煤层厚度变化极大，呈透镜状、鸡窝状，一般不连续，很难找出规律，可采块段分布零星；或为无法进行煤分层对比，且层组对比也有困难的复煤层；煤质变化很大，且无明显规律。

C.3 煤层气探明地质储量计算关于储层的基本井距

C.3.1 垂直井

对于垂直井，煤层气探明地质储量计算关于储层的基本井距见表C.1。

表C.1 煤层气探明地质储量计算关于储层的基本井距

单位为米

基本井距		煤层稳定程度		
		稳定	较稳定	不稳定
构造复杂程度	简单构造	3 000～4 000	2 000～3 000	1 500～2 000
	中等构造	2 000～3 000	1 000～2 000	500～1 000
	复杂构造	1 000～2 000	500～1 000	
注：对于复杂、极复杂构造及不稳定、极不稳定煤层宜实行滚动勘探开发；在少数探井和早期储量计算的基础上，将高产富集区块优先投入开发，或者根据实际情况确定。				

C.3.2 其他类型的开发井

对于羽状水平井、丛式井、U形井等煤层气开发井，在研究煤储层地质特征的基础上，综合分析各种因素，根据煤层气田的资源条件、分布面积、开发规模、开发方式等实际情况确定。

C.4 选择基本井距的要求

C.4.1 构造复杂程度类型的划分，原则上以勘查区（矿区）为单位。当勘查区（矿区）内的不同地段有显著差异时，应当根据实际情况区别对待。

C.4.2 当一个勘查区（矿区）内目的煤层（段）有二种或二种以上稳定程度类型时，应以资源/储量或厚度占优势的那一部分煤层稳定程度类型，选择基本井距。

C.4.3 运用地面物探手段即能满足构造控制要求的勘查区（矿区），基本井距应根据煤层稳定程度类型进行选择。表C.1主要适用于不能使用地面物探和地面物探不能取得有效成果的地区。

附 录 D
（资料性附录）
采样及测试工作量

各阶段煤层气勘查增加的分析试验项目及数量表见表 D.1。

表 D.1 各阶段煤层气勘查增加的分析试验项目及数量表

<table>
<tr><th rowspan="2">试验项目</th><th rowspan="2">试验对象</th><th colspan="3">试验数量</th><th rowspan="2">备注</th></tr>
<tr><th>预查</th><th>预探</th><th>勘探</th></tr>
<tr><td>宏观煤岩类型、宏观裂隙描述、照相</td><td rowspan="5">可采煤层</td><td colspan="3" rowspan="5">煤层厚度 10 m 以内，每 0.5 m～1.0 m 采 1 个样；煤层厚度 10 m 以上，均匀分布 10 个样以上（可每 2 m 或更大间隔 1 个样）</td><td rowspan="15">平行样，即该煤样所有测试数据（除煤的坚固性系数、瓦斯放散初速度外）来自同一煤心段</td></tr>
<tr><td>煤体结构描述、照相</td></tr>
<tr><td>煤层气含量测定</td></tr>
<tr><td>气成分分析</td></tr>
<tr><td>煤的工业分析</td></tr>
<tr><td>显微裂隙</td><td rowspan="9">目的煤层（段）或可采煤层</td><td rowspan="7">每种煤类至少 1 个样</td><td rowspan="7">每个参数井每层可采煤层至少 2 个平行样</td><td rowspan="7">每个参数井和排采试验井每层目标煤层至少 3 个平行样</td></tr>
<tr><td>孔径结构</td></tr>
<tr><td>显微组分定量分析</td></tr>
<tr><td>反射率测定</td></tr>
<tr><td>等温吸附试验（平衡水条件下）</td></tr>
<tr><td>煤的真密度、视密度/孔隙度</td></tr>
<tr><td>煤岩力学性质</td></tr>
<tr><td>煤的坚固性系数</td><td colspan="3" rowspan="2">每种煤体结构类型至少 2 个样</td></tr>
<tr><td>瓦斯放散初速度</td></tr>
<tr><td>力学性质</td><td>可采煤层顶底板</td><td colspan="3">顶板、底板均至少 1 个样。至少选择 2 条剖面、4 个钻孔在煤系地层进行 RQD 统计</td></tr>
<tr><td colspan="6">注：平行样，即该煤样所有测试数据（除煤的坚固性系数、瓦斯放散初速度外）来自同一煤心段。</td></tr>
</table>

附　录　E
（资料性附录）
煤层气勘查工程质量及技术要求

E.1　地质填图

E.1.1　凡裸露和半裸露地区均应在槽井探及必要的遥感、物探方法的配合下，进行地质填图，其比例尺一般为：

预查阶段(1∶50 000)～(1∶25 000)

预探阶段(1∶25 000)～(1∶10 000)

勘探阶段(1∶10 000)～(1∶5 000)

槽井探和地面物探的布置，按有关规程的规定执行。

E.1.2　地质填图时，要收集利用地应力测量成果或开展适当的地应力测量工作。

E.2　矿井调查

E.2.1　煤层调查：包括煤层层位、厚度、主要煤储层的分布范围、煤类、煤质特征、煤岩特征、煤结构构造、煤层割理、裂隙、构造煤、岩浆岩对煤层侵蚀状况，并根据需要采取各种煤样。

E.2.2　构造调查：调查断层性质、断距大小、延展情况、产状要素、导水性等，进行地应力资料收集或实测，研究地应力分布和变化规律。

E.2.3　煤层顶、底板调查：调查煤层顶板、底板岩性特征、裂隙发育情况、岩石强度，并根据需要采样测试岩石的饱和抗压、抗剪、弹性模量、膨胀度、坚固性系数等。

E.2.4　地下水调查：调查煤岩层含水性、水质类型、构造裂隙的导水性及与煤层的水力联系等。

E.2.5　瓦斯调查：调查矿井瓦斯涌出量(相对瓦斯涌出量和绝对瓦斯涌出量)，煤与瓦斯突出及突出条件、瓦斯富集程度与规律，井下瓦斯抽采情况(抽采量、抽采率、抽放方式)，矿井瓦斯等级等。

E.3　地震工程

地震勘查随煤层气资源勘查的三个阶段循序进行，分阶段实施。应按照MT/T 897《煤炭煤层气地震勘探规范》执行，地震勘探结束后应提交相应阶段专业报告。

E.3.1　预查阶段：在地震地质条件好、煤田地质勘查程度低的地区，应开展地震勘查工作，一般按照煤炭资源调查程度要求进行地震勘探工作。

E.3.2　普查阶段：在地震地质条件好、煤田地质勘查程度低的地区，应开展地震勘查工作，一般按照煤炭资源预查程度要求进行地震勘探工作。

E.3.3　预探阶段：在地震地质条件好的地区，一般按照煤炭资源普查程度要求进行地震勘探工作。

E.3.4　勘探阶段：在地震地质条件好的地区，一般按照煤炭资源详查程度要求进行地震勘探工作。在先期开发区段按采区地震勘探程度进行地震勘探工作。

E.4　煤层气井录井的原始资料采集

E.4.1　按煤田地质编录有关规定执行。

E.4.2 煤层气井地质录井设计应依据地质任务、目的与要求编制。

E.4.3 岩、煤心录井：岩、煤心描述的内容，要求顺序统一、定名准确、重点突出；岩心描述的顺序为：颜色、成分、结构、构造、胶结状况、裂隙发育情况、充填物及定名；煤心描述的顺序为：宏观煤岩类型、成分、物理性质、结构、构造、内外生裂隙、夹矸等。

E.4.4 岩屑录井：岩屑录井是在钻进中捞取循环介质携带的岩屑、煤屑，进行分层鉴定、描述，达到地质录井目的一种方法。岩屑录井要注意岩屑迟到时间的测定，捞取岩屑时间的确定及确定捞屑间距。要认真把握捞屑、洗屑、观察、晾干、描述、采样、装袋、保管等环节；描述方法要统一，抓住重点，注意夹层、标志层、煤层的鉴定与描述。

E.4.5 钻时录井：钻时录井间距要求是非煤系地层每 2 m 记录 1 个点；煤系地层每 1m 记录 1 个点；目的煤层(段)每 0.5 m 记录 1 个点，以便判断煤层埋深、厚度及夹矸位置；要随时记录钻时突变点，以便及时发现煤层确定煤层深度、厚度等；全井漏取钻时点数不超过全井钻时总数的 1%，目的煤层(段)钻时点不允许漏取。

E.4.6 在煤层气井地质编录时，对煤层顶底板、涌漏水层段、火成岩与围岩接触带、煤层与岩石裂隙等应进行详细描述和统计，涌水段要采样分析化验。

E.5 钻井工程

E.5.1 钻井工程首先要做好设计，设计步骤包括：认真研究、理解地质目的和工程任务；收集资料并进行钻井工程条件研究；根据要求制定设计原则；井身结构设计；套管柱设计，优化钻井工艺技术；钻井设备优化组合设计；钻井循环介质优化及钻头水力参数设计；钻柱设计、固井设计；取心设计及工序安排等。

E.5.2 常规钻井井身结构见表 E.1、表 E.2。

表 E.1 煤层气常规钻井井身结构表

开钻程序	钻头尺寸/mm	套管类型	套管尺寸/mm
一开	ϕ311.1	表层套管	ϕ244.5
二开	ϕ215.9	生产套管	ϕ139.7(ϕ177.8)

表 E.2 复杂地层条件下煤层气钻井井身结构表

开钻程序	钻头尺寸/mm	套管类型	套管尺寸/mm
一开	ϕ444.5	表层套管	ϕ339.7
二开	ϕ311.1	技术套管	ϕ244.5
三开	ϕ215.9	生产套管	ϕ139.7(ϕ177.8)

E.5.3 井身质量要求：全井最大井斜角小于 3°，井底水平位移不大于 25 m，全角变化率不大于 1.4°，全井孔径扩大率小于 25%，煤层段孔径扩大率小于 40%。若地层倾角大于 15°，最大井斜角适当放宽到 1°～2°。

E.5.4 井口及井控装置：结合煤层气井具体情况进行井口及井控装置与井控技术要求设计。参数井及试验井必须安装液压防喷器。

E.5.5 常规钻井液性能要求：钻井液与煤储层要有良好的配伍性；降低固相含量及失水量；酸碱值要适当，抑制水化、膨胀；降低钻井液密度，实行平衡或近平衡钻井；切力和动塑比有利于悬浮钻屑，清洗井眼。国内煤层气井常用钻井液匹配参数,参考表 E.3。

表 E.3 煤层气井钻井液匹配参数表

性能	密度 /(g/cm³)	塑性黏度 /(MPa·s)	中压失水 /mL	固相含量 /%	含砂量 /%	黏土含量 /%	pH 值
指标	1.03～1.05	15～20	6～8	<4	<0.2	<12	8～8.5

E.5.6 钻柱设计:包括钻头、钻铤、钻杆、扶正器以及井下钻具组合的选择,同时结合煤层气特殊性进行设计。

E.5.7 下套管技术要求:表层套管柱试压在固井结束 24 h 后进行,表层套管柱试压 6 MPa,30 min 降压不大于 0.5 MPa 为合格;技术套管和生产套管试压,应在水泥浆候凝 48 h 后,完成测井后进行。技术套管试压要求,见表 E.4;生产套管柱试压要求,见表 E.5。

表 E.4 技术套管试压标准

套管外径/mm	试压压力/MPa	30 min 降压/MPa
ϕ219.7	12	≤0.5
ϕ244.5	8	≤0.5

表 E.5 生产套管试压标准

套管外径/mm	试压压力/MPa	30 min 降压/MPa
ϕ139.7	20	≤0.5
ϕ177.8	20	≤0.5

E.6 固井工程

E.6.1 煤层气井固井要结合煤层气井具体情况进行设计,对表层套管、煤储层水泥浆返至地面施工作业要求应具体。

E.6.2 煤层气井生产套管固井应采用低密度(≤1.6 g/cm³),抗压强度大于 14 MPa 的空心微珠水泥固井,水泥返深为最上一个目的煤层(段)以上 200 m 或地面,质量要求达基本合格以上,且目的煤层(段)上、下 50 m 达到优质。固井质量主要是水泥胶结质量评价,标准参见表 E.6。

表 E.6 水泥胶结质量评价标准

等级	优良	合格	基本合格	不合格
第一界面	声幅值≤10%	10%<声幅值≤20%	20%<声幅值≤30%	声幅值>30%
第二界面	地层波强、清晰	地层波较强、较清晰	地层波较弱、可辨认	地层波弱、难辨认

E.7 钻井取心

E.7.1 取心设计要求

a) 为使煤心中气体损失量最小,应选用绳索式半合管取心工具取心,岩煤心直径应大于 60 mm。

b) 为减少煤心在起出过程中的气体损失量，提升时间限定为：井深 1 000 m 以浅，取心内筒从提心开始至出井口时间小于 20 min；从出井口到煤心装罐时间小于 3 min。井深 1 000 m 以深，取心内筒从提心开始至出井口时间不大于 0.02 min/m×H(H 为井深，m)。

E.7.2 取心质量要求

目的煤层(段)取心必须使用绳索式取心工具；全井煤层取心收获率≥80%，其他岩层取心收获率≥90%。

E.8 测井

E.8.1 测井目的是获取地层和煤层的深度及厚度参数，检查固井质量和压裂效果。

E.8.2 裸眼井测井任务和项目

a) 标准测井：全井进行标准测井，用以划分地层、判断岩性。包括双侧向(DLL)、自然电位(SP)、自然伽玛(GR)、双井径(GAL)。

b) 综合测井：对煤层或其他重点层进行综合测井，用以进行岩性分析、划分煤层及夹矸，计算煤层固定碳含量、灰分、水分、估算挥发分和含气量，进行含水性、渗透性分析，判断含水层、含气层。项目包括：双侧向(DLL)、自然电位(SP)、自然伽玛(GR)、双井径(GAL)、补偿密度(DEN)、补偿中子(GNL)、补偿声波(AC)、井温(TEMP)等。

c) 固井质量检查测井：全井进行声幅、自然伽玛、套管接箍测井、声波变密度测井。

d) 压裂效果检查测井：用连续井温仪测井，也可加做放射性示踪剂测井。

E.8.3 主要技术要求：煤层气井测井应使用数字测井仪；井斜测量应使用连续测斜仪；煤储层参数的分析和解释应符合该区特点。

E.8.4 测井解释成果：包括煤储层灰分、水分、固定碳、挥发分、有效孔隙度、吨煤含气量、岩性、解释结论(煤层气层、水层、致密层)等。全部测井完成后，应提交测井专业技术报告。

E.9 煤层气试井

E.9.1 煤层气试井目的是获取目的煤层(段)煤储层渗透率、储层压力等储层参数。

E.9.2 试井要求：要选用专用的煤层气试井设备，尽量采用地面直读设备或高性能的井下电子压力计。注入前要进行阶梯注入压裂试验，注入速率要适中，注入过程速率波动值不大于 10%；注入时间 8 h～12 h，应保证注入过程的影响半径不小于 10 m，关井不少于 2～3 倍注入时间。

E.9.3 试井资料解释要用多种方法进行对比验证，同时参考地质、测井、岩心等资料进行综合分析，使选择的解释模型和计算参数准确可靠。

E.10 压裂

E.10.1 压裂是煤层气增产的主要措施之一。利用专用的压裂设备以一定方式向煤层注入流体或携带支撑剂，形成具有高导流能力的人工裂缝过程。按照压裂液种类可分为：活性水、冻胶、线性胶、泡沫、CO_2、N_2 压裂等。

E.10.2 选井原则：压裂层段固井质量良好；套管无变形、无腐蚀、无漏失，可承受最大压力负荷；井口满足压裂要求；具有投产或排液、放喷条件等。

E.10.3 选层原则：选择有适当含气量和煤层厚度、吨煤含气量达到表 1 煤层气含量下限标准，煤储层单层真厚度(或煤组)1.5 m 以上；有合适的煤体结构，对割理不发育(小于 5 条/5 cm)或粉状煤体结构不宜进行水力压裂;地层具有适当的孔隙压力,一般地层孔隙压力梯度应大于0.009 MPa/m,解吸压力/储层压力应大于0.5;煤层或压裂层段及其上下固井质量合格,以保证压裂时不发生窜槽事故。

E.10.4 压裂方案设计编制:包括资料收集及地质评估,室内实验确定压裂液类型、支撑剂种类及各种添加剂;设计内容包括压裂目的、压裂方案、施工准备、施工步骤、压后管理、安全质量要求等。

E.11 排采

E.11.1 排采目的:煤层气排采以获得真实完整的产能、流体性质、压力、温度等资料,为煤层气进一步勘探或编制开发方案提供依据。

E.11.2 排采方案的主要内容:

a) 根据钻井、测井、分析化验等资料,确定排采试气层位、井段。

b) 排采方式及参数优化,利用储层模拟软件预测出水产气情况,预测气水产量历史曲线,不同阶段煤层压力分布图,优化试采设备确定生产参数。

c) 参数优化设计:进行煤层应力敏感性试验,根据煤层的物性及其所含流体性质,结合实验结果确定不同抽排阶段的工作制度。

d) 配套技术设计:研究分析防腐、防砂、防煤粉、检泵、冲砂、解堵等技术应用的必要性;筛选主体配套技术及相应的工艺参数。

e) 储层保护设计:分析储层伤害(压裂反排)等潜在因素,筛选与储层配伍的入井流体,提出储层保护措施。

f) 煤层暂闭措施:试采完成后,要求在煤层顶界以上100 m采取封堵措施,其原则既能保证煤层流体不发生泄露,又方便重新利用。

E.11.3 及时对工程方案实施效果进行评估,评估主要内容包括:方案设计的合理性、主体设计的适应性、各种经济技术预测指标的符合程度等,并根据具体情况及时调整设计。

E.11.4 试采设备主要包括地面设备和井下设备,所有设备、工具、器材符合有关部门检测标准,保证灵敏可靠。

E.11.5 排采工程的生产过程管理:建立合理的排采制度,包括设备维护、制度控制、资料录取、动态更新与调整、作业等。其管理目标是实现煤层气井的正常生产、保护储层,高效运行和成本控制。

E.11.6 排采过程必须连续,中途作业尽量使用煤层产出水作为压井液。

E.11.7 现场要做出排采试气曲线,对于曲线异常变化,应及时上报,并分析原因,提出解决方案。

E.11.8 新区第一口探井排采必须要达到产气高峰期并稳定半年以上,其余探井利用专业软件定期对煤层气井产量历史、压力历史进行拟合预测,若产量历史预测曲线与实际生产曲线有2个月符合率在90%以上(即预测曲线可代表实际曲线)则认为排采结束。

附 录 F
（资料性附录）
煤层气资源/储量计算方法

F.1 地质储量计算

F.1.1 类比法

类比法主要利用与已开发煤层气田（或相似储层）的相关关系计算储量。计算时要绘制出已开发区关于生产特性和储量相关关系的典型曲线，求得计算区可类比的储量参数再配合其他方法进行储量计算。类比法可用于预测地质储量的计算。

F.1.2 体积法

体积法是煤层气地质储量计算的基本方法，适用于各个级别煤层气地质储量的计算，其精度取决于对气藏地质条件和储层条件的认识，也取决于有关参数的精度和数量。

体积法的计算见式（F.1），式（F.2）和式（F.3）：

$$G_i = 0.01AhD_{ad}C_{ad} \quad \cdots\cdots(F.1)$$

或

$$G_i = 0.01AhD_{daf}C_{daf} \quad \cdots\cdots(F.2)$$

$$C_{ad} = C_{daf}(100 - M_{ad} - A_{ad})/100 \quad \cdots\cdots(F.3)$$

式中：

G_i——煤层气地质储量，单位为亿立方米（$10^8 m^3$）；

A——煤层含气面积，单位为平方千米（km^2）；

h——煤层净厚度，单位为米（m）；

D_{ad}——煤的空气干燥基质量密度（煤的容重），单位为吨每立方米（t/m^3）；

C_{ad}——煤的空气干燥基含气量，单位为立方米每吨（m^3/t）；

D_{daf}——煤的干燥无灰基质量密度，单位为吨每立方米（t/m^3）；

C_{daf}——煤的干燥无灰基含气量，单位为立方米每吨（m^3/t）；

M_{ad}——煤的空气干燥基水分，%；

A_{ad}——煤的空气干燥基灰分，%。

F.2 可采储量计算

F.2.1 数值模拟法

数值模拟法是煤层气可采储量计算的一个重要方法，这种方法是在计算机中利用专用软件（称为数值模拟器）对已获得的储层参数和早期的生产数据（或试采数据）进行拟合匹配，最后获取气井的预计生产曲线和可采储量。

a） 数据模拟器选择：选用的数值模拟器必须能够模拟煤储层的独特双孔隙特征和气、水两相流体的 3 种流动方式（解吸、扩散和渗流）及其相互作用过程，以及煤体岩石力学性质和力学表现等。

b） 储层描述：是对储层参数的空间分布和平面展布特征的研究，是对煤层气藏进行定量评价的基础，描述应该包括基础地质、储层物性、储层流体及生产动态等 4 个方面的参数，通过这些参数的描述建立储层地质模型用于产能预测。

c) 历史拟合与产能预测：利用储层模拟工具对所获得的储层地质和工程参数进行计算，将计算所得气、水产量及压力值与气井实际产量值和实测压力值进行历史拟合。当模拟的气、水产量动态与气井实际生产动态相匹配时，即可建立气藏模型获得产气量曲线，预测未来的气体产量并获得最终的煤层气累计总产量，即煤层气可采储量。

根据资料的掌握程度和计算的精度，储层模拟法的计算结果可作为控制可采储量和探明可采储量。

F.2.2 采收率计算法

可采储量也可以通过计算气藏采收率来计算，计算见式(F.4)：

$$G_r = G_i R_f \qquad \cdots\cdots(F.4)$$

式中：

G_r——煤层气可采储量，单位为亿立方米($10^8\ m^3$)；

G_i——煤层气地质储量，单位为亿立方米($10^8\ m^3$)；

R_f——采收率，%。

煤层气采收率(R_f)可以通过以下几种方法计算：

a) 类比法：根据与已开发的气田或邻近气田的地质参数和工程参数进行类比得出，只能用于预测可采储量计算。

b) 储层模拟法：在储层模拟产能曲线上直接计算，可用于控制可采储量和探明可采储量的计算，见式(F.5)。

$$R_f = G_{PL}/G_{iw} \qquad \cdots\cdots(F.5)$$

式中：

G_{PL}——气井累计气体产量，单位为亿立方米($10^8\ m^3$)；

G_{iw}——井控范围内的地质储量，单位为亿立方米($10^8\ m^3$)。

c) 等温吸附曲线法：在等温吸附曲线上通过废弃压力计算，只能用于预测可采储量的计算，也可以作为控制可采储量计算的参考，见式(F.6)。

$$R_f = (C_{gi} - C_{ga})/C_{gi} \qquad \cdots\cdots(F.6)$$

式中：

C_{gi}——原始储层条件下的煤层气含量，单位为立方米每吨(m^3/t)；

C_{ga}——废弃压力条件下的煤层气含量，单位为立方米每吨(m^3/t)。

d) 产量递减法：在已获得稳定递减斜率的产量递减曲线上直接计算，可用于探明可采储量的计算，见式(F.7)。

$$R_f = G_{PL}/G_{iw} \qquad \cdots\cdots(F.7)$$

式中：

G_{PL}——气井累计气体产量，单位为亿立方米($10^8 m^3$)；

G_{iw}——井控范围内的地质储量，单位为亿立方米($10^8 m^3$)。

F.2.3 数值模拟法和产量递减法参数的确定

数值模拟法和产量递减法参数，如气水性质、煤质与组分、储层物性、等温吸附特征、温度、压力和气水产量等，按照 GB 212 及有关标准执行，或另行制定细则。

F.3 几种基准煤层气含气量的换算和校正公式

可采用干燥无灰基(dry ash-free basis)或空气干燥基(air-dry basis)两种基准含气量近似计算煤层气储量,其换算关系可根据式(F.8)计算:

$$C_{ad}=C_{daf}(100-M_{ad}-A_{ad})/100 \quad \cdots\cdots(F.8)$$

式中:

C_{ad}——煤的空气干燥基含气量,单位为立方米每吨(m^3/t);

C_{daf}——煤的干燥无灰基含气量,单位为立方米每吨(m^3/t);

M_{ad}——煤的空气干燥基水分,%;

A_{ad}——煤的空气干燥基灰分,%。

但是,为了保证计算结果的准确性,最好采用原煤基(in-situ basis)含气量计算煤层气储量。原煤基含气量需要在空气干燥基含气量的基础上进行平衡水分和平均灰分校正,式(F.9):

$$C_C=C_{ad}-\beta[(A_{ad}-A_{av})+(M_{ad}-M_{eq})] \quad \cdots\cdots(F.9)$$

式中

C_C——煤的原煤基含气量,单位为立方米每吨(m^3/t);

C_{ad}——煤的空气干燥基含气量,单位为立方米每吨(m^3/t);

A_{av}——煤的平均灰分,%;

M_{eq}——煤的平衡水分,%;

β——空气干燥基含气量与(灰分/水分)相关关系曲线斜率。

各种基准煤层气含量及平衡水分测定参照美国矿务局 USBM 煤层气含量测定和 ASTM 平衡水分测定方法。

附 录 G
（资料性附录）
可行性研究的主要内容

为使煤层气资源勘查与地质勘查、矿山建设紧密衔接，避免煤层气资源勘查和地质勘查、矿山开发的投资失误，提高煤层气资源勘查和开发的经济效益与社会效益，在勘查的各个阶段，都需要进行相应的可行性评价。可行性评价工作分为概略研究、预可行性研究和可行性研究三种。

G.1 概略研究

概略研究是指对煤层气资源开发经济意义的概略评价，通常是在收集分析煤层气资源国内、外市场供需状况的基础上，分析已取得的预查或预探、勘探地质资料，结合勘查区（矿区）的自然经济条件、环境保护等，以我国同类已开发或邻近煤层气田当年的统计资料对煤层气资源做出技术经济评价。从而为煤层气资源进一步勘查或开发、为制定长远规划决策提供依据。

概略研究可由承担勘查工作的地质勘查单位完成。

G.2 预可行性研究

预可行性研究是对煤层气资源开发经济意义的初步评价。通常应在预探或勘探后进行。需要比较系统地对国内、外煤层气资源储量、生产、消费进行调查和初步分析，并对国内、外市场的需求量、质量要求和价格趋势做出初步预测。根据煤层气资源规模和煤储层地质特征以及勘查区（矿区）地形地貌，借鉴同类已开发或邻近煤层气田的实践经验，初步研究并提出项目建设规模、开发方式、开发规划和工艺技术的原则方案；参照同类已开发或邻近煤层气田，选择适合评价当时的开发技术和市场价格的技术经济指标，初步提出建设总投资、主要工程量和主要设备以及生产成本等。通过初步经济分析，计算不同的资源/储量类型。从总体上、宏观上对项目建设的必要性、建设条件的可行性以及经济效益的合理性做出评价，为是否进行勘探以及推荐项目和编制项目建议书提供依据。

预可行性研究工作应由具有一定资质的单位完成。

G.3 可行性研究

可行性研究是对煤层气资源开发经济意义的详细评价。通常应在勘探后进行。首先对国内、外煤层气资源储量、生产、消费要认真调查、统计和分析；并对国内、外市场的需求、质量要求、价格、竞争能力进行分析研究和预测。工作中对勘查区（矿区）资源条件及气井产量进行分析研究。充分考虑地质、工程、环境、法律和政府的经济政策等各种因素的影响。对煤层气田生产规模、开采方式、开发规划、集输与输配、产品利用、主要设备的选择、供水供电、通信条件、总体布局和环境保护等方面进行调查研究、分析、计算和多方案比较，并依据评价当时的开发技术、市场价格确定投资、生产经营成本、销售收入、利润和现金流入流出等。其结果可以详细评价拟建项目的技术经济可靠性，计算不同的资源/储量类型，得出拟建项目是否应该建设以及如何建设的基本认识。

通过可行性研究的论证和评价，为有关部门投资决策、编制和下达设计任务书、确定工程项目建设计划等提供依据。

可行性研究工作应由具有一定资质的单位完成。

附 录 H
（资料性附录）
煤炭煤层气综合勘查地质报告编写提纲

H.1 文字大纲

H.1.1 概况

a） 目的任务
b） 矿业权设置
c） 位置和交通
d） 自然地理
e） 矿井及小窑
f） 煤炭及煤层气勘探开发现状

H.1.2 勘查工作

a） 历年勘探成果（含煤炭、煤层气）
b） 本次勘查工程及质量评述

H.1.3 勘查区地质

a） 地层
b） 构造
c） 岩浆活动
d） 水文地质特征

H.1.4 煤层

a） 煤层特征
b） 煤岩煤质特征
c） 煤变质作用及煤种分布
d） 煤层埋藏深度及空间形态
e） 煤层顶底板岩性特征

H.1.5 煤储层物性特征

a） 煤的吸附性
b） 煤的含气性
c） 煤储层的孔隙结构特征
d） 煤储层渗透性
e） 储层压力
f） 地应力
g） 储层温度

H.1.6 煤层气排采试验与产能预测

a) 煤层气试采区概况

b) 煤层气井排采成果

c) 煤层气产能模拟与预测

H.1.7 煤炭资源/储量估算

a) 估算范围及工业指标

b) 估算方法及参数的确定

c) 资源储量的分类和块段划分原则

d) 资源储量估算结果

H.1.8 煤层气资源/储量计算

a) 计算范围及指标

b) 计算方法和计算参数

c) 计算单元、资源/储量级别的划分

d) 煤层气资源/储量计算结果

H.1.9 煤层气资源/储量评价

a) 地质综合评价

b) 经济评价

c) 概略研究

H.1.10 技术经济评价

a) 开发区地质概述

b) 开发方案设计

c) 建设投资与生产成本

d) 成本费用估算

e) 销售收入、销售税金及附加计算

f) 财务评价

g) 经济评价结论

h) 经济评价附表

H.1.11 结论与建议

a) 结论

b) 下一步工作建议

H.2 附图

——地形地质图

——煤系综合柱状图

——煤岩层对比图

——目的煤层(段)含气量等值线图

——煤层气资源丰度等值线图
——目的煤层(段)煤储层底板等高线及煤层气资源/储量计算图
——目的煤层(段)底板等高线及煤炭资源/储量估算图
——目的煤层(段)渗透性评价图
——目的煤层(段)等厚线图
——煤层上覆地层有效厚度等值线图
——水文地质剖面图
——煤系水位等高线图
——煤层气井气水产量曲线图
——地质剖面图(至少东西向 2 条、南北向 2 条)
——有代表性的煤层气井完井柱状剖面图(2～4 个)
——钻井综合柱状图

H.3 附表

——钻井地质基础数据表
——勘探工作量统计表
——试井成果数据表
——试气成果表
——储量参数计算原始数据表
——煤层气资源/储量计算表
——煤炭资源/储量估算表
——排采成果表
——储层模拟成果表
——煤层气测试化验成果表

煤层气预查、普查、预探阶段因工作程度低，文字、附图、附表相应减少。

ICS 43.040.20
T 38

中华人民共和国国家标准

GB/T 29120—2012

H点和R点确定程序

Procedure for H-point and R-point determination

(ISO 6549:1999,Road vehicles—Procedure for H-and R-point determination, ISO 20176:2006,Road vehicles—H-point machine (HPM Ⅱ)—Specifications and procedure for H-point determination,MOD)

2012-12-31 发布　　2013-07-01 实施

中华人民共和国国家质量监督检验检疫总局
中国国家标准化管理委员会　发布

前 言

本标准按照 GB/T 1.1—2009 给出的规则重新起草。

本标准使用重新起草法修改采用 ISO 6549:1999(E)《道路车辆 H 点和 R 点确定程序》和 ISO 20176:2006《道路车辆 H 点装置(HPM-Ⅱ) H 点确定程序和技术要求》。

附录 A 中列出了本标准与 ISO 6549:1999 和 ISO 20176:2006 的章条编号对照一览表。

关于规范性引用文件，本标准做了具有技术性差异的调整，以适应我国的技术条件，调整的情况集中反映在第 2 章“规范性引用文件”中，具体调整如下：用 GB/T 3730.1—2001 代替了 ISO 3833(见本标准第 2 章)。

本标准由国家发展和改革委员会提出。

本标准由全国汽车标准化技术委员会(SAC/TC 114)归口。

本标准起草单位：东风汽车公司技术中心。

本标准主要起草人：李三红、李强红、陈琳、邢建伟、杨琨、张尚娇、王盛、余博英、李建功。

引　　言

本标准第 4 章给出的 H 点的确定程序和用具基于 ISO 6549:1999 的 H 点装置(HPM)。目的在于把测量值与制造厂的乘坐基准点和设计躯干角进行比较。HPM 是用于检查某一指定座椅位置的装置,而不是用来测量或指示乘员的能力或舒适性的装置。

本标准第 5 章给出的 H 点的确定程序和用具基于 ISO 20176:2006 的 H 点装置(HPM-Ⅱ)。在汽车的设计和开发中,HPM-Ⅱ用于建立车辆的内部结构基准点和乘员空间尺寸,并在检查时验证这些关键基准点的位置和物理尺寸。HPM-Ⅱ也用于座椅的设计和验证,但在这种情况下,基准点和尺寸的确定与座椅结构和/或表面有关,而与车辆的内部结构无关。本章对 H 点装置的安放程序进行了简化,不必使用鞋具或小腿。为了方便简单,HPM-Ⅱ相关的许多术语使用了人类身体相关部位的名字。但是,它们不是用来测量或指示乘员的适应性、人的能力或舒适性的装置。HPM-Ⅱ是用于建立车辆关键基准点和尺寸的物理装置(见附录 B),它不能表示所有乘员的尺寸或姿态,不可用于定义或评价临时性座椅,如折叠座椅。H 点设计工具(HPD)是一个简化的 CAD 版的 HPM-Ⅱ,它可与 HPM-Ⅱ一起来测量本标准中指定的可选测量,也可在产品设计中独立使用(见附录 C)。

与 HPM 相比,HPM-Ⅱ主要的变化是改进了可重复性,使用更加方便,增加了一些附加部件,增强了测量能力,并尽可能减小这些改进对基准点位置和其他测量值的影响。以下是一些改动:

a) 分离的部件

   对于 HPM-Ⅱ,腿(大腿和小腿)、鞋具、座板和背板是完全分离的部分,安放更加方便。

b) 无腿的 H 点装置

   HPM-Ⅱ的主要优点是允许在不连接腿的情况下确定 H 点。HPM-Ⅱ新的安放程序中,不必安放腿部,可选择安放腿部。

c) 鞋具

   对鞋具及其如何在车辆上的安放进行了一些改进。包括:

   - 将跖球到鞋后跟的距离改为 200 mm;
   - 建立了一个新的踏板基准点(PRP);
   - 制定了更加完整的鞋具的安放程序。

d) 座垫角

   新装置可独立于大腿角来测量座垫角,同时可测量其他尺寸。HPM 座垫角的测量依据大腿线,需要单独安放 H 点装置。

e) 腰部支撑

   背板总成的铰接机构使 HPM-Ⅱ能更好地坐在曲面式座椅上,此处提供了一个新的测量量——腰部支撑突出量(LSP)。该量表示座椅靠背曲面对腰椎的支撑量。HPM-Ⅱ处于中间姿态(LSP=0)时,其背板总成轮廓与 HPM 基本一致。

车辆生产厂可自行决定采用 HPM 与 HPM-Ⅱ中的任一种三维 H 点装置进行设计,但需告知管理机构和其他需要知晓的各方机构其采用的 H 点装置的类型。

H点和R点确定程序

1 范围

本标准规定了H点和R点的确定程序。

第4章规定了用于确定座椅实际H点和躯干角的HPM,以及测定座椅实际H点和躯干角时HPM的安放程序,适用于下列特征的机动车辆:

a) 驾驶员的踵点至乘坐基准点之间的垂直距离小于550 mm;

b) 躯干后倾角大于5°或由大腿杆表示的大腿中心线与水平线夹角大于5°。

第5章规定了使用HPM-Ⅱ检查(验证)车辆关键基准点和尺寸的程序及技术要求。HPM-Ⅱ规定了一种乘员乘坐空间和/或座椅的可靠的布置与测量的方法。

2 规范性引用文件

下列文件对于本文件的应用是必不可少的。凡是注日期的引用文件,仅注日期的版本适用于本文件。凡是不注日期的引用文件,其最新版本(包括所有的修改单)适用于本文件。

GB/T 3730.1—2001 道路车辆 类型 术语和定义

ISO 4130 道路车辆 三维参考系统和基准点类型 定义(Road vehicles—Three-dimensional reference system and fiducial marks—Definitions)

3 术语和定义

3.1

三维H点装置 three-dimensional H-point machine

HPM

用于测定车辆上的实际H点和实际躯干角的装置。

3.2

三维H点装置-Ⅱ three-dimensional H-point machine-Ⅱ

HPM-Ⅱ

新的SAE(Society of Automotive Engineers:美国汽车工程师学会)H点装置,用于更加准确地测定车辆上的实际H点和实际躯干角以及其他参数值的装置。HPM-Ⅱ主要的变化是改进了可重复性,使用更加方便,增加了一些附加部件,增强了测量能力,并尽可能减小这些改进对基准点位置和其他测量值的影响。

3.3

H点 H-point

在HPM中,H点是躯干和大腿的旋转中心,模拟人体躯干和大腿的铰接中心,用于座椅实际H点的确定。

在HPM-Ⅱ中,H点是座板总成和背板总成的铰接中心点,位于HPM-Ⅱ或HPD的侧向中心线上。

注1:在HPM中,H点位于HPM的中心面上,处于该装置两侧的H点标记钮连线的中点。

注 2：在 HPM-Ⅱ中，H 点也是座垫线与躯干线的交点。当 HPM-Ⅱ适当地放置于车辆上时，无论是 CAD 还是实际物理装置，H 点相对于车辆的位置就作为车辆的基准点。如果座椅被移动，车辆上 H 点的位置随之发生变化。因此，可调座椅会有不止一个 H 点位置，而固定座椅只有一个 H 点位置。

注 3：H 点通常指臀部点或臀部铰接点，但并不精确代表人的臀部关节点的位置。

3.3.1

乘坐基准点　seating reference point

R 点　R-point

设计 H 点　design H-point

SgRP

制造厂设定的设计 H 点位置，特别指定为 R 点或 SgRP，并且该点：

a) 是用于建立乘员调节工具和尺寸的基本基准点；

b) 模拟人体躯干和大腿铰接中心的位置；

c) 具有相对于所设计车辆的结构建立的坐标；

d) 建立了每个指定乘坐位置的最后面的正常驾驶或乘坐位置的 H 点，它考虑了座椅所有的调节状态，包括水平、垂直和倾斜，但不包括用于非正常驾驶和乘坐目的的座椅移动。

3.3.2

实际 H 点　actual H-point

在 HPM 中，座椅位于生产厂家指定的乘坐基准点位置，HPM 采用图 1 所示的合适的腿长时，在其躯干线和大腿杆中心线的铰接中心处测得的 H 点。

在 HPM-Ⅱ中，座椅位于生产厂家指定的乘坐基准点位置，HPM-Ⅱ采用合适的姿态时，在其座板总成和背板总成的铰接中心点处测得的 H 点。

3.4

躯干线　torso line

在 HPM 中，头部空间探杆向后紧靠 HPM 背板时探测杆的中心线，见图 2。

在 PM-Ⅱ中，通过 H 点和胸部滑动铰接轴的直线，见图 B.8。

注：HPM 中，躯干线过 H 点且平行于确定躯干角的背板的平坦部分。

3.5

躯干角　torso angle

HPM 背板下部平坦部分从侧面看与垂直面的夹角。

HPM-Ⅱ躯干线偏离垂直方向的角度。

3.5.1

实际躯干角　actual torso angle

按照要求安放好三维 H 点装置后，通过实际 H 点的真实垂线与三维 H 点装置躯干线测得的夹角。

注 1：在 PM 中，躯干角由位于 HPM 躯干角水平仪下面的臀部量角器测得。

注 2：在 PM-Ⅱ中，躯干角在躯干角度测量台上直接测量，或通过标记点 H1 和 B1 测量后计算得出。

3.5.2

设计躯干角　design torso angle

由通过乘坐基准点的真实垂线与躯干线之间测得的夹角。

注：设计躯干角由制造厂规定。

3.6

乘员中心面　centreplane of occupant

C/LO

每个指定乘坐位置 *R* 点的 *Y* 坐标平面。

注：对于单人座椅，座椅的中心面就是乘员中心面。对于长条座椅，乘员中心面由制造厂规定。

3.7

驾驶员踵点　operator heel point

当驾驶员的座椅位于乘坐基准点时，HPM 的右踵与压下的地板覆盖层或其他踵部支撑面的交点。

3.8

脚部角　foot angle

裸露的右脚底部切线与小腿中心线之间测得的夹角。

3.9

H 点行程路径　H-point travel path

指定乘坐位置的座椅在所有的调节状态(包括水平、垂直和倾斜)下 H 点所有的可能位置。

3.10

加速踏板踵点　accelerator heel point

AHP

跖球接触未压下的加速踏板的侧向中心线，鞋底放在加速踏板平面上，鞋后跟与压下的地板覆盖层的交点。

3.11

踏板基准点　pedal reference point

PRP

鞋后跟位于加速踏板踵点，鞋底放在加速踏板平面上，跖球接触加速踏板侧向中心线上的点。

3.12

地板基准点，后排乘员　floor reference point, rear passenger

FRP

HPM-Ⅱ 的鞋具和小腿直接靠在前面的座椅上，鞋底放在压下的地板覆盖层上，鞋后跟与压下的地板覆盖层的交点。

4　三维 H 点装置

4.1　HPM 的描述

HPM 的背板和座板(见图 2)代表成年男子平均躯干和臀部轮廓。

用增强塑料和金属构成的分离的背板和座板，模拟了人的躯干和大腿，并在实际 H 点铰接起来，用来测量实际躯干角。一根可调整长度的大腿杆连接到座板上，建立起大腿中心线，用来作为臀部量角器的基准线。

小腿杆的长度也是可调的，它和座板总成在连接膝部的 T 形杆处相连接。T 形杆是可调大腿杆的侧向延伸，为了测量膝部角、小腿杆上刻有量角器。鞋具和脚部总成上有刻度，用来测量脚部角。在相当于成年男子 50 百分位和 95 百分位处，大腿杆和小腿杆上装有定位销。两只水平仪用于装置的空间定位。代表人体各部分重量的重块，施加在相应部分的重心上，使座椅承受一个 76 kg 男子的重量。HPM 的所有关节应活动自如。

4.2　HPM 的安放程序

4.2.1　按照制造厂的规定准备车辆，并放置在 20 ℃±10 ℃的环境中，确保座椅材料达到室温。如果被检验座椅从未有人坐过，则应让 70 kg～80 kg 的人或装置在座椅上试坐，使座垫和靠背产生变形。如果制造厂要求，在安放 HPM 前，所有座椅总成应至少保持 30 min 的空载状态。

4.2.2　按制造厂的要求相对于基准点(见 ISO 4130)安放好车辆,测量出相对于车辆三维参考系的尺寸。座椅位于乘坐基准点,座椅所有各项调节都按制造厂的规定调好。对于有独立垂直方向调节装置或悬挂的座椅,其垂直方向应刚性地固定在制造厂规定的位置。

4.2.3　将一块平纹细布铺在被检座椅上,这块布应是普通的棉布、针织或非织造布,每平方厘米 18.9 支纱,重 0.228 kg/m^2。布的尺寸应足够大,防止 HPM 直接接触座椅。如果试验在试验台上进行,HPM 脚下应铺上适当大小的地板覆盖层或其他等效的材料。

4.2.4　安放 HPM 座板和背板总成,使乘员中心面(C/LO)与 HPM 的中心面重合。应制造厂要求,如果 HPM 安放后过于靠外,以致达到座椅边缘,使 HPM 无法保持水平时,可将 HPM 的中心面相对于 C/LO 向内移动。当 H 点向内移动了必要的距离以使装置保持水平时,则应在测量记录中注明车辆中心面到 HPM 中心面的距离。

4.2.5　按图 1 所示将腿部部件调整到一个合适的长度。

4.2.6　将脚和小腿总成装到座板总成上,可单独安装,也可利用 T 形杆和小腿总成安装。通过两个 H 点标记钮的直线应平行于地面,且垂直于座椅的纵向中心面。

4.2.7　HPM 的脚和小腿应按以下规定安放:

a)　驾驶员座椅位置

1)　腿部采用 50 百分位长度时,脚和腿部总成向前移动使双脚处于自然位置,如果装置的右脚底没有踏到加速踏板,双脚可采取自然状态置于地板上。如有必要,双腿伸至操纵踏板之间。在这种情况下,驾驶员踵点应由制造厂规定。如有必要,可重新调整座板或向后调整腿部和脚部总成,使装置校验横向方位的水平仪处于水平。调整方法如下:

——左脚置于地板或脚趾支承上,使左右脚至 HPM 中心面的距离大致相等。通过两个 H 点标记钮的直线与地面保持水平,与座椅的纵向中心面垂直。

——如果左腿不能与右腿保持平行且左脚不能被结构支承,调整左小腿长度和/或左脚角度,移动左脚直至它能被支承为止。保持两个标记钮的调准状态,然后重新拧紧腿部杆的调整装置。

——当脚部角在最小值 87°,装置的右踵点只能置于脚趾支承上,而不能放到地板上时,则应移动脚部,直到脚踵触及脚趾支承和地板覆盖层的相交处为止,然后再转动脚部直到它与加速踏板接触。

2)　腿部采用 95 百分位长度时,右脚和小腿总成置于加速踏板上,脚踵支承在地板上。按制造厂的规定尽可能向前。将 HPM 的限位销插入脚部总成,使脚部角不小于 87°,装置的脚底与加速踏板接触。如果制造厂有规定,允许将加速踏板压下一段行程。调整方法如下:

——左脚置于地板或脚趾支承上,使左右脚至 HPM 中心面的距离大致相等。通过两个 H 点标记钮的直线与地面保持水平,与座椅的纵向中心面垂直。

——如果左腿不能与右腿保持平行且左脚不能被结构支承,调整左小腿长度和/或左脚角度,移动左脚直至它能被支承为止。保持两个标记钮的调准状态,然后重新拧紧腿部杆的调整装置。

——当脚部角在最小值 87°时,装置的右踵点只能置于脚趾支承上,而不能放到地板上,则应移动脚部,直到脚踵触及脚趾支承和地板覆盖层的相交处为止,然后在转动脚部直到它与加速踏板接触。

b)　乘员座椅位置

1)　除非制造厂另有规定,在所有乘员座椅位置上,两脚中心距设为 254 mm,且与 HPM 的中心面等距。

2) 对于前排外侧座椅，腿部采用 50 百分位或 95 百分位长度时，参见 4.2.7a)1)中的程序。

3) 对于后排外侧座椅，如果双脚所踏的地板不等高时，可将其中先接触到前排座椅的那只脚作为基准，安排另一只脚的位置，使装置上的横向水平仪指示水平。

4) 对于前排中间座椅，在确定中间座椅的 H 点位置时，如果汽车地板上有通道，则双脚应分别放在通道的两边。

4.2.8 加载小腿及大腿重块，并调平 HPM。

4.2.9 将背板前倾到前向限位处，用 T 形杆将 HPM 拉离座椅靠背，然后采用下列方法之一，重新将 HPM 放到座椅上：

a) 如果 HPM 有向后滑动的趋势，让 HPM 向后滑动直到 T 形杆上不再需要向前的水平约束载荷，即直到座板接触到座椅靠背，如有必要，重新调整小腿位置；

b) 如果 HPM 没有向后滑动的趋势，在 T 形杆上施加一个水平后向载荷，使 HPM 向后滑动，直到座板接触到座椅靠背为止(见图 2)。

4.2.10 在臀部量角器和 T 形杆外壳相交处，对 HPM 施加 100 N±10 N 的载荷。载荷的作用方向沿着通过上述交点到大腿杆上表面的某一点的直线。然后将背板放回座椅靠背上，并应防止 HPM 在随后的测量过程中向前滑动。

4.2.11 装上左右臀部重块，再交替加上八块躯干重块，使 HPM 保持水平。

4.2.12 将背板前倾，以释放对座椅靠背的压力。如果制造厂要求，则在 10°(即在垂直中心面每侧各 5°)的范围内左右摇动 HPM 各三次，以释放 HPM 与座椅之间积累的摩擦力。摇动时，HPM 的 T 形杆可能偏离规定的水平和垂直的基准位置。因此摇动时应对 T 形杆施加适当的侧向载荷，约束 T 形杆的运动。在扶持 T 形杆摇动 HPM 时，应避免在垂直或前后方向加上外部载荷。

在此步骤中，HPM 的双脚不应有任何约束。如果双脚位置变动，暂且不必调整。

小心地将背板放回座椅靠背上，检查装置是否水平。由于在摇动操作时引起双脚移动，双脚按如下方法重新放置：

将左右两脚轮流抬离地板到最小的必要高度，直至两脚不再产生附加的移动。抬脚时，两脚应能自由转动，不施加任何前后或侧向载荷，每只脚放回到放下位置时，脚踵应与地板接触。

上述步骤完成后，如座板不能保持水平，在背板顶端施加一个足够大的侧向载荷，使座椅上的座板达到水平。

4.2.13 握住 T 形杆，防止 HPM 在座椅上向前滑动，按如下方法进行：

a) 将背板放回到座椅靠背上；

b) 在头部空间探测杆的躯干重心的高度处，交替地施加和撤去一个大于 25 N 的后向水平载荷，直到载荷撤去后臀部量角器指示达到稳定位置为止，确保没有向下或侧向外部载荷施加在 HPM 上。如果 HPM 需要再次调整，将背板前倾，重复进行 4.2.12 所述的步骤。

4.2.14 记录所有测量数据和每一指定座椅位置所采用的腿长。

相对于三维参考系，测量实际 H 点的坐标。实际 H 点通过 HPM 两侧的 H 点标记钮测得，H 点位于两标记钮连线的中点。

如果想要测量实际躯干角，将头部空间探测杆旋转到最后位置，调节躯干角水平仪，实际躯干角可由臀部量角器读出。

4.2.15 如想重新安放 HPM，则在重新安放前，座椅总成应保持至少 30 min 的空载。HPM 在座椅上的加载时间不应超过完成试验所需要的时间。

单位为毫米

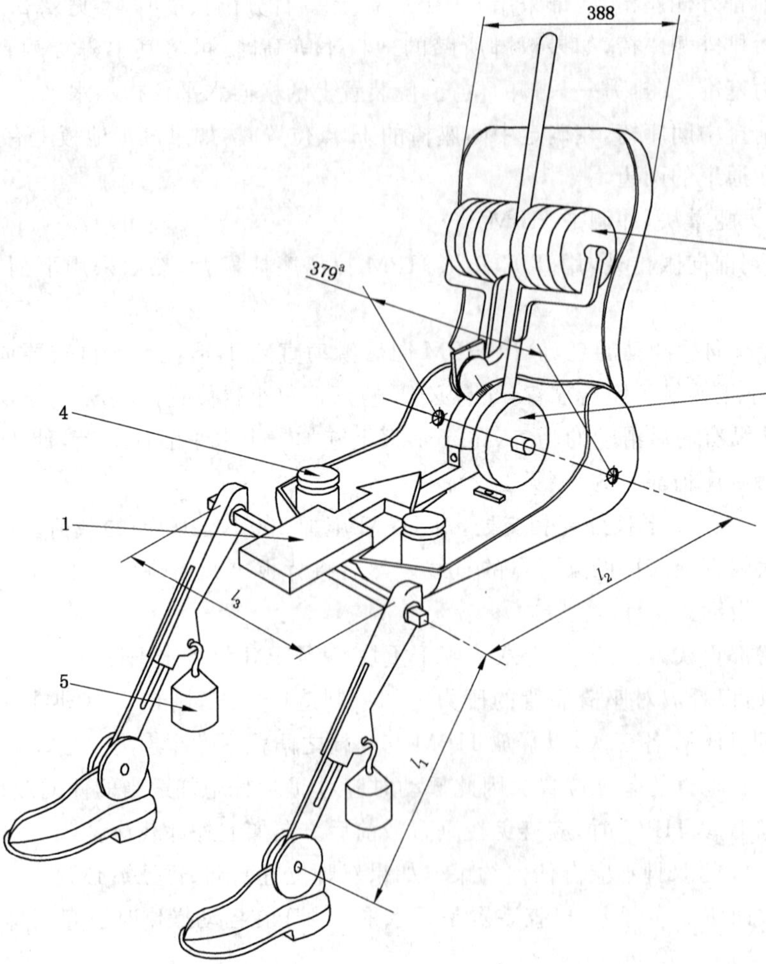

说明：

1——加载的方向和位置；

2——躯干重块；

3——臀部重块；

4——大腿重块；

5——小腿重块。

ª 不包括 H 点标记钮。

尺寸	50 百分位	95 百分位
l_1	417.5	459
l_2	431.5	456
l_3	在 108～424 间变化	

图 1　HPM 构件的尺寸和载荷分布

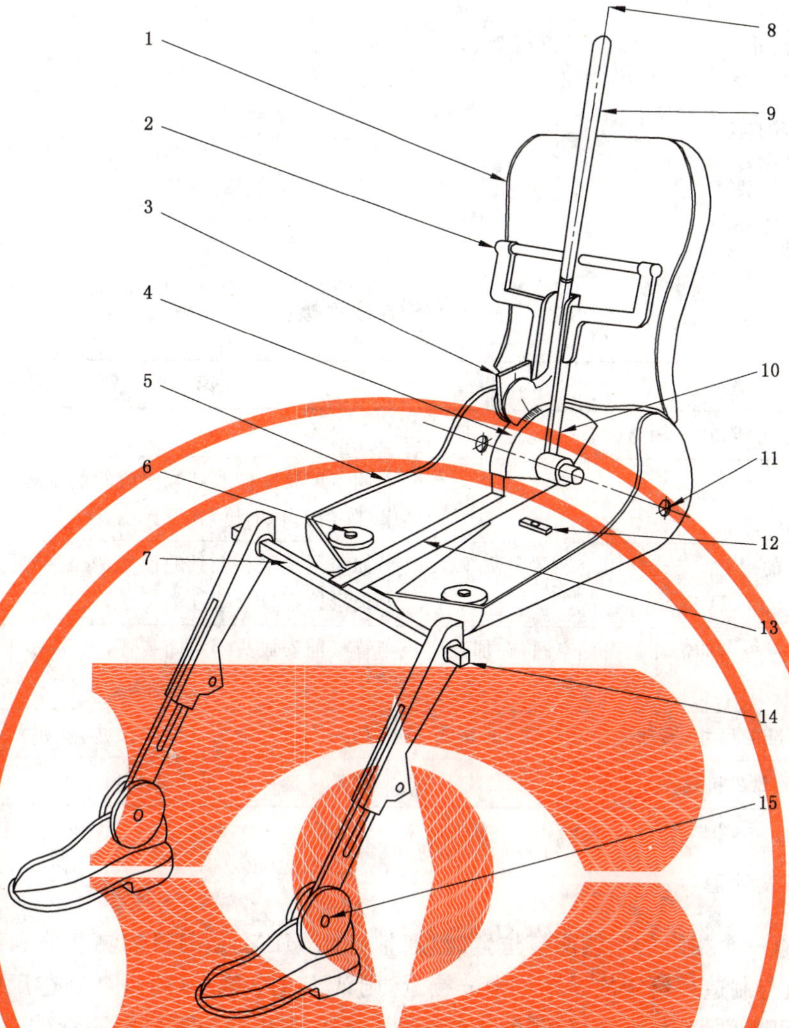

说明：

1——背板；

2——躯干重块悬挂架；

3——躯干水平仪；

4——臀部量角器；

5——座板；

6——大腿重块垫；

7——连接膝盖的T形杆；

8——躯干线；

9——头部空间探测杆；

10——躯干角量角器；

11——H点标记钮；

12——侧向水平仪；

13——大腿杆；

14——膝部量角器；

15——脚部量角器。

图2 **HPM构件名称**

5 三维 H 点装置-Ⅱ

5.1 HPM-Ⅱ测量程序

5.1.1 安放程序概要

安放程序概要见表 1。

表 1 安放程序概要

驾驶员位置	第二排和第三排乘员位置
做好试验准备,如果可能,在车辆坐标系中标定 CMM 设备	
调节座椅到设计位置	调节试验座椅及试验座椅的前排座椅(如需安装小腿)到设计位置
如需测量腿和鞋具的尺寸,安放鞋固定装置及鞋具。记录以鞋具为基准的尺寸,见 5.2.1	如需测量腿和鞋具的尺寸,安放鞋具。记录以鞋具为基准的尺寸,见 5.3.1
安放并加载座板和背板。如需测量头部空间,在加载座板与背板前安放头部空间装置,见 5.4。确定 H 点、躯干角、座垫角和 LSP,见 5.1.9	
如果测量以腿为基准的尺寸,安放大腿和小腿,见 5.2.1	如果测量以腿为基准的尺寸,安放大腿和小腿,见 5.3.1
测量可选尺寸,见 5.2.2 和 5.4	测量可选尺寸,见 5.3.2 和 5.4

5.1.2 测量值与设计值

当验证或检查一个指定的车辆座椅位置时,通常将用 HPM-Ⅱ测得的测量值和制造厂给定的设计值比较,若测量值与制造厂给定的设计值十分接近,则认为此车辆/座椅符合制造厂的设计值。车辆制造厂或管理机构可提供术语"十分接近"的详细说明。HPM-Ⅱ特别重要的测量值是 H 点(SgRP)和躯干角。

5.1.3 车辆和座椅的准备

5.1.3.1 车辆准备

按制造厂的要求相对于基准点(见 ISO 4130)安放好车辆,测量出相对于车辆三维参考系的尺寸。在安放 HPM-Ⅱ测量前,应使试验样品(如车辆)水平。一旦调至水平后,不要倚靠、摇动或用其他方式使其偏离水平。

如需测量加速踏板,应设法使加速踏板处于未压下状态。可用垫块或夹住加速踏板拉线等方式防止踏板移动。如果踏板独立于踏板行程绕铰接轴自由转动,在自由转动范围的中间位置固定踏板。如踏板可转动并由弹簧保持给定角度,固定踏板在该给定角度以保持其位置。如果加速踏板可前后调节,则踏板应处于制造厂规定的位置。如没有规定,则应将踏板调至最前位置。

5.1.3.2 座椅准备

车辆应按照制造厂的规定进行预处理,放置在 20 ℃±10 ℃的环境中,确保座椅材料达到室温。如果被检验的座椅从未有人坐过,则应让 70 kg~80 kg 的人或装置在座椅上试坐,使座垫和靠背产生变形。

以下要求可确保各种座椅类型测量的稳定与可靠。如果制造厂要求,在安放 HPM-Ⅱ前,所有座椅应至少保持 30 min 的空载状态，让座椅和座椅材料(例如泡沫)从压缩状态恢复。

应制造厂的要求，在安放 HPM-Ⅱ前将一块平纹细布铺在被检座椅上，平纹细布可是一整块，能同时覆盖座垫和靠背。或者是两块，一块用于座垫、一块用于靠背，确保与所有座椅面料产生相同的摩擦力，见 D.11。

使用 HPM-Ⅱ时，相邻乘坐位置会产生相互作用(如中间乘员位置安放 HPM-Ⅱ时，可能改变外侧乘员位置的测量结果)。因此，每次测量时，一排座椅只能安放一个 HPM-Ⅱ。

5.1.4 确定 H 点行程路径(可选)

如需确认 H 点行程路径，座椅的行程路径应数字化，然后转换为 H 点行程路径。首先，调节座垫，使座垫处于角度调节范围的中间位置。然后在座椅侧面做一个或多个测量标记。测量标记应位于座椅侧面 CMM 设备容易达到的位置。最后，测量座椅在四个极限位置时测量标记的位置：最低最后、最高最后、最高最前、最低最前。连接这四个点，就得到了座椅的行程路径。见图 3a)第①步和第②步。

注：对于垂直方向不可调的座椅，如果座椅轨迹是线性线路径，只需要记录两点：最前和最后。如果座椅行程路径轨迹是曲线，需要增加一些点(在最前和最后之间)。

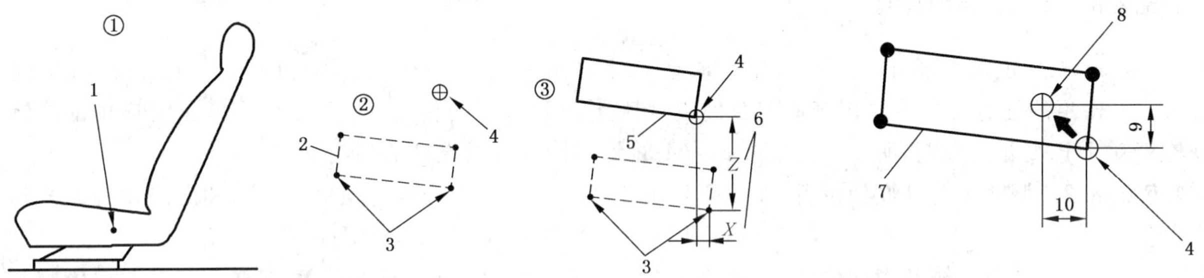

a) 转换座椅行程路径为 H 点行程路径　　b) 移动座椅至 SgRP 位置

说明：

1——座椅上的测量标记；
2——座椅行程路径；
3——数字化测量标记；
4——座椅处于最后最低位置时设计 H 点；
5——H 点行程路径；
6——转换测量标记行程路径为 H 点行程路径；
7——H 点行程路径调整至最后最低设计 H 点位置；
8——设计 SgRP 位置；
9——最后最低位置时设计 H 点至 SgRP 的垂直距离；
10——最后最低位置时设计 H 点至 SgRP 的水平距离。

图 3 由座椅行程路径确定 SgRP 位置

5.1.5 调节座椅至设计值

5.1.5.1 座椅调节到设计位置

在安放 HPM-Ⅱ前，座椅的所有调节都应调整到制造厂的设计位置。

对于悬挂式或垂直方向可独立调节的座椅，其垂直方向应刚性地固定在制造厂规定的位置。

相对于 5.1.4 确定的座椅的一个极限位置(通常是最后最低位置)，座椅测量标记有助于将座椅调节到设计位置。通常汽车制造厂指定的设计位置是乘坐基准点(SgRP)。图 3 阐明了把座椅行程路径转化为 H 点行程路径，然后确定 SgRP 的典型方法。可调式座椅调节到设计位置后，测量座椅座垫测量标记。

5.1.5.2 躯干角和座垫角

5.1.5.2.1 检验提要

H 点位置受许多因素影响，包括座垫和靠背的调节位置。因此，为得到精确的结果，在安放 HPM-Ⅱ前，座椅应调节到设计躯干角和设计座垫角。

用于检查躯干角和座垫角的调节程序是否不同取决于座椅构造的差异。

5.1.5.2.2 座椅及车辆构造的检验

如果检验的目的是评价座椅构造和车辆构造，座椅结构应调节到设计姿态。如座椅和座椅总成不符合设计值，将会影响测量躯干角和座垫角，导致 H 点的偏离。汽车制造厂(或座椅供应商)应提供可识别座椅结构(如座椅骨架)或其他刚性硬点(如座椅调节装置、铰接点、头枕杆)的位置和姿态，或达到座椅设计姿态所需要的调节量。

5.1.5.2.3 车辆构造的检验

5.1.5.2.3.1 如果检验的目的是评价与座椅结构无关的车辆构造，可用以下 5.1.5.2.3.2 或 5.1.5.2.3.3 的任意一种方法将座椅调节到设计躯干角和座垫角位置。(因为躯干角和座垫角都能体现座椅对 HPM-Ⅱ的影响，所以需要安放 HPM-Ⅱ将座椅调节至设计的角度)。

5.1.5.2.3.2 调节座椅到设计位置，安放 HPM-Ⅱ两次。第一次安放将座椅躯干角和座垫角的调节到设计值。然后，拆卸 HPM-Ⅱ，等待 30 min，让座椅材料恢复，再安放 HPM-Ⅱ来检验。

5.1.5.2.3.3 调节座椅到设计位置，根据表 2 和表 3 在安放和加载 HPM-Ⅱ时观察并调节躯干角和座垫角。

随着 HPM-Ⅱ的加载，躯干角将增大。作为指导原则，初始躯干角(未加载时)读数应小于加载 HPM-Ⅱ后期望得到的最终躯干角读数 2°左右。例如，初始设定 20°左右，加载后的最终读数为 22°。

在背板角度测量台(见图 4)上放置角度仪检查初始躯干角。必要时调节座椅靠背以使角度读数小于设计躯干角约 2°。

表 2 加载 HPM-Ⅱ时调节躯干角和座垫角

	驾驶员位置	第二排和第三排乘员位置
躯干角 A40	首先调节躯干角使其比设计躯干角小 2°左右，在加载 HPM-Ⅱ时观察躯干角，如需调节座椅使其达到设计位置	如果座椅靠背可调，首先调节躯干角使其比设计躯干角小 2°左右，在加载 HPM-Ⅱ时观察躯干角，如需调节座椅使其达到设计位置
座垫角 A27	如果座垫可调，首先调节座垫角略高于设计值。在安放 HPM-Ⅱ时观察座垫角，如需调节座垫使其达到设计位置	

5.1.5.3 被测座椅的前排座椅

如需测量腿的位置、腿部空间、脚部空间和膝部间隙，被测座椅的前排座椅需要调节到 SgRP 或 R 点位置，靠背角调节到设计位置。

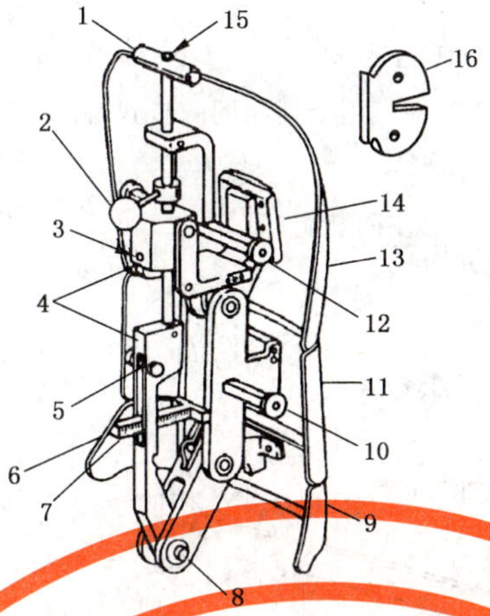

说明：
1——把手；
2——躯干铰接锁止杆；
3——B2 标记点；
4——角度测量台(躯干角)；
5——头部空间装置锁止机构；
6——载荷施加点；
7——LSP 标尺；
8——H 点铰接轴；
9——骨盆；
10——下部重块悬挂架(左侧)；
11——腰部；
12——上部重块悬挂架(左侧)；
13——胸部；
14——铰接机构；
15——B1 标记点；
16——背部重块(共 12 个)。

图 4　背板

5.1.6　安放 HPM-Ⅱ座板和背板总成

5.1.6.1　安放座板

将座板(见图 5)放在座椅上，座板背部轻轻的靠在座椅靠背上，观察并调节座板，使其中心与座椅中心重合。

5.1.6.2　安放背板

为保护座板和背板的外壳，在安放背板前，背板应锁定在向前弯曲的状态，即将背板置于 LSP＜0 的位置上并锁紧。

将位于背板底部的 H 点铰接轴安放在座板的 H 点支撑座上(见图 4 和图 5)。背板上部不应接触座椅靠背。沿 H 点铰接轴向内滑动黄铜锁止衬套将其铰接上。

解锁躯干铰接机构。一只手牢固地把住座板的 T 型把手以保持座板的位置，另一只手握住背板的

T 型把手,轻轻地向靠背转动背板总成,使背板总成适应座椅靠背曲面轮廓。确保腰部的各边角位于胸部和骨盆之外,并且平纹细布没有被夹在背板部件中。

注 1:可将座板和背板连接安装为一个部件。用上面相同的步骤,将座板放在中间轻轻地靠在座椅靠背上,向前转动背板,将其锁止在曲背状态。

注 2:如需测量头部空间,此时可安放头部空间装置(见 5.4)。

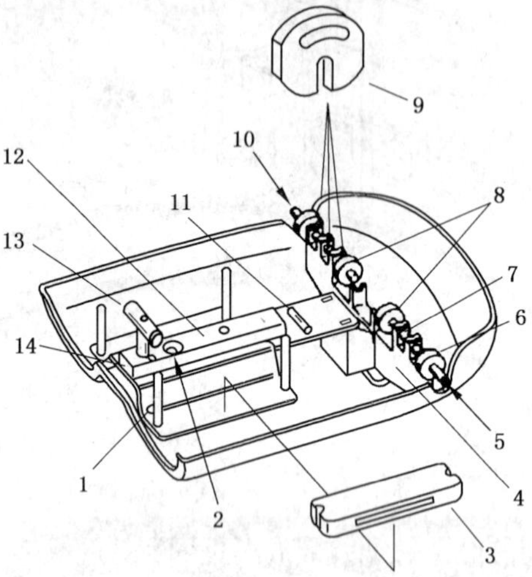

说明:

1——大腿重块安装销;

2——C1 标记点;

3——大腿重块(6 块);

4——H 点支撑座;

5——H1L 标记点;

6——锁止衬套(用于连接大腿);

7——H 点杆;

8——锁止衬套(用于连接背板);

9——骨盆重块(6 块);

10——H1R 标记点;

11——侧向水平仪;

12——角度测量台(座垫角);

13——把手;

14——载荷施加点。

图 5 座板

5.1.6.3 调节 HPM-Ⅱ水平

参考座板的气泡水平仪,在座椅上抖动并调节 HPM-Ⅱ,使其侧向水平,确保 HPM-Ⅱ与座椅靠背稳定接触。

5.1.7 加载 HPM-Ⅱ

5.1.7.1 加载概述

向 HPM-Ⅱ上安放重块称为“加载”。加载 HPM-Ⅱ时应松开躯干铰接机构。从 H 点向外和向上加载重块,防止 HPM-Ⅱ倾倒,脱离座椅。在每一轮重块加载之前,应在适当载荷施加点上通过弹簧加载探头，用 89 N 的力冲压两次。每一次“冲压”探头达到弹簧的载荷后，应立即松开所有的加载力。这个步骤可使 HPM-Ⅱ在加载过程中与座椅完全紧密接触。

在加载过程中要检查 HPM-Ⅱ是否水平。加载 HPM-Ⅱ的次序应按表 3 执行。

表 3　加载 HPM-Ⅱ

顺序	加载 89N	加载 2 个重块	然后再加载 2 个重块	检查
1	冲压 2 次(座垫)	骨盆 2 块-最内侧	大腿上 2 块	水平
2	冲压 2 次(座垫)	骨盆 2 块-次外侧	大腿上 2 块	水平
3	冲压 2 次(座垫)	骨盆 2 斜边块-最外侧	大腿上 2 块	水平
4	冲压 2 次(靠背)	下悬挂架 2 块-最内侧	上悬挂架 2 块-最内侧	水平
5	冲压 2 次(靠背)	下悬挂架 2 块-次外侧	上悬挂架 2 块-次外侧	水平
6	冲压 2 次(靠背)	下悬挂架 2 块-最外侧	上悬挂架 2 块-最外侧	水平
7	锁止躯干铰接机构			

5.1.7.2　加载座板

有两种类型的重块用于加载座板：安装于沿 H 点铰接轴的骨盆重块安装槽中的骨盆重块和安装于大腿重块安装销的大腿重块。

在座板载荷施加点上冲压 HPM-Ⅱ两次。在骨盆重块安装槽最内侧上安放两块骨盆重块(H 点两侧各一块)，安放两块大腿重块(两边各一块)，检查水平。

重复上述步骤(冲压两次，加载两个骨盆重块，加载两个大腿重块，检查水平)两次以上，以完成座板的加载。

5.1.7.3　加载背板

背板有两个重块加载区域，上部重块悬挂架和下部重块悬挂架，但这两个位置用同一种类型的重块。

注： 当检查车辆构造而非座椅构造时，在加载过程中，为了使最终的座垫角和躯干角与设计值相等，必要时可调节座椅座垫或座椅靠背(见 5.1.5.2.3)，每轮检查座板或背板的水平后再进行调节，见表 3。

在背板载荷施加点上冲压 HPM-Ⅱ两次。在下悬挂架上安放两块重块—中心线两边各一块，尽可能地向中心线推动重块。在上悬挂架上安放两块重块—中心线两边各一块，向中心线推动重块，检查水平。

重复上述步骤(冲压两次，在下悬挂架加载两个重块，在上悬挂架加载两个重块，检查水平)两次。

背板加载完成并且水平后，锁止躯干铰接机构。

5.1.8　放置时间

安放好 HPM-Ⅱ后，HPM-Ⅱ将在座椅中继续“下沉”(取决于被测试座椅的类型)。因此，在记录数据之前，应当将安放好的 HPM-Ⅱ在座椅上放置 5 min。

5.1.9　记录测量值——数字化 HPM-Ⅱ测量点

5.1.9.1　概述

在不安放腿的情况下，HPM-Ⅱ可测量 H 点位置、躯干角、腰部支撑突出量和座垫角。

5.1.9.2 H点

H点位于HPM-Ⅱ的中心线上，此点不能直接测量，而是通过测量H点杆两边的标记点H1L和H1R后计算得到(见图5)。H1L和H1R都需测量，这两点的中心即为H点。如标记点H1L(或H1R)难以测量，则用标记点B1、B2和C1在CAD中建立HPM-Ⅱ中心面以确定H点。

表征测量的SgRP或R点的数字化H点，应与设计的SgRP或R点进行比较，以评估座椅构造的准确性。

5.1.9.3 躯干角和座垫角

用角度仪和对应的测量台来测量以下的量：在头部空间装置角度测量台或背板总成角度测量台上测量躯干角，在座垫角度测量台上测量座垫角。另外，躯干角可通过标记点H1L、H1R和B1计算得出，座垫角可通过标记点H1L、H1R和C1计算得出。

5.1.9.4 腰部支撑突出量

HPM-Ⅱ提供了能在其背板总成上直接读出腰部支撑突出量的标尺(见图B.9)，直接读取。

5.2 驾驶员座椅的可选测量

5.2.1 安放腿和鞋具

5.2.1.1 测量提要

如需测量鞋具和腿部尺寸，在安放HPM-Ⅱ座板和背板前应安放鞋固定装置和鞋具。鞋具用于确定踏板基准点(PRP)和驾驶员的加速踏板踵点(AHP)。

5.2.1.2 标记加速踏板中心线

在驾驶室内安放鞋具之前，沿加速踏板纵向中心线粘贴遮蔽胶带，沿踏板中心线画一条线。

5.2.1.3 安放鞋固定装置

鞋固定装置用来保持鞋具水平放在踏板上(见图B.4)。鞋固定装置前边缘置于加速踏板后约100 mm至150 mm，使固定鞋具的安装叉与加速踏板中心线对齐。鞋固定装置应垂直于踏板并水平。调节鞋固定装置上的螺钉，直至水平。

5.2.1.4 安放鞋具

把鞋具安装在鞋固定装置上，将其向前滑动。鞋后跟置于地板上，跖球(BOF)与踏板面中心线接触。对于平面踏板，鞋底部直接接触踏板表面。

检查确认鞋具与踏板是否垂直，必要时调节鞋具及鞋固定装置。拧紧鞋具的锁紧螺钉，保持鞋具在该位置上。

5.2.1.5 鞋具干涉处理

有时由于车辆结构(如中央通道、摇杆、操纵台等)干涉，使得鞋具与固定装置不能如5.2.1.4所述正常安放。如果鞋具不能正确放置在踏板中心线上，鞋具及鞋固定装置应进行侧向移动直至干涉消除，并记录侧向偏移量。移动后即使跖球(BOF)不在踏板中心线上，PRP仍定义在加速踏板中心线上。AHP定义在鞋具消除干涉后的脚后跟位置(见图6)。

有时鞋具能够正确安放，但是鞋固定装置不能正确安放，鞋具及鞋固定装置仍需调节以消除干涉。但 AHP 位置仍定义在鞋具与踏板对齐的中心线上。换言之，AHP 坐标仍定义在没有任何干涉时的鞋具安放位置，在 CAD 中易于进行坐标转换。

5.2.1.6 腿部安放

当进行 5.2.2 和 5.3.2 所述的测量时，为了对外部机构报告这些尺寸，将腿部置于 SgRP 腿长，即插入插销使大腿长度固定为 456 mm，小腿长度固定为 459 mm。用于其他用途时，制造厂可不使用 SgRP 腿长。

将大腿安装叉置于 H 点杆上，安装大腿。向内滑动锁止衬套并转动直至锁止销插入锁止孔。保持鞋具不动，在踝部铰接轴上安装小腿。连接小腿与大腿，必要时可抬起大腿。用膝部铰接轴杆上的锁止衬套将小腿固定在适当的位置上。

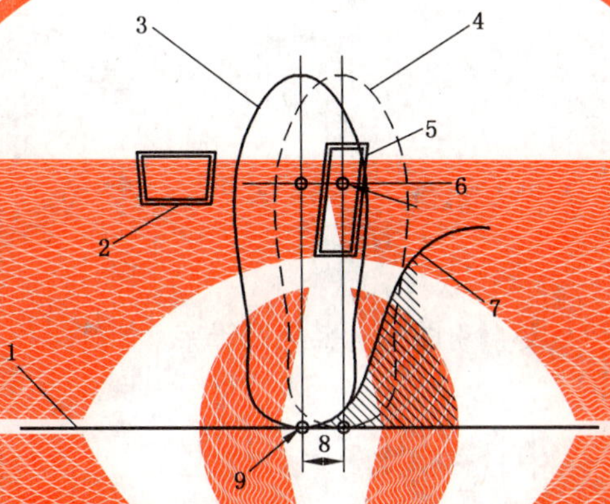

说明：

1——压下的地板覆盖物；

2——制动踏板；

3——消除干涉后建立的 AHP 位置；

4——建立 PRP 时鞋具的位置；

5——加速踏板；

6——加速踏板中心面上 PRP；

7——中央通道；

8——PW14；

9——AHP。

图 6 AHP 至 PRP 侧向偏移

5.2.2 记录测量

5.2.2.1 测量提要

鞋具的测量记录(5.2.2.2～5.2.2.5)应在鞋具安装后立即进行(见图 7)。

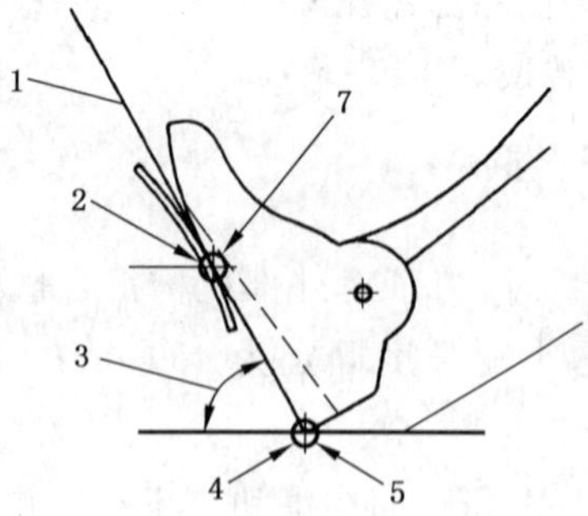

说明：

1——踏板面；

2——PRP(踏板上)；

3——踏板平面角；

4——AHP(地板上)；

5——鞋后跟(鞋具上)；

6——压下的地板覆盖物；

7——BOF(鞋具上)。

图 7 鞋具基准点

5.2.2.2 踏板平面角

踏板平面角(PPA)可将角度仪放在鞋底的角度测量台上直接测量，也可通过标记点 S3 和 S2 的 Z 坐标计算得到。

$$PPA = \arcsin[(S3_Z - S2_Z)/94] \quad \cdots\cdots (1)$$

5.2.2.3 踏板基准点

踏板基准点位于加速踏板中心线与 BOF(或 BOF 侧向偏移标尺)的交点处。该点可直接测量或通过公式(2)、公式(3)计算：

$$PRP_X = S3_X - 25\cos(PPA) - 5\sin(PPA) \quad \cdots\cdots (2)$$

$$PRP_Z = S3_Z + 25\sin(PPA) - 5\cos(PPA) \quad \cdots\cdots (3)$$

5.2.2.4 加速踏板踵点

加速踏板踵点即鞋后跟与压下的地板覆盖层的接触点，该点不能直接测量，可通过鞋具上的标记点(S1、S2 和 S3)计算得出，公式如下：

$$AHP_X = S3_X + 175\cos(PPA) - 5\sin(PPA) \quad \cdots\cdots (4)$$

$$AHP_Z = S3_Z - 175\sin(PPA) - 5\cos(PPA) \quad \cdots\cdots (5)$$

AHP_Y 与 PRP_Y 定义在鞋具中心线上，同样可由标记点位置确定。标记点 S1、S2、S3 位于鞋具中心线两侧 10 mm 处，S_Y 位置的 10 mm 校正量的方向取决于测量鞋的侧向位置(见图 8)。

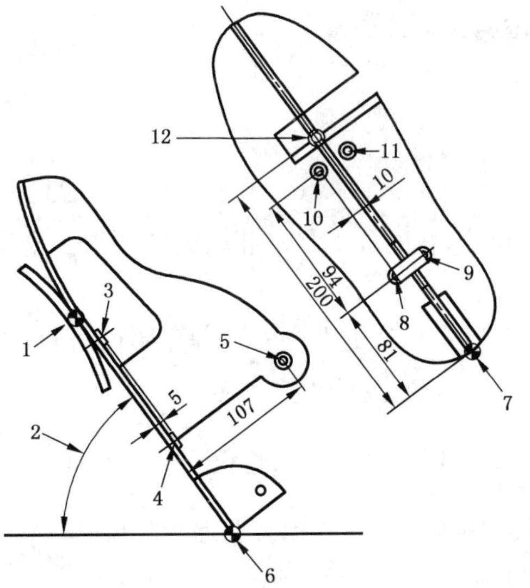

说明：
1——PRP(鞋具上 BOF)；
2——踏板平面角(PPA)；
3——S3 标记点；
4——S2 标记点；
5——S1 标记点；
6——AHP(鞋具上 HOS)；
7——HOS；
8——S2L 标记点；
9——S2R 标记点；
10——S3L 标记点；
11——S3R 标记点；
12——BOF。

图 8 鞋具上的标记点

5.2.2.5 AHP 到 PRP 侧向偏移量

AHP 到 PRP 侧向偏移量可由 AHP 到 PRP 侧向偏移标尺读出(见图 6),必要时该偏移量用来修正 PRP 与 AHP 的 Y 坐标。

5.2.2.6 膝部角和踝部角

膝部角和踝部角可由相应部位的标尺直接读出。

5.2.2.7 大腿角和臀部角

大腿角可用角度仪在大腿的角度测量台上读出(见图 B.3)。

臀部角通过躯干角与大腿角计算得到：

$$臀部角 = 90^\circ - 大腿角 + 躯干角 \qquad \cdots\cdots(6)$$

5.3 第二排或其后各排乘员座椅的可选测量

5.3.1 安放腿和鞋具

5.3.1.1 安放提要

如果要测量鞋具及腿部的尺寸，在安放 HPM-Ⅱ座板和背板前先安放鞋具。鞋具用来确定乘员地板基准点(FRP)。

后排乘员鞋具安放程序与驾驶员座椅处鞋具安放程序不同，但小腿与大腿的安放程序相同。乘员座椅位置不必安放鞋固定装置。

5.3.1.2 鞋具安放

把鞋具放在地板上并在前排座椅下向前移动直至遇到障碍，鞋具可放置在乘员中心线左右127 mm范围内的任何位置上，尽量靠前，如图 9a)所示。

如果鞋具不能安放在在被测座椅和其前排座椅之间的地板上，最好采用 CAD 测量膝部间隙、腿部间隙及腿部空间。如需安放 HPM-Ⅱ装置的鞋具和腿，将其前排座椅向前调节至刚好能够安放鞋具的位置，见图 9c)。保持鞋具后端抵在测试座椅下部覆盖物上，在乘员中心线±127 mm 范围内侧向移动鞋具，找出前排座椅所需移动量的最小值。记录此移动量，5.3.2.4 测量的腿部空间应减去该移动量，见图 9c)及图 10。

如果鞋具不能正确安放且前排座椅没有前后调节装置，则应用 CAD 测量膝部间隙、腿部间隙及腿部空间，在 CAD 中水平向前移动座椅以确定应从腿部空间中减去的移动量。

注：如果已经测量了前排座椅靠背、试验座椅下方内饰及地板，HPD 的鞋、小腿、大腿可在 CAD 中安放。

5.3.1.3 腿部安放

5.3.1.3.1 重新调节鞋具(必要时)

有些车辆，只有重新调节鞋具或向前调节前排座椅，大腿-小腿-踝部才能正确连接，见图 9。

以下两种情况下鞋具需要向后调节：

——前排座椅靠背或座椅内饰与小腿踝部周边或鞋具间有干涉，见图 9b)。

——在长排距座椅的车辆上，小腿不能安放在鞋具上，或能够安放但踝部角超过 130°，见图 9d)。

在上述任一情况下，确定 FRP 或地板平面角之前都需对鞋具位置进行重新调节。

5.3.1.3.2 腿干涉处理

临时把小腿安放在鞋具上，确定小腿踝部铰接轴圆周是否有干涉，见图 9b)。如有干涉，向后移动鞋具至刚好消除干涉。安放鞋具时不考虑踝部铰接轴圆周上面的干涉，但当确定膝部或腿部与短排距座椅的干涉时需要考虑。使用鞋具的位置确定 FRP、地板平面角及其他尺寸。

如果踝部圆周上部有干涉，进行 5.3.1.3.4，否则应安放大腿及小腿(见 5.2.1.6)。

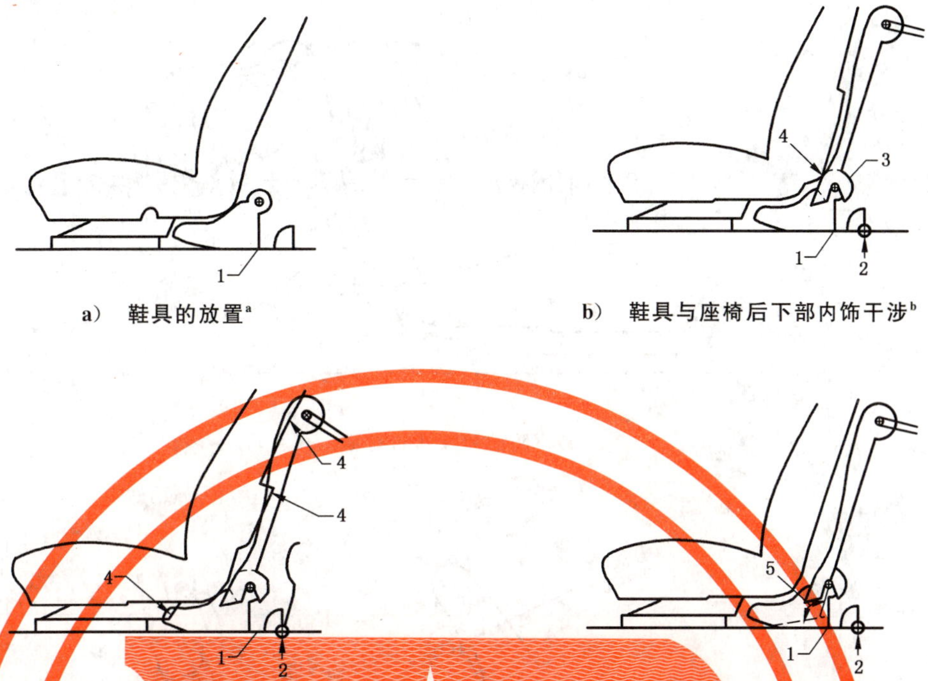

a） 鞋具的放置[a]

b） 鞋具与座椅后下部内饰干涉[b]

c） 短排距座椅干涉[c]

d） 长排距座椅干涉[d]

说明：

1——压下的地板覆盖物；

2——FRP；

3——踝部圆周；

4——干涉；

5——最大踝部角 130°。

[a] 将鞋具尽量放置在最前位置。

[b] 鞋具可能需要向后移动以消除踝部圆周与座椅后下部内饰的干涉。

[c] 短排距座椅干涉膝部、小腿或鞋具时，可将座椅向前移动以安装小腿/鞋具。

[d] 长排距座椅干涉时，将鞋具向后移动使小腿与鞋具的角度不超过 130°。

图 9　后排乘员座椅上鞋具和腿的安装

5.3.1.3.3　长排距座椅

在向后移动鞋具之前，记录踝部铰接点的（S1 标记点）位置以正确计算腿部空间，使用该鞋具的位置确定地板基准点、地板平面角及其他除腿部空间以外的尺寸。向后移动鞋具直至座板-大腿-小腿总成能够在踝部铰接点安放在鞋具上，且踝部角在 130°。

5.3.1.3.4　短排距座椅

装有短排距座椅的车辆上，膝部或小腿与前排座椅靠背发生干涉，见图 10b），此时标记前排座椅 SgRP 位置，向前移动座椅直至小腿及大腿能够安放，但不移动鞋具。

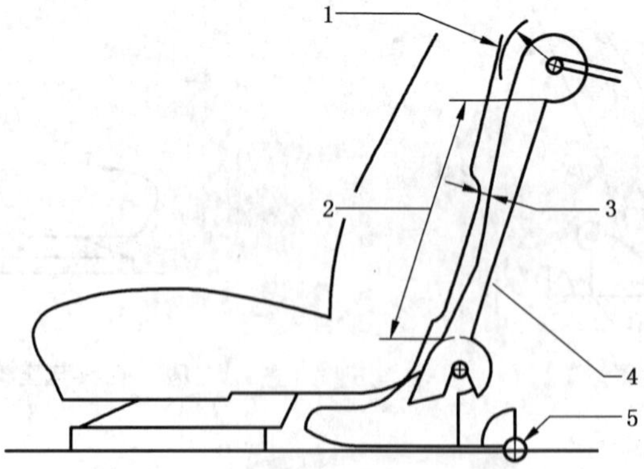

a） 腿部和膝部的间隙

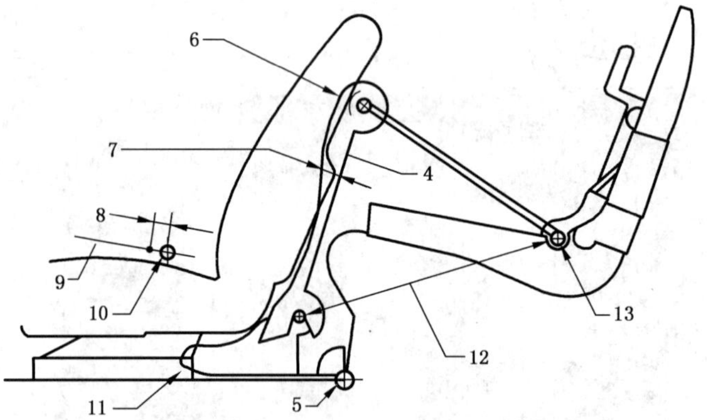

b） 鞋具、腿部和膝部的干涉

说明：

1——膝部间隙-膝部铰接轴中心至座椅靠背内饰减去 51 mm；

2——腿部间隙/干涉区域；

3——腿部间隙-小腿前端和座椅靠背内饰之间的最小距离（垂直小腿线测量）；

4——小腿线；

5——FRP；

6——负膝部间隙-膝部铰接轴中心至座椅靠背内饰减去 51 mm；

7——负腿部间隙-小腿前端和座椅靠背内饰之间的最大距离（垂直小腿线测量）；

8——消除鞋具前部干涉所需的座椅移动量；

9——H 点行程路径；

10——SgRP（前排）；

11——鞋具干涉；

12——腿部空间-H 点至踝部铰接轴的距离加上 254 mm 减去消除鞋具干涉所需 H 点移动量；

13——SgRP（第二排）。

图 10 短排距座椅的膝部间隙、腿部间隙和腿部空间

5.3.2 记录测量

5.3.2.1 测量提要

膝部角、大腿角、臀部角及踝部角的测量记录方式与驾驶员座椅相同(见 5.2.2.6 和 5.2.2.7)。

5.3.2.2 地板基准点(FRP)

地板基准点定义为鞋后跟与压下的地板覆盖物的交点。鞋具上标记点可直接测量,FRP 用 5.2.2.4 中 AHP 公式计算,如需要可测量其他标记点。

5.3.2.3 地板平面角

地板平面角可将角度仪放在鞋底的角度测量台上直接测量,也可通过标记点 S3 和 S2 的 Z 坐标计算得到。参见 5.2.2.2 PPA 计算公式。

5.3.2.4 膝部间隙和腿部空间

膝部间隙为膝部铰接点(K1 标记点)与前排座椅靠背的最小距离减去 51 mm。膝部间隙的测量在乘员中心线左、右 127 mm 范围内进行,最好在 CAD 中扫描 HPM-Ⅱ标记点 K1 和小腿周围的前排座椅靠背来测量该值。如果膝部与前排座椅靠背发生干涉则膝部间隙将为负值。

如果在膝部和踝部圆周之间有干涉,使用 SAE J1100 中的腿部间隙尺寸(L58)确定干涉量。对于短排距座椅,膝部及腿部干涉应在 CAD 中测量。

腿部空间指踝部铰接中心(标记点 S1)到 SgRP 的直线距离加上 254 mm,测量时在乘员中心线左、右 127 mm 范围内进行,鞋后跟在 FRP 上(驾驶员座椅在 AHP)。对于短排距座椅车辆,膝部间隙及腿部空间测量如图 10 所示。

5.4 有效头部空间测量(可选测量)

5.4.1 安放头部空间装置

如需测量头部空间,应在 HPM-Ⅱ座板及背板安放好后立即安放头部空间装置。

将头部空间装置下端的安装叉插入到座板的黄铜锁止衬套上的安装槽中,调节螺钉完全拧出,然后将调节螺钉的一端拧入背板的锁止装置上(见图 5 和图 11)。确保头部空间装置完全靠在背板挡块上。如需测量头部空间尺寸,头部空间装置应在 HPM-Ⅱ背板和座板安放后,加载之前安装。

5.4.2 测量有效头部空间

有效头部空间可通过头部空间装置标尺测量。首先调节角度调节螺钉使躯干角为垂直方向向后 8°(用角度仪在头部空间装置角度测量台上测量),然后拉出头部空间装置的探测杆轻轻与车顶内饰接触,从头部空间探测杆标尺上读出测量值。

5.5 拆卸 HPM-Ⅱ

为了便于拆卸 HPM-Ⅱ,可移动座椅(除非要对其后排座椅进行 HPM-Ⅱ安放与测量)。

如果安放了小腿,拆卸小腿。

如果安放了大腿,拆卸大腿。

重块从 HPM-Ⅱ拆卸的顺序与安放的顺序相反,卸载 HPM-Ⅱ的顺序见表 4。

如果安放了头部空间装置,拆卸头部空间装置。

拆卸座板和背板:解锁躯干铰接机构,使背板处于向前弯曲的状态,重新锁止机构,向外滑动黄铜锁止衬套拆卸背板。拆卸座板,或者把背板和座板作为一个整体拆卸。

如果安放了鞋具及鞋固定装置,拆卸鞋具及鞋固定装置。

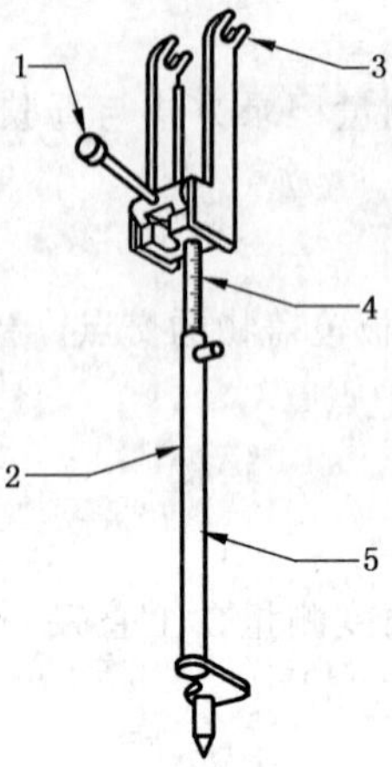

说明:

1——角度测量台(躯干角);

2——角度调节螺钉;

3——探测杆滑动管;

4——有效头部空间标尺;

5——安装叉。

图 11　头部空间装置

表 4　卸载 HPM-Ⅱ

顺序	拆卸 2 块重块	再拆卸两块重块
1	最外侧上悬挂架	最外侧下悬挂架
2	次外侧上悬挂架	次外侧下悬挂架
3	最内侧上悬挂架	最内侧下悬挂架
4	大腿	骨盆最外侧
5	大腿	骨盆次外侧
6	大腿	骨盆最内侧

6　实施过渡期

从本标准颁布的日期起,HPM 与 HPM-Ⅱ两种装置可同时使用,HPM-Ⅱ开始使用时间与全球技术法规(GTR)同步,过渡期后,HPM 停止使用。过渡期内由车辆设计者来决定采用哪一种三维 H 点装置,并告知管理机构和其他需要知晓的各方机构采用了哪一种三维 H 点装置。

附 录 A
（资料性附录）
本标准与 ISO 6549:1999 和 ISO 20176:2006 相比结构变化情况

本标准与 ISO 6549:1999 和 ISO 20176:2006 相比在结构上有较多调整，具体章条编号对照情况见表。

表 A.1 本标准与 ISO 6549:1999(E)和 ISO 20176:2006(E)章条对照一览表

本标准章条编号	对应的 ISO 6549:1999 章条编号	对应的 ISO 20176:2006 章条编号
1	1	1
2	2	2
3.1	3.1	—
3.2	—	—
3.3	3.2	3.1
3.3.1	3.2.1	3.3
3.3.2	3.2.2	—
3.4	3.3.1	—
3.5	3.3	—
3.5.1	3.3.2	—
3.5.2	3.3.3	—
3.6	3.4	—
3.7	3.5	—
3.8	3.6	—
3.9	—	3.2
3.10	—	3.4
3.11	—	3.5
3.12	—	3.6
4.1	4	—
4.2	5	—
4.2.1	5.1	—
4.2.2	5.2	—
4.2.3	5.3	—
4.2.4	5.4	—
4.2.5	5.5	—
4.2.6	5.6	—
4.2.7	5.7	—
4.2.8	5.8	—

表 A.1（续）

本标准章条编号	对应的 ISO 6549:1999 章条编号	对应的 ISO 20176:2006 章条编号
4.2.9	5.9	—
4.2.10	5.10	—
4.2.11	5.11	—
4.2.12	5.12	—
4.2.13	5.13	—
4.2.14	5.14	—
4.2.15	5.15	—
5.1.1	—	4.1
5.1.2	—	4.1.1
5.1.3	—	4.2
5.1.4	—	4.3
5.1.5	—	4.4
5.1.6	—	4.5
5.1.7	—	4.6
5.1.8	—	4.7
5.1.9	—	4.8
5.2.1	—	5.1
5.2.2	—	5.2
5.3.1	—	6.1
5.3.2	—	6.2
5.4.1	—	7.1.1
5.4.2	—	7.1.2
5.5	—	8
附录 A	—	—
附录 B	—	附录 A
附录 C	—	附录 D
附录 D	—	附录 B
附录 E	—	附录 C

附 录 B
（规范性附录）
HPM-Ⅱ描述

B.1 可获得性

HPM-Ⅱ可从美国汽车工程师学会(SAE)获得，地址：400 Commonwealth Drive，Warrendale，PA，15096-0001。

本附录提供了 HPM-Ⅱ的零件和基本尺寸的描述。详细的尺寸信息参见附录 D。

B.2 主要部件

B.2.1 概述

对于新的三维 H 点装置，其腿部(包括大腿和小腿)、鞋具、座板和背板总成都是分开的部件，见图 B.1。

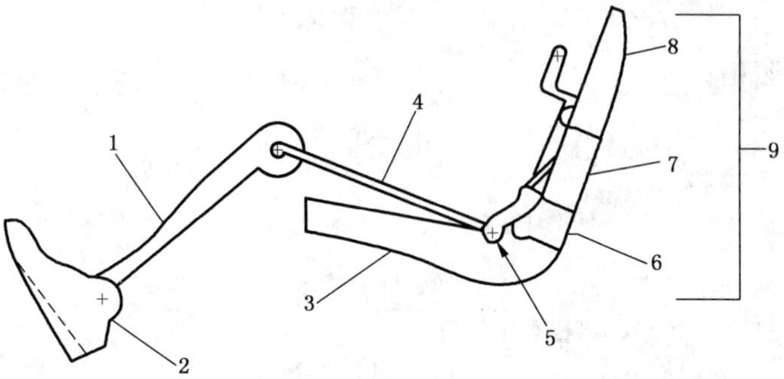

说明：

1——小腿；

2——鞋具；

3——座板；

4——大腿；

5——H 点；

6——骨盆；

7——腰部；

8——胸部；

9——背板总成。

图 B.1 新 HPM-Ⅱ主要部件

B.2.2 背板总成

背板总成由胸部、腰部和骨盆组成，它包括以下零件(见图 4)：

——把手；

——躯干铰接锁止杆；

——H 点铰接轴(位于 H 点支撑座上)；

——载荷施加点；
——角度测量台(躯干角)；
——上部重块悬挂架；
——下部重块悬挂架。

B.2.3 座板总成

座板总成包括(见图5)：
——座板；
——把手；
——H点支撑座(可放置骨盆重块)；
——H点杆；
——连接背板的锁止衬套；
——连接大腿的锁止衬套；
——载荷施加点；
——侧向水平仪；
——大腿重块安装台和安装销。

B.2.4 小腿

小腿部件包括(图B.2)：
——膝部铰接轴安装槽；
——腿长标尺；
——腿长锁止销；
——腿长锁止螺钉；
——膝部角标尺；
——小腿角度测量台。

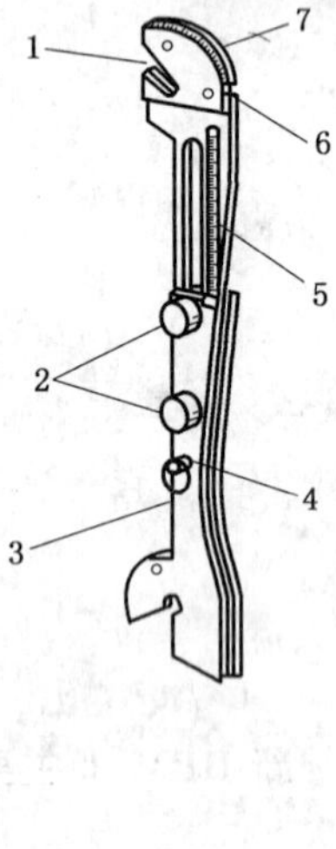

说明：
1——膝部铰接轴安装槽；
2——锁止螺钉；
3——角度测量台(小腿角)；
4——锁止销；
5——腿长标尺；
6——K2标记点；
7——膝部角标尺。

图B.2 小腿部件

B.2.5 大腿

大腿部件包括(见图 B.3):

——锁止衬套(用于连接小腿);

——膝部铰接轴杆;

——大腿长度标尺;

——大腿长度锁止销;

——大腿长度锁止螺钉;

——安装叉(用于连接 H 点杆);

——小腿侧向位置标尺;

——大腿角度测量台。

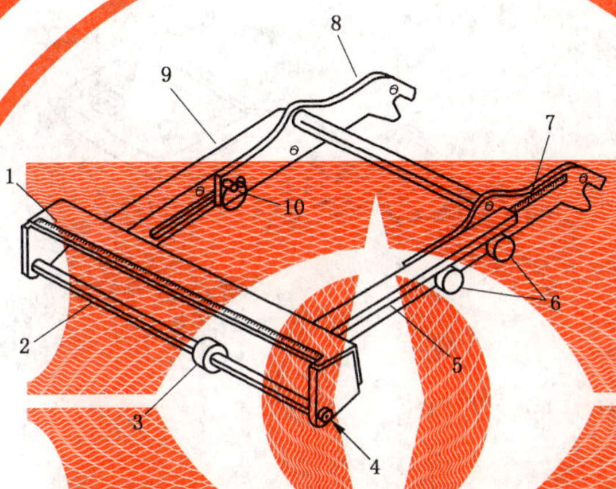

说明:

1——小腿侧向位置标尺;

2——膝部铰接轴杆;

3——锁止衬套;

4——K1L 标记点;

5——角度测量台(大腿角);

6——锁止螺钉;

7——大腿长度标尺;

8——安装叉;

9——角度测量台(大腿角);

10——锁止销。

图 B.3 大腿部件

腿部的长度可调,但测量 SgRP(或 R 点)时,需要使用 SgRP 腿长(见表 B.1)。

表 B.1 腿部长度

腿部	SgRP	50 百分位男性
大腿(膝部铰接轴至 H 点)	456 mm	432 mm
小腿(膝部铰接轴至踝部铰接轴)	459 mm	417.5 mm

B.2.6 鞋具及鞋固定装置

鞋具上的跖球(BOF)、鞋后跟(HOS)和鞋底是使用 HPM-Ⅱ的关键基准点或基准面。鞋具其他零件包括(见图 B.4):

——锁止螺钉;

——踝部角标尺;

——AHP 至 PRP 侧向偏移标尺;

——踏板平面角度测量台。

鞋固定装置用于保持鞋具位于加速踏板上(见图 B.4):

——水平调节螺钉;

——气泡水平仪;

——鞋具安装叉。

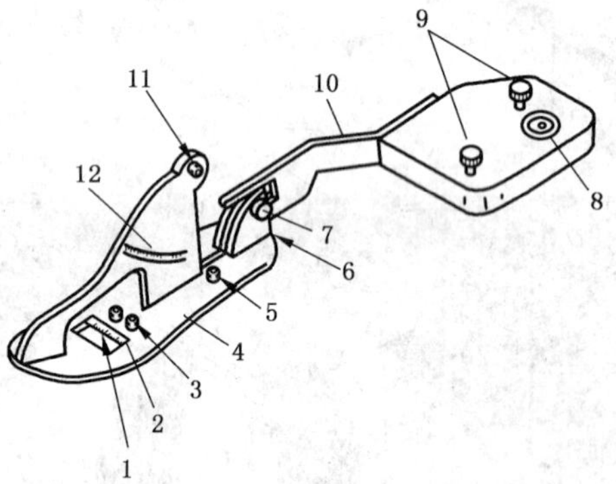

说明:

1——BOF;

2——AHP 至 PRP 侧向偏移标尺;

3——S3L 标记点;

4——角度测量台(PPA 和 FPA);

5——S2L 标记点;

6——HOS;

7——锁止螺钉;

8——气泡水平仪;

9——水平调节螺钉;

10——安装叉;

11——S1L 标记点;

12——踝部(脚部)角标尺。

图 B.4 鞋具及鞋固定装置

B.2.7 弹簧加载探头

此探头用于在载荷施加点上施加 89 N 的力。

HPM-Ⅱ上有两个用弹簧加载探头施加载荷的点:一个在背板上,另一个在座板上(见图 4 和图 5)。

B.2.8 角度仪(电子水平仪)

在使用 HPM-Ⅱ时,角度仪用于确定各种姿态角,包括躯干角、大腿角、座垫角和踏板平面角。在对应的部件上提供有安装角度仪的具体位置,称为角度测量台。HPM-Ⅱ上有六个角度测量台用于放置角度仪，分别位于小腿、大腿、头部空间装置、鞋具、背板、座板。

B.2.9 重块

HPM-Ⅱ有三种重块：骨盆重块、大腿重块和背部重块。重块的总数是24块：骨盆重块6块（其中两个重块有斜边）、大腿重块6块和个背部重块12块。详细参数见附录D。

B.2.10 头部空间装置

HPM-Ⅱ提供一个单独的装置用于测量有效头部空间，这个装置包括（见图11）：

——安装叉（用于连接到HPM）；

——角度调节螺钉；

——角度测量台；

——带探头的滑动管；

——有效头部空间标尺。

B.3 基准点和角度

B.3.1 铰接轴的位置

HPM-Ⅱ有六个铰接轴：踝部铰接轴、膝部铰接轴、H点铰接轴（座板和背板连接部位）、腰部-骨盆铰接轴、胸部-腰部铰接轴、胸部滑动铰接轴（见图B.5）。在HPM-Ⅱ中，铰接中心点位于铰接机构中。

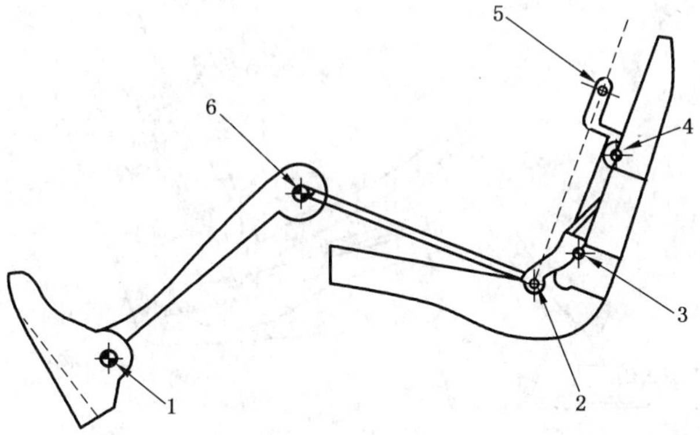

说明：

1——踝部铰接轴；

2——H点铰接轴；

3——腰部-骨盆铰接轴；

4——胸部-腰部铰接轴；

5——胸部滑动铰接轴；

6——膝部铰接轴。

图B.5 铰接轴的位置

B.3.2 支撑点

HPM-Ⅱ上有9个支撑点：5个位于座板的外表面上，4个在背板总成上（见图B.6）。提供支撑点是为了方便座椅设计。更多的信息可参见附录D。

B.3.3 标记点

HPM-Ⅱ上提供了14个标记点用于CMM设备的测量（见图B.7）。在HPM-Ⅱ上，标记点位于装置上小圆盘的中心。标记点的具体位置参见附录 D。标记点的主要用途是计算关键基准点。

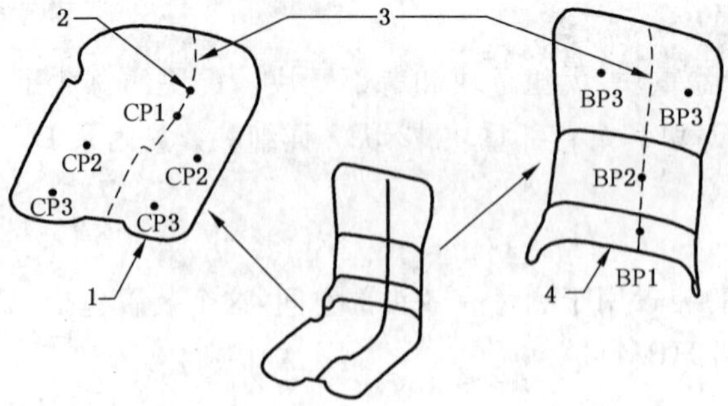

说明：

1——座板底面；

2——D 点；

3——中心线；

4——背板总成后面。

图 B.6　支撑点

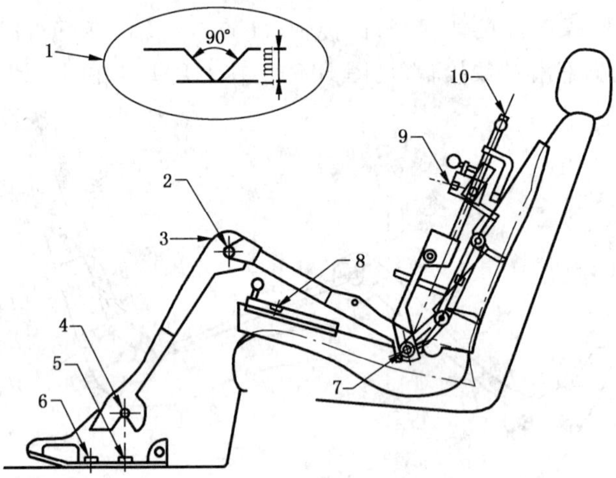

说明：

1——标记点截面图；

2——K1L 和 K1R；

3——K2；

4——S1L 和 S1R；

5——S2L 和 S2R；

6——S3L 和 S3R；

7——H1L 和 H1R；

8——C1；

9——B2；

10——B1。

图 B.7　HPM-Ⅱ上的标记点

例如：计算 H 点的位置需要用 H1L 和 H1R 两点的坐标。计算加速踏板踵点(或地板基准点)的位置需要 S1、S2 和 S3 的坐标。标记点也可用于精确计算 HPM-Ⅱ上可直接测量的数据(如躯干角、座垫角、膝部角、腰部支撑突出量等），见表 B.2。

表 B.2　标记点综述

标记点类型	使用概要
背板标记点（B1、B2）和座板标记点（C1、H1L、H1R）	点 B1 可与点 H1 来确定躯干角，也可与 B2 比较来确定腰部支撑凸出量。点 C1 可与点 H1 来确定座垫角，另外，点 B1、B2 与 C1 可用来定义 HPM-Ⅱ的中心线
H 点标记点（H1L 和 H1R）	点 H1 用来确定 H 点的位置。测量的 H 点位于 HPM-Ⅱ的中心线、躯干线和座垫线的交点上。H1 点的平均值用于确定 H 点的 x、y、z 坐标（也可用 B1、B2 和 C1 来定义 H 点 y 坐标）
鞋具标记点（S1L、S1R、S2L、S2R、S3L 和 S3R）	鞋具标记点用来确定加速踏板踵点（AHP），也可用于确定踏板基准点（PRP）、踏板平面角和地板平面角
膝部标记点（K1L、K1R 和 K2）	膝部标记点用来确定膝部标记点的中心，可与 S1、H1 确定膝部角

B.3.4　关键基准点和基准线

对于 HPM-Ⅱ，关键基准点和基准线需要通过标记点来计算。表 B.3 概述了 HPM-Ⅱ关键基准点和基准线的位置。

表 B.3　关键基准点和基准线

基准点或基准线	位置概述
H 点	座垫线和躯干线的交点，对应于座板和背板铰接中心。此点位于机构的内部，应用标记点 H1L 和 H1R 来计算。为了更加准确，标记点 B1、B2 和 C1 可用来定义 HPM-Ⅱ的侧向中心线
D 点	位于座板底部的侧向中心线上，座垫角为零时，D 点位于 H 点后方 25.5 mm（15°），此点可通过座板面上的标记点来识别，但当 HPM-Ⅱ安放上之后，此点无法测量，应通过 H 点来计算
鞋后跟点	鞋后跟点位于鞋后端底部，鞋底的侧向中心线上。它用于确定驾驶员加速踏板踵点（AHP）和乘员地板基准点（FRP）。当 HPM-Ⅱ安放之后，鞋后跟点无法测量，可通过标记点 S1、S2 和 S3 来计算
跖球（BOF）	跖球（BOF）位于鞋底的侧向中心线上，踵点向前 200 mm 处，用于确定驾驶员踏板基准点（PRP）。在鞋具上该点侧向开有标尺槽。更精确的位置可通过标记点 S1、S2 和 S3 来计算
躯干线	通过 H 点和胸部滑动铰接轴（标记点 B1）的直线
座垫线	通过 H 点和标记点 C1 的直线
大腿线	通过 H 点和膝部铰接轴（标记点 K1）的直线
小腿线	通过膝部铰接轴（标记点 K1）和踝部铰接轴（标记点 S1）的直线
鞋底线	通过鞋后跟和 BOF 的直线。此线与水平面的夹角定义为踏板平面角（驾驶员）或地板平面角（乘员）
脚底线	在鞋底线上从鞋后跟向前 286.9 mm 处取一点，通过此点与鞋底呈 6.5°斜角所做的直线。此线 HPD 上有，HPM-Ⅱ上没有

B.3.5 姿态角和 LSP

HPM-Ⅱ可用于确定姿态角。部分角度概括在表 B.4 中。测量的方法依赖于基准线、标记点和角度测量台。躯干角、座垫角和腰部支撑突出量，测量时不必安放腿部。表 B.4 中的其他角度的测量需要安放腿部和鞋具(见图 B.7 和图 B.8)。

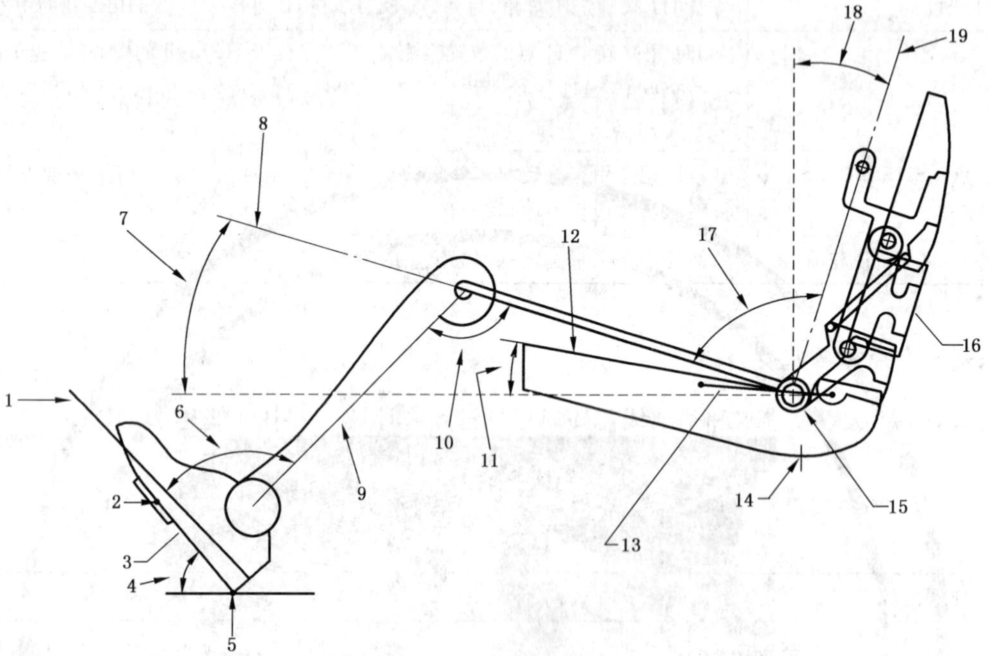

说明：

1——脚底线；

2——PRP(BOF)；

3——鞋底；

4——踏板平面角 A47；

5——AHP(鞋后跟)；

6——踝部角 A46；

7——大腿角 A57；

8——大腿线；

9——小腿线；

10——膝部角 A44；

11——座垫角 A27；

12——座垫线；

13——H 点行程路径；

14——D 点；

15——H 点，SgRP；

16——LSP L81；

17——臀部角 A42；

18——躯干角 A40；

19——躯干线。

图 B.8 基准点、基准线和姿态角

表 B.4 姿态角和 LSP

SAE J1100 编码	姿态角	位置与测量
A40	躯干角	躯干线偏离垂直方向的角度定义为躯干角。躯干角可通过标记点 H1 和 B1 来计算,也可将角度仪放在背板总成的躯干角度测量台上,或放到固定在背板总成上的头部空间装置的躯干角度测量台上来测量
A27	座垫角	座垫线偏离水平方向的角度定义为座垫角。座垫角可通过标记点 H1 和 C1 来计算,也可将角度仪放在座板总成的座垫角测量台上来测量
A57	大腿角	大腿线偏离水平方向的角度定义为大腿角。大腿角可通过膝部铰接轴(标记点 K1)和 H 点(标记点 H1)来计算,也可将角度仪放在大腿总成的大腿角测量台上来测量。座垫角与大腿角是独立的
A42	臀部角	躯干线与大腿线之间的角度定义为臀部角。大腿角与躯干角测量完后可计算出臀部角:臀部角=90°+躯干角−大腿角
A44	膝部角	大腿线与小腿线形成的角称为膝部角。在小腿上提供了可直接读出膝部角的标尺。这个角度也可通过标记点 S1,K1 和 H1 计算得出
A46	踝部角	小腿线与脚底线形成的夹角定义为踝部角。鞋具上的踝部角标尺可直接读出踝部角
A47、A48	踏板平面角或地板平面角	鞋底与水平方向的夹角定义为踏板平面角或地板平面角。这个角度可用标记点 S3 和 S2 来计算,或将角度仪放在踏板面和鞋具的角度测量台上来测量
L81	腰部支撑突出量(LSP)	LSP 定义为:LSP=57 mm−X 式中:X 是腰部-骨盆铰接中心到躯干线的距离。 在中间姿态,当 LSP 等于零时,腰部-骨盆铰接中心到躯干线的距离为 57 mm。当 LSP 增加时,背板总成的腰部向前推移,骨盆与胸部倾斜,腰部-骨盆铰接轴移近躯干线(见图 B.9)。 背板总成上的腰部支撑突出量标尺可直接读出该突出量

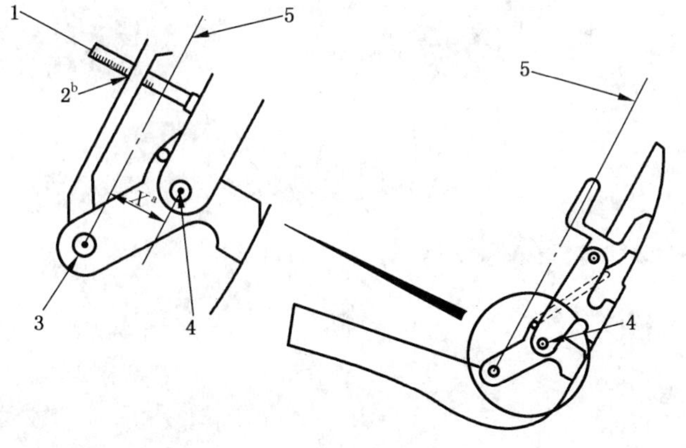

说明:

1——LSP 标尺;

2——LSP 指示线;

3——H 点铰接轴;

4——腰部骨盆铰接轴;

5——躯干线。

[a] X 为躯干线至腰部骨盆连接轴的距离。

[b] L81(LSP)=57−X,当 X=57 时,L81(LSP)=0。

图 B.9 腰部支撑突出量(LSP)

附录 C
（资料性附录）
H 点设计工具（HPD）描述

C.1 H 点设计工具（HPD）

H 点设计工具[1]的应用在 SAE J4004 中有描述。HPD 可与 HPM-Ⅱ一起使用，在 CAD 中测量 HPM-Ⅱ的相关尺寸（见 SAE J4003）。

C.2 文件格式

HPD 数据文件可从美国汽车工程师学会（SAE）获得，地址：400 Commonwealth Drive, Warrendale, PA, 15096-0001。目前，只能获得 IGES 格式。IGES 文件可在 CAD 系统中作为模板创建新的几何体（推荐使用）。HPD 的技术要求与公差参见 SAE J4004。

C.3 数据线

除了 B.3.4 讨论的基准线外，HPD 中还提供了其他的辅助数据线（见图 C.1）。

——鞋具的侧向中心线；

——人体模块的侧向中心线（通过背板和座板）；

——有效头部空间线；

——通过支撑点的横截面曲线；

——附加的通过座板和背板的横截面曲线。

提供附加的横截面曲线是为了表示出复杂的躯干几何形状和尺寸，这是一种质量保证措施，也提供了在 CAD 系统中验证几何形状的有效方法。

1) H 点设计工具的部件与 H 点装置（HPM-Ⅱ）相同。

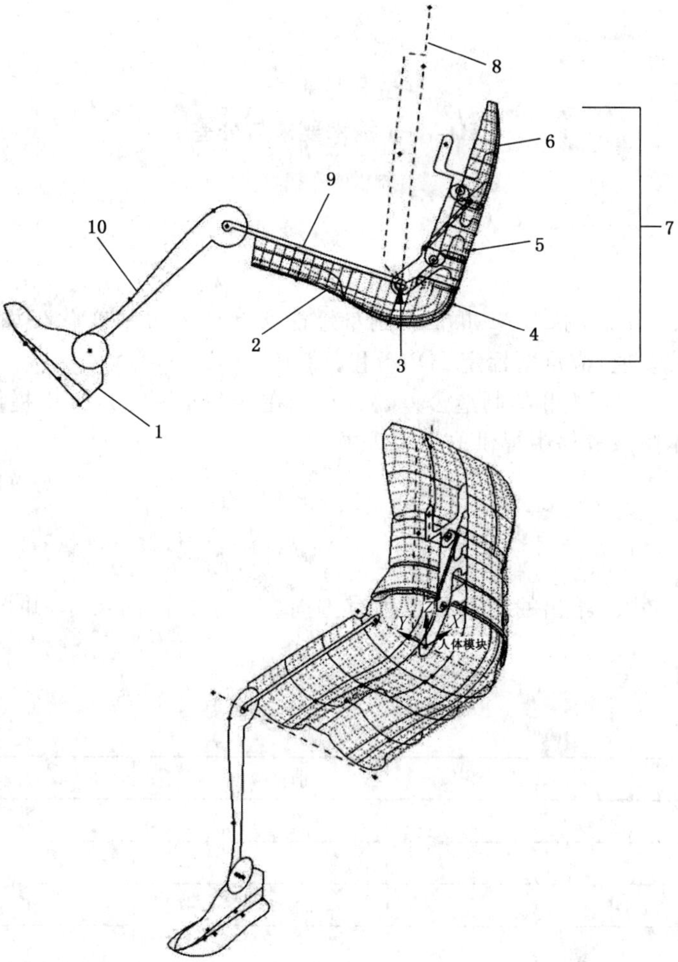

说明：

1——鞋具；

2——座板；

3——H 点；

4——骨盆；

5——腰部；

6——胸部；

7——背板总成；

8——有效头部空间线；

9——大腿；

10——小腿。

图 C.1　H 点设计工具(HPD)

附　录　D
（资料性附录）
HPM-Ⅱ技术要求与公差

D.1　公差

HPM-Ⅱ公差反映了不影响HPM-Ⅱ整体测量性能所允许的尺寸变化。如果使用、磨损或损坏导致测量超过了规定的公差值，应重新标定HPM-Ⅱ。

HPM-Ⅱ生产商生产HPM-Ⅱ的制造公差要远小于在表D.1～表D.8中提供的公差。

上述要求适用于本附录表格中提供的所有公差。

D.2　基准姿态的参数要求

除非特别说明，本节中所给出的参数都是垂直方向或水平方向的尺寸，并按照表D.1设定的姿态进行测量（见图D.1）。

表D.1　设备姿态参数

参　数	数　值	单　位
躯干角	0	°
LSP	0	mm
座垫角	0	°
大腿角	0	°
膝部角	90	°
踝部角[a]	96.5	°
大腿长度	456	mm
小腿长度	459	mm

[a] 鞋底与XY平面平行。踝部角的测量是从脚底线开始，而不是鞋底，因此踝部角为96.5°，而非90°。

D.3　鞋具尺寸

鞋具尺寸参见图D.1和表D.2。

表D.2　鞋具尺寸

单位为毫米

描　述	数　值
鞋总长	306
BOF至HOS的水平距离	200
踝部铰接轴至HOS的垂直距离	107
踝部铰接轴至HOS的水平距离	81
脚底线至BOF的垂直距离	9.9
脚底线至HOS的垂直距离	32.7

单位为毫米

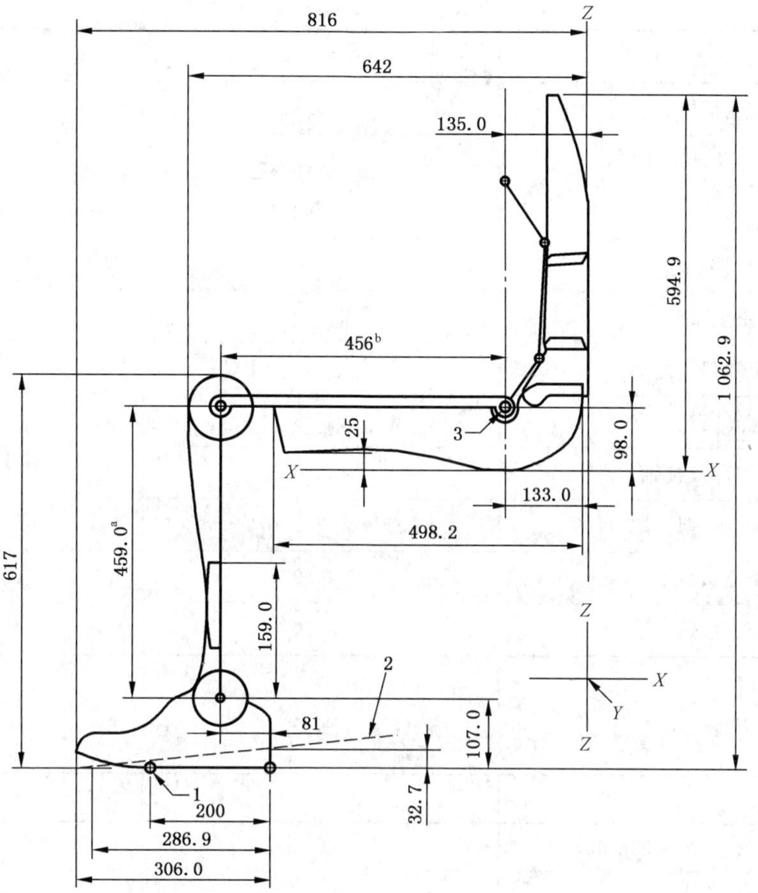

说明：

1——BOF(跖球)；

2——脚底线；

3——H 点。

a　标注为 SgRP 长度，50 百分位男性小腿长为 417.5 mm。

b　标注为 SgRP 长度，50 百分位男性大腿长为 432 mm。

图 D.1　HPM-Ⅱ长度和高度(侧视图)

D.4　长度

长度参见表 D.3 和图 D.1。

D.5　宽度

宽度参见表 D.4。

D.6　高度

高度参见表 D.5 和图 D.1。

表 D.3 长度

单位为毫米

描　述	数　值	公　差
总体(最前端至最后端)	816.0	±4.0
总体(不计鞋具尺寸)	642.0	±4.0
座板	498.2	±4.0
鞋具	306.0	±2.0
鞋后跟至跖球	200.0	±2.0
鞋后跟至踝部铰接轴	81.0	±2.0
鞋后跟至脚底线起点	286.9	N/A
H点至膝部铰接轴	456.0	±2.0
H点至膝部铰接轴(中等尺寸男性腿长)	432.0	±2.0
H点至座板后部	133.0	±2.0
H点至背板后部	135.0	±2.0

表 D.4 宽度

单位为毫米

描　述	数　值	公　差
座板最大宽度(H点向前358 mm)	405.8	±4.0
座板(H点处)	383.3	±4.0
座板(D点处)	371.0	±4.0
座板(CP2支撑点处)	401.0	±4.0
座板(CP3支撑点处)	405.1	±4.0
背板最大宽度(H点向上442 mm处)	384.6	±4.0
骨盆(BP1支撑点处)	373.7	±4.0
腰部(BP2支撑点处)	326.0	±4.0
胸部(BP3支撑点处)	360.3	±4.0
鞋具最大宽度(跖球处)	110.0	±2.0

D.7 半径

膝部半径为51 mm。鞋具上的踝部半径为19.1 mm。小腿下端的踝部曲线半径为44.5 mm。

D.8 质量

质量参见表D.6,只针对HPM-Ⅱ。

表 D.5 高度

单位为毫米

描述	数值	公差
总体	1 062.9	±4.0
座高(座板底部至设备顶端)	594.9	±4.0
座板最大高度	132.3	±4.0
骨盆最大高度	94.9	±4.0
腰部最大高度	150.3	±4.0
胸部最大高度	255.6	±4.0
腰部-骨盆铰接轴至座板底部	180.8	±4.0
胸部-腰部铰接轴至座板底部	363.5	±4.0
H 点至座板底部	98.0	±2.0
鞋后跟至踝部铰接轴	107.0	±2.0
鞋后跟至脚底线	32.7	N/A
跖球至脚底线	9.9	N/A
膝部铰接点至踝部铰接点	459.0	±2.0
膝部铰接点至踝部铰接点,中等尺寸男性	417.5	±2.0
膝部铰接点至小腿“跨接处”	300.0	±1.0
踝部铰接点至小腿“跨接处”	159.0	±1.0
膝部顶端至鞋底	617.0	±2.0
鞋底厚度	3.2	±1.0

表 D.6 质量

单位为千克

描述	质量	公差	数量
HPM-Ⅱ 不包括重块	19.31	±0.35	1
座板	8.41	±0.15	1
背板	5.94	±0.10	1
头部空间装置	1.43	±0.03	1
大腿	2.11	±0.03	1
小腿	0.88	±0.02	1
鞋具	0.54	±0.02	1
HPM-Ⅱ 包括重块(全部加载)	72.69	±1.20	1
骨盆重块(直角块)	3.2	±0.05	4
骨盆重块(斜角块)	3.13	±0.05	2
大腿重块	2.14	±0.03	6
背部重块	1.79	±0.03	12

D.9 支撑点位置

支撑点位于座板和背板轮廓的外表面。见表 D.7 和图 B.6。

表 D.7 支撑点的位置

单位为毫米

支撑点	数量	到 H 点的距离		
		X[a]	Y	Z[b]
D 点	1	25.5	0.0	−95.2
CP1	1	0.0	0.0	−98.0
CP2	2	−125.0	+/−80.0	−78.2
CP3	2	−250.0	+/−110.0	−69.2
BP1	1	135.1	0.0	35.0
BP2	1	135.1	0.0	175.0
BP3	2	122.7	+/−90.0	350.0
HPM-Ⅱ公差	所有支撑点	±4.0	±4.0	±4.0

[a] H 点向后，X 的值为正，H 点向前，X 值为负。

[b] H 点向上，Z 的值为正，H 点向下，Z 的值为负。

D.10 标记点位置

标记点位置参见表 D.8。

表 D.8 标记点的位置

标记点	位　置	HPM-Ⅱ描述	公差 mm
B1	躯干线上，H 点向上 550 mm	位于背板 T 型把手顶部的螺钉孔上	±2.0
B2	H 点向上 330 mm，躯干线（或 H 点）向前 35 mm	位于背板中心线上，胸部滑动铰接轴前面	±2.0
H1L H1R	测量的 H 点左侧 200 mm（H1L）或右侧 200 mm（H1R）	位于背板和座板的铰接轴两端	±1.0
C1	座垫线上，H 点向前 275 mm	位于座板中心线上，推块顶部的孔上	±2.0
K1L K1R	膝部铰接轴中点向左 239 mm（K1L）或向右 239 mm（K1R）	用于确定 K 点的位置。K1L 和 K1R 提供 x、z 坐标，而 K2 提供 y 坐标	±2.0
K2	膝部铰接轴中心（K 点）向前 50 mm		±1.0
S1L S1R	(x)鞋后跟向前 81 mm； (y)从鞋具的中心线向任意一边 +/−10 mm； (z)鞋底向上 107 mm	位于踝部铰接轴的两边。（S1L 位于鞋底中心线左侧 10 mm，S1R 位于鞋底中心线右侧 10 mm）	±2.0x ±0.5y ±0.5z

表 D.8（续）

标记点	位　置	HPM-Ⅱ描述	公差 mm
S2L S2R	(x)鞋后跟向前 81 mm； (y)从鞋具的中心线向任意一边 +/-10 mm； (z)鞋底向上 5 mm	位于鞋底上部，踝部铰接轴下面。(S2L 位于鞋底中心线左侧 10 mm，S2R 位于鞋底中心线右侧 10 mm)	±2.0x ±0.5y ±0.5z
S3L S3R	(x)鞋后跟向前 175 mm； (y)从鞋的中心线向任意一边 +/-10 mm； (z)鞋底向上 5 mm	位于鞋底上部，跖球附近。(S3L 位于鞋底中心线左侧 10 mm，S3R 位于鞋底中心线右侧 10 mm)	±2.0x ±0.5y ±0.5z

D.11 平纹细布

平纹细布为普通的棉布、针织或非织造布，每平方厘米 18.9 支纱，重 0.228 kg/m^2。布的尺寸应足够大，防止 HPM-Ⅱ直接接触座椅。

D.12 检查 HPM-Ⅱ是否在参数公差范围内

HPM-Ⅱ应定期检查其尺寸是否精确，功能是否正常。当发现功能不正常、失准、误用时，应马上进行检查。以下是一些误用的例子：

a) HPM-Ⅱ跌落。

b) 使用时对 HPM-Ⅱ进行不正确的加载或装配，或不正确的卸载或分解。

c) HPM-Ⅱ转移或运输不当。HPM-Ⅱ应当分解保存，对每一个零件进行保护和固定，以防损坏。建议将重块分开保存。

附录 E 中给出了 HPM-Ⅱ关键零件的检查程序。当 HPM-Ⅱ不能满足附录 E 中给出的技术要求的公差时，应进行修复并重新检查。

附 录 E
（资料性附录）
HPM-Ⅱ现场检查程序

E.1 概述

此程序用于检查HPM-Ⅱ的准确度，以确定是否需要维修。

E.2 所需检查设备

E.2.1 需使用的设备

使用者需要以下的设备：
——1 000 mm长、750 mm宽的水平平板；
——两个最小宽度为200 mm的90°角块，一个高约150 mm，另一个高约100 mm；
——两个小C型夹，一个夹口为100 mm，另一个夹口为25 mm；
——测量数据用的CMM设备；
——HPM-Ⅱ角度仪。

E.2.2 检查装置

E.2.2.1 检查装置组成

检查装置可从SAE获得。E.2.2.2～E.2.2.9和图E.1中描述了检查装置。影响检查测量的垫片和检查装置的表面公差为±0.05 mm。

E.2.2.2 座板垫片

两个25 mm×25 mm×25 mm的量块，用于调节座板水平。

E.2.2.3 LSP垫片

装在背板铰接杆上的两个角度测量台之间，具有规定长度(73.04 mm、99.67 mm和46.84 mm)的量块。这三个垫片可使背板铰接机构的LSP标尺读数分别为0、+25和−15。

E.2.2.4 背板垫片

长约400 mm，宽约250 mm的矩形垫片，用于支撑背板使其高出水平面4 mm。

E.2.2.5 背部检查垫片

2个厚0.5 mm、6个厚1 mm、1个厚4 mm，长约65 mm、宽约25 mm的垫片，用于来检查骨盆与水平面的间隙和背板上腰部与胸部的间隙。

E.2.2.6 H点衬套

安装在背板H点铰接轴两端的衬套(孔直径12 mm)。衬套上的标记点用于测量H点的位置，安装槽用于安装头部空间探测杆H点安装叉。

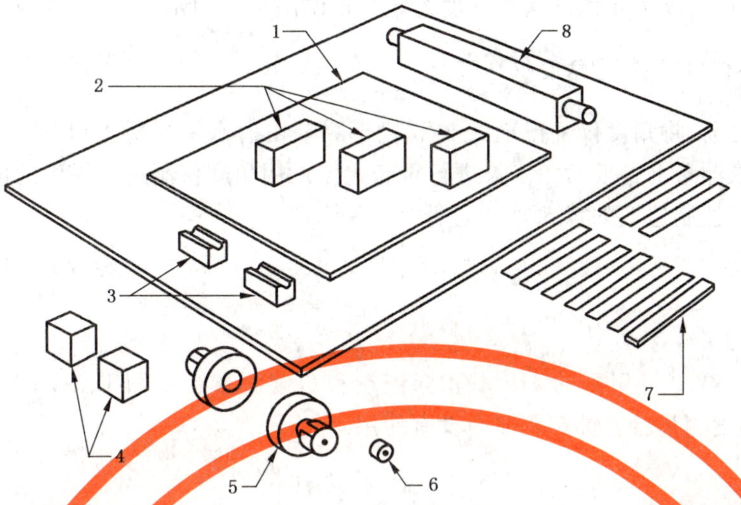

说明：

1——背板垫片；

2——LSP 垫片(+25、0 和−15)；

3——膝部铰接轴杆固定装置；

4——座板垫片；

5——H 点衬套；

6——膝部铰接轴安装槽固定装置；

7——背部检查垫片(6 个 1 mm 厚、2 个 0.5 mm 厚、1 个 4 mm 厚)；

8——大腿杆固定装置。

图 E.1 检查装置和垫片

E.2.2.7 大腿杆固定装置

该装置提供 H 点标记点，将 H 点(H1L 和 H1R)支撑在大腿安装叉上，使其高出水平平板 30 mm。固定装置两端的 H 点杆直径都是 12 mm。

E.2.2.8 膝部铰接轴杆固定装置

该装置用于支撑膝部铰接轴杆，使标记点 K1L 和 K1R 高出水平平板 30 mm。装置中的安装槽的直径为 12.7 mm。

E.2.2.9 膝部铰接轴安装槽固定装置

该装置提供膝部铰接轴安装叉上的膝部铰接中心(K1)标记点。该膝部铰接轴安装槽固定装置的直径为 12.7 mm。

E.2.3 测量设备

E.2.3.1 CMM

应当使用 CMM 来测量在表 E.1 和 E.5 中所述的用于测量距离的点。角度测量台的角度应使用角度仪和 CMM 两种方式进行测量。用 CMM 设备测量角度测量台的角度时，在测量平台上数字化的点应当间隔角度仪长度(或更长)的距离。如图 E.3 所示。

记录 CMM 测量数据的 xyz 坐标轴的方向如图 E.4、图 E.6、图 E.7、图 E.8 和图 E.9 所示，约定了线性测量和角度测量的方向。在放置 HPM-Ⅱ部件的水平平板上建立并保持坐标轴的方向，从零部件左侧看，顺时针方向的角度为正值。这个角度约定与正的座垫角和躯干角(靠背角)定义一致。

E.2.3.2 电子水平仪(HPM-Ⅱ角度仪)

检查 HPM-Ⅱ之前，将角度仪平行于 X 轴放置于测量用的水平平板上，用零点复位按钮设置角度仪的零点。在每一次测量前都要对角度仪进行重新置零。用角度仪制造商提供的信息来检查角度仪的准确度。角度仪应当按制造商的技术要求定期检查并标定。

E.3 HPM-Ⅱ测量位置

本检查程序中多数测量用到的 HPM-Ⅱ标记点和角度测量台如图 E.2 和图 E.3 所示。标记点 K2、S2、S3 和鞋具角度测量台在标定程序中没有使用。

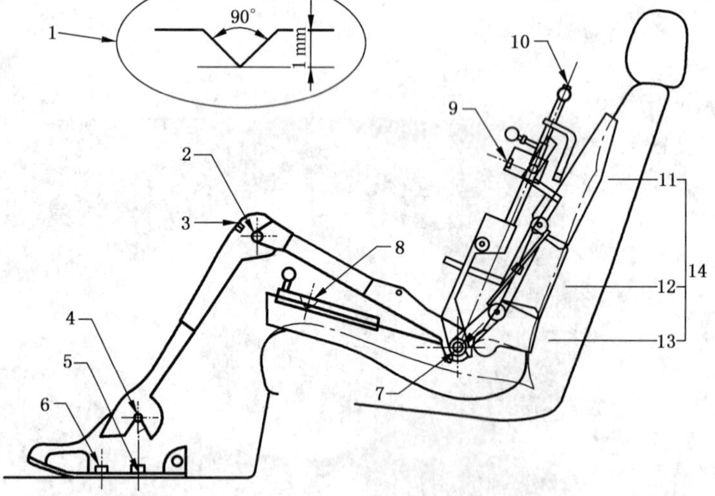

说明：
1——标记点截面图；
2——K1L 和 K1R；
3——K2；
4——S1L 和 S1R；
5——S2L 和 S2R；
6——S3L 和 S3R；
7——H1L 和 H1R；
8——C1；
9——B2；
10——B1；
11——胸部；
12——腰部；
13——骨盆；
14——背板总成。

图 E.2 HPM 基准点(标记点)

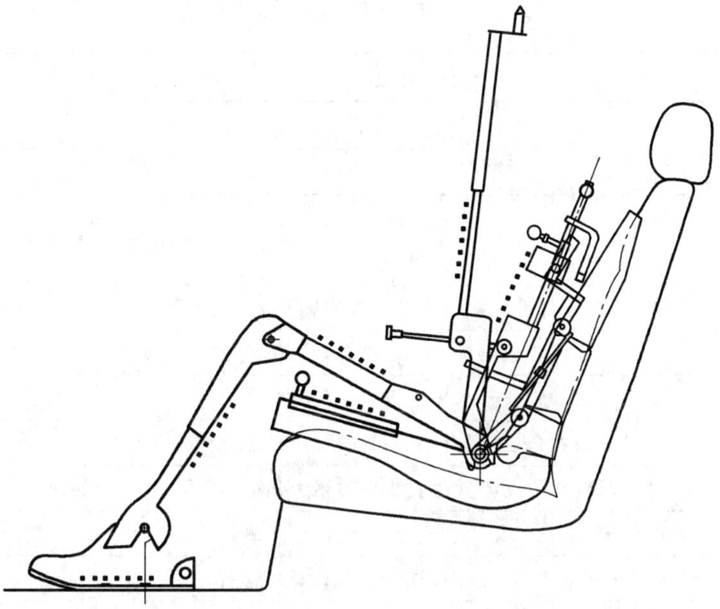

图 E.3 HPM-Ⅱ基准面(角度测量台)

E.4 测量与公差概要

表 E.1 所列是检查 HPM-Ⅱ的测量值与公差概要。对于任何测量的尺寸,如达不到要求的公差,应维修并重新检查 HPM-Ⅱ。

表 E.1 HPM-Ⅱ检查尺寸与公差

条	描 述	测量值	公差
	座板		
E.5.1.2.1	用角度仪在角度测量台上测量座垫角	0°	±1°
E.5.1.2.1	用 CMM 在角度测量台上测量座垫角	0°	±1°
E.5.1.2.2	座垫角(用标记点 C1,H1L 和 H1R 测量计算)	0°	±1°
E.5.1.2.3	角度仪与标记点测量的座垫角差值	0°	1°
E.5.1.2.3	CMM 与标记点测量的座垫角差值	0°	1°
E.5.1.3	气泡水平仪指示	刻度之间	
E.5.1.3	H1L 和 H1R 距水平平板的高度	98 mm	±2 mm
E.5.1.3	H1L 和 H1R 的高度差	0 mm	2 mm
E.5.1.4	C1 标记点至 H 点	275 mm	±2 mm
E.5.1.4	C1 标记点距水平平板的高度	98 mm	±2 mm
E.5.1.5	H 点至座板背部	133 mm	±2 mm
E.5.1.6	座板对中(C1 至 H1L 的距离和 C1 至 H1R 距离的差值)	0 mm	2 mm

表 E.1(续)

条	描　述	测量值	公差
背板			
E.5.2.2	LSP 标尺为－15 时	－15	±1 单位
E.5.2.3	LSP 标尺为＋25 时	＋25	±1 单位
E.5.2.4	LSP 标尺为 0 时	0	±1 单位
E.5.3.2	腰部或胸部与水平平板的偏离量	0 mm	1 mm
E.5.3.2	偏离量(腰部或胸部)		
E.5.3.3	骨盆与水平平板的偏离量	4 mm	±2 mm
E.5.3.4.1	用角度仪在角度测量台上测量的躯干角(靠背角)	0°	±1°
E.5.3.4.1	用 CMM 在角度测量台上测量的躯干角(靠背角)	0°	±1°
E.5.3.4.2	躯干(靠背)角(用 B1 和 H 点衬套标记点测量计算)	0°	±1°
E.5.3.4.3	角度仪与标记点测得的躯干(靠背)角差值	0°	1°
E.5.3.4.3	CMM 与标记点测得的躯干(靠背)角差值	0°	1°
E.5.3.5	背板上两侧 H 点衬套标记点距水平平板的距离	139 mm	±2 mm
E.5.3.5	两侧 H 点衬套标记点的高度差	0 mm	2 mm
E.5.3.6	B1 点距水平平板的高度	139 mm	±2 mm
E.5.3.6	B1 点至 H 点的距离	550 mm	±2 mm
E.5.3.7	B2 点至 H 点的距离	330 mm	±2 mm
头部空间探测杆			
E.5.4.2.1	用角度仪在头部空间探测杆上测得的躯干(靠背)角	0°	±1°
E.5.4.2.1	用 CMM 在头部空间探测杆上测得的躯干(靠背)角	0°	±1°
E.5.4.2.2	用角度仪和 CMM 在头部空间探测杆上测量的躯干(靠背)角的差值	0°	1°
E.5.4.2.3	所有躯干(靠背)角的差值(包括 E.5.3.4.1,E.5.3.4.2 和 E.5.3.4.3)——六种不同的测量	0°	1°
E.5.4.3	头部空间探测杆的顶端至 H 点(头部空间标尺上读数为 1 000 mm)	898 mm	±1 mm
E.5.4.4	在俯视图中,从头部空间探测杆的顶点至通过 H 点和标记点 B1 的直线的距离	0 mm	4 mm
大腿			
E.5.5.2	角度仪和 CMM 在左侧大腿角测量台测量的大腿角	0°	±1°
E.5.5.2	角度仪和 CMM 在右侧大腿角测量台测量的大腿角	0°	±1°
E.5.5.3	大腿平面性(两边的最大角度差)	0°	1°
E.5.5.4	大腿上 K1L 至大腿杆固定装置标记点的 X 向距离(左侧大腿长度)	456 mm	±2 mm
E.5.5.4	大腿上 K1R 至大腿杆固定装置标记点的 X 向距离(右侧大腿长度)	456 mm	±2 mm
E.5.5.4	两侧大腿长度差值	0 mm	2 mm
小腿			
E.5.6.2	当踝部角(鞋具上)为 96.5°时,小腿后部的角度	90°	±1°
E.5.6.3	K1 至 S1(膝部铰接轴至踝部铰接轴)的距离	459 mm	±2 mm
E.5.6.4	K1 至鞋底部(膝部铰接轴至水平平板)的距离	566 mm	±2 mm

E.5 检查程序

E.5.1 座板

E.5.1.1 检查准备

将座板放置在水平平板上，在座板的前边缘每条大腿正下方各放置一个 25 mm 的量块(图 E.4)。在骨盆重块安装槽最内侧各加载一块骨盆重块，在座板的大腿重块安装销两侧各加载一块大腿重块。使用 H1L 和 H1R 的 x 坐标对齐座板的 Y 轴。将角块靠在座板的后部外表面的中心线上。

单位为毫米

说明：

1——座板垫片；

2——H 点，位于 H1L 和 H1R 的中点；

3——90°角块；

4——座垫线；

5——水平平板。

图 E.4 座板检查程序

E.5.1.2 检查座垫角

E.5.1.2.1 使用座垫角度测量台检查座垫角

无论使用 CMM 还是角度仪从角度测量台上测量的座垫角应为 0°±1°。

E.5.1.2.2 使用标记点确定的座垫线检查座垫角

将 H 点定位在 H1L 和 H1R 的中点上。座垫线从 H 点延长到 C1 标记点。从 C1 至 H 点测量的角度应为 0°±1°。

E.5.1.2.3 检查座垫角差值

E.5.1.2.1 和 E.5.1.2.2 测得的座垫角差值不应超过 1°。

E.5.1.3 检查 H 点距水平平板的距离

标记点 H1L 和 H1R 至水平平板距离应为 98 mm±2 mm。H1L 和 H1R 的高度差不应超过 4 mm。侧向气泡水平仪应水平(气泡应当在指示线之间)。

E.5.1.4 检查 C1 标记点

标记点 C1 至 H 点(E.5.1.2.2 中确定的点)的距离应为 275 mm±2 mm。C1 标记点距水平平板的高度应为 98 mm±2 mm。

E.5.1.5 检查 H 点至座板后部的距离

H 点(E.5.1.2.2 中确定的点)至座板后部角块的水平距离应为 133 mm±2 mm,测量时垂直于 H1L 和 H1R 的连线。

E.5.1.6 检查座板对中

C1 至 H1L 的距离和 C1 至 H1R 的距离差值不应超过 2 mm。

E.5.2 LSP 标尺

E.5.2.1 检查准备

用 LSP 垫片使背板联接的几何状态达到三种规定的 LSP 检查值(见图 E.5)。松开躯干铰接锁止机构,在背板的两个角度测量台之间安装 LSP 垫片,拧紧躯干铰接锁止机构,锁止该几何状态,将 LSP 垫片夹紧在适当的位置上。

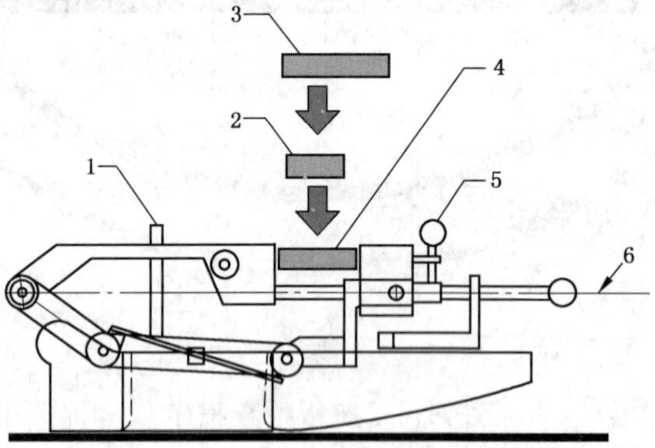

说明:

1——LSP 标尺;

2——LSP-15 垫片;

3——LSP+25 垫片;

4——LSP0 垫片;

5——躯干铰接锁止杆;

6——躯干线。

图 E.5 LSP 垫片安装

将背板放置于平面上。解锁背板铰接机构，移动背板铰接部位，使靠背的两个角度测量台之间有足够大的间隙容纳 LSP 垫片插入，并确认将垫片放置于平面之间。读取 LSP 标尺左侧的读数，精确到 0.5 mm。

E.5.2.2 检查 LSP－15

插入 LSP－15 垫片，锁止躯干铰接机构。LSP 标尺的读数应为－15±1。

E.5.2.3 检查 LSP＋25

取出 LSP－15 垫片，插入 LSP＋25 垫片，锁止躯干铰接机构。LSP 标尺的读数应为＋25±1。

E.5.2.4 检查 LSP0

取出 LSP＋25 垫片，插入 LSP0 垫片，锁止躯干铰接机构。LSP 标尺的读数应为 0±1。

E.5.3 背板

E.5.3.1 检查准备

保持 LSP0 垫片在靠背两个角度测量台之间（见图 E.6）。将背板垫片放置于水平平板上，较短边靠在与 Y 轴对齐的角块上。将背板放置在背板垫片上，胸板的上端靠在角块上。将 H 点衬套插入到背板 H 点铰接轴的两端，在腰部的重块悬挂架的两端内侧各安放两块背部重块。

单位为毫米

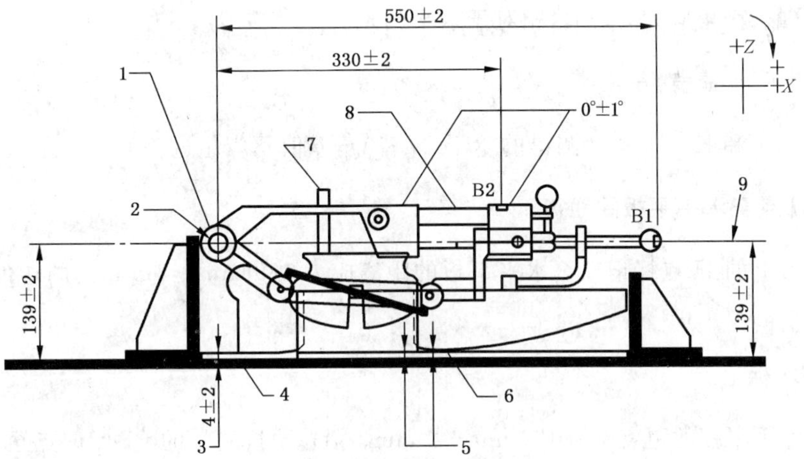

说明：

1——带标记点的 H 点衬套；

2——H 点位于两标记点的中点；

3——骨盆边缘与水平平板的间隙；

4——水平平板；

5——每个位置与水平平板的最大间隙 1 mm；

6——背板垫片；

7——LSP 标尺；

8——LSP0 垫片；

9——躯干线。

图 E.6 背板检查程序

使用B1点的y坐标和H点衬套左、右侧标记点y坐标的中点，调节背板和各部件，使背板躯干线平行于X轴。可在H点衬套之间的平托架上的带子上标记中点以方便对中。为了稳定背板，用角块靠在H点衬套上。

E.5.3.2 检查背板部分偏离量

按照E.5.3.1描述放置背板，检查腰部和胸部与背板纵向中心线附近的背板垫片的接触。胸部和腰部表面应与垫片平面接触。在胸部和腰部的间隙附近，胸部和腰部距背板检查垫片的高度不应超过1 mm。可使用0.5 mm和1 mm的背板垫片来检查此高度，并记录偏离水平平板的部位。将垫片放置在背板下以稳定背板，以便进行其他的测量。

E.5.3.3 检查骨盆相对于水平平板的偏离量

骨盆的下边缘或背板中心线附近位置至水平平板的距离应为4 mm±2 mm。用背部检查垫片检查最小间隙，精确到0.5 mm。将垫片放置在背板下以稳定背板，以便进行其他的测量。

E.5.3.4 检查躯干(靠背)角

E.5.3.4.1 使用躯干角测量台检查躯干角

用CMM或角度仪通过躯干角测量台测得的躯干(靠背)角应为0°±1°(相对于水平面)。

E.5.3.4.2 使用标记点确定的躯干线检查躯干角

用H点衬套装置的左右标记点的中点来确定H点。躯干线从H点通过B1标记点。通过B1和H点测得的躯干(靠背)角应为0°±1°(相对于水平面)。

E.5.3.4.3 检查躯干(靠背)角差值

通过E.5.3.4.1和E.5.3.4.2测得的躯干(靠背)角差值不应超过1°。

E.5.3.5 检查H点至水平平板的距离

H点衬套装置上的H点标记点至水平平板的距离应为139 mm±2 mm。两边的高度差不应超过1 mm。

E.5.3.6 检查B1标记点

B1标记点至水平平板的距离应为139 mm±2 mm。沿躯干线测量的B1标记点至H点(E.5.3.4.2中确定的点)的距离应为550 mm±2 mm。

E.5.3.7 检查B2标记点

平行于躯干线测量B2标记点至通过H点(E.5.3.4.2中确定的点)的垂线的距离应为330 mm±2 mm。

E.5.4 头部空间探测杆

E.5.4.1 检查准备

继续使用E.5.3中背板的设置(见图E.7)。伸出头部空间探测杆，使标尺读数为1 000 mm，露出角度测量台表面。将头部空间探测杆安装叉插入到H点衬套的安装槽中。确保角度调节螺钉在背板上锁止到位，头部空间探测杆紧靠背板上，探测杆安装叉牢固地安装在H点衬套中。H点衬套的平面区域应当处于可看到安装叉紧固在衬套中的位置。使用C型夹夹住探头安装叉两端，将其固定在H点衬套的内法兰上。

E.5.4.2　在头部空间探测杆上检查躯干(靠背)角

E.5.4.2.1　使用CMM或角度仪在头部空间探测杆的角度测量台上测量的躯干角应为0°±1°(相对于水平面)。

E.5.4.2.2　用CMM和角度仪测量的角度的差值不超过1°。

E.5.4.2.3　按照E.5.4.2.1测量的躯干角与按照E.5.3.4测量的躯干(靠背)角相差应不超过1°。

E.5.4.3　检查头部空间标尺

当头部空间探测杆标尺的读数为1 000 mm时,头部空间探测杆的顶端至H点(E.5.3.4.2中确定的点)的距离应为898 mm±1 mm。确保夹子将头部空间探测杆安装叉夹紧在H点衬套上。

E.5.4.4　检查头部空间探测杆顶部对中

从H点(E.5.3.4.2中确定的点)延长躯干线通过B1标记点并穿越头部空间探测杆的顶端。在俯视图(xy平面)测量的躯干线至头部空间探测杆顶端的垂直距离应不大于4 mm。

单位为毫米

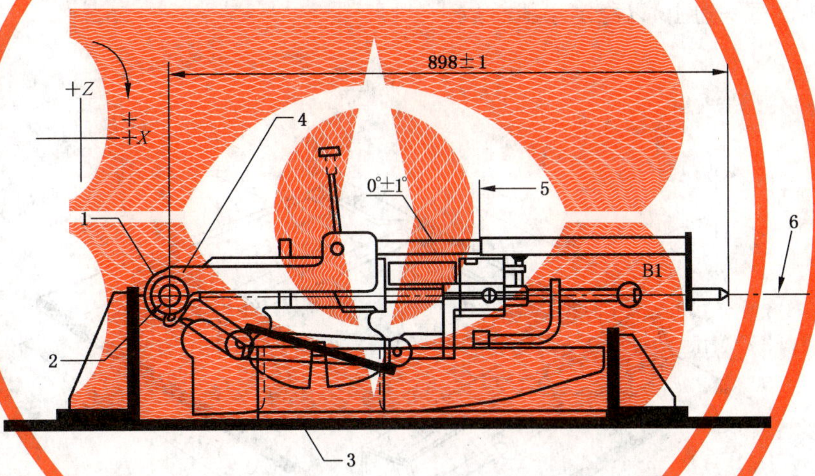

说明:

1——带标记点的H点衬套;

2——H点位于两标记点的中点;

3——水平平板;

4——C型夹;

5——1 000 mm标尺读数;

6——躯干线。

图E.7　头部空间探测杆检查程序

E.5.5　大腿

E.5.5.1　检查准备

将大腿置于SgRP长度(见图E.8),放置于水平平板上,大腿杆固定装置插入大腿安装叉,膝部铰接轴杆置于膝部铰接轴杆固定装置中。滑动膝部铰接轴杆固定装置至膝部铰接轴杆的两端。用K1L和K1R的x坐标将大腿与y轴对齐。

E.5.5.2 检查大腿角

在每一个角度测量台上用CMM和角度仪上测量的大腿角都应为0°±1°。

E.5.5.3 检查大腿平面性

大腿四个角上都应搁在固定装置上。每侧大腿角的差值不应超过1°。

E.5.5.4 检查大腿长度

膝部铰接中心和大腿杆固定装置标记点之间x向的距离应为456 mm±2 mm。两侧都要测量,左侧和右侧所测得的长度的差值不应超过2 mm。

E.5.6 小腿

E.5.6.1 检查准备

将小腿置于SgRP长度(见图E.9)。小腿和鞋具立于水平平板上。将膝部铰接轴安装槽固定装置插入到膝部铰接轴槽中。夹紧小腿,使踝部角标尺读数保持为96.5°。可把HPM-Ⅱ大腿重块(图上未给出)放在鞋底板的每一边上,以稳定小腿总成。

单位为毫米

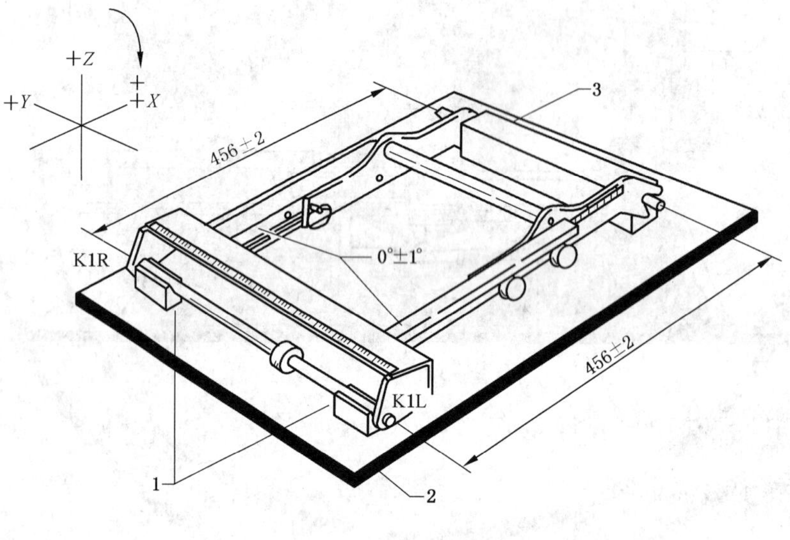

说明:

1——膝部铰接轴杆固定装置;

2——水平平板;

3——带标记点的大腿杆固定装置。

图E.8 大腿检查程序

E.5.6.2 检查踝部角

小腿后部应为90°±1°。

E.5.6.3 检查膝部铰接轴至踝部铰接轴的长度

膝部铰接轴至踝部铰接轴(S1标记点)的高度应为459 mm±2 mm。这个测量可在小腿的任意一边进行。

E.5.6.4 检查膝部铰接轴至水平平板(鞋底)的距离

膝部铰接轴至鞋底的高度应为 566 mm±2 mm。

E.5.6.5 检查膝部角标尺

将大腿侧立于水平平板上,用一个膝部铰接轴杆固定装置来支撑。在膝部铰接轴的附近添加三个 1 mm 的垫片,以稳定这种状态。连接小腿,并用膝部铰接轴锁止衬套锁止在适当的位置。旋转小腿后部,使其与大腿底部成 90°,并用角块保持这个位置(见图 E.10)。

膝部角度标尺应当为 90°±1°。

E.5.7 数据形式

可从 SAE 获得一份包括表 C.1 所列所有 HPM-Ⅱ 测量数据的数据输入表的 Excel 文件。这份 Excel 文件中包括了必要的计算,以确定每一测量的尺寸是否在公差范围内。

单位为毫米

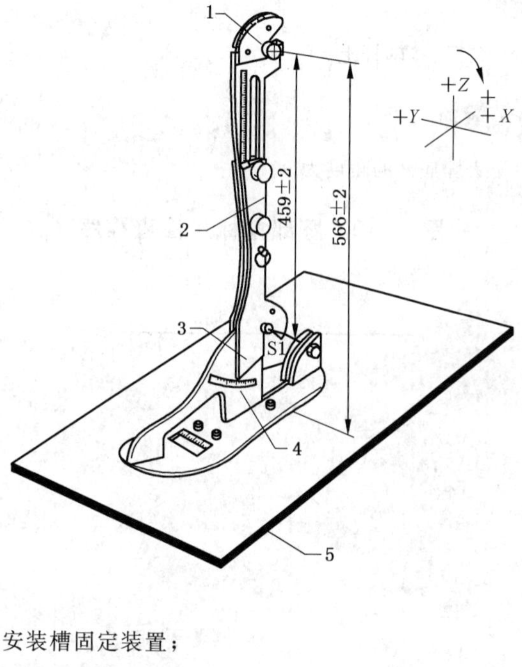

说明:

1——带标记点的膝部铰接轴安装槽固定装置;

2——小腿后部 90°±1°;

3——夹子;

4——固定小腿,使踝部角保持 96.5°;

5——水平平板。

图 E.9 小腿长度和踝部角检查程序

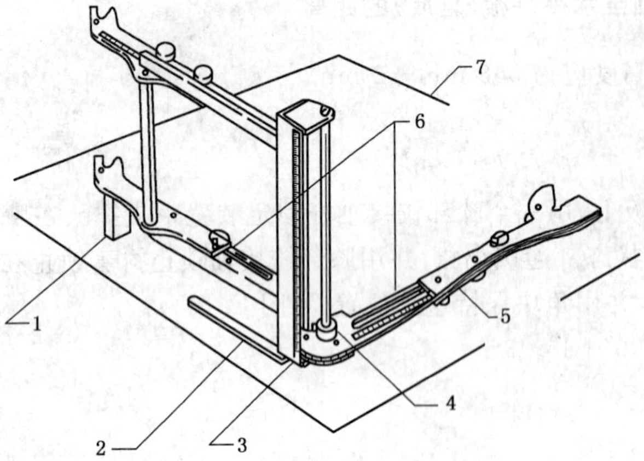

说明：
1——用一个膝部铰接轴杆固定装置支撑大腿；
2——3 个 1 mm 的垫片；
3——膝部角 90°±1°；
4——用锁止衬套将小腿锁止在膝部铰接轴杆上；
5——小腿处于锁止螺钉钮上；
6——水平平板；
7——调整小腿后部，使其相对于大腿底部的角度为 90°。

图 E.10　膝部角标尺检查程序

ICS 43.100
T 40

中华人民共和国国家标准

GB/T 29121—2012/ISO 9815:2010

道路车辆　乘用车列车横向稳定性试验

Road vehicles—Passenger car-trailer combinations—Lateral stability test

(ISO 9815:2010, Road vehicles—Passenger-car and trailer combinations—Lateral stability test, IDT)

2012-12-31 发布　　2013-07-01 实施

中华人民共和国国家质量监督检验检疫总局
中国国家标准化管理委员会　发布

前　言

本标准根据 GB/T 1.1—2009 给出的规则起草。

本标准使用翻译法，等同采用 ISO 9815:2010《道路车辆　乘用车列车　横向稳定性试验》。

与本标准中规范性引用的国际文件有一致性对应关系的我国文件如下：

——GB/T 3730.1—2001　汽车和挂车类型的术语和定义(ISO 3833:1999,MOD)

——GB/T 3730.2—1996　道路车辆　质量　词汇和代码(ISO 1176:1990,IDT)

——GB/T 5910—1998　轿车质量分布(ISO 2416:1992,IDT)

本标准由全国汽车标准化技术委员会(SAC/TC 114)归口。

本标准起草单位：中国汽车技术研究中心、安徽江淮汽车股份有限公司、北汽福田汽车股份有限公司、汉阳专用汽车研究所。

本标准主要起草人：王学平、张铜柱、王颖、李玉刚、张丽丽、胡钢。

道路车辆　乘用车列车
横向稳定性试验

1　范围

本标准规定了乘用车列车的横向稳定性试验方法。

本标准适用于ISO 3833中界定的乘用车,轻型货车及其与挂车组成的列车。

横向稳定性试验可以确定牵引车辆—挂车列车因确定的转向脉冲引起的偏航振荡阻尼特性。首先,列车稳定向前行驶,之后,通过单脉冲转向制造车辆的横向摆动,方向盘保持固定一段时间,使得列车的摆动逐渐消除。测试在几个不同的速度下进行。如果出现非周期性的震荡,应规定稳定测试循环。

2　规范性引用文件

下列文件对于本文件的应用是必不可少的。凡是注日期的引用文件,仅注日期的版本适用于本文件。凡是不注日期的引用文件,其最新版本(包括所有的修改单)适用于本文件。

ISO 1176　道路车辆　质量　词汇和规程(Road vehicles—Masses—Vocabulary and codes)

ISO 2416　乘用车　质量分布(Passenger cars—Mass distribution)

ISO 3833　道路车辆　类型　术语和定义(Road vehicles—Types—Terms and definitions)

ISO 4138:2004　乘用车　稳态循环操纵特性　开环试验程序(Passenger cars—Steady-state circular driving behaviour—Open-loop test methods)

ISO 8855　道路车辆　车辆动力学与道路行驶稳定性　术语(Road vehicles—Vehicle dynamics and road-holding ability—Vocabulary)

ISO 15037-1:2006　道路车辆　车辆动力学试验方法　第1部分:乘用车概述(Road vehicles—Vehicle dynamics test methods—Part 1:General conditions for passenger cars)

3　术语定义和符号

ISO 3833、ISO 8855界定的以及下列术语和定义适用于本文件。

3.1

横摆铰接角　yaw articulation angle

$\Delta\psi$

X_C 相对于 X_T 的转角。每部分 X 轴间的夹角,极性由牵引车辆相对挂车旋转角度决定。

注:下标字母C和T分别表示牵引车和挂车。例如,牵引车中轴系统的纵轴为 X_C,牵引车横向加速度为 a_{YC};挂车中轴系统的纵轴为 X_T,挂车横向加速度为 a_{YT}。

3.2

平均坡度　mean gradient (of the test track)

$\overline{G}$

车辆运行轨道两点间垂直高度的变化量除以两点间水平距离,该两点应尽可能靠近车辆分别

在时间 t_2 和 $t_{\Delta\psi m}$ 行驶的那部分试验轨道。

t_2 和 $t_{\Delta\psi m}$ 分别见 6.2.2 和 7.2.3。

注：该坡度无单位，如果车辆沿坡向上行驶为正；向下行驶为负。

4 测试指标

在进行试验时，应对下列参数进行测试：

——方向盘转角，δ_H；

——牵引车辆的纵向车速，v_X；

——挂车的横向加速度，a_{YT}；

——牵引车辆和挂车之间的横摆铰接角，$\Delta\psi$；

下列参数宜进行测试：

——牵引车辆的横摆角速度，$d\psi_c/dt$；

——挂车的横摆角速度，$d\psi_T/dt$。

注：上述参数并不是试验的全部测试参数。

5 试验条件

5.1 概述

试验的一般条件应满足 ISO 15037-1 的要求，其他条件见以下条款。

5.2 测试设备

应使用适当的传感器监测条款 4 给出的测量参数。ISO 15037-1 要求的测量和记录设备应同时应用于牵引车辆和挂车。ISO 15037-1 中没有规定的“典型的操作范围和最大允许误差”见表 1。

可以选用辅助转向设备。

表 1 典型的操作范围和最大允许误差

参数	范围	传感器和记录仪的累计误差
横摆铰接角	±20°	±0.2°

5.3 试验路面

试验路面除了满足 ISO 15037-1 的要求外，在被试车辆行驶方向上的平均坡度应在 1%以内，试验路面的宽度应不小于 8 m。

当平均坡度接近允许的最大值时，试验应分别从两个方向进行。

5.4 风速

风速要满足 ISO 15037-1 的要求，并且不超过 2.5 m/s，应记录风速的大小和方向。

5.5 载荷状态

5.5.1 牵引车

牵引车的空载总质量由整车整备质量、驾驶员质量和检测设备质量（驾驶员质量和检测设备质量合计不超过 150 kg)构成。检测设备的安放位置应保证使其对车辆的横摆惯量的影响最小。

应在牵引车处于最大载荷状态和部分载荷状态下重复进行试验。对于最大总质量状态,车辆的满载总质量由整车整备质量,客舱中的每个座位上加 68 kg 以及按 ISO 2416 配备最大的行李舱载荷施加在牵引车挂接装置上的静态载荷构成。仪器质量包括在总质量中。应保证车辆的转动惯量与正常使用时一致。

牵引车的满载总质量,不能超过最大设计总质量。在考虑牵引车挂接装置上静态载荷的情况下,前后轴的载荷也不能超过相应的最大设计值。如果使用了分布载荷连接装置,应在连接装置结合后,对各个轴的载荷进行测量。

5.5.2 挂车

挂车应加载至允许的最大总质量或列车达到最大设计总质量,取二者中的较小值。如果挂车允许不同的载荷分配,则载荷分配应使得横摆转动惯量、质心高度以及牵引装置上的静态载荷具有代表性。

试验可以在其他任何载荷状态下进行。

试验时,应对挂车的质量、质心位置以及横摆转动惯量等进行测量并记录。

5.5.3 挂接装置上的静态载荷

5.5.3.1 试验在挂接装置处于最大静载荷状态下进行,该载荷通过牵引车、挂车或挂接装置本身的最大允许载荷确定,取三者中的较小值。但是,如果该载荷导致牵引车的后轴载荷超过制造商的规定的最大值,则应适当减小作用于该挂接装置上的静态载荷。

5.5.3.2 作为静态载荷作用于挂接装置上的部分挂车重量对列车的横摆阻尼有很大的影响。典型的情况如:当作用于挂接装置上的静态载荷减小时,阻尼随之减小。因此,也应在挂接装置处于可能的最小静态载荷时进行试验。

5.5.4 分布载荷挂接装置的调整

当挂车质量比较大时,经常需要使用分布载荷挂接装置来修正由于作用于挂接装置上的静态载荷而产生的牵引车的纵向摇摆角。此时将挂接装置转移到牵引车后轴上的载荷的一部分重新分配到牵引车前轴或挂车的车轴上。在这种情况下,铰接角阻尼增加,而由横向加速度产生的牵引车转向不足将减小。

分布载荷挂接装置通常包括一个增加铰接角阻尼的机械装置。应按照牵引车、挂车和挂接装置制造商的要求对挂接机构及其辅助装置进行安装和调整。

如果制造商没有给出使用分布载荷挂接装置的具体要求,应按照下面的程序进行安装和调整。挂接挂车前,分别在牵引车前、后轴中心线位置测量在试验载荷状态下车身上的点与地面的垂直距离,挂接挂车后,调节挂接装置的偶合力矩,使上述两个值的总变化量均在 10 mm 以内。

如果静载状态的推荐值不适合分布载荷挂接装置,则连接装置处的载荷取牵引车重量的 8.4%。

试验时记录偶合力矩。为此,必须分别在挂车挂接前、挂车挂接后和分布载荷挂接装置调整后测量牵引车前、后轴的轴荷(对确定的牵引车重量)。牵引车和挂车在水平状态下测量轴荷。如果牵引车和挂车的轮胎与地面的接触面不在同一个平面内,则偶合力矩会发生变化。

偶合力矩按下式计算:

$$M_{Yeq}=F_{ZwfC}(l_C+e_C)+F_{ZwrC}(e_C)-m_Cg(d_C+e_C)$$

其中:

M_{Yeq} ——由分布载荷挂接装置产生的力矩;

F_{ZwfC}——挂车连接、分布载荷挂接装置作用时牵引车前轮上的载荷总和；
F_{ZwrC}——挂车连接、分布载荷挂接装置作用时牵引车后轮上的载荷总和；
g ——重力加速度；
m_C ——牵引车质量；
l_C ——牵引车轴距；
d_C ——牵引车重心与后轴中心线的水平距离；
e_C ——后悬，后轴中心线与挂接点的水平距离。

6 试验方法

6.1 概述

试验开始前，应对被试车辆进行预热。每次试验都应按照 ISO 15037-1 的要求，从稳定的，正对行驶方向开始。

6.2 试验程序

6.2.1 速度

首先按 50 km/h 进行试验，然后逐步增加试验车速（即，从 ISO 15037-1:2006 的 6.2.1 到本标准的 7.2.3 的 $t_{\Delta\psi n}$）。当处于阻尼≥0.15 的速度范围时，每次的速度增量≤10 km/h。当处于阻尼小于 0.15 的速度范围时，每次的速度增量≤5 km/h。最高试验车速至少是计算零阻尼车速的 90%。

当列车接近低阻尼时应预警。此时，初始试验应在车速低于 50 km/h 的情况下进行。

在整个试验过程中，应按照 ISO 15037-1:2006 的 6.2.1 的要求保持车速，而且，在时间从 t_2 到 $t_{\Delta\psi n}$ 期间，平均纵向加速度在 ±0.1 m/s^2 的范围内。

6.2.2 转向脉冲

通过方向盘的一个脉冲输入使牵引车和挂车开始出现横向摆动。

方向盘的输入脉冲幅度应使挂车重心处的侧向加速度的最大振幅达到 (4±1) m/s^2。如果不能产生 (4±1) m/s^2 的加速度，输入的转向脉冲应尽可能在挂车的重心处产生最大的侧向加速度。在挂车重心处产生的最大侧向加速度振幅应记录在附录 B 的试验报告中。

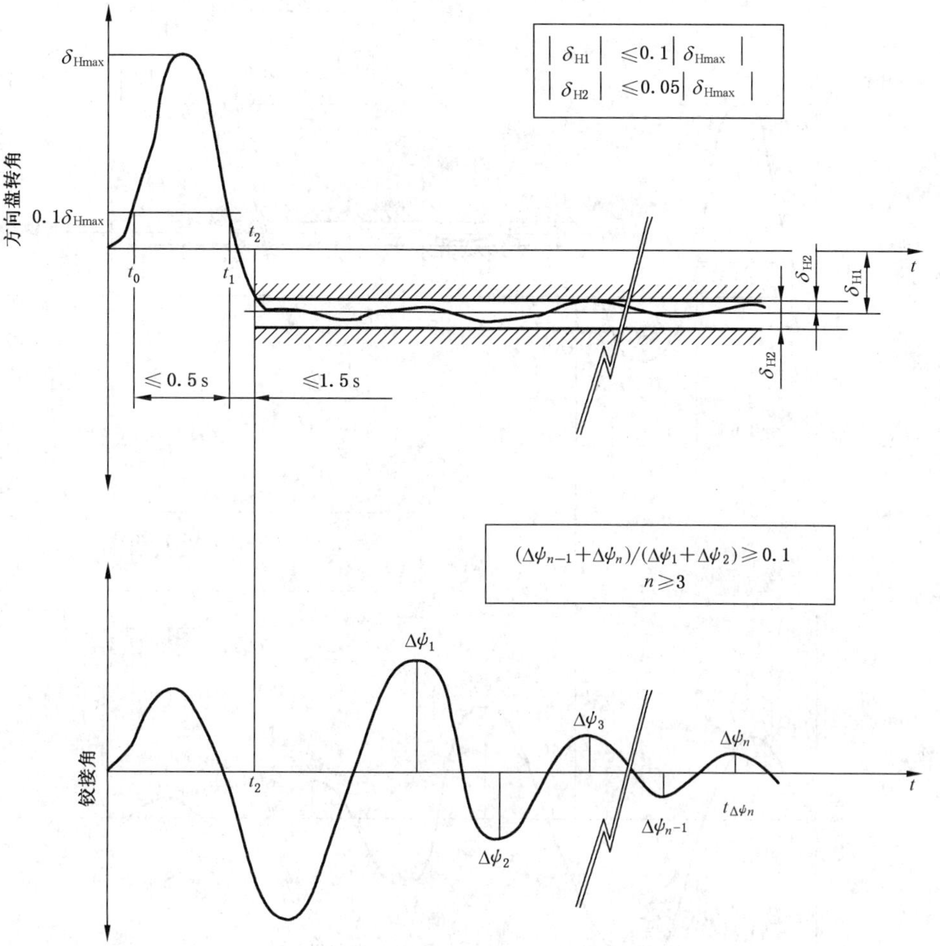

图 1　方向盘和铰接角时间历程——型式 1

图 1 和图 2 给出了两种类型的方向盘转角和铰接角时间历程曲线。

其中：

t_0方向盘转角振幅首次超过其最大振幅的 10%的时间，单位为秒(s)；

t_1出现峰值后，方向盘转角振幅首次降低至其最大振幅的 10%的时间，单位为秒(s)；

t_2特定时间，单位为秒(s)，在此之后方向盘转角保持在要求的变化范围内。

转向脉冲的周期(如 $t_0 \sim t_1$ 的周期)不能超过 0.5 s。

转向脉冲输入完成后，方向盘可以按图 1 的方式直接回到其原始位置。也可以按图 2 的方式回到其原始位置后，再转动一定的量，以保证挂车回到其初始的行驶线路上。在转向脉冲以及适当的方向修正完成以后，方向盘应保持在车辆向前行驶的位置不变。任何方式的方向修正的持续时间($t_2 - t_1$)都不能超过 1.5 s。从 t_2 以后，与车辆向前行驶的位置比较，方向盘转角偏差的平均值，即$|\delta_{H1}|$，不能超过其最大振幅的 10%。这个平均值偏差的最大振幅，即$|\delta_{H2}|$，不能超过其最大振幅的 5%。

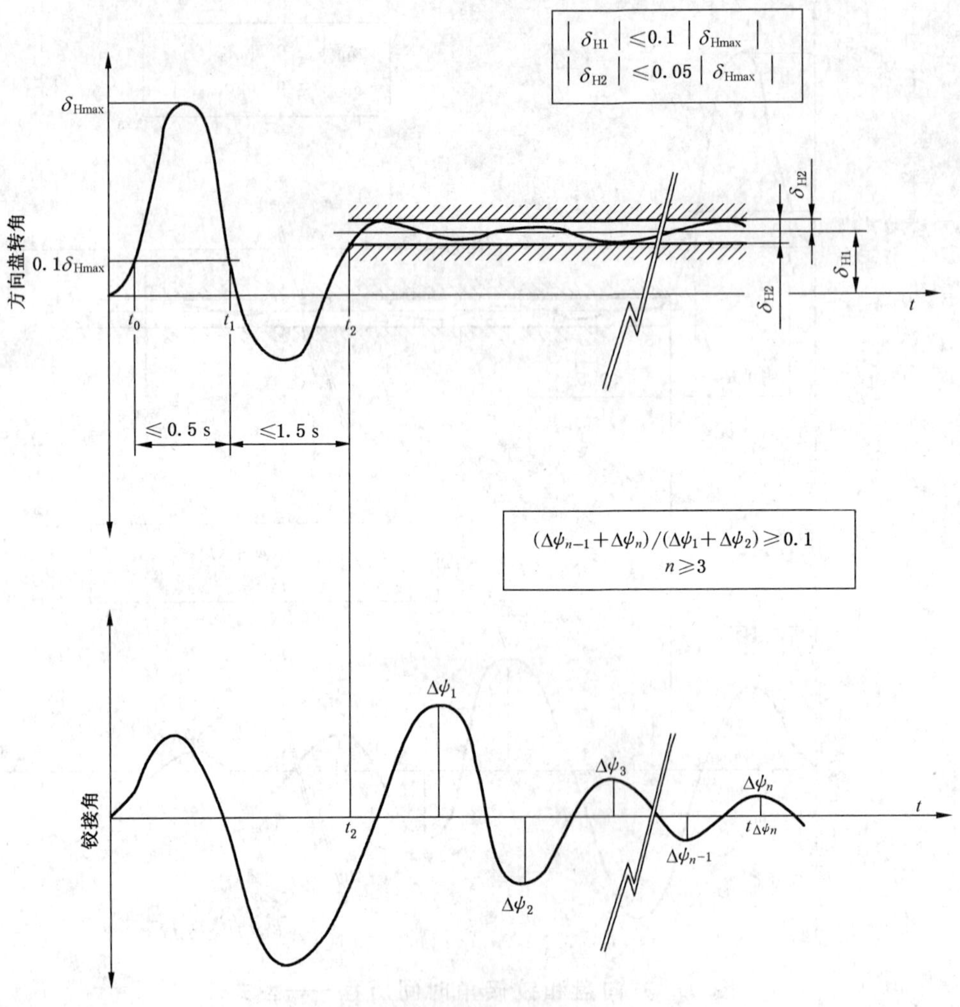

图 2　方向盘和铰接角时间历程——型式 2

6.2.3　试验次数

在最小试验车速与 90%零阻尼车速之间，每 10 km/h 的范围内，至少要进行 5 次有效的试验。在超过 90%零阻尼车速的范围内，至少要进行 3 次有效的试验。

7　数据分析

7.1　概述

由于数据很多，应采用计算机进行数据分析。

应显示铰接角随时间的变化，并可用肉眼监视。不能代表试验的结果应舍去。

7.2　独立的试验

7.2.1　车辆实际纵向加速度

每个试验都应确定车辆实际纵向加速度，α_E（m/s^2）。其值为牵引车纵向加速度总和的平均值（即，单位时间内牵引车纵向速度的变化），也是车辆在坡道上重力加速度的纵向分量。计算公式如下：

$$\alpha_E = \frac{v_X(t_{\Delta\psi n}) - v_X(t_2)}{t_{\Delta\psi n} - t_2} + \overline{G} \times g$$

其中：

g ——重力加速度，单位为米每二次方秒（m/s^2）；

$v_{X(t_i)}$ ——牵引车分别在时间 $t_{\Delta\psi n}$ 和 t_2 的速度；

$t_{\Delta\psi n}$ ——按 7.2.3 的规定。

α_E 在 $\pm 0.1\ m/s^2$ 范围内试验为有效，理想的是在给定的试验速度下，α_E 平均值在 $\pm 0.05\ m/s^2$ 内。无论如何，应报告各试验的 α_E 值。

7.2.2 试验速度

按下述公式确定试验速度：

$$\overline{v} = \frac{\int_{t=t_2}^{t_{\Delta\psi n}} v_x \mathrm{d}t}{t_{\Delta\psi n} - t_2}$$

7.2.3 铰接角摆动阻尼

见图 1 和图 2 铰接角时间历程：

$\Delta\psi_1$：时间 t_2 后第 1 个零点后的首个波峰的振幅（以第三波峰为典型）；

$\Delta\psi_n$：（$\Delta\psi_{n-1} \pm \Delta\psi_n$）至少为（$\Delta\psi_1 \pm \Delta\psi_2$）的 10% 的最后一个波峰的振幅；

$\Delta\psi_2 \sim \Delta\psi_{n-1}$：$\Delta\psi_1$ 和 $\Delta\psi_n$ 确定的波峰间波峰的振幅；

$t_{\Delta\psi n}$：$\Delta\psi_n$ 发生的时间，s；

$\Delta\psi_1$ 至 $\Delta\psi_n$ 的所有振幅和 $t_{\Delta\psi n}$ 均应从接角时间历程中确定。

注：$\Delta\psi_1$ 至 $\Delta\psi_n$ 的所有振幅均为绝对值。

按下述公式计算振幅比率的平均值：

$$\overline{r} = \frac{1}{n-2}\left(\frac{\Delta\psi_1 + \Delta\psi_2}{\Delta\psi_2 + \Delta\psi_3} + \frac{\Delta\psi_2 + \Delta\psi_3}{\Delta\psi_3 + \Delta\psi_4} + \frac{\Delta\psi_3 + \Delta\psi_4}{\Delta\psi_4 + \Delta\psi_5} + \cdots\cdots + \frac{\Delta\psi_{n-2} + \Delta\psi_{n-1}}{\Delta\psi_{n-1} + \Delta\psi_n}\right)$$

根据下式计算阻尼 D：

$$D = \frac{\ln \overline{r}}{\sqrt{\pi^2 + (\ln \overline{r})^2}}$$

至少应在 7 个振幅的基础上计算 $\overline{r}$（即 $n \geqslant 7$）。如果不能实现，应注明 D 值相应的 n 值。

7.2.4 横摆速率

测到牵引车和挂车的横摆车速后，可以根据下列公式计算横摆速率：

$$R_{\mathrm{d}\varphi/\mathrm{d}t} = \frac{1}{n-1}\left(\frac{\mathrm{d}\psi_{c1}/\mathrm{d}t + \mathrm{d}\psi_{c2}/\mathrm{d}t}{\mathrm{d}\psi_{T1}/\mathrm{d}t + \mathrm{d}\psi_{T2}/\mathrm{d}t} + \frac{\mathrm{d}\psi_{c2}/\mathrm{d}t + \mathrm{d}\psi_{c3}/\mathrm{d}t}{\mathrm{d}\psi_{T2}/\mathrm{d}t + \mathrm{d}\psi_{T3}/\mathrm{d}t} + \frac{\mathrm{d}\psi_{c3}/\mathrm{d}t + \mathrm{d}\psi_{c4}/\mathrm{d}t}{\mathrm{d}\psi_{T3}/\mathrm{d}t + \mathrm{d}\psi_{T4}/\mathrm{d}t} + \cdots + \frac{\mathrm{d}\psi_{c(n-1)}/\mathrm{d}t + \mathrm{d}\psi_{cn}/\mathrm{d}\psi}{\mathrm{d}\psi_{T(n-1)}/\mathrm{d}t + \mathrm{d}\psi_{Tn}/\mathrm{d}t}\right)$$

其中

$\mathrm{d}\psi_{ci}/\mathrm{d}t$ ——牵引车横摆最大振幅，$i=1$ 和 n；

$\mathrm{d}\psi_{Ti}/\mathrm{d}t$——挂车横摆最大振幅，$i=1$ 和 n。

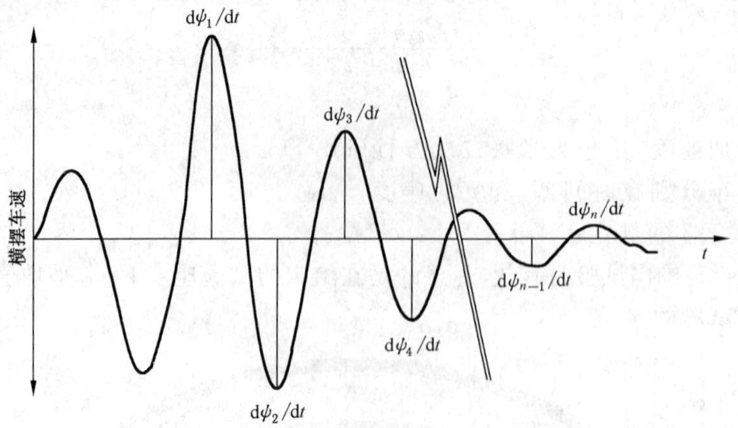

图 3 横摆的时间历程

7.3 零阻尼速度

零阻尼速度即为阻尼为 0 时的速度。该值从附录 B 中阻尼-试验速度图得出。与数据拟合最佳的直线应由以下的数据衰减得到：

$$D = C_0 + C_1 \times \overline{v}$$

其中：

C_0——无量纲衰减系数；

C_1——衰减系数，单位为小时每千米(h/km)；

$\overline{v}$ ——零阻尼速度，即 v_{zd}，$v_{zd} = -C_0/C_1$。

应以零阻尼车速 90%的试验速度至少进行三次试验。如果以上要求不能满足或出于安全的原因，不能以零阻尼车速 90%的速度行驶，"零阻尼车速"不能用来表示结果(见附录 B)。

7.4 参考阻尼车速

参考阻尼车速为阻尼水平为 0.05 时的速度。D 为 0.05 时的车速为参考阻尼，车速 $v_{0.05}$。应由以下公式确定：

$$v_{0.05} = (0.05 - C_0)/C_1$$

7.5 参考车速阻尼

参考车速阻尼 D_{80} 是车速为 80 km/h 的阻尼。由以下公式确定：

$$D_{80} = C_0 + 80C_1$$

8 数据的表达

8.1 通用数据

通用数据应按照 ISO 15037-1:2006 附录 A 和本标准的附录 A 记录。ISO 15037-1:2006 的附录 A 的相关部分由牵引车完成，该附录中的三项和载荷条件有关的项目应记录两次，即，测得的轴荷，试验质量下的总高(仅牵引车)和重心高度(仅牵引车)。一次仅为牵引车，一次为牵引挂车后测得的数据。

8.2 试验条件

试验条件应依据 ISO 15037-1:2006 的附录 B 进行记录。该附录中涉及到轮胎的记录应扩展为包括牵引车辆和挂车的轮胎。

8.3 试验结果

试验结果应按附录 B 记录。包括每个试验结果的列表和铰接角阻尼 D 和试验速度 $\bar{v}$ 关系图。

附 录 A
(规范性附录)
试验报告——一般数据(ISO 15037-1:2006 附录 A 的补充)

牵引车连接装置

识别

制造厂: ……………………………………………………………………………………

型号/年代: …………………………………………………………………………………

标准类型/标准组织: ………………………………………………………………………

质量和载荷

牵引车最大允许质量: …………………………………………………………… kg

最大允许垂直载荷: ………………………………………………………………… N

试验时垂直载荷: …………………………………………………………………… N

连接力矩: ……………………………………………………………………… N·m

尺寸

后悬(ec)[1]: ……………………………………………………………………… mm

连接球中心高度

不带挂车: ………………………………………………………………………… mm

带挂车: …………………………………………………………………………… mm

一般注释和其他相关信息: ………………………………………………………………

……………………………………………………………………………………………

挂车

标识

VIN: ………………………………………………………………………………………

挂车型式: …………………………………………………………………………………

制造厂: ……………………………………………………………………………………

型号: ………………………………………………………………………………………

车型年/第 1 次注册日期: …………………………………………………………………

悬架

制造厂/型号: ………………………………………………………………………………

型式: ………………………………………………………………………………………

……………………………………………………………………………………………

轴数: ………………………………………………………………………………………

轴距(轴 1 至轴 2;轴 2 至轴 3): ……………………………………………………… mm

弹簧: ………………………………………………………………………………………

减震器: ……………………………………………………………………………………

稳定器/横向稳定杆: ………………………………………………………………………

车轮

车轮数量: …………………………………………………………………………………

轮辋尺寸: …………………………………………………………………………………

---

1) 该尺寸为后轴主轴线与连接球中心纵向距离。

轮胎

尺寸：……………………………………………………………………………………………

构成及类型：…………………………………………………………………………………

花纹深度（新）：……………………………………………………………………………… mm

轮胎气压，根据挂车制造厂的技术要求

——挂车空载时：……………………………………………………………………………… kPa

——最大允许总质量时：………………………………………………………………………… kPa

质量和载荷

挂车空载质量：………………………………………………………………………………… kg

挂车最大允许质量：…………………………………………………………………………… kg

悬架最大允许载荷：……………………………………………………………………………… N

连接装置最大允许载荷 …………………………………………………………………………… N

试验时车轮载荷[2]：1 左轮…………N　　1 右轮…………N

2 左轮…………N　　2 右轮…………N

3 左轮…………N　　3 右轮…………N

试验时连接器载荷[2]：…………………………………………………………………………… N

横摆力矩惯量：………………………………………………………………………………… kgm^2

尺寸

总长：…………………………………………………………………………………………… mm

总宽：…………………………………………………………………………………………… mm

总高：…………………………………………………………………………………………… mm

车身长度：……………………………………………………………………………………… mm

轴距[3]：………………………………………………………………………………………… mm

一般注释和其他相关信息：………………………………………………………………

……………………………………………………………………………………………………

挂车连接装置

标识

制造厂：………………………………………………………………………………………

型号/年代：……………………………………………………………………………………

标准类型/标准组织：…………………………………………………………………………

质量和载荷

挂车最大允许质量：…………………………………………………………………………… kg

最大允许垂直载荷：……………………………………………………………………………… N

试验时的垂直载荷：……………………………………………………………………………… N

连接力矩：……………………………………………………………………………………… N·m

一般注释和其他相关信息：…………………………………………………………………

……………………………………………………………………………………………………

……………………………………………………………………………………………………

---

2) 加载的乘用车牵引挂车。

3) 连接球中心到与挂车前后轴等距的垂直面的距离。

附 录 B
（规范性附录）
试 验 结 果

试验结果表

牵引车标识：……………………… 试验日期：……………………
挂车标识：………………………

试验序号	$\overline{G}$	α_E m/s^2	$\overline{v}$ km/h	Max. $\lvert a_{YT} \rvert$ m/s^2	D	n	$R_{\psi Y}$

铰接角阻尼特性
牵引车标识：………………… 试验日期：………………………
挂车标识：………………… 试验序号：………………………

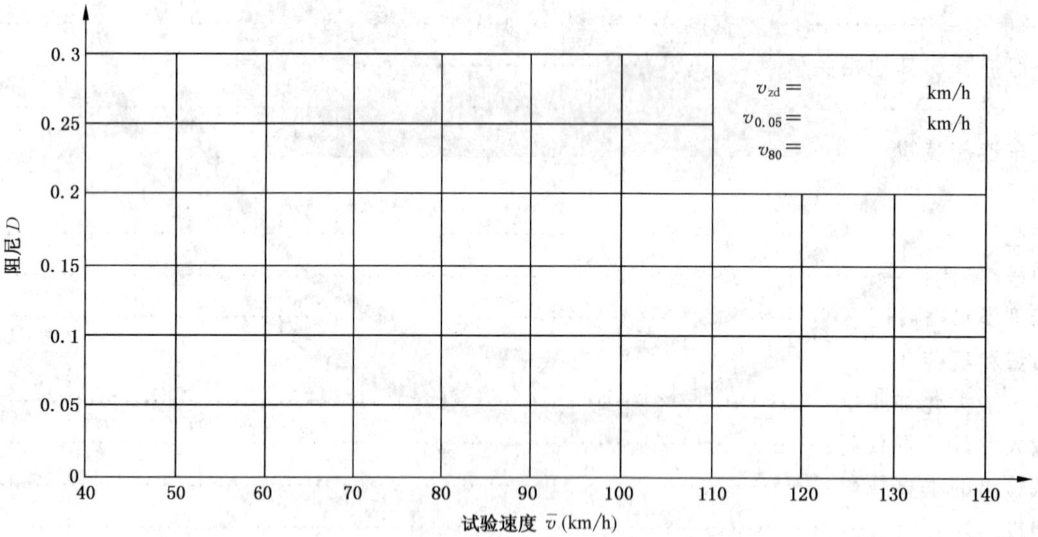

附 录 C
(规范性附录)
稳 态 特 性

在没有明显的非周期性不稳定状态时,应根据ISO 4138进行稳态周期试验。

应测量挂车和牵引车间的铰接角。

列车应按第4章进行装备。

挂车应按5.5.2的要求在连接球上施加5.5.3要求的静载。如果可以检测,数据表中应包括铰接角的数据点。它们应分布在ISO 4138:2004附录B相应的图中。

ISO 15037-1:2006附录A,本标准附录A,ISO 4138:2004附录A用来记录一般数据。

ICS 43.140
T 80

中华人民共和国国家标准

GB/T 29122—2012

摩托车和轻便摩托车防篡改

Anti-tampering measures for motorcycles and mopeds

2012-12-31 发布　　　　2013-07-01 实施

中华人民共和国国家质量监督检验检疫总局
中国国家标准化管理委员会　发布

前　言

本标准按照 GB/T 1.1—2009 给出的规则起草。

本标准使用重新起草法参考 97/24/EC《两轮或三轮机动车部件及其特性》中 CHAPTER 7《两轮摩托车和轻便摩托车防篡改》(英文版)编制,与 97/24/EC CHAPTER 7 的一致性程度为非等效。

本标准与 97/24/EC CHAPTER 7 技术内容相比,存在如下差异:

——增加了部分零部件标识的要求;

——删除了 97/24/EC CHAPTER 7 的附录;

——对摩托车类别的划分进行了修订;

——增加了防篡改铭牌的固定形式;

——增加了电喷类摩托车的控制要求。

本标准由中华人民共和国工业和信息化部提出。

本标准由全国汽车标准化技术委员会(SAC/TC 114)归口。

本标准负责起草单位:国家摩托车质量监督检验中心。

本标准参加起草单位:上海摩托车质量监督检验所、天津摩托车技术中心。

本标准主要起草人:宫建军、贾权利、范润利、段保民、袁森柱、胡文浩。

摩托车和轻便摩托车防篡改

1 范围

本标准规定了防止影响摩托车和轻便摩托车(以下简称摩托车)的安全、环保及性能等非授权改动的技术要求。

本标准适用于以内燃机为动力已获型式认证批准的摩托车。

2 规范性引用文件

下列文件对于本文件的应用是必不可少的。凡是注日期的引用文件,仅注日期的版本适用于本文件。凡是不注日期的引用文件,其最新版本(包括所有的修改单)适用于本文件。

GB/T 15089 机动车辆及挂车分类

3 术语和定义

GB/T 15089 界定的以及下列术语和定义适用于本文件。

3.1

防篡改 anti-tampering

防止可能影响摩托车的安全、环保及性能等的非授权改动。

3.2

专用工具 special tools

仅供用于摩托车特定部件的安装、调整、拆卸的工具。

3.3

受限区域 restricted section

进气道或进气管内对进气量有显著影响的区域。

3.4

同一单元 the same unit

由同一生产厂生产且给定型式名称相同,车架、副架及其主要部件和动力单元相同的同一类别的摩托车产品。

4 一般要求

4.1 已获认证批准的同一单元摩托车产品非等同部件的更换要求

4.1.1 允许更换下列部件或含下列部件的总成:

a) 二冲程摩托车:汽缸/活塞组件、化油器(或节气阀体)、进气管、排气系统。

b) 四冲程摩托车:缸头、凸轮轴、汽缸/活塞组件、化油器(或节气阀体)、进气管、排气系统。

上述部件或总成的更换不应导致:

——L_1、L_2 类摩托车的最大设计速度增加超过 5 km/h;

——L_1、L_2 类摩托车的最高车速超过该类别最高车速规定值;

——L_3、L_4、L_5 类摩托车的最大净功率增加超过10%。

4.1.2 对于部件的更换，允许改型车最大设计车速和最大净功率存在差异，但不应导致摩托车超过单元划分的要求。

4.1.3 对影响摩托车安全、环保等方面的关键部件进行更换时，制造商应向摩托车管理机关或认证机构提供相应的信息，必要时应提供样车进行确认。

4.2 制造商应声明：点火系统、燃油供给系统、进排气系统等的调整或更换不应导致 L_3、L_4、L_5 类摩托车最大净功率增加超过10 %，不应导致 L_1、L_2 类摩托车最高车速增加超过5 km/h。无论在任何情况下，L_1、L_2 类摩托车的最高车速不应超过该类别的最高车速规定值。如采用电喷系统，电子控制单元软件版本的升级改造不应产生上述效果。

4.3 L_3、L_4、L_5 类摩托车应符合4.3.1～4.3.3之一及4.3.4的要求。

4.3.1 每个进气管应用专用工具方可拆除的螺栓进行固定。对于装有衬套的进气管应固定在发动机缸体上。衬套的硬度应不小于60 HRC，影响气体流动的受限区域部分的厚度不应超过4 mm。适用的摩托车类别应清晰地标识在衬套的外表面或附近。

4.3.2 受限区域应位于进气管内，并在进气管外表面上进行标识。标识位置处壁厚应小于4 mm，如果使用橡胶类的柔性材料时，壁厚应小于5 mm。适用的摩托车类别应清晰地标识在进气道的外表面或附近。

4.3.3 气缸头上的进气道部分应有一个受限区域，在整个进气道内不应有其他的受限区域(阀座除外)。适用的摩托车类别应清晰地标识在缸头上。

4.3.4 不同发动机受限区域的直径不同。对受限区域的任何改变均会导致该部件的损坏或者发动机致命故障。

4.4 拆除空气滤清器后，L_1、L_2 类摩托车的最大设计车速增加不应超过10%。

5 特殊要求

5.1 如果气缸体与气缸盖之间装有密封垫，装配后，L_1、L_2 类摩托车密封垫的厚度应不大于1.3 mm，L_3、L_4、L_5 类摩托车密封垫的厚度应不大于1.6 mm。如果二冲程发动机缸体与曲轴箱之间装有密封垫，装配后，其厚度应不大于0.5 mm。

5.2 二冲程发动机的活塞运行到上止点时，不得堵住进气口(装有簧片阀式进气系统的摩托车发动机输气孔部件与进气孔相重合的情形除外)。二冲程发动机的活塞旋转180°后，不得改变发动机性能。

5.3 除了4.3规定的情况之外，排气系统中不应有其他人为的限制(四冲程发动机排气门导管除外)。

5.4 化油器的怠速螺钉、空燃比调整螺钉、主量孔、油针位置等改变后，应符合4.1.1的要求。

5.5 消声器内决定排气管有效长度的部件，应以不可移动的方式固定在消声器或膨胀腔内。装有催化转化器的消声器，不应改变催化转化器的数量、规格、性能，不应将催化转化器移除。

5.6 不应使用影响发动机全负荷性能(节气门控制开关或油门控制手把等)的机械电子装置。

5.7 装有电子-电气限速装置的 L_1、L_2 类摩托车，更换或切断限速装置或线束后，最高车速的增加应不大于10%。限速装置停止使用后，不应造成燃油消耗及污染物排放增加。对于可变点火提前角的电子-电气装置，应保证在该装置工作条件下测得的发动机功率与脱开装置、且将点火提前角设置到最高车速条件下所测得的功率变化不大于10%。最高车速对应的点火提前角应在最大净功率对应的点火提前角的±5°范围内。

5.8 对于装有簧片阀的发动机，为防止簧片阀支撑件的再次使用，支撑件应使用仅靠专用工具方可拆除的螺栓进行固定。

6 标识要求

6.1 原装部件的标识

6.1.1 下列部件应以永久、不可擦除的方式进行标识，标识可以是字母、数字或符号。对于在正常使用条件下，仍能保持清晰，且在不破坏的情况下，也不能被去除的情况下，可采用标签的形式进行标识。

空气滤清器、化油器(节气阀体)、炭罐、进气管(如果未与化油器或气缸或曲轴箱合成一个部件)、气缸体、气缸盖、曲轴箱、排气管(如果未与消声器合成一个部件)、排气消声器、前链轮或主动传动滑轮、后链轮或被动滑轮、发动机控制系统(点火系统、燃油喷射系统等)的电子电气装置及4.3规定的受控部件。

通常情况下，在无须拆卸摩托车部件的条件下应能看到标识。如果车体或摩托车的其他部件遮挡了标识，制造商应向摩托车管理机关或认证机构提供打开或拆卸有关部件的说明以及标识位置信息等。

6.1.2 标识所使用的字母、数字或符号的高度应不小于2.5 mm，且清晰易见。

6.2 防篡改铭牌

6.2.1 每一辆摩托车应有一防篡改铭牌，防篡改铭牌可固定在摩托车上，也可印刷或牢固粘贴在摩托车使用说明书上，尺寸应不小于60 mm×40 mm。在铭牌上应标识出商标、车辆类别、空气滤清器、化油器(节气阀体)、进气管、缸体、缸盖、曲轴箱、排气管、连接管、消声器、主动轮和从动轮的齿数或滑轮直径(mm)、点火器、进气衬套及电喷系统等信息。对于申请认证批准时没有安装的部件可不标识。

6.2.2 防篡改铭牌如采用固定方式，应永久性固定在摩托车易见部位；如采用粘贴方式，应保证牢靠，不易剥离。

6.2.3 防篡改铭牌上标识的字母、数字或符号的高度应不小于2.5 mm，且清晰易见。防篡改铭牌示意图见图1。

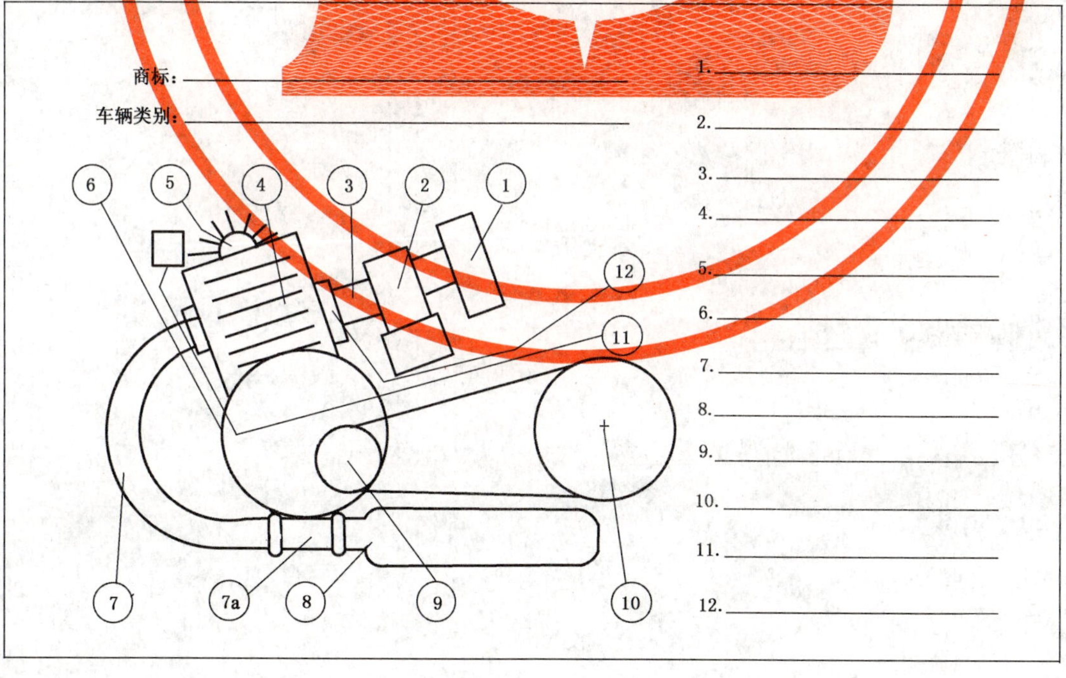

图1 防篡改铭牌示意图

6.3 非原装替换部件的标识

6.3.1 对于由制造商提供的6.1.1所列满足本标准要求，且已获认证批准的部件应在标签上标识（在正常使用条件下保持清晰，在不破坏完整性的情况下不能被去除），标签应与部件一同提供并粘贴在防篡改铭牌旁边。

6.3.2 对于由制造商提供的替换消声器，其安装的催化转化器等关键部件信息应同时在标签上标识。

6.3.3 对于制造商提供的替换部件的标识应符合6.1和6.2的规定。

6.4 防篡改铭牌的标识

防篡改铭牌上的标识应与产品标识一致，对于有特殊要求的，应符合相关管理机关或认证机构的规定。

ICS 43.020
T 04

中华人民共和国国家标准

GB/T 29123—2012

示范运行氢燃料电池电动汽车技术规范

Specifications for hydrogen fuel cell vehicles in demonstration

2012-12-31 发布　　2013-07-01 实施

中华人民共和国国家质量监督检验检疫总局
中国国家标准化管理委员会　发布

前　言

本标准按照 GB/T 1.1—2009 给出的规则起草。

本标准由中华人民共和国工业和信息化部提出。

本标准由全国汽车标准化技术委员会(SAC/TC 114)归口。

本标准起草单位:清华大学、中国汽车技术研究中心。

本标准主要起草人:陈全世、朱家琏、何云堂、田光宇。

示范运行氢燃料电池电动汽车技术规范

1 范围

本标准规定了进行示范运行的压缩氢燃料电池电动汽车的术语和定义、实施示范运行的基本条件、运行中危害的预防、汽车的启动、停放与存放、氢燃料的加注、意外事故的处理预案与培训、行驶等。

本标准适用于在指定道路上进行示范运行的压缩氢燃料电池电动汽车(以下简称汽车),其氢系统的额定工作压力不大于35 MPa。

2 规范性引用文件

下列文件对于本文件的应用是必不可少的。凡是注日期的引用文件,仅注日期的版本适用于本文件。凡是不注日期的引用文件,其最新版本(包括所有的修改单)适用于本文件。

GB/T 24548 燃料电池电动汽车 术语

GB/T 24549 燃料电池电动汽车 安全要求

GB/T 29124—2012 氢燃料电池汽车示范运行配套设施规范

3 术语和定义

GB/T 24548界定的以及下列术语和定义适用于本文件。

3.1

示范运行 demonstration

在规定的行车路线上及指定的时间范围内,汽车进行实际使用运行的过程。

3.2

日常停放 daily parking

示范运行的汽车,按例行规定进入停车场所停放。

3.3

临时停放 temporary parking

示范运行的汽车在行驶过程中,因某种原因而紧急中止行驶时的短期停放。

3.4

长期存放 long-term storage

示范运行的汽车长期(一个月以上)停止使用时的存放。

4 实施示范运行的基本条件

4.1 对汽车的要求

参与示范运行的所有汽车应经过指定部门的认可,其结构、安全性应满足GB/T 24549的要求,并符合有关新能源汽车管理规定,获得上路运行许可。

4.2 配套设施

进行示范运行的地区和单位应具备汽车加氢、停车场所和维修车间等设施，这些配套设施应符合相关标准要求，并获得相应授权部门准许运营的许可。

4.3 管理体系

实施示范运行的单位应具备氢燃料电池电动汽车示范运行的完善的组织管理体系和安全生产责任制，并有周密的事故处理措施预案。

4.4 参加人员

参加示范运行的所有人员应接受氢燃料电池电动汽车相关专业和安全知识的培训，考核合格并取得相应岗位的操作资质。

5 运行中危害的预防

5.1 氢泄漏、氢气的燃烧及爆炸

5.1.1 在对车载氢系统进行氢燃料排放操作时，应选择敞开空间、远离火源、电源的地方进行，保持空气流通、防止氢集聚，保证氢气的浓度不大于下易燃极限。

5.1.2 对氢系统进行作业时应采取防静电措施。

5.2 电击伤害

燃料电池系统关闭后，应经放电、检测或确认不存在高电压后才能触摸。

5.3 高温、高压和化学伤害

5.3.1 高温、高压元件在工作状态下不允许拧动其连接管路与接头。

5.3.2 对车上可能使用的乙二醇冷却液等化学溶液，要严格按相关规定使用，以防止对人员造成伤害和对环境造成污染。

6 汽车的启动

6.1 汽车启动应严格按照制造厂商规定的程序进行操作。

6.2 在确认车载氢系统无泄漏和车上各安全测控系统能正常工作的情况下才能启动汽车。

6.3 开动汽车之前应保证脱开汽车与所有外部设施的连接，例如：加氢管路、充电线路、接地装置等。

7 汽车的停放与存放

7.1 日常停放

汽车应停放在专门为其设计的停车场所内或指定地点，并应遵守 GB/T 29124—2012 中第 7 章的相关规定。

7.2 临时停放

汽车临时停车时，应尽可能将汽车停靠在不影响其他车辆行驶的场所，尽可能远离火源、热源、高压

线、易燃、易爆物等危险物品，并设置停车警告标志。

7.3 长期存放

7.3.1 长期停驶存放的汽车应关闭电源主开关，车上氢燃料储存压力应释放至厂商规定的最低值。
7.3.2 长期停驶存放的汽车，应由专业人员定期对车辆进行检查、维护。检测结果应详细记录并存档。

8 氢燃料的加注

8.1 实施加氢的人员应经过专门培训并取得实际使用加氢系统的资质。
8.2 对汽车加注氢燃料应严格按照加氢站和加氢车操作规范操作。

9 意外事故的处理预案与培训

9.1 承担示范运行的单位应对汽车发生氢系统管路故障、电气故障、机械故障、火情、碰撞等意外紧急事故制定详细的处理预案。
9.2 承担示范运行的单位应组织参加示范运行的全体人员，按事故处理预案学习意外事故的处理，并进行必要的演练。
9.3 承担示范运行的单位应在示范运行之前与当地的公安、消防、救护、质检等部门取得联系，对将参与营救的人员进行氢燃料电池汽车和氢系统的安全和事故营救处理的专门培训。

10 行驶

汽车只允许在批准的线路上和规定的时间内行驶；如执行特殊任务需离线或在示范运行规定的时间以外行驶时，需经相关部门的批准。在特殊情况下，例如，发生重大自然灾害、交通事故、汽车严重故障等情况下例外。